猪链球菌致病分子基础与防控技术

金梅林 等 著

科 学 出 版 社

北 京

内 容 简 介

本书系统总结了作者及其团队近15年来围绕猪链球菌致病与防控展开的科研工作及取得的系列成果，揭示了猪链球菌病的流行病学规律、耐药特征及致病分子机制，鉴定了一批猪链球菌新的毒力相关因子，并在此基础上开发了一系列猪链球菌病的新型疫苗和诊断试剂。全书共八章，主要内容包括猪链球菌病的流行病学、猪链球菌毒力基因筛选技术、毒力相关因子的功能研究、炎症与免疫、猪链球菌分子靶标的鉴定、猪链球菌病诊断新技术、猪链球菌病新型疫苗及免疫预防等。

本书是一部猪链球菌致病与防控研究专著，可供农业科研、生产等领域的科研人员、专业技术人员、教学人员及研究生等参考使用。

图书在版编目（CIP）数据

猪链球菌致病分子基础与防控技术/金梅林等著. —北京：科学出版社，2018.11

ISBN 978-7-03-058169-3

Ⅰ.①猪… Ⅱ.①金… Ⅲ.①猪病–链球菌病–致病菌–研究 Ⅳ.①S858.28

中国版本图书馆 CIP 数据核字(2018)第 139216 号

责任编辑：李秀伟 白 雪 / 责任校对：邹慧卿
责任印制：肖 兴 / 封面设计：刘新新

科 学 出 版 社 出版
北京东黄城根北街 16 号
邮政编码: 100717
http://www.sciencep.com

北京汇瑞嘉合文化发展有限公司 印刷

科学出版社发行 各地新华书店经销

*

2018 年 11 月第 一 版 开本：787×1092 1/16
2018 年 11 月第一次印刷 印张：16 1/4
字数：380 000

定价：168.00 元

(如有印装质量问题，我社负责调换)

著 者 名 单

（以姓氏汉语拼音为序）

贝为成　陈焕春　何启盖　胡　进

金梅林　康　超　钱　伟　石德时

孙小美　谭　臣　汤细彪　王　婷

王湘如　吴　斌　徐高原　许仲旻

张　强　张安定

序

我国是世界畜禽第一生产和消费大国，生猪饲养量、猪肉产量均位居世界第一位。然而，我国虽是养猪大国却不是养猪强国，主要表现为养殖效益低下，其重要原因是动物疫病问题。近年来猪源性人畜共患病时有发生，如猪链球菌病、乙型脑炎、甲型 H1N1 流感等给养猪业造成严重经济损失，同时，给社会造成不良影响。当前，如何提高我国动物疫病防控水平，实现节能增效、食品安全、环境优美，保障养殖业健康发展是我国疫病防控所面临的重要课题，是控制传染病的发生和流行、保障养殖业健康发展的核心任务。

在猪源性人畜共患病中，猪链球菌病是一种重要且危害严重的细菌性人畜共患病。21 世纪以来，在世界各地几乎所有猪场均能检测到猪链球菌病原的存在。1998～1999 年江苏省部分地区连续 2 年在盛夏季节暴发该病，不但造成大量猪死亡，而且有数十人感染致死。2005 年在四川资阳及周边地区发生的猪链球菌 2 型病，引起 215 人感染发病，最终导致 38 人死亡。这两次大规模的暴发事件引起了全世界的关注。另外，流行病学调查显示猪链球菌 2 型已成为我国香港地区引起成人脑膜脑炎的第三大病原和越南引起成人脑膜脑炎的第一大病原。该病已经在全球范围内造成了严重的公共卫生问题。在我国集约化养猪场和散养猪群中该病流行严重，发病率和死亡率高，是临床分离率最高的细菌性疾病，给养猪业造成严重的经济损失。长期以来，抗生素的不合理应用促使耐药菌株的快速进化，其耐药问题越来越严重，直接或间接对人民健康构成威胁，猪肉产品质量和安全问题成为社会关注的焦点。

金梅林等作为农业部专家亲身经历并参与处置了 2005 年夏季四川暴发的猪链球菌感染人的公共卫生事件，提出了猪链球菌是引起此事件的病因，参与指导了无害化处理等防控措施的实施，很快控制了这场疫情。自此，其便与猪链球菌结下不解之缘。十多年来，金梅林教授以猪链球菌病防控为己任，系统开展猪链球菌病流行及病原分子进化规律的研究，证实血清型 2 型是其优势血清型，同时分析了与高毒力相关的基因型；率先测定了我国流行猪链球菌不同血清型 8 株代表性菌株的基因组序列，并绘制了精细图谱；揭示了猪链球菌基因组具有“开放性”的特点，细菌活跃地获得遗传元件而进化；发现了多个血清型菌株都含有水平转移元件 89K 毒力岛潜在的整合位点，具有进化为高致病性菌株的潜力。同时，聚焦于猪链球菌的致病与免疫机制研究，阐明了强烈的炎性应答导致细胞因子过度表达是引起中毒样休克综合征急性死亡的原因。创建了一种筛选与宿主细胞互作蛋白的新方法，新鉴定出 56 个与毒力、调控、病原与宿主互作相关的基因和抗原标识。

在此基础上从应用的角度开展防控技术研究，取得了具有国际影响的成果及新型实用的技术和产品，实现了疫苗和诊断试剂的产业化；自主创新研究出了一系列猪链球菌病防控新技术，其中猪链球菌病三价灭活疫苗，免疫保护力达 90%以上；优化细菌培养及生产工艺，适合规模化生产；在国际上率先研究出猪链球菌 ELISA 抗体检测试剂盒，该技术获批湖北省地方标准；研究了区分野毒感染和疫苗免疫抗体的 ELISA 鉴别检测试剂盒；原创性地提出针对多血清型共感染的解决方案，利用反向疫苗学原理，筛选鉴定出新型蛋白质成分，研发出通用型亚单位疫苗，为不同血清型混合感染提供了通用型疫苗；研究了重组沙门氏菌活载体疫苗和基因工程缺失疫苗，具有细胞免疫和体液免疫多重效果，为该病的预防、控制和净化开辟了新途径。金梅林教授及其团队研发出的新型疫苗及诊断制剂不仅对预防猪链球菌传播和流行具有十分重要的社会经济意义，而且为阻断病原向人的传播提供了有力的工具，应用前景巨大。

该书系统地介绍金梅林教授及其团队围绕猪链球菌的病原学、流行病学、致病机制和免疫机制、新型疫苗和诊断技术方面的研究成果，并做了较为全面的总结。理论与实践相结合，图文并茂。相信该书的出版将为以猪链球菌病为代表的细菌性疾病防控提供重要的借鉴与参考，对猪链球菌病的深入研究及有效防控起到积极的推动和促进作用。

夏咸柱

中国工程院院士

2018 年 4 月

前 言

猪链球菌（*Streptococcus suis*，*S. suis*）病是一种重要的人畜共患病，也是危害我国养猪业的重要细菌性疾病。从 1968 年丹麦报道第一起人感染猪链球菌病至今，已有超过 1500 人感染该病，死亡率高达 12.8%。1998 年和 2005 年分别于江苏和四川暴发的 2 次人感染猪链球菌病事件，分别造成了 25 人感染、14 人死亡和 215 人感染、38 人死亡的严重后果。另外，流行病学调查显示猪链球菌已成为我国香港地区引起成人脑膜脑炎的第三大病原和越南引起成人脑膜脑炎的第一大病原。近年来，美国、英国、葡萄牙、澳大利亚、荷兰、法国、阿根廷等国也相继出现了人感染猪链球菌病的报道。由此可见，猪链球菌已经成为一种世界范围内严重威胁人类健康及养猪业安全的重要病原。

过去，由于对猪链球菌致病机理研究尚浅，缺乏有效的防控技术和产品，猪群中猪链球菌病的流行和发生十分严重，制约着我国养猪业的发展。长期以来，抗生素的不合理使用甚至滥用，促使耐药菌株快速进化，猪链球菌也是其中一员。近年来，其耐药问题越来越严重，多重耐药菌株的分离比例直线上升，这不仅直接降低了传统抗生素治疗的效果，大幅增加了生产投入，同时还间接对人民健康构成了威胁，由此引发的畜禽产品质量和安全问题也成为社会共同关注的焦点。因此，掌握猪链球菌病的流行动态，阐明其致病机制，开发高效疫苗和诊断制剂，是猪链球菌病预防与控制的长期目标和艰巨任务。

2005 年夏，四川突发严重的公共卫生事件，作者作为农业部专家深入疫区，率先提出猪链球菌是引起此事件的病因，参与指导无害化处理等防控措施的实施，很快控制了这场疫情。自此，便与猪链球菌结下不解之缘。十几年来，作者率领团队结合产学研创新体系，在国家 973 计划、国家 863 计划、国家自然科学基金项目及公益性行业（农业）科研专项等一系列项目的支持下，针对猪链球菌的病原流行病学、致病与免疫机理及防控技术展开深入系统的研究，在国际学术刊物发表 SCI 论文 56 篇，开发了猪链球菌病系列防控技术和产品，研制成功新兽药 5 项，获国家授权发明专利 10 项。猪链球菌相关研究成果获国家科学技术进步奖二等奖，湖北省科学技术进步奖一等奖，湖北省科学技术成果推广奖一等奖。本书的编写和出版旨在概述国内外相关领域进展的同时，通过系统地介绍作者的研究结果，反映作者的学术思想及对猪链球菌病关键科学问题的解决思路，为猪链球菌病的研究与防控提供借鉴与指导。

本书共分八章，第一章，猪链球菌病；第二章，猪链球菌病的流行病学；第三章，猪链球菌毒力基因筛选技术；第四章，毒力相关因子的功能研究；第五章，炎症与免疫；第六章，猪链球菌分子靶标的鉴定；第七章，猪链球菌病诊断新技术；第八章，猪链球菌病新型疫苗及免疫预防。各章节内容均以作者的研究进展与结果为重点，主要包括以下 3 个方面：①通过持续十多年的临床监测，揭示了猪链球菌病的流行规律、耐药特征及分子机制；②成功鉴定了一批新的毒力相关因子，并据此进一步阐明了猪链球菌的致病与免疫机制；③结合前期的理论研究基础，成功开发了系列猪链球菌病的检测试剂和新型疫苗，为其诊断和防控提供了有效工具。

在此，衷心感谢中国工程院夏咸柱院士在本研究和本书编写过程中给予的支持，并在百忙之中欣然提笔为本书作序。衷心感谢中国工程院陈焕春院士多年来在猪链球菌研究方面的指导和帮助。

本书仅就作者的科研工作为重点编写而成，难免存在疏忽与不足，加之本领域研究与日俱进，书中的不妥之处敬请各位专家和读者惠于指正。

作　者

2018 年 4 月

目　　录

第一章　猪链球菌病

内容提要　本章主要概括了猪链球菌病在我国的发生、病原鉴定分型的变化及国内外的流行现状等。猪链球菌病在我国发现近 70 年，期间经历了主要致病病原由马链球菌兽疫亚种到猪链球菌的变更，截至目前，我国猪链球菌病的主要病原依然是猪链球菌，其中以猪链球菌 2 型毒力最强，流行最广。随着技术的发展与改进，猪链球菌的分型也进一步被完善，最初的 35 个血清型中有 6 个血清型被证实属于其他种属，已被排除在外；同时，证实兰氏分群中的 T 群并不包含猪链球菌，而 D 群链球菌却有着与猪链球菌相同的抗原类型。目前，临床上猪链球菌单独感染发病的病例几乎不可见，而是通常以混合感染的形式出现，猪链球菌参与的混合感染形式主要包括：细菌与细菌的混合感染，细菌与病毒的混合感染，以及细菌、病毒和寄生虫的混合感染等，类型多达 20 种以上，给治疗和诊断带来了巨大的阻碍。

第一节　猪链球菌病概述

猪链球菌病主要是由猪链球菌（*Streptococcus suis*，*S. suis*）引起的一种世界范围内常见的猪传染病，典型症状为脑膜炎、败血症、关节炎和急性死亡等（Windsor and Elliott，1975）。除 *S. suis* 以外，马链球菌兽疫亚种、兰氏分群中的 D/E/L 群链球菌等也可以引起猪链球菌病（陆承平和吴宗福，2015）。该病感染率高，发病急，遍及世界各国，严重阻碍了养猪业的发展。猪链球菌病还是一种重要的人畜共患病，自从 1968 年在丹麦发现了第一例人感染猪链球菌的病例之后，该病便开始在全球范围内蔓延，特别是亚洲和欧洲最为严重（Gottschalk et al.，2010）。目前，全球范围内，已有超过 1500 例人感染猪链球菌的病例，死亡率高达 12.8%（Gustavsson and Ramussen，2014）。通常情况下，该病在人群中以散发形式传播，但偶尔也会出现暴发疫情。在我国暴发过两次较为严重的人感染猪链球菌的疫情，分别是：1998 年江苏暴发人猪链球菌病，导致 25 人感染 14 人死亡；2005 年四川暴发人猪链球菌病，导致 215 人感染 38 人死亡。另外，在越南和泰国，*S. suis* 还是细菌性脑膜炎的主要病原之一（Segura，2009）。近年来，美国（Smith et al.，2008）、英国（Watkins et al.，2001）、葡萄牙（Taipa et al.，2008）、澳大利亚（Tramontana et al.，2008）、荷兰（Vande Beek et al.，2008）、法国（Demar et al.，2013）、阿根廷（Callejo et al.，2014）等国也相继出现了人感染猪链球菌的报道。因此，猪链球菌病不仅给养猪业造成了巨大的经济损失，同时也严重威胁着人类的健康与安全，已经成为一个不可忽视的世界性公共卫生问题。

猪链球菌病在我国的存在由来已久，早在 20 世纪 50 年代就有猪群发生猪链球菌病的报道，60、70 年代发病逐渐增加，80 年代越来越严重，当时致病的病原为马链球菌兽疫亚种。直到 1993 年，黄毓茂等对我国广东省 1990～1992 年分离于患败血症、脑膜炎及关节炎等病猪的菌株进行鉴定，结果发现导致这些仔猪发病的病原为猪链球菌 2 型（SS2），这是猪链球菌在我国的首次报道。之后，经历了 1998 年和 2005 年暴发的两次人感染猪链球菌病事件，*S. suis* 引起了世界范围内的高度重视。

基于此，对我国猪群中的猪链球菌病进行了流行病学调查，结果发现，2003～2007 年从我国多地患病猪分离的病原菌中 D 群链球菌占 77.6%，而 C 群链球菌仅占 0.6%，其中猪链球菌 2 型最多，分离率高达 43.2%。这一结果也证明，在 2003 年甚至更早的时候，我国猪链球菌病的主要病原便已经由马链球菌兽疫亚种变成了 *S. suis*，并且血清型 2 型占据了主导地位。随后，对我国猪链球菌的流行情况进行了逐年监测，结果发现近十几年来（2003～2017 年），*S. suis* 的分离率一直居高不下，在从病猪分离的细菌中比例最高（图 1-1），证实猪链球菌病已成为我国养猪业分离率最高的细菌性疾病。同时，还对分离的 1761 株 *S. suis* 进行了血清型鉴定，结果显示，2 型菌株共计 651 株，占 37%，尽管在不同年份 2 型菌株的分离率有所变化，但一直占据主导地位。

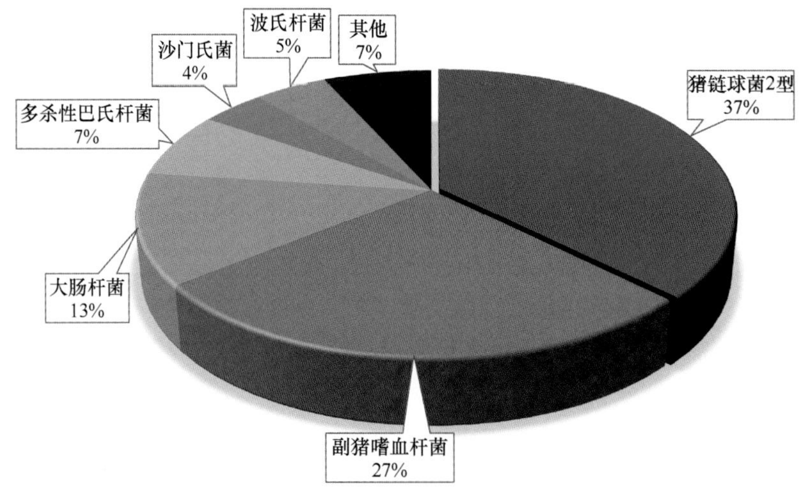

图 1-1 2003～2017 年病猪细菌分离统计

不仅在我国，猪链球菌病在全球范围内都是一种重要的人畜共患病，如欧洲、北美、南美及亚洲其他国家和地区等。值得注意的是，虽然在全球范围内猪链球菌的血清型分布以 2 型为主，但在不同的国家和地区，却不尽相同：在亚洲和南美，猪链球菌 2 型占据了绝对的主导地位；而在北美，虽然 2 型的分离率也是最高的，却与 3 型的分离率相差无几；甚至在欧洲的一些国家（荷兰和西班牙等），9 型的分离率才是最高的，且占据了绝对的主导地位（表 1-1）。

表 1-1 *S. suis* 世界血清型分布

国家和地区	临床病例	优势血清型		
世界	4711	2 型（27.9%）	9 型（19.4%）	3 型（15.9%）
北美	3162（67.1%）	2 型（24.3%）	3 型（21.0%）	1/2 型（13.0%）
加拿大	3065	2 型	3 型	1/2 型

续表

国家和地区	临床病例	优势血清型		
美国	97	3 型	2 型	7 型
南美	125（2.7%）	2 型（57.6%）	1/2 型（9.6%）	14 型（8.8%）
巴西	125	2 型	1/2 型	14 型
亚洲	659（14.0%）	2 型（44.2%）	3 型（12.4%）	4 型（5.6%）
中国大陆	639	2 型	3 型	4 型
韩国	20	3 型	4 型	2 型，8 型，22 型
欧洲	765（16.2%）	9 型（61.0%）	2 型（18.4%）	7 型（6.7%）
新西兰	99	9 型	2 型	7 型
西班牙	666	6 型	2 型	7 型

资料来源：Goyette-Desjardins et al.，2014

第二节　猪链球菌病原学特征及临床表现

一、猪链球菌形态特征

猪链球菌是一种革兰氏阳性球菌，菌体呈球形或卵球形，有荚膜，常以链状形式存在，菌体直径 1～2μm，需氧兼性厌氧，在 5%新生牛血清的 TSA 固体培养基上 37℃培养 24h，形成表面光滑湿润、边缘整齐、圆形微凸的半透明菌落，折光下呈淡蓝色（图 1-2）。

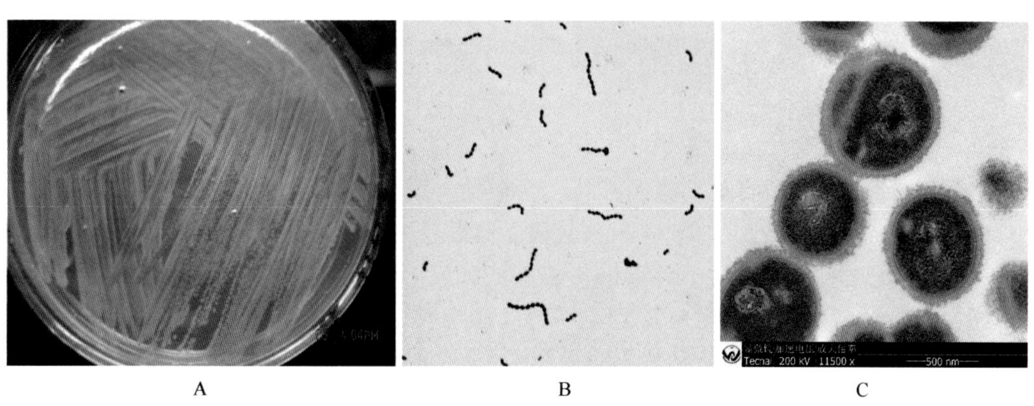

A　　B　　C

图 1-2　猪链球菌形态特征

A. 猪链球菌菌落形态；B. 猪链球菌革兰氏染色形态；C. 猪链球菌电镜观察形态

二、猪链球菌培养特征

在绵羊血琼脂糖培养基上，*S. suis* 呈 α 溶血，而在马血清培养基上则呈 β 溶血（Staats et al.，1997）。*S. suis* 具有较强的适应能力：0℃时，在尘埃中能够存活 54 天，在粪便中存活 104 天；而室温条件时，在尘埃和粪便中则只能分别存活 24h 和 8 天；4℃时，在营养型培养基中存活时间长达 9 个月，但在蒸馏水中存活时间较短，一般不超过 2 周。

该菌对热和普通消毒剂抵抗力不强，50℃的水中能够存活 2h，60℃为 30min，煮沸则立即死亡（Wisselink et al.，2000）。另外，该菌对氧化环境、高渗透压、酸性环境等也十分敏感（Ma et al.，2003）。

三、猪链球菌兰氏（Lancefiled）分群特征

最初，de Moor（1963）将 *S. suis* 归于兰氏血清学分类法中的 R、S、RS 和 T 群，接着 Elliott（1966）发现，*S. suis* 与 D 群链球菌也有相同的抗原类型，然而，通过从生化角度和遗传进化角度对 *S. suis* 和 T 群进行分析后发现 *S. suis* 并不属于 T 群（Gottschalk et al.，1989）。经过长期的探索和验证，目前认为 *S. suis* 属于 D、R 和 S 群（Staats et al.，1997）。利用链球菌乳胶凝集标准诊断试剂盒对 2003～2007 年从病猪分离的 472 株链球菌进行检测，结果发现：D 群占 54.5%、G 群占 10.8%、D/F 群占 5.29%、F 群占 5.29%、C 群占 0.84%、B 群占 0.63%、D/G 群占 0.63%（图 1-3）。

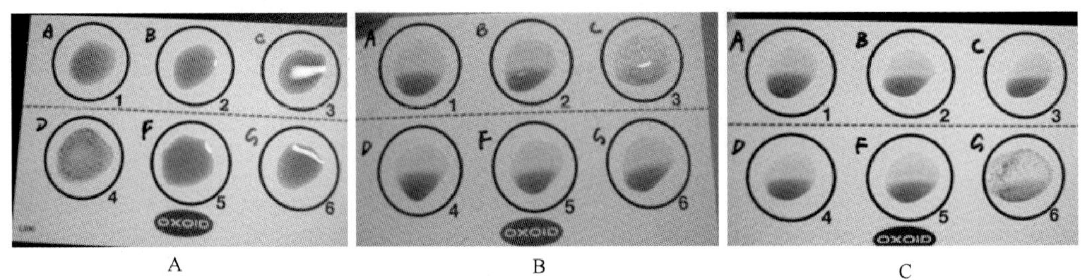

A　　B　　C

图 1-3　猪链球菌乳胶分群鉴定结果

A. D 群乳胶凝集；B. C 群乳胶凝集；C. G 群乳胶凝集

四、猪链球菌血清型特征

基于猪链球菌荚膜多糖抗原的不同，*S. suis* 一度被分为 35 个血清型，分别为 1～34 和 1/2 型（Gottschalk et al.，1999），经过进一步验证发现，32 型和 34 型并不是 *S. suis*，而是属于 *Streptococcus orisratti*（Hill et al.，2005）。而最新的研究报告指出，虽然血清型 20 型、22 型、26 型和 33 型与猪链球菌 P1/7 菌株有远亲关系，但是对看家基因 *sodA* 和 *recN* 的 DNA-DNA 同源分析结果表明：这 4 个血清型应该是从 *S. suis* 中分离出来的，血清型 20 型、22 型和 26 型属于同一个新的物种，血清型 33 型属于另一个新的物种。因此，目前认为 *S. suis* 有 29 个血清型，其中，猪链球菌 2 型流行最广且毒力最强，是 *S. suis* 引起猪和人类疾病的最主要病原（Wisselink et al.，2000），另外，1 型、4 型、14 型和 16 型感染人并致死的病例也偶有报道（Gottschalk et al.，2010）。通过对 *S. suis* 长时间的监测，我们发现我国的 *S. suis* 血清型分布一直以来都是以 2 型为主，然后是 3 型、7 型、8 型和 9 型，而最近的监测结果显示，2016 年 9 型的分离率已经出现了显著的上升，甚至超过了 3 型，位居第二。

五、猪链球菌病的临床表现

猪链球菌的血清型众多，不同的血清型之间致病力和分离率存在明显差异。其 29 个血清型中，以 2 型的毒力最强，流行率最广，另外，7 型和 9 型也有着较强的毒力与较高的分离率，是除 2 型以外最重要的猪链球菌病致病病原。猪链球菌病的常见症状包括脑膜炎、败血症、关节炎、肺炎和急性死亡等，但不是所有的血清型都能引起这些症状。通过耳缘静脉注射猪链球菌模拟其感染症状，结果发现 2 型菌株感染后，24h 内便可发病，且猪链球菌病的典型症状几乎全都可以观察到，如关节炎、脑膜炎、败血症和急性死亡（图 1-4）。

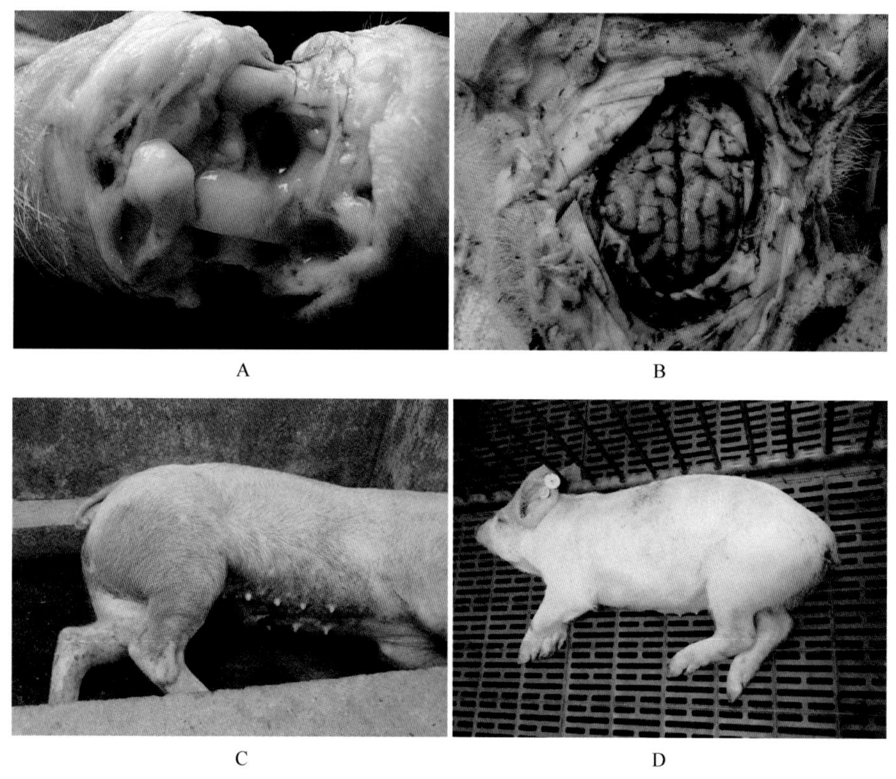

图 1-4　猪链球菌 2 型感染症状

A. 关节炎；B. 脑膜炎；C. 败血症；D. 急性死亡

另外两个强毒血清型 7 型和 9 型感染后，除死亡以外，最常见的症状为关节炎（图 1-5），其他症状几乎不可见，并且感染后发病时间较 2 型明显延后，通常在感染后第 2 天或第 3 天发病。同时，三者之间的感染剂量也存在显著差异，2 型菌株感染剂量的数量级为 10^6，而 7 型和 9 型感染剂量的数量级则为 10^{10}，两者之间相差近万倍。

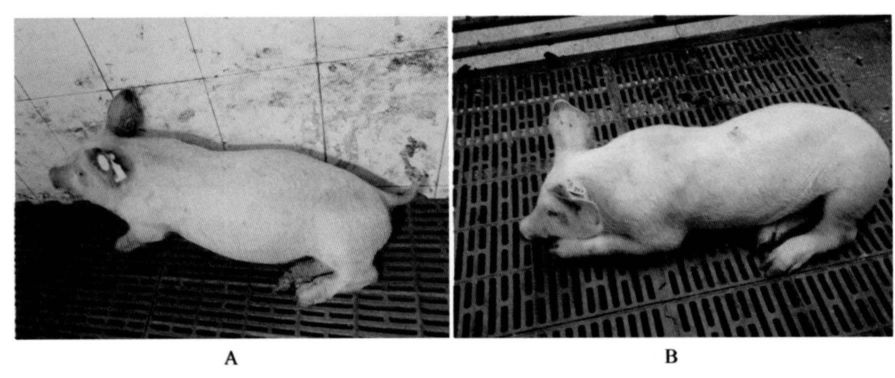

图 1-5 猪链球菌 7 型、9 型感染症状

A. 猪链球菌 7 型感染引起的关节炎；B. 猪链球菌 9 型感染引起的关节炎

第三节 猪链球菌与其他病原的混合感染

随着近年来养猪业的规模化发展，猪群中呼吸道疾病的发生日渐频繁，给养猪业造成巨大的经济损失。据统计，规模化猪场中呼吸道疾病的发病率为 30%～60%，而死亡率可达 5%～30%（郭红炳等，2012）。这些疾病的发生多为两种或两种以上的病原混合感染所致，被称为猪呼吸道疾病综合征（PRDC）。PRDC 的病原可分为两类：一类为细菌性病原，包括副猪嗜血杆菌（HPS）、猪链球菌（SS）和猪支气管败血波氏杆菌（Bb），此外还包括猪肺炎支原体（MPS）等；另一类为病毒性病原，包括猪流感病毒（SIV）、猪繁殖与呼吸障碍综合征病毒（PRRSV）、猪圆环病毒Ⅱ型（PCV2）、猪伪狂犬病毒（PRV）等（Thacker，2001；Choi et al.，2003）。这些病原引起的多重感染使疫情变得更复杂，一方面不利于准确诊断疾病，最终造成大量猪只死亡；另一方面使治疗难度加大，治愈率低下，同时药品的开销也提高了生产成本。因此，PRDC 已成为制约当前养猪业发展的重要因素。

大量的 PRDC 流行病学调查表明，不同国家或地区及同一国家和地区在不同年度规模化猪场 PRDC 主要病原的种类和数量均不相同。成建忠等（2006）在对上海 12 个有 PRDC 的规模化猪场进行血清学调查时发现其 PRDC 主要病原为 SIV、PRRSV 和 PCV2；刘翠权等（2010）检测广西 65 个规模化猪场的 281 份疑似 PRDC 样品的结果显示 PRRSV、PCV2、古典猪瘟病毒（CSFV）和 SS 为当地 PRDC 的主要病原；此外，卫秀余等（2004）检测了采自 48 个发生 PRDC 猪群的 190 份样品，发现 PRRSV、SS 和 PRV 的阳性率最高。由此可见，我国 PRDC 的主要流行病原包括 SIV、PRRSV、PCV2 和 SS 等。

一、猪链球菌与流行菌（毒）株混合感染现状

（一）2017 年我国猪群病原混合感染的现状调查

猪链球菌病是我国养猪业重要的细菌性疾病，它对我国养猪业的危害除了其自身的致病性外，与其他疾病的混合感染也是非常重要的一个方面。目前，临床常见的混合感染形式主要包括：细菌与细菌的混合感染，细菌与病毒的混合感染，病毒与病毒的混合

感染，以及细菌、病毒和寄生虫的混合感染等。猪链球菌不仅是我国养猪业分离率第一的细菌性疾病病原，同时，也是造成混合感染比例居高不下的非常重要的“帮凶”，严重阻碍着我国养猪业的发展。因此，深入理解猪链球菌与其他病原混合感染的机制，从而制订合理高效的防控措施，降低混合感染的发生，对我国养猪业的持续健康发展具有重要意义。

1. 细菌病混合感染情况

为了分析猪链球菌病与其他疾病的混合感染情况，首先，分析了766份病料的细菌性疾病的混合感染谱，如表1-2所示，临床最常见的7种细菌性病原：猪链球菌（SS）、副猪嗜血杆菌（HPS）、大肠杆菌（*E. coli*）、巴氏杆菌（Pm）、波氏杆菌（Bb）、沙门氏菌（Salm）和葡萄球菌（*Staphylococcus hyicus*），一共组成了25种混合感染形式，其中，二重感染17种；三重感染6种；四重感染2种。

表1-2　2017年主要细菌混合感染情况统计

	多重感染模式	数量/份	比例/%
二重感染	*E. coli*+HPS	53	6.92
	E. coli+*S. hyicus*	22	2.87
	E. coli+Salm	169	22.06
	E. coli+Bb	4	0.52
	E. coli+SS	182	23.76
	HPS+Pm	17	2.22
	HPS+Salm	4	0.52
	HPS+SS	93	12.14
	Pm+HPS	12	1.57
	Pm+SS	52	6.79
	S. hyicus+Bb	5	0.65
	S. hyicus+HPS	7	0.91
	S. hyicus+SS	67	8.75
	SS+Bb	7	0.91
	SS+HPS	5	0.65
	SS+Pm	16	2.09
	SS+*S. hyicus*	19	2.48
三重感染	*E. coli*+*S. hyicus*+SS	5	0.65
	E. coli+SS+HPS	6	0.78
	E. coli+SS+Pm	4	0.52
	HPS+SS+Pm	4	0.52
	Pm+SS+*S. hyicus*	8	1.04
	HPS+SS+*S. hyicus*	2	0.26
四重感染	*S. hyicus*+SS+HPS+*E. coli*	2	0.26
	Pm+SS+HPS+*E. coli*	1	0.13

在所有的混合感染形式中，以猪链球菌与大肠杆菌混合感染的比例最为突出，为23.76%；其次，是大肠杆菌与沙门氏菌的混合感染及猪链球菌与副猪嗜血杆菌的混合感染，分别为22.06%和12.14%；另外，在25种混合感染形式中，其中16种都有猪链球菌的参与，总参与率高达61.75%。

2. 猪链球菌与其他病毒混合感染情况

对653份病料进行猪繁殖与呼吸障碍综合征病毒（PRRSV）和猪圆环病毒（PCV）的抗原检测，同时进行细菌分离，结果发现：在653份病料中，比例最高的混合感染模式是“猪链球菌+猪圆环病毒+猪繁殖与呼吸障碍综合征病毒”，分离比率高达32.01%；同时，经过分析发现，在临床常见的6种混合感染模式中，猪链球菌参与了其中的4种，总参与率高达74.12%（表1-3）。

表1-3 细菌与病毒混合感染情况

多重感染模式	数量/份	比例/%
SS+PCV+PRRSV	209	32.01
SS+HPS+PRRSV	115	17.61
HPS+PCV+PRRSV	105	16.08
SS+HPS+PCV	90	13.78
SS+HPS+PCV+PRRSV	70	10.72
PEDV+PCV+PRRSV	62	9.52

注：HPS. 副猪嗜血杆菌；PCV. 猪圆环病毒；PEDV. 猪流行性腹泻病毒；PRRSV. 猪繁殖与呼吸障碍综合征病毒；SS. 猪链球菌

（二）猪链球菌与猪流感病毒混合感染的血清学调查

猪流感病毒（SIV）和猪链球菌2型（SS2）均为呼吸道病原，SIV虽可单独引起疾病，但在临床上更常见的是两者引起的混合感染，其致死率也显著高于单独感染。SIV对猪呼吸道上皮的高度和特异亲嗜性，使猪的呼吸道上皮受到损伤，受损的呼吸道常导致猪继发或混合感染病毒性或细菌性疾病。猪链球菌是猪上呼吸道常见的定居菌，在动物机体免疫力下降等特定的条件下容易受到激发使机体产生感染而发生流行。目前，对猪链球菌和猪流感病毒混合感染的报道很少，有必要对猪流感病毒和猪链球菌进行长时间、持续性的检测，为这两种疾病的防控提供一定的理论依据。

从湖北、湖南和江西等8个省份的多个养殖场中采集了4661份猪血清，对其中的2268份样品利用酶联免疫吸附试验（ELISA）检测SIV和SS2的抗体，对检测结果从时间和空间进行比较。

1. 猪链球菌与猪流感病毒混合感染的季节规律

猪流感病毒的抗体阳性率在不同月份的波动较大，在夏季的5月、6月、7月和8月抗体阳性率是最低的，而在春夏交替（4月）和初冬季节（10月、11月和12月）的阳性率最高，全年的平均抗体阳性率为44.22%。说明在气温波动比较大的春季，猪流感病毒的阳性率提高最快，全年4月、10月、11月、12月的阳性率均高于平均阳性率，而 6 月、7 月、8 月的阳性率都低于平均阳性率（图 1-6A，表 1-4）。

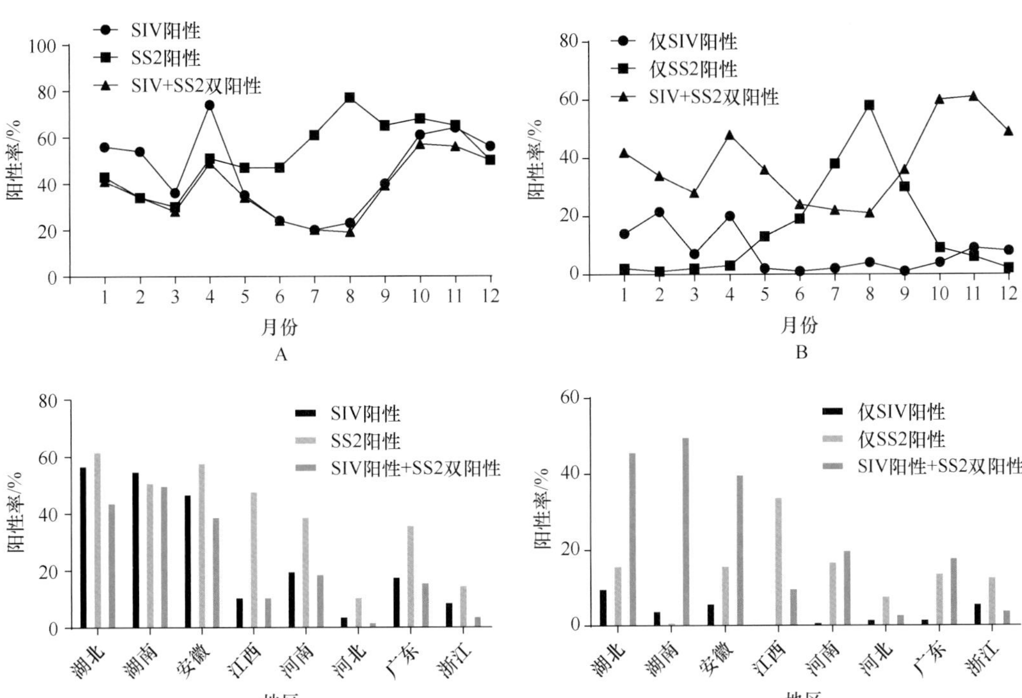

图 1-6　不同月份（A 和 B）或地区（C 和 D）SS2 和 SIV 抗体检测结果

表 1-4　不同月份 SS2 和 SIV 抗体检测结果

月份	样品/份	SIV 阳性/份	SIV 阳性/%	SS2 阳性/份	SS2 阳性/%	双阳性/份	双阳性/%
1	91	51	56.04	41	45.05	39	42.86
2	265	144	54.34	90	33.96	87	32.83
3	132	48	36.36	42	31.82	39	29.55
4	126	90	71.43	68	53.97	64	50.79
5	328	123	37.50	156	47.56	115	35.06
6	168	46	27.38	80	47.62	45	26.79
7	488	118	24.18	301	61.68	110	22.54
8	49	13	26.53	38	77.55	11	22.45
9	171	70	40.94	121	70.76	67	39.18
10	48	32	66.67	35	72.92	30	62.5
11	193	139	72.02	136	70.47	121	62.69
12	209	129	61.72	115	55.02	111	53.11
合计	2268	1003	44.22	1223	53.92	839	36.99

猪链球菌 2 型抗体的阳性率在不同月份的波动较 SIV 的抗体阳性率要小，在春季的阳性率是最低的，其中 3 月为 31.82%；之后的月份逐渐上升，8 月达到最高阳性率 77.55%，在 9 月、10 月和 11 月能保持 70%以上的阳性率，12 月出现下降，至翌年的 3 月逐月下

降。其全年的平均阳性率为 53.92%，总体阳性率比 SIV 的阳性率要高。此外，SIV+SS2 双阳性率总体趋势与 SIV 阳性率变化趋势一致且阳性率值接近（图 1-6A），说明猪流感病毒的出现与猪链球菌的出现呈正相关，猪流感的暴发很大程度上会引起猪链球菌的继发感染。有意思的是，在这些样品中，仅检出 SIV 抗体阳性率或 SS2 抗体阳性率的样本数较双阳性的样本数要低很多，SIV 单阳性率在春季（1 月和 2 月）或春夏交替的 4 月高于冬季的 11 月和 12 月，夏秋季节（5～10 月）的阳性率低于 5%，但是这个时间段的 SIV+SS2 双阳性率却维持在 20%以上，说明这些季节被 H1N1 猪流感病毒感染的猪绝大部分都伴随着猪链球菌的感染；与此相反，SS2 单阳性率在夏秋季节却非常高，8 月的阳性率达到 55.1%，在冬春季的阳性率却很低，但双阳性率在冬春季节是最高的（图 1-6B），说明冬春季节 SS2 的高检出率很可能是 SIV 感染猪体后导致的继发感染。

2. 不同省份和地区猪链球菌与猪流感病毒混合感染的分布

从地域分布来看，在 8 个省份中，除湖南省外，其他 7 个省份的 SS2 抗体阳性率都要高于 SIV 抗体阳性率，其中湖北、湖南和安徽这三个省份的 SIV 和 SS2 抗体阳性率非常高，均在 50%以上，而河北地区最低，浙江地区也普遍偏低；在这些省份中，SIV+SS2 双阳性率总体趋势仍然与 SIV 阳性率趋势一致且阳性率值接近（表 1-5）。此外，SIV 单阳性率总体比 SS2 单阳性率在各省份都低很多，在湖北省最高，阳性率为 11.30%，江西省的样本中 SIV 单阳性率为 0；相反，江西省的 SS2 单阳性率是最高的，为 34.22%，最低是湖南省，为 0.85%（表 1-5）。在湖北、湖南和安徽，SIV+SS2 混合感染率远高于这两个病原的单独感染率，但是江西、河北及浙江的混合感染率低于猪链球菌的感染率，可能在这三个省份中，除流感病毒继发猪链球菌外，存在其他诱导发生猪链球菌病的因素。尤其是江西省同时表现出猪流感病毒单阳性率为 0，猪链球菌感染率远大于猪流感感染率，这更进一步说明猪体携带链球菌的比例较高，一旦感染猪流感，极易感染猪链球菌。

表 1-5　不同地区 SS2 和 SIV 抗体检测结果

地区	样品/份	H1 阳性/份	H1 阳性/%	SS2 阳性/份	SS2 阳性/%	双阳性/份	双阳性/%
湖北	1239	710	57.30	780	62.95	570	46.00
湖南	235	129	54.89	121	51.49	119	50.64
安徽	91	43	47.25	53	58.24	37	40.66
江西	225	30	13.33	107	47.56	30	13.33
河南	296	69	23.31	121	40.88	66	22.30
河北	74	3	4.05	10	13.51	2	2.70
广东	66	14	21.21	23	34.85	13	19.70
浙江	42	5	11.90	8	19.05	2	4.76
总数	2268	1003	44.22	1223	53.92	839	36.99

总体来看，在时间和空间上，SS2 抗体阳性率普遍比猪流感病毒阳性率高；在时间上，SIV 抗体的变化规律主要在气温波动较大的月份呈现明显的升高，对应的猪链球菌 2 型阳性率也升高，夏季猪链球菌 2 型阳性率偏高，但对应的 SIV 阳性率变化不大。猪流感病毒和猪链球菌 2 型抗体阳性较高的时间集中在 10～12 月，较低的时间集中在 6～

8 月。单独 SS2 抗体阳性在 10～12 月较低，而共阳性较高，暗示着 H1N1 猪流感病毒与猪链球菌 2 型的感染在冬季的相互影响力较大。在地域分布上，猪流感病主要分布在中部、亚热带气候地区，并且在这些地区中由 H1N1 猪流感病毒引起的 SS2 继发感染也是最高的。

二、猪链球菌与 H1N1 猪流感病毒混合感染的分子机制

目前对 SIV 和 SS2 的研究主要集中在病毒的进化分析、细菌的毒力因子发掘及疫苗的研制，而且致病机制尚未完全阐明，未见报道 SIV 与 SS2 混合感染的流行病学与协同致病机制相关的研究。

为了阐述 SS2 单独感染与混合感染在致病机制上的异同，我们构建了猪链球菌 2 型与 H1N1 猪流感病毒混合感染的仔猪模型，利用基因芯片考察了单独感染与混合感染后仔猪肺组织基因表达谱的变化情况，并对差异表达基因进行分析，以此解释 SS2 与 SIV 混合感染的分子机制。

（一）混合感染的临床表现及病理变化

在人工感染实验之前，采集所有实验用仔猪的鼻拭子进行血凝试验与血凝抑制试验检测 SIV 病原及其抗体；采集血清进行 ELISA 检测 SS2 荚膜多糖抗体。选取 12 头 SIV 病原与抗体阴性且 SS2 抗体阴性的仔猪用于后续人工感染实验。将这 12 头仔猪随机分为 4 组，每组 3 头，分别为空白组、H1N1 猪流感病毒（A/swine/Hubei/101/2009）单独感染组（SIV 组）、猪链球菌 2 型（05ZY）单独感染组（SS2 组）、H1N1 猪流感病毒与猪链球菌 2 型混合感染组（SIV+SS2 组），分栏隔离饲养。实验第 1 天，对 SIV 组和 SIV+SS2 组的仔猪进行鼻腔接种 H1N1 猪流感病毒 $2×10^7$ EID_{50}，同时空白组和 SS2 组使用 PBS 进行相同的处理。实验第 3 天，将所有仔猪用 2%冰醋酸溶液滴鼻处理 30min 后，对 SS2 组和 SIV+SS2 组的仔猪进行鼻腔接种猪链球菌 2 型细菌 $2×10^6$ CFU，同时空白组和 SIV 组使用 PBS 进行相同的处理。自实验第 1 天起，每天监测仔猪的体温、临床表现（精神状态、猪流感与猪链球菌病症状），隔天采集鼻拭子。

在人工感染后观察仔猪的临床症状（表 1-6），SIV 组和 SIV+SS2 组仔猪在攻毒后的 3 天内体温逐步上升，至第 3 天时平均温度分别达到 40.7℃和 40.9℃，总体表现为高热、咳嗽、打喷嚏和流鼻涕。在第 6 天，SIV 单独感染组恢复正常，而 SIV+SS2 组出现更高的发热，3 头猪的体温分别为 41.5℃、41.8℃和 41.5℃，同时也能观察到 SS2 感染引起的跛行和关节肿大。SS2 单独感染组的仔猪在感染当天没有表现出明显的临床症状，但是在感染后的第 3 天（实验第 6 天）能观察到明显的临床症状，如跛行、关节肿胀和不同程度的嗜睡等，其中一头仔猪高热（40.5℃）；SIV+SS2 组则表现出更为严重的临床症状，其中两头仔猪高热，体温分别为 41.3℃和 41.8℃，另一头仔猪呈濒死状态，体温降至 38.9℃。实验过程中空白组的体温均较稳定，没有异常波动。

表 1-6 实验感染后仔猪的临床症状

分组	仔猪症状/（发病数/总数）	
	SIV 感染（第 1 天至第 3 天）	SS2 感染（第 3 天至第 6 天）
空白组	无明显症状	无明显症状
SIV 组	体温高热/（3/3）、咳嗽/（1/3）、打喷嚏/（1/3）、流鼻涕/（2/3）	体温高热/（0/3）、咳嗽/（1/3）、打喷嚏/（0/3）、流鼻涕/（0/3）
SS2 组	无明显症状	体温高热/（2/3）、精神沉郁/（2/3）、跛行/（2/3）、关节肿大/（1/3）
SIV+SS2 组	体温高热/（3/3）、咳嗽/（1/3）、打喷嚏/（1/3）、流鼻涕/（1/3）	体温高热/（2/3）、低温/（1/3）、跛行/（2/3）、卧地不起/（1/3）、关节肿大/（2/3）、咳嗽/（1/3）、打喷嚏/（2/3）、流鼻涕/（0/3）

在 H1N1 猪流感病毒接种后采集鼻拭子，SIV 组和 SIV+SS2 组在实验观察期内（第 2 至第 6 天）均能检测到 H1N1 猪流感病毒。并且在第 6 天即 SS2 接种后 3 天时，SIV+SS2 组的鼻拭子和肺组织检测的病毒滴度均略高于 SIV 组，这也能解释为什么混合感染组的仔猪临床症状表现得更明显，肺损伤也更为严重。空白组和 SS2 组均不能分离到病毒（图 1-7）。实验第 6 天，SS2 组和 SIV+SS2 组的肺脏均能分离到 SS2，但是两组实验分离到的 SS2 没有显著差异，心脏、血液、关节液和心包液大多能分离到 SS2，差异同样不明显。此外，空白对照组和 SIV 组均不能分离到猪链球菌 2 型。

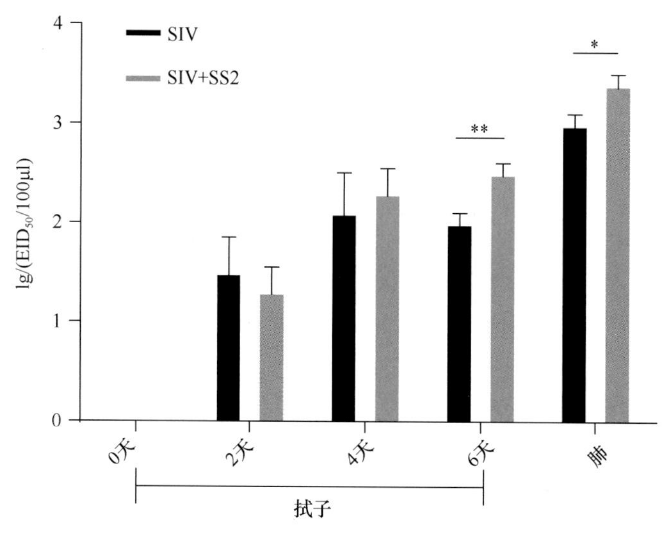

图 1-7 仔猪鼻拭子和肺组织病毒含毒量检测

*$P<0.05$；**$P<0.01$

对第 6 天的仔猪肺部病理损伤进行评估，可以观察到与单独感染的 SIV 组和 SS2 组相比，SIV+SS2 混合感染引起的肺部病理损伤最为严重，表现为充血、坏死、出血和实变。此外，混合感染组仔猪的脾脏肿胀，边缘变钝、出现圆形出血性梗死灶；肾脏条状出血明显；心包液和关节液略微增多；喉管里有大量透明的黏液，并且全身淋巴结肿胀、充血和出血。肺组织的病理切片显示，除空白对照组外，3 个实验组的仔猪肺部都表现出不同程度的病理损伤，广泛的肺损伤出现于 SIV+SS2 组，包括大量炎性细胞浸润、肺泡壁严重增厚、出血和管腔的细胞碎片等；SIV 组和 SS2 组表现为更轻微的肺损伤（图 1-8A），肺组织损伤病理学评分验证了这一结论（图 1-8B）。这个实验说明，H1N1

猪流感病毒和猪链球菌 2 型混合感染增加了仔猪的致病性，符合临床感染观察到的现象。

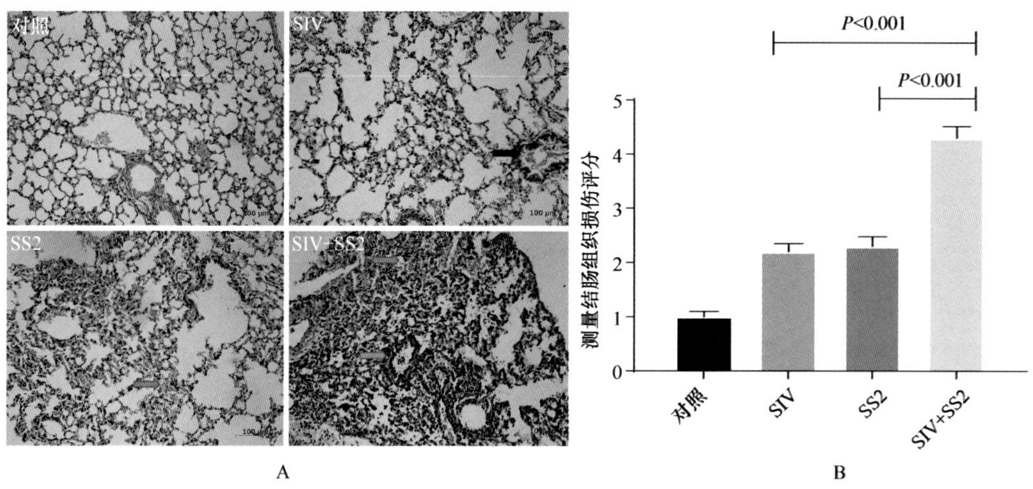

图 1-8　感染仔猪的肺组织病理切片

A. 4 组实验仔猪的肺组织病理切片；B. 肺组织病理学评分

（二）SIV+SS2 混合感染基因表达谱分析

为了进一步探讨 SIV+SS2 混合感染引起的致病机制，我们将这 4 组实验的肺组织进行基因表达谱分析。与空白组相比，SIV 组、SS2 组和 SIV+SS2 组分别有 457 个（230 个基因上调，227 个基因下调）、411 个（199 个基因上调，212 个基因下调）和 844 个（597 个基因上调，247 个基因下调）差异表达基因，主要涉及信号转导（signal transduction）、免疫应答（immune response）、炎性反应（inflammatory response）、凋亡（apoptosis）、天然免疫应答（innate immune response）、转录（transcription）、发育（development）、细胞黏附（cell adhesion）和氧化还原（oxidation reduction）等生物过程。有意思的是，SIV+SS2 混合感染组相比于 SIV 和 SS2 单独感染组，炎症反应和细胞凋亡被强烈地激活，暗示着这两个过程在混合感染中具有重要作用。将这些差异基因进行 KEGG 分析，发现 SIV+SS2 混合感染组有更多的差异基因参与免疫和炎症应答反应（包括细胞因子与细胞因子受体互作、MAPK 信号通路、Toll 样受体途径、JAK-STAT 信号通路、抗原递呈和补体途径等）及凋亡信号通路。比如，在混合感染组中，干扰素受体 IFNAR1、IFNAR2 和 IFNGR1 分别上升了 1.74 倍、2.27 倍和 1.73 倍；炎症相关受体 IL13RA1、IL1R2 和 IL4R 分别上升了 1.65 倍、4.56 倍和 2.15 倍。混合感染还显著促进趋化因子及其受体的表达，如 CCL3、CX3CL1、CXCL16、CCR1 和 CXCR4 分别上调了 1.62 倍、1.7 倍、0.56 倍、2.23 倍和 1.55 倍。

（三）混合感染导致仔猪的高炎症反应和细胞凋亡

为了探讨混合感染引发的炎症反应，我们选取了多个相关基因进行荧光定量 PCR 验证。在炎症信号通路中，模式识别受体 TLR4 及其接头分子 MyD88 能被 SIV 和 SS2 的感染诱导表达，而 SIV+SS2 混合感染能引起更高水平的表达（图 1-9A）。在芯片数据中，混合感染诱导 CD14 分子和 LPS 结合蛋白的高表达（4.96 倍和 1.81 倍），CD14 是 LPS 的受体，能结合 LPS 结合蛋白（LBP），催化 LPS 转移到 CD14 分子，使 LPS 被转移到细胞膜表面结合 TLR4-MD-2 复合物，诱导 NF-κB 的活化，促进炎症反应的发生（Schumann et al.，1990；Wright et al.，1990；da Silva Correia et al.，2001）。CD14 分子也是识别流感病毒的共受体，对于流感病毒诱导的炎症反应至关重要（Pauligk et al.，2004）。同时，TLR4 在 H5N1 流感病毒感染引起的急性肺损伤中扮演非常重要的作用，用 TLR4 拮抗剂处理后可以缓解小鼠的肺损伤，保护小鼠（Imai et al.，2008; Shirey et al.，2013）。TLR2 被认为是 SS2 的主要识别受体，但是在本实验中只有 SS2 组显著上调表达，在混合感染组的表达基本没有变化，说明尽管 TLR2 对 SS2 的宿主免疫应答至关重要，但是可能不参与 SIV+SS2 的混合感染过程，这一结果与前人的报道相符。有学者认为 TLR4 不参与对 SS2 的识别，但是有研究发现 TLR4 可以识别肺炎链球菌分泌的肺炎链球菌溶血素（Malley et al.，2003），该毒素与 SS2 分泌的溶血素高度同源（Segura and Gottschalk，2004），而且 TLR4 在混合感染实验中显著上调，这些结果说明 TLR4 在混合感染诱发的炎症反应中具有重要作用。

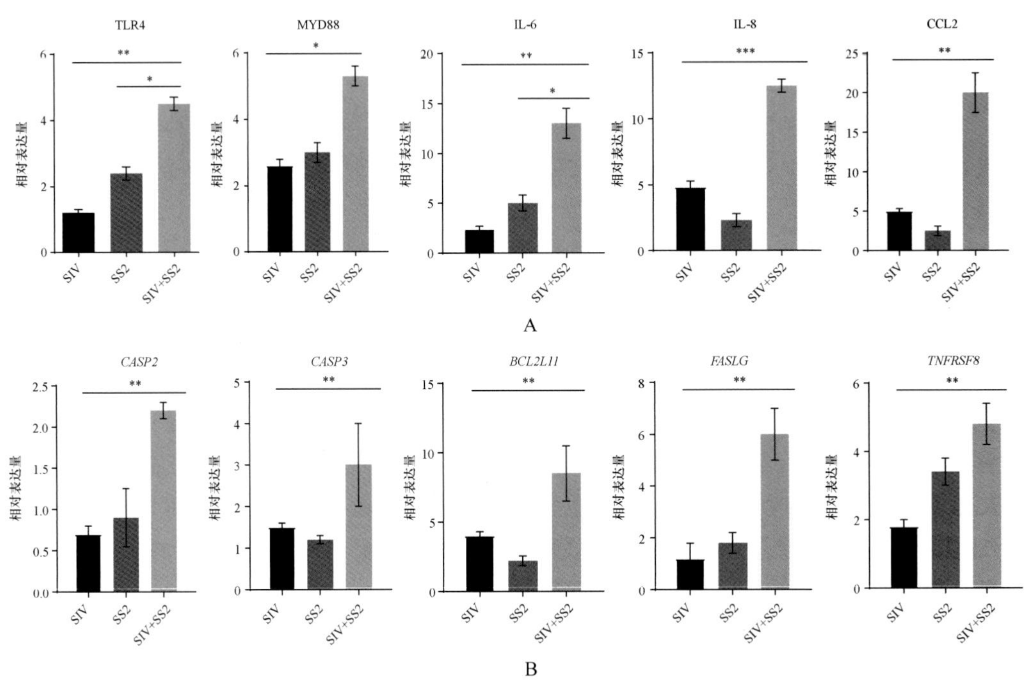

图 1-9 差异基因的荧光定量 PCR 检测

$^{*}P<0.05$；$^{**}P<0.01$；$^{***}P<0.001$

细胞因子在宿主的免疫防御中扮演着非常重要的角色，它们可以招募炎性细胞清除病原，但是过度的炎症应答会导致宿主的免疫损伤。在本实验中，炎症因子 IL-6 和 IL-8 及趋化因子 CCL2 在混合感染组中显著高于在 SIV 和 SS2 单独感染组（图 1-9A）。此外，CCL3、CCR1、CXCR4、CX3CL1 和 IL-17 在混合感染组中也被显著上调表达，这可能是导致混合感染组出现更严重的炎症损伤的原因。

混合感染诱导大量凋亡相关的基因上调表达，包括 TNFR 超家族成员 *TNFRSF1B*、*TNFRSF8* 和 *TNFRSF10A*，还有激活 caspase 诱导凋亡的基因 *CASP2*、*CASP3* 和 *CASP4* 及 *BCL2-like* 基因 *BCL2L11* 和 *BCL2L14*。我们验证了 *CASP2*、*CASP3*、*BC2L11*、*FASLG* 和 *TNFRSF8* 基因的表达情况，在 SIV 和 SS2 单独感染组中这些凋亡相关的基因都有不同程度的上调，但是混合感染组能诱导高于 2 倍的上调表达（图 1-9）。

此外，混合感染组上调表达的凋亡相关基因数也较多。进一步采用 TUNEL 法检测各组的肺组织切片，相比于对照组，SIV 组和 SS2 组能诱导大量肺组织细胞的凋亡（图 1-10A），但是 SIV+SS2 混合感染组的肺组织具有更高的凋亡比率（图 1-10B），说明诱导更多的细胞凋亡可能是 SIV+SS2 混合感染引起致病性更强的一个原因。

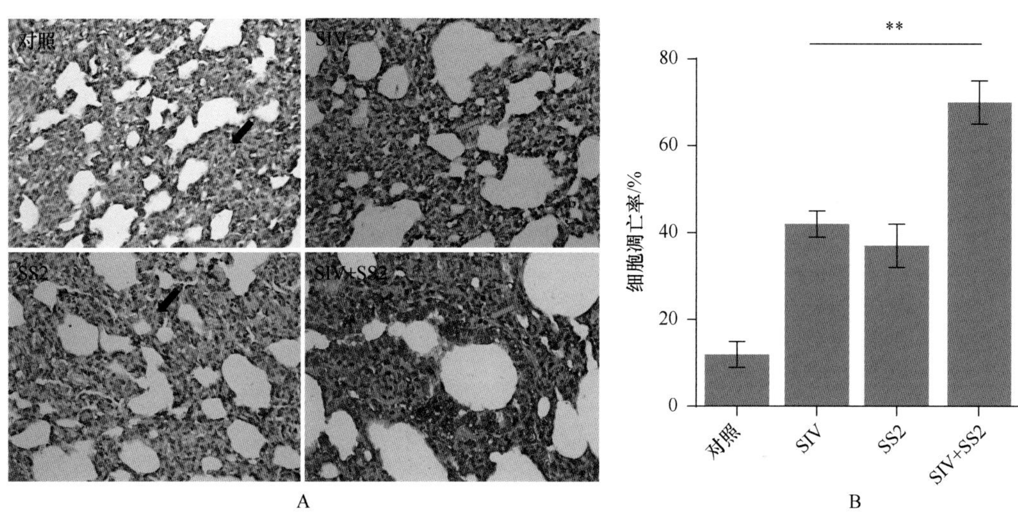

图 1-10　4 组实验仔猪肺组织的凋亡情况对比

$^{**}P<0.01$

对比分析 SIV 感染、SS2 感染和 SIV+SS2 混合感染后的基因表达谱，推测 H1N1 猪流感病毒与猪链球菌 2 型混合感染的致病机制至少包括以下两点：①混合感染刺激宿主产生大量的炎性细胞因子，造成肺部炎性细胞浸润，引起炎性病理损伤，其中 TLR4 可能具有重要作用；②混合感染诱导宿主细胞大量凋亡，引起肺脏机能障碍。

参 考 文 献

成建忠, 孙泉云, 汤赛冬, 等. 2006. 上海市规模化猪场猪呼吸道疾病综合征的血清学监测. 南方养猪, 197: 11-12.

郭红炳, 冯尚连, 吕金辉. 2012. 规模化猪场猪病流行动向及防治政策. 浙江农业科学, 2: 227-231.

黄毓茂, 黄引贤. 1995. 2 型猪链球菌的血清鉴定. 中国兽医学报, 1: 15.

刘翠权, 梁媛, 陈义祥, 等. 2010. 广西规模猪场猪呼吸道疾病综合征的病原学调查. 畜牧与兽医, 42: 29-33.

陆承平, 吴宗福. 2015. 猪链球菌病. 北京: 中国农业出版社.

卫秀余, 宋文秀, 余红梅, 等. 2004. 48 个发生PRDC的猪群中病原体的监测结果. 今日养猪业, 3: 44-54.

Callejo R, Prieto M, Salamone F, et al. 2014. Atypical *Streptococcus suis* in man, Argentina, 2013. Emerg

Infect Dis, 20(3): 500-502.

Chanter N, Jones P W, Alexander T J. 1993. Meningitis in pigs caused by *Streptococcus suis*—a speculative review. Vet Microbiol, 36: 39-55.

Choi Y K, Goyal S M, Joo H S. 2003. Retrospective analysis of etiologic agents associated with respiratory diseases in pigs. Can Vet J, 44(9): 735-737.

Clifton-Hadley F A. 1984. Studies of *Streptococcus suis* type 2 infection in pigs. Vet Res Commun, 8: 217-227.

Costa A T, Lobato F C, Abreu V L, et al. 2005. Serotyping and evaluation of the virulence in mice of *Streptococcus suis* strains isolated from diseased pigs. Rev Inst Med Trop Sao Paulo, 47: 113-115.

da Silva Correia J, Soldau K, Christen U, et al. 2001. Lipopolysaccharide is in close proximity to each of the proteins in its membrane receptor complex. transfer from CD14 to TLR4 and MD-2. J Biol Chem, 276(24): 21129-21135.

Demar M, Belzunce C, Simonnet C, et al. 2013. *Streptococcus suis* meningitis and bacteremia in man, French Guiana. Emerg Infect Dis, 19(9): 1545-1546.

de Moor C E. 1963. Septicaemic infections in pigs, caused by haemolytic streptococci of new lancefield groups designated R, S, and T. Antonie van Leeuwenhoek, 29: 272-280.

Elliott S D. 1966. Streptococcal infection in young pigs. I. An immunochemical study of the causative agent(PM streptococcus). The Journal of Hygiene, 64: 205-212.

Gottschalk M, Higgins R, Jacques M, et al. 1989. Description of 14 new capsular types of *Streptococcus suis*. J Clin Microbiol, 27: 2633-2636.

Gottschalk M, Lacouture S, Odierno L. 1999. Immunomagnetic isolation of *Streptococcus suis* serotypes 2 and 1/2 from swine tonsils. J Clin Microbiol, 37: 2877-2881.

Gottschalk M, Xu J, Calzas C, et al. 2010. *Streptococcus suis*: a new emerging or an old neglected zoonotic pathogen. Future Microbiol, 5: 371-391.

Goyette-Desjardins G, Auger J P, Xu J, et al. 2014. *Streptococcus suis*, an important pig pathogen and emerging zoonotic agent—an update on the worldwide distribution based on serotyping and sequence typing. Emerg Microbes Infec, 3(6): e45.

Gustavsson C, Ramussen M. 2014. Septic Arthritis caused by *Streptococcus suis* serotype 5 in pig farmer. Emerg Infect Dis, 20(3): 489-491.

Higgins R, Gottschalk M, Mittal K R, et al. 1990. *Streptococcus suis* infection in swine. A sixteen months study. Can J Vet Res, 54: 170-173.

Hill J E, Gottschalk M, Brousseau R, et al. 2005. Biochemical analysis, cpn60 and 16S rDNA sequence data indicate that *Streptococcus suis* serotypes 32 and 34, isolated from pigs, are *Streptococcus orisratti*. Veterinary Microbiology, 107: 63-69.

Imai Y, Kuba K, Neely G G, et al. 2008. Identification of oxidative stress and Toll-like receptor 4 signaling as a key pathway of acute lung injury. Cell, 133(2): 235-249.

Ma Y Z, Holt N E, Li X P, et al. 2003. Evidence for direct carotenoid involvement in the regulation of photosynthetic light harvesting. Proc Natl Acad Sci USA, 100: 4377-4382.

Malley R, Henneke P, Morse S C, et al. 2003. Recognition of pneumolysin by Toll-like receptor 4 confers resistance to pneumococcal infection. Proc Natl Acad Sci USA, 100(4): 1966-1971.

Pauligk C, Nain M, Reiling N, et al. 2004. CD14 is required for influenza A virus-induced cytokine and chemokine production. Immunobiology, 209(1-2): 3-10.

Schumann R R, Leong S R, Flaggs G W, et al. 1990. Structure and function of lipopolysaccharide binding protein. Science, 249(4975): 1429-1431.

Segura M, Gottschalk M. 2004. Extracellular virulence factors of streptococci associated with animal diseases. Front Biosci, 9: 1157-1188.

Segura M. 2009. *Streptococcus suis*: an emerging human threat. J Infect Dis, 199(1): 4-6.

Shirey K A, Lai W, Scott A J, et al. 2013. The TLR4 antagonist Eritoran protects mice from lethal influenza infection. Nature, 497(7450): 498-502.

Smith T C, Capuano A W, Boese B, et al. 2008. Exposure to *Streptococcus suis* among US swine workers. Emerg Infect Dis, 14(12): 1925-1927.

Staats J J, Feder I, Okwumabua O, et al. 1997. *Streptococcus suis*: past and present. Vet Res Commun, 21: 381-407.

Taipa R, Lopes V, Magalhaes M. 2008. *Streptococcus suis* meningitis: first case report from Portugal. J Infect, 56(6): 482-483.

Thacker E L. 2001. Immunology of the porcine respiratory disease complex. Vet Clin North Am Food Anim Pract, 17(3): 551-565.

Tramontana A R, Graham M, Sinickas V, et al. 2008. An Australian case of *Streptococcus suis* toxic shock syndrome associated with occupational exposure to animal carcasses. Med J Aust, 188(9): 538-539.

Vande Beek D, Spanjaard L, de Gans J. 2008. *Streptococcus suis* meningitis in the Netherlands. J Infect, 57(2): 158-161.

Watkins E J, Brooksby P, Schweiger M S, et al. 2001. Septicaemia in a pig-farm worker. Lancet, 357(9249): 38.

Windsor R S, Elliott S D. 1975. Streptococcal infection in young pigs. IV. An outbreak of streptococcal meningitis in weaned pigs. The Journal of Hygiene, 75: 69-78.

Wisselink H J, Smith H E, Stockhofe-Zurwieden N, et al. 2000. Distribution of capsular types and production of muramidase-released protein(MRP)and extracellular factor(EF)of Streptococcus suis strains isolated from diseased pigs in seven European countries. Vet Microbiol, 74: 237-248.

Wright S D, Ramos R A, Tobias P S, et al. 1990. CD14, a receptor for complexes of lipopolysaccharide (LPS)and LPS binding protein. Science, 249(4975): 1431-1433.

第二章　猪链球菌病的流行病学

内容提要　本章系统总结了作者及其团队自 2003 年以来在猪链球菌病的流行病学方面的研究成果，主要包括 2003 年至今对猪链球菌病流行病学特征的追踪、猪链球菌耐药谱检测及耐药机理研究等内容。

2003 年至今对全国包括四川、河南、湖南等养猪大省在内的近 20 个省份猪场进行追踪，从具有猪链球菌临床发病特征的病猪的关节、脑、血液、脾等多个部位进行病料采集，并进行分离鉴定。通过血清分型和 MLST 分型分析发现，血清型 2 型始终是分离率最高的血清型，而 3 型和 9 型仅次于 2 型，且在不同时期优势血清型存在波动；而 MLST 分型结果表明，尽管 ST1 型在分离菌株中始终占较高的比例，但 2008 年以后 ST7 型菌株分离率大幅上升，与 ST1 型不分上下，这一结果也与 ST7 型菌株在人群中大规模感染的现象相吻合。上述研究反映了中国猪链球菌病流行病学特征的演变规律，为猪链球菌病防控提供了理论基础，也为后续致病机制的研究指明了方向。

同时，检测了分离所得 400 余株菌株对大环内酯类、四环素类、青霉素类等十多种临床常用药物的抗性，发现检测菌株普遍为多重耐药，且耐 4 种药物菌株所占比例较大，为临床猪链球菌用药指导提供了科学依据，也对养殖业抗生素滥用提出了警示。为了了解猪链球菌普遍耐药现象背后的机制，针对耐药性较为普遍的大环内酯类、四环素类、喹诺酮类药物的耐药基因进行了进一步剖析，解释了耐药性和多重耐药菌株产生的原因。研究猪链球菌的耐药情况，进一步研究其耐药机制，为猪链球菌病的预防和治疗提供一些理论依据。

鉴于此前猪链球菌基因组学分析研究主要集中在 2 型高致病性菌株中，其所鉴定出的差异基因与宿主特异性及致病力没有直接关联，并且用这些分析结果直接推断其他血清型菌株存在盲目性。因此，本章选择了 1/2 型、1 型、2 型、3 型、7 型、9 型及 14 型猪链球菌各一株进行了全基因组测序分析，同时也对临床分离的一株耐 15 种抗生素的菌株进行了全基因组测序分析，从基因组水平上对猪链球菌致病性、耐药性及各个血清型间的进化关系进行解析。这些研究为后续各血清型致病研究奠定了基础，也为筛选猪链球菌通用疫苗及诊断技术提供了更加全面的参照，同时也解释了临床分离的多耐菌株其抗生素抗性产生的原因和机制。

猪链球菌（*Streptococcus suis*，*S. suis*）是最重要的猪细菌性传染病病原体之一，在世界各地几乎所有猪场均能检测到猪链球菌病原的存在。*S. suis* 多寄居在猪上呼吸道，特别是扁桃体和鼻腔之中，也有少量研究报道能在生殖腔和消化道分离得到（Higgins et al.，1990）。它能引起猪脑膜炎、败血症、关节炎、肺炎、心内膜炎等症状，给养猪业带来了严重的经济损失（Sanford and Tilker，1982；Staats et al.，1997）。同时也常作为猪瘟、猪圆环病毒病、猪流感等病的并发或继发感染病原，严重危害着我国乃至世界养猪业的发展。从 21 世纪以来，世界各国对猪链球菌的流行病学研究从未间断，已有报道从病猪中分离鉴定并经过进一步流行病学分析研究的菌株超过 4500 株，以血清型分型为例，目前共 29 个血清型（Tien le et al.，2013），北美 *S. suis* 的优势血清型为 2 型和 3 型，分别占 24.3%和 21.0%，其次分别为 1/2 型、8 型、7 型。而对于南美洲而言，血清型 2 型是其优势血清型，占总分离菌株的 56.7%，其次为 1/2 型、14 型、7 型和 9 型。在亚洲范围内，中国分离得到 *S. suis* 血清型按占比依次为 2 型、3 型、4 型、7 型和 8 型；朝鲜的分离菌株中，以 3 型和 4 型为主，2 型仅有 8.3%。与其他大洲不同，在欧洲和德国、比利时、荷兰的优势血清型均为 9 型（Goyette-Desjardins et al.，2014）。我们可以发现，*S. suis* 流行病学特征、耐药谱受时空影响较大，对我国 *S. suis* 流行情况持续监控是对猪链球菌防控不可缺少的一部分。

第一节　猪链球菌病的流行病学特征

自 2003 年以来，从全国不同的猪场表现猪链球菌病症状的病猪组织器官分离得到数千株纯培养菌落，通过 PCR 扩增猪链球菌 *gdh* 基因进行鉴定确认共计分离得到 1908 株猪链球菌。将分离并经鉴定的菌株接种 THB 培养基培养后加入 20%甘油保存于–80℃，在后续实验中复苏并分析其血清型和 MLST 型。

一、血清型分型

在实验使用的 1908 株菌株中，407 株菌分离于 2003～2007 年，1286 株菌分离自 2008～2012 年，215 株菌来源于 2016 年。各阶段分离菌株呈现出不同的血清型特征。

2003～2007 年分离的 *S. suis* 中，2 型占了绝对优势（43.2%），其次为 3 型（14.7%），4 型（6.4%），8 型（4.7%）。其他血清型如 9 型、11 型、13 型、1 型、12 型等只占很小比例（0.2%～3.9%），有 22 株无法分型（图 2-1）。2 型菌株的高分离率给当时国内猪链球菌防控工作提供了参照，为之后猪链球菌 2 型弱毒疫苗、亚单位疫苗的研发提供了方向，也为后续防控工作提供了理论依据。

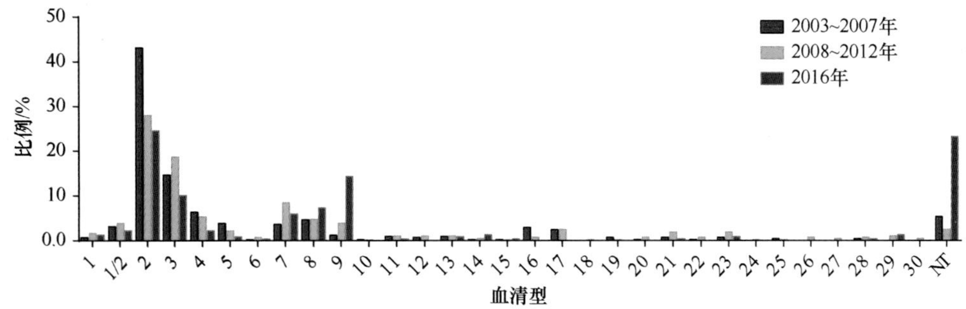

图 2-1　本实验室历年猪链球菌分离菌株血清型分布情况

2008～2012 年分离的 *S. suis* 中，血清型 2 型仍为优势血清型，但分离率占比下降至 28.2%；其次为 3 型，由前 5 年的 14.7%增至 18.8%；之后依次为 4 型 5.4%、8 型 4.8%、9 型 4.0%、1/2 型 4.0%，17 型、5 型、21 型、23 型、1 型和 6 型等仅占 0.3%～2.7%，没有分到 31 型和 33 型，有 9 株无法分型（图 2-1）。可以看到大多数血清型分离率均有所提高，其中值得注意的是 3 型占比提升较高，其次 9 型占比也有上升趋势。其中对分离得到的 66 株 3 型菌株通过 PCR 进行基因型检测，筛选得到基因型为 $mrp^{+}sly^{+}ef^{+}$ 的 6 株菌株进行后续小鼠致死率实验。实验证实，其中 4 株菌株与本实验室前期分离保藏的高致病力 2 型菌株 SC19 一致，一株致病力高于 SC19，结果表明，基因型为 $mrp^{+}sly^{+}ef^{+}$ 的猪链球菌 3 型菌株对小鼠存在致病力，部分 3 型菌株对小鼠存在高致病力，提示我们临床中要对 3 型菌株提高警惕。

2016 年分离的 215 株菌株中，除 50 株不能分型外，猪链球菌 2 型仍占绝对优势，占总分离率的 24.7%；其次为 9 型，占 14.4%；其余血清型中，3 型菌株比例相对下降，占 10.2%，其后为 8 型（7.4%）、7 型（6%），其余菌株占比均低于 2%，未分离得到 10 型、12 型、16 型、17 型、18 型、19 型、20 型、22 型、24 型、25 型、26 型、30 型、31 型和 33 型（图 2-1）。2 型菌株虽仍占优势，但较之前分离率有所降低，可能是 2 型长期优势血清型的地位使人们对其更为重视，当前临床 *S. suis* 疫苗也主要针对 2 型，使得 2 型菌株在养猪业中面临更大的选择压力，导致其分离率逐渐降低。当然其分离率仍然显著高于其他血清型，提示我们不能松懈，在对猪链球菌防控过程中依然要将 2 型放在首位。但与往年不同的是，*S. suis* 9 型占比上升明显，已逐渐接近欧洲国家流行趋势，并且临床分离菌株致病力呈逐渐增强态势，这可能与 9 型长期处于低分离率，未引起广泛关注，缺少 9 型疫苗有关。经小鼠存活率实验证实，在 2016 年分离得到的 29 株 9 型菌株中，有 11 株致死率与高致病菌株 SC19 一致，可初步判别为高致病菌株，仅有 3 株菌株致病力较弱，腹腔注射后小鼠无临床发病症状。这一结果提示我们应加大对猪链球菌 9 型临床致病的关注力度及其相关疫苗的研发。

二、基因型分型

（一）MLST 分型

猪链球菌 MLST（multilocus sequence typing，多位点序列分型）是基于猪链球菌的 7 种看家基因（*aroA*、*cpn60*、*dpr*、*gki*、*muts*、*recA*、*thrA*）的序列核心区域的中性突变情况来完成的（Dingle et al.，2001；Enright and Spratt，1998；Enright et al.，2000）。通过对每个基因片段的不同基因序列都赋予一个等位基因号，这 7 个基因片段就有 7 个等位基因号，每个菌株 7 个等位基因号的组合称为一个 ST（sequence type），目前猪链球菌 MLST 分型数据库已包含 833 种 ST 型。如果某两个分离株具有相同的 ST 型，即可认为这两株菌来源相同，具有共同的祖先，因此 ST 型有利于不同实验室分离菌株间的交流比较，同时 ST 有助于分析细菌群体之间的进化关系和群体特征（Feil et al.，1999；Spratt，1999）。

从 2003～2017 年分离的猪链球菌中分别随机抽取 294 株菌株，扩增看家基因并测序分析其 MLST 型，并进一步通过 eBURST V3.0 将所得 ST 型聚类分型。从三组数据中我们可以发现，包括 ST1、ST7 在内的克隆群 1（clone complex 1，CC1）数量占绝对优势，该克隆群大多为强毒，通常与多种系统感染症状，如败血症、脑膜脑炎等相关，其中 ST1 是广泛流行于世界范围内特别是欧洲的 ST 型，而在中国 1998 年与 2005 年相继暴发的两次人感染猪链球菌疫情，检测均为 ST7。其次为包含 ST27、ST28 在内的 CC3 和 ST25、ST29 在内的 CC4（表 2-1）。CC3 菌株经小鼠动物实验证实为强致病力菌株，而 CC4 为北美主导 ST 型，也有着较高的致病力，可能与中国和北美地区动物贸易往来有关（Goyette-Desjardins et al.，2014）。

表 2-1　猪链球菌的 ST 型分布

时间	CC1			CC3			CC4		其他型	新 ST 型
	ST1	ST7	ST353	ST27	ST28	ST117	ST25	ST29		
2003～2007 年	8	26	0	2	8	0	0	2	6	50
2008～2012 年	4	15	0	0	0	0	0	0	3	4
2016 年	21	20	7	1	4	18	6	4	10	37

（二）毒力指示蛋白基因多态性

溶菌酶释放蛋白（MRP）、胞外因子（EF）、溶血素（SLY）通常作为猪链球菌毒力指示蛋白被用于强致病菌株检测，但有的菌株出现检测不到该蛋白质的表达，甚至无法检测到基因存在的现象。这种状况的存在往往会干扰对临床分离株致病性的分析（Fittipaldi et al.，2009；Wei et al.，2009）。为了解决以上问题，我们通过对分离的 180 株 2 型临床分离菌株中 MRP、EF、SLY 的染色体相应区域测序，并分析各自具有的基因型及其与致病力的关联。

通过尝试不同引物，我们成功地在所有菌株中扩增出了这三个毒力指示蛋白相应的染色体区域并完成了测序工作。对于阳性菌株，将其 ORF 全长测序，部分有代表性菌株则将整个扩增子进行测序；同时针对阴性菌株扩增子进行测序。

MRP 区域序列被分为两类，分别命名为 mrp^{+}类（PCR 产物≈6.0kb，包含 175 个分离株）和 mrp^{0} 类（PCR 产物≈1.8kb，包含 5 个分离株）（图 2-2 A）。mrp^{+}类基因序列经比对，与 05ZYH33 基因组中序列同源性较高，但局部存在一些突变，可进一步分为若干亚型。而 mrp^{0} 类则表现为丢失整个 *mrp*ORF。同时我们也检测了 *mrp* 是否存在于 mrp^{0} 类其他染色体区域，检测结果为阴性。

EF 染色体区域序列同样可以划分为两类：epf^{+}类（PCR 产物≈6.0kb，包含 155 个分离株；PCR 产物≈8.0kb，包含 1 个分离株）和 epf^{0} 类（PCR 产物≈2.0kb，包含 24 个分离株）（图 2-2 B）。6kb 的 epf^{+}菌株包含编码 EF 的 ORF，而 8kb 的 epf^{+}菌株包含了编码大片段的 EF（EF*）ORF，并且这两个片段与以往报道一致。Epf^{0} 菌株同样表现为整个 *epf* ORF 的丢失，且不存在于其他染色体区域。由于没有发现过渡类型的存在，可以合理地推测 MRP 或 EF 基因座位的产生都是基因水平转移造成的。但由于本研究及此前报道中均未发现任何插入序列等水平转移的遗迹存在，所以其机制只能归结为非常规重组。

SLY 的基因座位也被分为两类：*sly*$^+$类（PCR 产物≈3.0kb，154 个菌株；PCR 产物≈5.0kb，2 个分离株）和 *sly*^{0}类（PCR≈2.0kb，24 个分离株）（图 2-2 C）。其中 3kb 的 *sly*$^+$菌株基因座位中存在编码 SLY 的 ORF，而 5kb 的基因座位中不仅存在 SLY 的 ORF，且在其上游存在插入序列。与之前两个基因不同的是，*sly*^{0}类基因座位中不仅是 *sly* 的丢失，而是被一个功能未知的 ORF 所替代。与此前的 SLY 基因多态性相比，金梅林等首次发现 SLY 基因座中存在插入序列。而这一发现也说明，SLY 基因座位上的水平转移可能是由多种机制共同造成的。

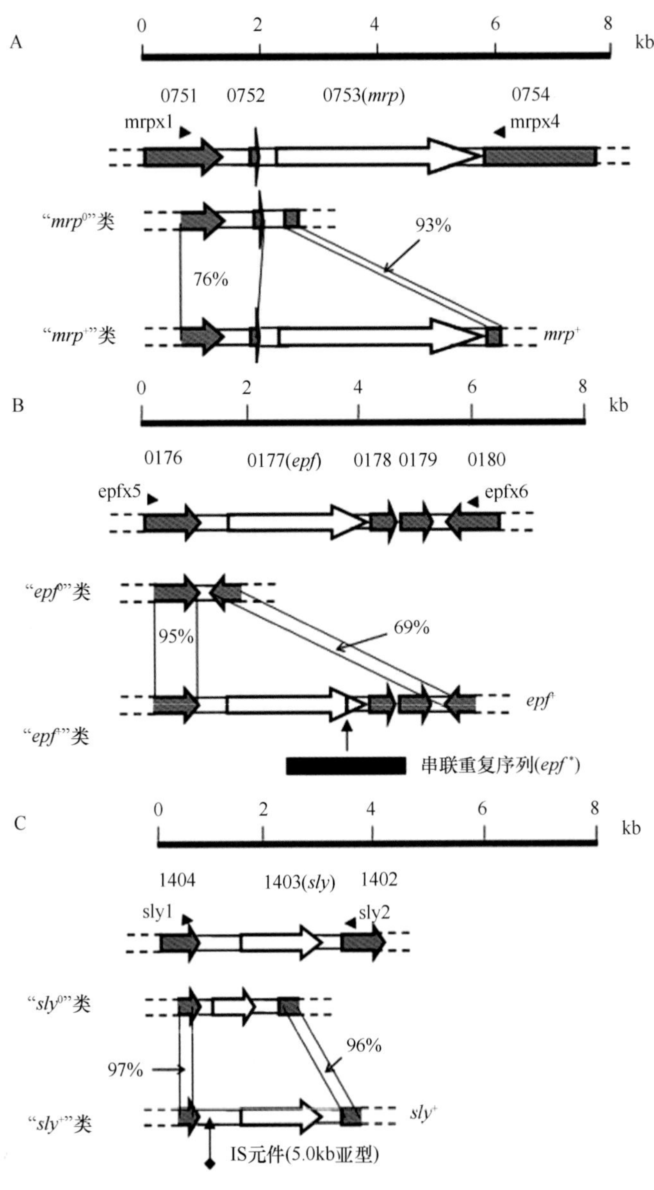

图 2-2 不同类型 MRP、EF、SLY 相应染色体区域序列

A. MRP 相应染色体区域；B. EF 相应染色体区域；C. SLY 相应染色体区域，图中的参考遗传图谱是已经全基因组测序菌株 05ZYH33（注册号 CP000407）相应染色体区域数据，黑色箭头（mrpx1，mrpx4，epfx5，epfx6，sly1，sly2）表示引物位置

由于*mrp*ORF中发现了可变区的存在，并且不同菌株间有较大的差别（图2-3 A），所以对其亚型进一步分类研究。可以发现，*mrp*ORF序列的系统发育树只有3个主要分支（图2-3 B）：分支Ⅰ（以C66为代表的24个分离株），分支Ⅱ（以A13为代表的92个分离株）及分支Ⅲ（以SS24为代表的58个分离株），同一分支上的序列同源性极高，仅存在几个碱基的差异。因此175个mrp^{+}类基因座位序列可以分为3个亚型：small类（PCR产物≈5.6kb，无串联重复序列，包含2个分离株），classic类（PCR产物≈6.0kb，存在一个串联重复序列，包含170个分离株），large类（PCR产物≈6.4kb/6.8kb，串联重复序列拷贝数为2或3，3个分离株）。

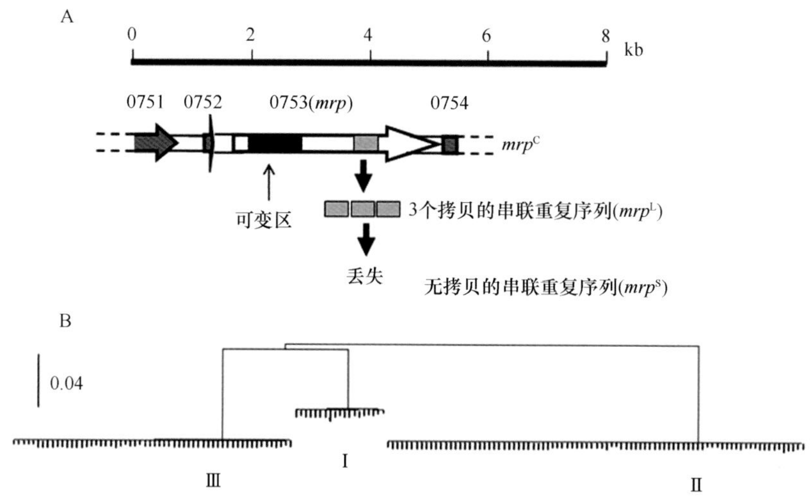

图2-3　对所有已经测序的*mrp*ORF全长的分析

A. 所有*mrp*阳性菌株*mrp*ORF全长多序列比对示意图；B. 将A中比对结果构建成系统发育树

根据三个毒力指示蛋白基因座位的分类，结合*mrp*三种亚型，可以将179株分离菌株分为9个基因型：$mrp^{\text{I}C}epf^{0}sly^{0}$，$mrp^{\text{II}C}epf^{+}sly^{+}$，$mrp^{\text{III}C}epf^{+}sly^{+}$，$mrp^{\text{I}L}epf^{0}sly^{0}$，$mrp^{\text{II}S}epf^{+}sly^{+}$，$mrp^{\text{II}C}epf^{+}sly^{+}$（IS），$mrp^{\text{III}C}epf^{*}sly^{+}$，$mrp^{\text{III}S}epf^{+}sly^{+}$，$mrp^{0}epf^{+}sly^{+}$。其中前三个基因型是猪链球菌2型菌株中的优势基因型，占92.7%。

结合毒力因子基因型及分离部位可以发现，具有$mrp^{\text{I}C}epf^{0}sly^{0}$基因型的分离株主要从只罹患肺炎的病猪肺中分离（20/21），具有$mrp^{\text{II}C}epf^{+}sly^{+}$或$mrp^{\text{III}C}epf^{+}sly^{+}$基因型的分离株主要从具有全身感染临床表现的病猪体内分离（53/87，39/58）（表2-2）。具有$mrp^{\text{I}C}epf^{0}sly^{0}$基因型的分离株中菌株来源比例（肺炎型/全身感染型）与具有$mrp^{\text{II}C}epf^{+}sly^{+}$或$mrp^{\text{III}C}epf^{+}sly^{+}$基因型的分离株中菌株来源比例存在显著差异（$P<0.001$）。而具有$mrp^{\text{II}C}epf^{+}sly^{+}$基因型的分离株的菌株来源比例和具有$mrp^{\text{III}C}epf^{+}sly^{+}$基因型的分离株的菌株来源比例间未发现显著性差异。根据上述数据，猜测具有$mrp^{\text{II}C}epf^{+}sly^{+}$或$mrp^{\text{III}C}epf^{+}sly^{+}$基因型的菌株主要导致全身感染，并且其致病力也较其他基因型更强。

表 2-2 基因型与菌株来源的联系

描述	基因型	菌株来源		
		肺炎/份	全身性感染/份	总数/份
主要分离群	$mrp^{IC}epf^{0}sly^{0}$	20	1	21
	$mrp^{IIC}epf^{+}sly^{+}$	34	53	87
	$mrp^{IIIC}epf^{+}sly^{+}$	19	39	58
次要分离群	$mrp^{IL}epf^{0}sly^{0}$	1	2	4
	$mrp^{IIS}epf^{+}sly^{+}$	0	1	1
	$mrp^{IIC}epf^{+}sly^{+}$（IS）	1	0	1
	$mrp^{IIIC}epf^{*}sly^{+}$	2	0	2
	$mrp^{IIIS}epf^{+}sly^{+}$	1	0	1
	$mrp^{0}epf^{+}sly^{+}$	2	3	5
总计		80	99	179[a]

注：a. 1 个分离株 SDA6（基因型 $mrp^{IIC}epf^{+}sly^{+}$）分离自健康猪（鼻拭子）

因此，针对上述结果进行了小鼠感染实验（表 2-3）。结果表明，具有 $epf^{+}sly^{+}$基因型的分离株具有较强致病力，此外具有 $mrp^{II}epf^{*}sly^{+}$基因型的分离株也具有较强毒力，而具有 $epf^{0}sly^{0}$ 基因型的菌株则致病力较弱。

表 2-3 代表性分离株 BALB/c 小鼠感染实验

菌株[a]	基因型	来源	死亡率[b]			
	mrp epf sly		3×10^{9}CFU	5×10^{8}CFU	5×10^{7}CFU	毒力[c]
SC19	$mrp^{IIIC}epf^{+}sly^{+}$	脑膜炎	10/10	10/10	0/10	H
SS-1	$mrp^{IC}epf^{0}sly^{0}$	肺炎	0/10	0/10	0/10	L
A9	$mrp^{IC}epf^{0}sly^{0}$	肺炎	0/10	0/10	0/10	L
C66	$mrp^{IC}epf^{0}sly^{0}$	脑膜炎	6/10	0/10	0/10	M
A38	$mrp^{IC}epf^{0}sly^{0}$	肺炎	0/10	0/10	0/10	L
R47	$mrp^{IL}epf^{0}sly^{0}$	关节炎	9/10	0/10	0/10	M
C40	$mrp^{IL}epf^{0}sly^{0}$	肺炎	10/10	0/10	0/10	M
C17	$mrp^{IIC}epf^{+}sly^{+}$	肺炎	10/10	10/10	0/10	H
K1	$mrp^{IIC}epf^{+}sly^{+}$	肺炎	10/10	9/10	0/10	H
3465	$mrp^{IIC}epf^{+}sly^{+}$	脑膜炎	10/10	10/10	0/10	H
SS6	$mrp^{IIC}epf^{+}sly^{+}$	肺炎	10/10	8/10	0/10	H
A13	$mrp^{IIC}epf^{*}sly^{+}$（IS）	肺炎	10/10	10/10	0/10	H
K61	$mrp^{IIS}epf^{+}sly^{+}$	关节炎	10/10	10/10	0/10	H
SS24	$mrp^{IIIC}epf^{+}sly^{+}$	肺炎	10/10	8/10	0/10	H
3442	$mrp^{IIIC}epf^{+}sly^{+}$	肺炎	10/10	10/10	0/10	H
G81	$mrp^{IIIC}epf^{+}sly^{+}$	脑膜炎	10/10	7/10	0/10	H
A3	$mrp^{IIIS}epf^{+}sly^{+}$	肺炎	10/10	9/10	0/10	H
R23	$mrp^{0}epf^{+}sly^{+}$	败血症	10/10	9/10	0/10	H
R72	$mrp^{0}epf^{+}sly^{+}$	肺炎	10/10	10/10	0/10	H

注：a. 已知毒力的菌株 SC19 和 SS-1 作为质控菌株；

b. 死亡率=每组中出现死亡或有严重神经症状的小鼠的数目/本组小鼠总数目；

c. H. 强毒，小鼠在攻毒剂量 5×10^{8} CFU 时死亡；L. 弱毒，小鼠在攻毒剂量 3×10^{9} CFU 时仍然存活；M. 中等毒力，小鼠在攻毒剂量 3×10^{9} CFU 时死亡，在攻毒剂量 3×10^{8} CFU 时存活

尽管 *mrp* 存在多个基因亚型，但 SLY&EF 可以被认为是只有两种基因型：$epf^{+}sly^{+}$（有时是 $epf^{*}sly^{+}$）和 $epf^{0}sly^{0}$。通过对基因型和致病性的相关性分析可以发现具有 $epf^{+}sly^{+}$（或 $epf^{*}sly^{+}$）基因型的猪链球菌 2 型菌株具有较强的致病力，并且主要与全身感染相关，而具有 $epf^{0}sly^{0}$ 基因型的菌株则致病力较弱，并且主要与肺炎相关（表 2-4）。

表 2-4　SLY&EF 基因型与毒力的联系

sly	*epf*	*mrp*	毒力
sly^{+}	epf^{+}	mrp^{IIIC}	高
sly^{+}	epf^{+}	mrp^{IIIS}	高
sly^{+}	epf^{+}	mrp^{IIC}	高
sly^{+}	epf^{+}	mrp^{IIS}	高
sly^{+}	epf^{*}	mrp^{IIC}	高
sly^{+}（IS）	epf^{+}	mrp^{IIC}	高
sly^{+}	epf^{+}	mrp^{0}	高
sly^{0}	epf^{0}	mrp^{IC}	低
sly^{0}	epf^{0}	mrp^{IL}	低

对各菌株 16S rRNA 基因进行测序分析并构建系统发育树。可以发现，发育树可分为两个分支，位于其中一个分支上的菌株基因型全部都是 $epf^{+}sly^{+}$（或 $epf^{*}sly^{+}$），而位于另一分支上的菌株基因型全部都是 $epf^{0}sly^{0}$。而查询它们具体的 16S rRNA 可以发现，除一株菌以外，其余同一分支上的菌株其序列完全相同。这表明 SLY&EF 基因型与 SS2 型菌株的进化间具有显著的相关性。

所以 SLY&EF 的基因型足够表征猪链球菌 2 型菌株的毒力。通过对 SLY&EF 基因型在猪链球菌 2 型菌株系统发育树上的分布观察发现，SLY&EF 基因型与猪链球菌的进化存在显著的联系。所以可以合理地推测 SLY&EF 基因型的变化是猪链球菌长期适应性进化的结果。

第二节　猪链球菌全基因组测序与比较基因组学研究

随着 DNA 测序技术的飞速发展，测序速度快速提升，测序精度得到改善，测序费用也大幅下降，这一切推动着基因组学快速成长。基因组学作为转录组学、蛋白质组学、代谢组学研究的基石，能够为物种的深入研究提供丰富的数据和理论依据。为了从基因组水平了解猪链球菌多种血清型菌株进化关系，同时对其基因组与致病性、耐药性的相关性有更好的认识，我们选择了实验室临床分离的 1/2 型、1 型、2 型、3 型、7 型、9 型及 14 型猪链球菌及 1 株多重耐药但无法分型的菌株进行测序，获得了 7 株完整基因组图谱及 1 株草图。同时选择来自欧洲和越南及中国江苏、四川已获得全基因组的 6 株 2 型菌株共同进行后续的比较分析。

一、猪链球菌泛基因组学研究

通过 Mauve 软件对 13 株完整测序菌株的全基因组进行全局性比对并可视化，分析这些基因组间共线性关系，发现猪链球菌基因组间存在部分重排、缺失和倒位的现象。如图 2-4 所示，13 株菌大致可分为 3 类，除 BM407 外所有 2 型菌株及 14 型、1/2 型菌株可分为第一类，它们基因组间结构非常相似，只存在部分小于 10kb 的插入缺失；BM407（2 型）、D12（9 型）和 ST1（1 型）可分入第二类，其基因组与第一类相比存在一个约 900kb 的倒位区域；剩余两株菌 D9（7 型）和 ST3（3 型）可分为第三类。

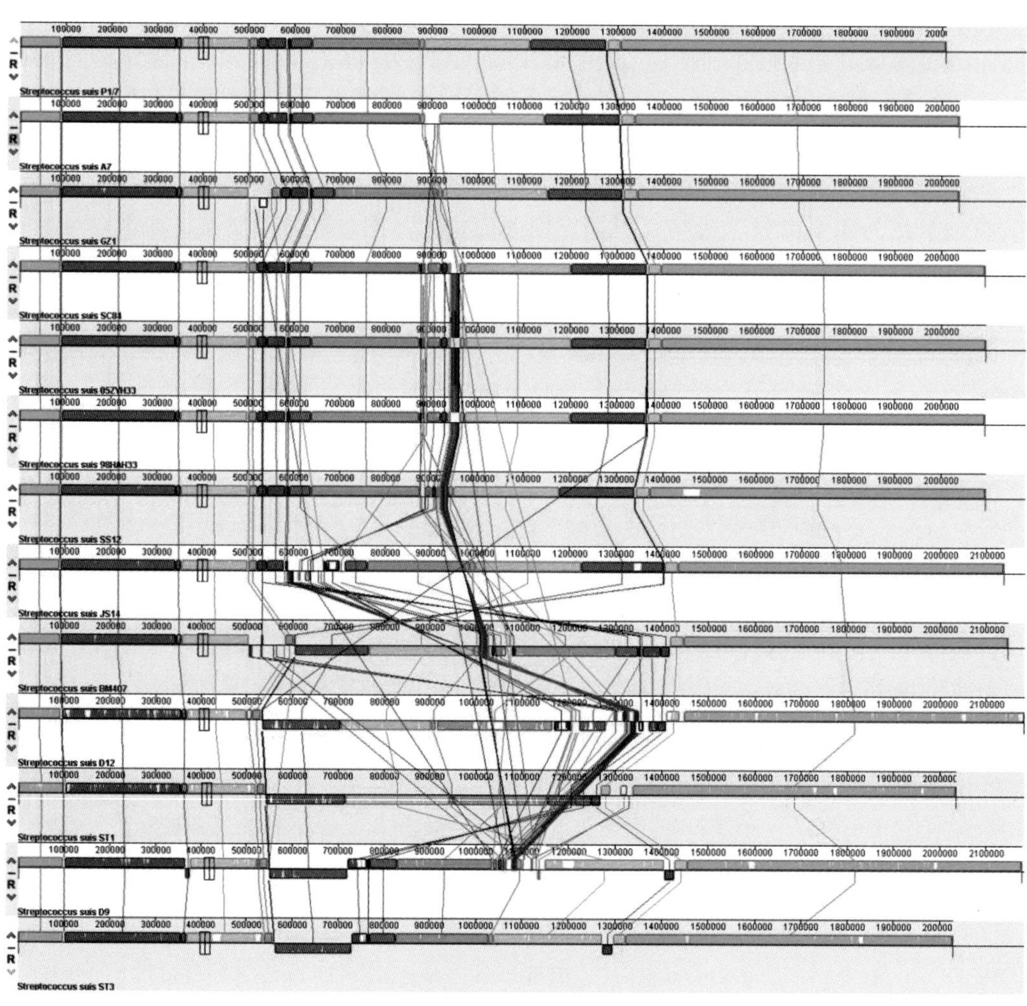

图 2-4　猪链球菌基因组共线性比较

用线连起来的同一颜色区域代表基因组之间保守的区域，白色部分代表相似性较低的部分，中轴线上方为正链，下方为负链

由共线性结果可以发现，三类基因组间存在较大的差异性，可能在进化过程中发生了基因突变或外源基因插入。通过寻找同源基因簇可以为后续分析菌株进化、判断外源基因等提供参照。利用 InParanoid 对 13 个基因组进行相互比较，寻找其同源基因簇，最终鉴定到 2374 个同源聚簇，即对于我们分析的 13 个基因组来说，有 2374 个基因存在于 2 个及 2 个以上的基因组中。相对地，有 1211 个基因为菌株特异性基因，由此可计算出，这 13 个基因组组成的泛基因组基因数为 3585 个。对同源基因簇上的基因进行

比对分析以得到核心基因组，这些基因在各基因组内均保守，共 1343 个。以所有基因组的编码序列为整体，核心基因占全部菌株基因数的 66.5%，可变基因（在 2 个及 2 个以上基因组中出现但不存在于全部基因组中）占 28.9%，而菌株特异性基因仅占 4.6%，但各菌株间特异性基因数目差异仍然很大。核心基因是细菌生存和增殖的必需基因，因此具有良好的保守性。而我们关注的重点在各菌株参与致病力、非基础代谢、环境适应等相关的基因，因此首先分析了非核心基因，即可变基因和特异性基因。D9 菌株所含非核心基因比例最大，占其总编码序列数的 38.6%，而 P1/7 菌株所含非核心基因比例最低，为 26.4%，这些结果反映了各猪链球菌菌株间基因获得与缺失的差异性。两两比较分析各基因组基因的存在情况，发现各基因组间差异基因（获得与缺失基因之和）平均数为 587。其中在 D12 和 05ZYH33 之间，差异基因数高达 1090；而 P1/7 和 SC84 之间仅 88 个基因存在差异。分别将所有基因进行 COG 功能分类，发现在非核心基因中占比最多的为碳水化合物代谢和转运、重组和修复相关基因，而核心基因组中大多为翻译、核糖体结构与合成相关基因。此外，比较两类基因组间各类别的差异，可以发现从核心基因到非核心基因，翻译、核糖体结构与合成、脂类代谢以及转运相关的基因占比下降最大，而防御相关的基因比例上升最多，这也与核心基因参与基础生物学过程、非核心基因体现个体竞争优势的特性相符。

多个菌株基因组的泛基因组学分析结果可以反映物种的稳定性与开放性。核心基因组的大小会随着相应基因组数目从小到大依次递增而发生改变。计算这 13 个基因组基因数目及核心基因组，取平均值能够绘制一个衰减曲线，通过寻找最佳拟合对应参数，可以推断出猪链球菌核心基因组大小（图 2-5A）。通过拟合计算，寻找到方程 $y = \mathrm{Ac}\times x^{(-\mathrm{tc})}+\mathrm{yc}$ 与我们所得曲线匹配最佳，其中，Ac=880±50，tc=0.52±0.06，yc=1126±55，R^2=0.993。因此可以推断，猪链球菌核心基因组大小在 1071～1181 个区间内保持稳定。同样地，随着基因组数目从小到大依次增加，新增基因数也会递减。但在计算出每种组合下新增基因数后，发现数值差别非常大，揭示猪链球菌各菌株间存在遗传多样性和基因组动态变化。在计算平均值后仍能发现其存在衰减的趋势（图 2-5B），用方程 $y=\mathrm{As}\times x^{(-\mathrm{ts})}+\mathrm{ys}$ 对这些数据进行拟合，得出最佳拟合数值分别为 As=489±27，ts=1.35±0.09，ys=82±4，R^2=0.994，根据拟合方程可知，随着猪链球菌基因组数目不断增加，会不断有新基因加入到泛基因组中，新增基因数平均为 78～86。综合上述新增基因方程和核心基因方程可以推算出泛基因组方程为 $y=\mathrm{As}\times(x-1)\times x^{(-\mathrm{ts})}+\mathrm{ys}\times x-\mathrm{ys}+\mathrm{Ac}+\mathrm{yc}$（图 2-5C）。

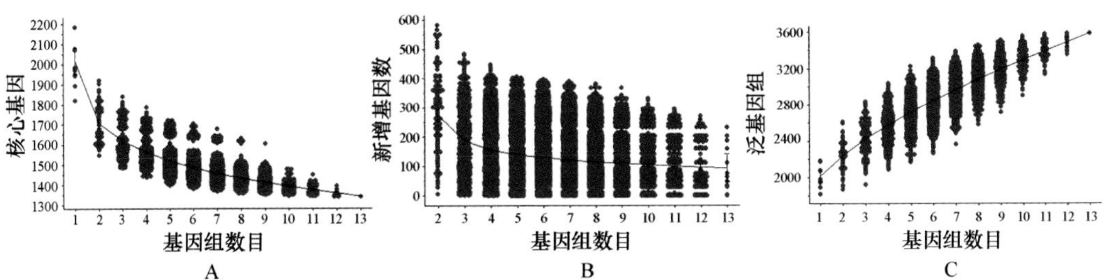

图 2-5　核心基因组、新增基因数及泛基因组变化曲线

研究结果表明，猪链球菌泛基因组大小仍将不断增加，处在开放状态。而泛基因组事实上代表了种的界定，换句话说某一物质理论上应有其特定的泛基因组全部基因内容和数目，可以与其他物种区分开来，而开放的泛基因组则代表物种间没有清晰的划分，这一般与其所处的环境密切相关，如果菌株生存环境使其有机会与其他同种不同菌株或不同物种接触并通过基因水平转移频繁交换遗传物质，那么其基因组动态变化幅度会很大，相反如果处于封闭环境，其基因组变化就只能局限于单核苷酸多态性或小范围突变。被分析的 13 株菌大多来源于不同宿主的不同器官，猪链球菌能侵入多宿主多器官的特性也促成了其开放的泛基因组。对这些基因组中基因水平转移元件或被称为基因组岛区域进行了系统预测，并对结果进行了人工校正，发现这些元件在猪链球菌中广泛存在，基因组中与水平转移相关的基因至少有 65 个，最多可达 214 个，且多存在于非核心基因组中。这表明这些水平转移元件与猪链球菌基因组的动态变化息息相关，正是这些元件造就了开放的泛基因组。这也与此前 Lefebure 和 Stanhope（2007）的研究不谋而合，他们认为猪链球菌在链球菌属中阳性选择压力最高，是获得或缺失基因数目最多的物种。

在本次测序的 8 株菌有 7 种不同血清型，对其基因组的进一步分析有利于揭示不同血清型间的进化关系及形成不同血清型的机制。用两种方法绘制猪链球菌进化树，首先基于菌株核心基因序列比对用贝叶斯聚类建树，将 13 个基因组中长度完全相等的 522 个基因多序列比对结果首尾相连，组成总长为 457 779bp 的多序列比对结果，通过贝叶斯分析进化关系，1 型、3 型、7 型、9 型间进化距离较近，可以归为一个分支，其中 7 型菌株 D9 和 3 型菌株 ST3 进化距离相对更近。此外，所有 2 型菌株与 14 型、1/2 型菌株可以归为相近的一类，有可能来自于同一个祖先。其次基于基因差异变化用 UPGMA 聚类建树，其拓扑结构整体与前一进化树一致，但 2 型菌株 05ZYH33 和 98HAH33 与其余 2 型菌株进化距离较远，当然这可能是由于早期测序技术不成熟使基因组序列存在错误导致基因注释出现差异，此前的报道也证实存在这一现象。有意思的是，13 株菌之间的进化关系与其基因组共线性相对应，表明基因组结构与进化存在相关性。

猪链球菌血清型主要由荚膜的类型决定，而荚膜相关的基因被认为存在于一个基因簇中（Van Calsteren et al.，2010），主要包含 14 个基因（*orfZ*、*orfY*、*orfX*、*cpsA*～*K*）。比对分析 13 株菌基因组上荚膜合成基因簇，其中 *orfX*～*Z*、*cpsA*～*D* 基因相对保守，这与此前的报道相同（Smith et al.，1999），猜测可能在荚膜合成中行使通用功能，而 *cpsE*～*K* 特异性较强，可能正是这些特异性决定了各血清型荚膜结构的差异。但荚膜合成基因簇在 2 型与 1/2 型菌株，1 型与 14 型菌株中相似性极高，没有发现显著差异，这一结果提示我们仍有其他特异性基因影响了荚膜差异，且存在于基因组其他位置，想通过基因序列区分血清型需要从这些特异性基因着手。

二、猪链球菌比较基因组学研究

在测序的 8 株菌中，有一株菌 R61 在拼接后仍有 53 个大于 500bp 的 contig，将其原始 read 比对至参考序列，发现这些 read 实际已基本覆盖全基因组，证明 gap 的形成并非测序深度不够造成。在前期研究中发现 R61 菌株对所测试的 18 种抗生素中的 16 种有耐药性，结合这一特性，推测 gap 区可能是多个外源片段携带耐药基因插入所引入的大量重复区域，这导致拼接软件在此位置断开。而后续尝试通过 PCR 扩增测序补全，但可能由于重复区域过长，拼接工作没能完成。由于其多重耐药的特性，通过 R61 基因组草图，结合对所测抗生素全敏菌株 A7、欧洲临床菌株 P1/7、越南临床菌株 BM407 及中国临床菌株 SC84 基因组的比对分析，对其耐药机制进行研究。

利用耐药数据库 ARDB 对 5 株猪链球菌蛋白序列进行同源搜索寻找其耐药基因。可以发现，所有基因组均含有杆菌肽素耐药基因。A7 和 P1/7 菌株比对上的基因最少，仅有杆菌肽素耐药基因；而 R61 比对上的耐药基因最多，涉及与 12 种抗生素耐药相关的 7 个基因。除杆菌肽素耐药基因外，BM407 基因组中还搜索到 3 个 *tet* 基因，而 SC84 中则比对到 1 个 *tet* 基因。

实验中所涉及的 18 种抗生素包括 β-内酰胺类的青霉素、氨苄青霉素、阿莫西林/克拉维酸钾及各种头孢抗生素；喹诺酮类的左氧氟沙星和加替沙星；大环内酯类的红霉素和阿奇霉素三大类。对 R61 基因组进行分析，发现其耐药机制主要分为 3 种：药物靶点突变、靶点保护及外排泵作用。

（一）药物靶点突变

R61 对 β-内酰胺类及喹诺酮类抗生素的耐药机制主要依靠靶点突变。分别找出 5 个基因组中的 4 种青霉素结合蛋白基因（*pbp*）并翻译成蛋白质序列，比对后发现在 A7、P1/7、BM407 和 SC84 菌株中 4 种 PBP 蛋白序列高度保守，而 R61 中存在上百个突变位点。特别是 PBP2X，该蛋白质全长 749aa，其中发生了 189 个位点突变，且大多数经预测位于蛋白质三级结构的 loop 区段（图 2-6）。模拟 PBP2X 三级结构，可以发现此蛋白质由 N 端结构域、C 端结构域及核心的转肽酶结构域（残基 265～619）3 个部分组成。转肽酶结构域存在 3 个紧邻酶活中心的保守 motif，分别为 S339TMK、S396SN 和 K548SG。在肺炎链球菌耐药机制的报道中，其 S339TMK 位点 T 突变为 A，从而产生了耐药性（Mouz et al.，1998）。而 R61 基因组中，该位点没有发生突变，但其紧邻的位点 M 出现突变（M441→I）。该位点也紧邻催化相关位点 S339，位于催化活性中心凹陷处，因此我们推测该位点的突变是 R61 耐 β-内酰胺类药物的主要机制之一。此外，PBP2b 也被认为是细菌耐药的关键蛋白之一，比对此蛋白序列发现 R61 中的 PBP2B 蛋白发生了 30 个位点突变，与 PBP2X 机制类似。

喹诺酮类抗生素的靶标主要为 DNA 促旋酶和拓扑异构酶Ⅳ，其中 DNA 促旋酶由两个亚基 GyrA 和 GyrB 组成，拓扑异构酶Ⅳ也由两个亚基 ParC 和 ParE 组成。在 GyrA 和 ParC 上存在喹诺酮耐药决定区（QRDR），在这个区段发生突变会影响细菌对喹诺酮类药物的敏感性。在 R61 菌株 QRDR 发现了在其余菌株保守区域上的突变，除已被报道的 3 个位点外，还发现了一个可能与喹诺酮耐药相关的位点，为后续耐药研究提供了线索。

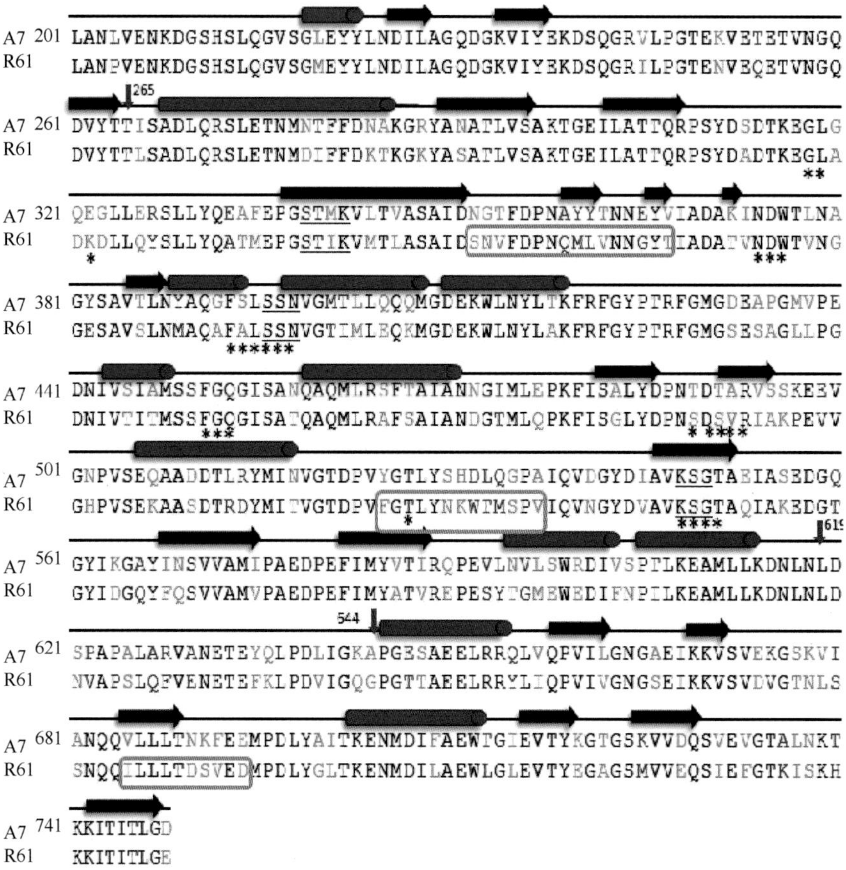

```
A7  201 LANLVENKDGSHSLQGVSGLEYYLNDILAGQDGKVIYEKDSQGRVLPGTEKVETETVNGQ
R61     LANPVENKDGSHSLQGVSGMEYYLNDILAGQDGKVIYEKDSQGRILPGTENVEQETVNGQ

A7  261 DVYTTISADLQRSLETNMNTFFDNAKGRYANATLVSAKTGEILATTQRPSYDSDTKEGLG
R61     DVYTTLSADLQRSLETNMDIFFDKTKGKYASATLVSAKTGEILATTQRPSYDADTKEGLA

A7  321 QEGLLERSLLYQEAFEPGSTMKVLTVASAIDNGTFDPNAYYTNNEYVIADAKINDWTLNA
R61     DKDLLQYSLLYQATMEPGSTIKVMTLASAIDSNVFDPNQMLVNNGYTIADATVNDWTVNG

A7  381 GYSAVTLNYAQGFSLSSNVGMTLLQQQMGDEKWLNYLTKFRFGYPTRFGMGDEAPGMVPE
R61     GESAVSLNMAQAFALSSNVGTIMLEQKMGDEKWLNYLAKFRFGYPTRFGMGSESAGLLPG

A7  441 DNIVSIAMSSFGQGISANQAQMLRSFTAIANNGIMLEPKFISALYDPNTDTARVSSKEEV
R61     DNIVTITMSSFGQGISATQAQMLRAFSAIANDGTMLQPKFISGLYDPNSDSVRIAKPEVV

A7  501 GNPVSEQAADDTLRYMINVGTDPVYGTLYSHDLQGPAIQVDGYDIAVKSGTAEIASEDGQ
R61     GHPVSEKAASDTRDYMITVGTDPVFGTLYNKWTMSPVIQVNGYDVAVKSGTAQIAKEDGT

A7  561 GYIKGAYINSVVAMIPAEDPEFIMYVTIRQPEVLNVLSWRDIVSPTLKEAMLLKDNLNLD
R61     GYIDGQYFQSVVAMVPAEDPEFIMYATVREPESYTGMEWEDIFNPILKEAMLLKDNLNLD

A7  621 SPAPALARVANETEYQLPDLIGKAPGESAEELRRQLVQPVILGNGAEIKKVSVEKGSKVI
R61     NVAPSLQFVENETEFKLPDVIGQGPGTTAEELRRYLIQPVIVGNGSEIKKVSVDVGTNLS

A7  681 ANQQVLLLTNKFEEMPDLYAITKENMDIFAEWTGIEVTYKGTGSKVVDQSVEVGTALNKT
R61     SNQQILLLTDSVEDMPDLYGLTKENMDILAEWLGLEVTYEGAGSMVVEQSIEFGTKISKH

A7  741 KKITITLGD
R61     KKITITLGE
```

图 2-6 A7 与 R61 中 PBP2X 序列的比对

蓝色的位点表示保守区域的突变，红色的位点表示非保守区域突变，蛋白质二级结构位置信息根据 R61 的 PBP2X 蛋白标注，其中红色为 α 螺旋，蓝色为 β 折叠；下划线标示该蛋白质催化中心的 3 个 motif（S339TMK、S396SN 和 K548SG），其中转肽酶结构域位于 256～619aa；下星号标注距离催化中心小于等于 5 Å 的残基；黄色框标示受到正向选择的 3 个残基区段

（二）靶点保护

四环素抗菌活性是通过其与氨酰 tRNA 竞争性结合核糖体，阻止细菌蛋白合成来实现的。细菌对其的耐药机制，除了对核糖体靶位点的修饰外，还可以通过保护核蛋白来实现。

用耐药数据库对 R61 基因组比对发现 SSUR61_2068 与 *tet*（W）存在 34.11%的相似性，且误差 E 值为 6×10^{-12}。该蛋白质由 3 个结构域构成，分别是 Tet_M 结构域、EFTU_Ⅱ结构域和 EFTU_Ⅲ结构域，其中核心结构域是 Tet_M 结构域，此结构域能够与核糖体结合，引起核糖体三级结构改变，使得四环素结合的靶位点发生变异。这个结构变异使四环素无法结合至核糖体，即使在结构异变前已经结合的四环素分子也会被释放出来，解除其抑制作用（Taylor and Chau，1996；Roberts，2005）。此前猪链球菌四环素耐药机制研究中，发现了存在于 BM407 基因组中的 *tet*（M）、*tet*（O）和 *tet*（L），*tet*（M）和 *tet*（O）有核蛋白保护功能，*tet*（L）为外排泵基因。而此次在 R61 中所发现的 *tet*（W）基因所介导的耐药机制是首次在猪链球菌中被鉴定出来。

（三）外排泵作用

在 ARDB 数据库检索结果中，发现 R61 基因组含有一个与大环内酯类耐药基因 *mef*（E）相似度达 96%的同源基因 SSUR61_0925，并且此基因未在其他 4 个基因组中被检索到。*mef*（E）被发现介导细菌红霉素和阿奇霉素耐药（Del Grosso et al.，2002），对 14 单元和 15 单元大环内酯类抗生素能起到外排泵的作用。此外 R61 菌株还具有克林霉素抗性，尽管克林霉素与大环内酯类药物抗菌机制相似，但并不能证明克林霉素的耐药性是 *mef*（E）介导的（Tait-Kamradt et al.，1997），因此 R61 菌株内还存在新的耐克林霉素药物机制没有被纳入 ARDB 数据库，需要进一步研究。

第三节　猪链球菌的耐药性及耐药分子特性

随着世界养猪业的迅猛发展，猪链球菌作为常在菌也被广泛传播。尽管临床流行菌株以 2 型为优势菌株，但其余众多血清型仍占相当的比例。由于 *S. suis* 抗原结构复杂，交叉保护较弱，且当前临床疫苗主要针对 2 型、7 型，存在一定局限性，因此在实际生产中，猪链球菌的防控广泛采用抗菌药物。然而抗生素的不合理使用使得 *S. suis* 对其产生了不同程度的耐药性，导致常用抗菌药物治疗猪链球菌病的效果不断下降。从 2003 年以来分离得到的临床菌株中随机选取了共计 426 株菌株用于耐药谱检测，并针对耐药程度高的药物的耐药机制进行了深入研究。

一、猪链球菌耐药谱

对 2003～2012 年菌株，选用四环素、红霉素、阿奇霉素、克林霉素、氯霉素、青霉素、氨苄青霉素等十余种药物进行检测，其对抗生素的耐药谱见表 2-5。2003～2008 年分离的菌株共鉴定到 12 种耐药谱，而 2009～2012 年的菌株则是 23 种，比 2003～2008 年分离的菌株多了近 1 倍，说明我国猪链球菌的耐药性正在变得越来越复杂。相比 2003～2008 年，2009～2012 年所分离的菌株对红霉素、阿奇霉素、克林霉素等抗生素的耐药率仍在增加。虽然这 3 种抗生素在猪链球菌的防控中没有被广泛使用，但可能是其他疾病防控使用、环境中抗生素污染等原因使猪链球菌被动承受抗生素选择压力造成的。此外，氯头孢菌素、头孢噻肟等头孢类抗生素耐药率在这十年间都有不同程度的升高，这提示应当规范使用头孢类抗生素对猪病的预防与治疗，并且在临床防控猪链球菌时应谨慎使用。

对 2016 年菌株耐药谱检测中，根据当前临床用药情况对检测药物进行了修改，加入了恩诺沙星与卡那霉素，删去了部分头孢类药物的检测（表 2-6）。相比 2009～2012 年的耐药情况，2016 年分离的菌株耐药谱增加到了 34 种，表明我国猪链球菌的耐药性的复杂程度进一步加深。四环素、红霉素、阿奇霉素和克林霉素的耐药率仍然最高，均大于 90%，卡那霉素与复方新诺明略高于 20%，而其他十余种抗生素的耐药率均不足 20%，可被用于猪链球菌病的防控。值得一提的是，以往的数据表明 *S. suis* 对氟喹诺酮类药物的耐药性在逐渐增强，我国 2005～2007 年分离自健康母猪的 421 株菌株有 32.8%

表 2-5　2003～2012 年猪链球菌分离株对抗生素耐药谱的变化比较

抗菌剂数	2003～2008 年耐药谱	菌株数	比例/%	抗菌剂数	2009～2012 年耐药谱	菌株数	比例/%
0		2	1.6	0	TET	2	2.0
1	TET	31	24.6	1	ERY+TET+AZI	8	8.0
2	TET+TSZ	6	4.8	3	ERY+CLI+TET+AZI	1	1.0
3	CLI+TET+AZI	1	0.8	4	ERY+CLI+TET+AZI+CHR	68	69.4
4	ERY+CLI+TET+AZI	70	55.6	5	ERY+CLI+TET+AZI+TSZ	1	1.0
5	ERY+CLI+TET+AZI+TSZ	10	7.9	5	ERY+CLI+TET+AZI+CFR	1	1.0
5	ERY+CLI+TET+AZI+CHR	1	0.8	5	ERY+CLI+TET+AZI+TSZ+CHR	1	1.0
5	ERY+CLI+TET+AZI+LVX	1	0.8	6	ERY+CLI+TET+AZI+CHR+LVX	1	1.0
6	ERY+CLI+TET+AZI+TSZ+LVX	1	0.8	6	ERY+CLI+TET+AZI+TSZ+LVX	1	1.0
				6	ERY+TET+AZI+CFR+PEN+MER	1	1.0
9	ERY+CLI+TET+AZI++TSZ+CHR+CFR+GAT+LVX	1	0.8	6	ERY+CLI+TET+AZI+TSZ+CFR	1	1.0
11	ERY+CLI+TET+AZI+TSZ+CHR+CFR+CAX+PEN+GAT+LVX	1	0.8	6	ERY+CLI+TET+AZI+CFR+CRM	1	1.0
				6	ERY+CLI+TET+AZI+LVX+CFR+PEN	1	1.0
15	ERY+CLI+TET+AZI+TSZ+CHR+CFR+CAX+CFT+CRM+PEN+AMP+AUG+GAT+LVX	1	0.8	7	ERY+CLI+TET+AZI+TSZ+CFR+CRM	1	1.0
				7	ERY+CLI+TET+AZI+TSZ+PEN+CRM	1	1.0
				7	ERY+CLI+TET+AZI+TSZ+CHR+LVX+CFR	1	1.0
				8	ERY+CLI+TET+AZI+LVX+CFR+CRM+CPE+CFT+CAX	1	1.0
				10	ERY+CLI+TET+AZI+CHR+PEN+CFR+CRM+CPE+CFT+CAX	1	1.0
				11	ERY+CLI+TET+AZI+CHR+LVX+CFR+CRM+CPE+CFT+CAX	1	1.0
				11	ERY+CLI+TET+AZI+CHR+LVX+TSZ+CRM+CFR+CFT+CAX	1	1.0
				11	ERY+CLI+TET+AZI+TSZ+CHR+PEN+CRM+LVX+CFR+CFT+CAX	1	1.0
				12	ERY+CLI+TET+AZI+TSZ+CHR+PEN+MER+CRM+CPE+LVX+CFR+CFT+CAX+AMP	1	1.0
				15		1	
合计		126	100	合计		98	100

注：AMP. 氨苄青霉素；AUG. 阿莫西林/克拉维酸钾；AZI. 阿奇霉素；CAX. 头孢曲松；CFR. 氯头孢菌素；CFT. 头孢噻肟；CHR. 氯霉素；CLI. 克林霉素；CPE. 头孢吡肟；CRM. 头孢呋辛；ERY. 红霉素；GAT. 加替沙星；LVX. 左氧氟沙星；MER. 美罗培南；PEN. 青霉素；TET. 四环素；TSZ. 甲氧苄氨嘧啶/磺胺甲噁唑

对恩诺沙星耐药，而在 2016 年分离的所有菌株对其均为敏感，在一定程度上反映了畜牧生产中抗生素滥用得到了遏制。根据猪链球菌血清型对耐药率进行细分，可以发现 *S. suis* 2 型对卡那霉素及复方新诺明的耐药率高达 35.8%和 34%，显著高于 3 型，也高于整体耐药率 22.3%和 21.8%，证明不同血清型间耐药率存在差异，也反映了 2 型耐药率与整体耐药率的不同。而 2 型菌株是导致猪链球菌病的主要强毒菌株，这提示我们在分析整体耐药率指导临床用药的同时也应注意对其耐药性的细化分析。

表 2-6　2016 年猪链球菌分离株的耐药谱分布

抗菌剂数	耐药谱	菌株数	百分比/%
0	0	1	0.6
1	TE	13	7.3
3	AZI+ERY+CLI	1	0.6
3	AZI+ERY+TE	1	0.6
4	AZI+ERY+TE+CLI	87	48.9
5	AZI+ERY+TE+CLI+CHR	1	0.6
5	AZI+ERY+TE+CLI+KAN	19	10.7
5	AZI+ERY+TE+CLI+SXT	10	5.6
5	AZI+ERY+TE+CLI+LVX	2	1.1
5	AZI+ERY+TE+CLI+CIP	1	0.6
5	AZI+ERY+TE+CLI+CTX	1	0.6
5	AZI+ERY+TE+CLI+ENR	2	1.1
6	AZI+ERY+TE+CLI+CHR+SXT	11	6.2
6	AZI+ERY+TE+CLI+KAN+SXT	8	4.5
6	AZI+ERY+TE+CLI+CIP+ENR	1	0.6
6	AZI+ERY+TE+CLI+PEN+CTX	1	0.6
7	AZI+ERY+TE+CLI+CHR+KAN+CIP	1	0.6
7	AZI+ERY+TE+CLI+CHR+KAN+PEN	1	0.6
7	AZI+ERY+TE+CLI+KAN+SXT+LVX	1	0.6
7	AZI+ERY+TE+CLI+SXT+LVX+CTX	1	0.6
8	AZI+ERY+TE+CLI+CHR+KAN+SXT+CIP	1	0.6
8	AZI+ERY+TE+CLI+CHR+KAN+SXT+PEN	1	0.6
8	AZI+ERY+TE+CLI+CHR+KAN+PEN+CTX	1	0.6
8	AZI+ERY+TE+CLI+CHR+KAN+CIP+ENR	1	0.6
8	AZI+ERY+TE+CLI+CHR+CIP+ENR+CTX	1	0.6
8	AZI+ERY+TE+CLI+KAN+CIP+LVX+ENR	1	0.6
8	AZI+ERY+TE+CLI+ENR+PEN+MEM+CTX	1	0.6
8	AZI+ERY+TE+CLI +SXT+ENR+PEN+CTX	1	0.6
9	AZI+ERY+TE+CLI+CHR+KAN+SXT+CIP+ENR	1	0.6
9	AZI+ERY+TE+CLI+CHR+KAN+CIP+ENR+PEN	1	0.6
9	AZI+ERY+TE+CLI+KAN+CIP+ENR+PEN+CTX	1	0.6
10	AZI+ERY+TE+CLI+CHR+KAN+SXT+CIP+ENR+LVX	1	0.6
11	AZI+ERY+TE+CLI+CHR+KAN+SXT+CIP+ENR+PEN+CTX	1	0.6
12	AZI+ERY+TE+CLI+CHR+KAN+SXT+CIP+ENR+PEN+MEM + CTX	1	0.6
合计		178	100

注：AZI. 阿奇霉素；CHR. 氯霉素；CIP. 环丙沙星；CLI. 克林霉素；CTX. 头孢噻肟；ENR. 恩诺沙星；ERY. 红霉素；MEM. 美罗培南；KAN. 卡那霉素；LVX. 左氧氟沙星；PEN. 青霉素；TE. 四环素；SXT. 复方新诺明

从 2003 年以来，猪链球菌耐药率及耐药谱的增加，为我国养殖业抗生素滥用敲响了警钟。面对耐药性日益严重的现状，需要科学合理地使用抗生素，结合流行病学耐药谱研究轮换使用抗生素，减缓细菌耐药性的产生和传播，同时寻找抗生素替代物，综合应对临床疾病防控问题。

二、猪链球菌的耐药分子机制

对细菌耐药机制的研究，有助于把握猪链球菌耐药性的变化趋势，通过揭示耐药机理，推动已有抗生素的化学结构优化及新药研发，为日益严重的细菌耐药现象提供一定的帮助。

（一）猪链球菌对喹诺酮类药物耐药特征的研究

喹诺酮类药物是养殖业临床应用最广泛的抗菌药物，目前已发展到第 4 代，然而随着临床应用的不断扩大，细菌对其的耐药率逐年增强。由于喹诺酮类药物是通过选择性抑制细菌体内的拓扑异构酶Ⅳ和 DNA 促旋酶来实现抑菌作用的，当其靶位点发生突变时，喹诺酮的抑菌作用会下降，即细菌产生了耐药性。拓扑异构酶Ⅳ由 ParC、ParE 两个亚基组成，DNA 促旋酶由 GyrA 和 GyrB 两个亚基构成，其中突变点多发生在 ParC 和 GyrA 的特定区域，该区域被称为 *parC* 和 *gyrA* 基因的喹诺酮耐药决定区（quinolone-resistance determining region，QRDR）。

从 2003～2008 年分离的菌株中筛选出 17 株待分析菌株，其中 11 株对氟喹诺酮类药物耐药，编号为 9-3、4-2、D97、Q3、R61、19-3、K6、CX6-1、W0996-1、G52 和 CM4-1；2 株对氟喹诺酮类药物最小抑菌浓度 MIC 值达到临界值的菌株 H49 和 G77；A7 是对所检所有药物都敏感的菌株，SC19 为 2005 年四川分离的强毒株，仅对四环素耐药；以及对喹诺酮类药物敏感但对其他药物耐药的多耐菌株 138T-2 和 35-1（表 2-7）。

表 2-7 国内分离的 17 株猪链球菌和 ATCC49619 对 18 种抗生素的 MIC 值（单位：μg/ml）

抗生素	最小抑菌浓度			菌株								
	S	I	R	ATCC 49619	A7	SC19	138T-2	35-1	H49	9-3	4-2	D97
AMP	0.25	0.5～4	8	≤0.06	≤0.06	≤0.06	2	≤0.06	≤0.06	>4	0.25	≤0.06
PEN	0.12	0.25～2	4	0.25	≤0.03	≤0.03	4	4	0.12	>4	4	0.12
CPE	1	2	4	≤0.25	≤0.25	≤0.25	1	≤0.25	≤0.25	2	≤0.25	≤0.25
CFT	1	2	4	≤0.25	≤0.25	≤0.25	>2	1	≤0.25	>2	1	≤0.25
CAX	1	2	4	≤0.25	≤0.25	≤0.25	>2	1	≤0.25	>2	1	≤0.25
CRM	1	2	4	0.5	≤0.25	≤0.25	>2	2	≤0.25	>2	1	0.5
CFR	1	2	4	1	≤0.5	≤0.5	>4	>4	≤0.5	>4	>4	≤0.5
AZI	0.5	1	2	≤0.25	≤0.25	≤0.25	>2	>2	>2	>2	>2	>2
ERY	0.25	0.5	1	≤0.06	≤0.06	≤0.06	>0.5	>0.5	>0.5	>0.5	>0.5	>0.5
TET	2	4	8	≤0.5	1	>4	>4	>4	>4	>4	>4	>4
CHR	4	8	16	2	4	2	8	4	2	4	8	4
CLI	0.25	0.5	1	≤0.06	≤0.06	≤0.06	>0.5	>0.5	>0.5	>0.5	>0.5	>0.5

续表

抗生素	最小抑菌浓度			菌株								
	S	I	R	ATCC 49619	A7	SC19	138T-2	35-1	H49	9-3	4-2	D97
LVX	2	4	8	0.5	≤0.25	0.5	1	0.5	4	>4	>4	>4
GAT	1	2	8	≤0.12	≤0.12	≤0.12	0.5	0.25	2	>2	>2	>2
MER	0.5	—	—	0.12	≤0.06	≤0.06	≤0.06	≤0.06	≤0.06	0.25	≤0.06	≤0.06
VAN	1	—	—	≤0.12	0.25	0.25	0.25	0.25	≤0.12	0.25	0.25	≤0.12
AUG	2/1	4/2	8/4	≤0.5/0.25	≤0.5/0.25	≤0.5/0.25	≤0.5/0.25	≤0.5/0.25	≤0.5/0.25	4/2	≤0.5/0.25	≤0.5/0.25
TSZ	2/38	—	4/76	≤0.25/4.75	≤0.25/4.75	≤0.25/4.75	>2/38	≤0.25/4.75	1/19	>2/38	>2/38	>2/38

抗生素	最小抑菌浓度			菌株								
	S	I	R	G77	Q3	R61	19-3	K6	CX6-1	W0996-1	G52	CM4-1
AMP	0.25	0.5～4	8	≤0.06	2	>4	0.12	0.12	0.12	>4	≤0.06	1
PEN	0.12	0.25～2	4	0.25	4	>4	4	2	2	>4	≤0.03	4
CPE	1	2	4	≤0.25	1	2	≤0.25	≤0.25	≤0.25	2	≤0.25	0.5
CFT	1	2	4	≤0.25	2	>2	1	1	0.5	>2	≤0.25	2
CAX	1	2	4	≤0.25	>2	>2	1	1	0.5	>2	≤0.25	>2
CRM	1	2	4	≤0.25	2	>2	1	1	1	>2	≤0.25	>2
CFR	1	2	4	≤0.5	>4	>4	4	4	4	>4	≤0.5	>4
AZI	0.5	1	2	>2	>2	>2	>2	>2	>2	>2	>2	>2
ERY	0.25	0.5	1	>0.5	>0.5	>0.5	>0.5	>0.5	>0.5	>0.5	>0.5	>0.5
TET	2	4	8	>4	>4	>4	>4	>4	>4	>4	>4	>4
CHR	4	8	16	2	>16	>16	>16	>16	8	>16	8	>16
CLI	0.25	0.5	1	>0.5	>0.5	>0.5	>0.5	>0.5	>0.5	>0.5	>0.5	>0.5
LVX	2	4	8	4	>4	>4	>4	>4	>4	>4	>4	>4
GAT	1	2	8	2	>2	>2	>2	>2	>2	>2	1	>2
MER	0.5	—	—	≤0.06	0.12	0.12	≤0.06	≤0.06	≤0.06	0.25	≤0.06	≤0.06
VAN	1	—	—	0.25	0.25	0.25	0.25	0.25	0.25	0.25	≤0.12	0.25
AUG	2/1	4/2	8/4	≤0.5/0.25	1/0.5	>4/2	≤0.5/0.25	≤0.5/0.25	≤0.5/0.25	≤0.5/0.25	≤0.5/0.25	≤0.5/0.25
TSZ	2/38	—	4/76	>2/38	>2/38	>2/38	2/38	>2/38	>2/38	>2/38	0.5/9.5	>2/38

注：AMP. 氨苄青霉素；AUG. 阿莫西林/克拉维酸钾；AZI. 阿奇霉素；CAX. 头孢曲松；CFR. 氯头孢菌素；CFT. 头孢噻肟；CHR. 氯霉素；CLI. 克林霉素；CPE. 头孢吡肟；CRM. 头孢呋辛；ERY. 红霉素；GAT. 加替沙星；LVX. 左氧氟沙星；MER. 美罗培南；PEN. 青霉素；TET. 四环素；TSZ. 甲氧苄氨嘧啶/磺胺甲噁唑；VAN. 万古霉素；S. sensitivity 敏感；I. intermediate 中间；R. resistant 耐药

对上述 17 株菌的 *parC*、*parE*、*gyrA* 和 *gyrB* 基因序列进行测序分析比对，发现耐药菌株的 4 个基因在 QRDR 编码的氨基酸位置均有点突变发生。

GyrA QRDR 上氨基酸的突变见表 2-8。4 株对氟喹诺酮药物敏感的菌株在 GyrA 的 QRDR 上未发现氨基酸突变，与预期一致。而耐药菌株中，G52 和 CM4-1 GyrA 的 QRDR 区域没有发现氨基酸突变。在剩余的 9 株喹诺酮耐药菌株和 2 株中间菌株中，有 6 株在 QRDR 上仅发现一个氨基酸位点突变，剩余菌株有 2～4 个氨基酸位点变异。其中在 81 位氨基酸有 11 株菌发生了突变（84.6%），发生的替换分别是 Ser81→Lys（5 株）、

Ser81→Arg（5 株）、Ser81→Val（1 株）。在第 85 位氨基酸，有 5 株菌均发生了 Glu→Asp 突变。相关研究已证实包括猪链球菌在内的链球菌属在 GyrA QRDR 的第 81 和第 85 位点氨基酸突变与氟喹诺酮相关。除此之外，发现两种新的点突变，分别是 Phe143→Tyr 氨基酸替换（3 株）和 Ala129→Thr 氨基酸替换（1 株）。

GyrA 和 ParC QRDR 上氨基酸的突变见表 2-8。同样地，4 株敏感菌株 ParC 的 QRDR 没有发现氨基酸突变。而所有的 11 株耐药菌株及两株中介菌株均在 ParC QRDR 的第 79 位点发生了氨基酸突变，分别突变为苏氨酸、脯氨酸或亮氨酸。该位点氨基酸的突变已被证实与链球菌属对氟喹诺酮耐药相关。此外，在 ParC 的 QRDR 上也发现了新的氨基酸点突变，分别为 Met126→Ile 、Gly128→Ser、Tyr129→Phe。

表 2-8 GyrA 和 ParC QRDR 氨基酸位点的突变

菌株	最小抑菌浓度/（μg/ml）		GyrA				ParC			
	LVX	GAT	P81	P85	P129	P143	P79	P126	P128	P129
ATCC43765			S	E	A	F	S	M	G	Y
A7	≤0.25	≤0.12	—	—	—	—	—	—	—	—
SC19	0.5	≤0.12	—	—	—	—	—	—	—	—
138T-2	1	0.5	—	—	—	—	—	—	—	—
35-1	0.5	0.25	—	—	—	—	—	—	—	—
H49	4	2	R	—	—	—	F	—	—	—
9-3	>4	>2	K	D	—	Y	Y	—	—	—
4-2	>4	>2	V	—	—	—	F	—	—	—
D97	>4	2	K	D	—	Y	F	—	—	—
G77	4	2	R	—	—	—	F	—	—	—
Q3	>4	>2	R	—	—	—	F	—	—	—
R61	>4	>2	K	D	—	Y	Y	—	—	—
19-3	>4	>2	R	—	—	—	Y	—	—	—
K6	>4	>2	R	—	—	—	Y	—	—	—
CX6-1	>4	>2	K	D	T	Y	Y	—	—	F
W0996-1	>4	>2	K	D	—	—	Y	—	—	—
G52	>4	1	—	—	—	—	L	I	S	—
CM4-1	>4	>2	—	—	—	—	Y	I	S	—

注：GAT. 加替沙星；LVX. 左氧氟沙星；—. 表示与 ATCC43765 的氨基酸相同；A. 丙氨酸；D. 天冬氨酸；E. 谷氨酸；F. 苯丙氨酸；G. 甘氨酸；I. 异亮氨酸；K. 赖氨酸；L. 亮氨酸；M. 甲硫氨酸；R. 精氨酸；S. 丝氨酸；T. 苏氨酸；V. 缬氨酸；Y. 酪氨酸

GyrB 上的氨基酸突变情况见表 2-9。所有 11 株氟喹诺酮耐药菌株及 2 株中间菌株在 GyrB 的第 427 位点均发生了 Ala→Thr 的替换。但在对加替沙星和左氧氟沙星敏感的 4 株菌株中，138T-2 和 35-1 上同样发现了该突变。在耐药株的 GyrB 上还发现其他未见报道的位点突变，分别是 Asp66→Ser 或 Asn，Tyr71→Phe，Pro74→Thr，Ile81→Val，Lys94→Arg，Thr137→Ala，His142→Arg，Phe151→Tyr，Lys155→Arg，Glu164→Lys，Val166→Ile，Ser172→Thr 或 Asn，Asp192→Glu，Ala194→Thr，Glu219→Asp，Val221→Ile

或 Met，Asp259→Glu，Val278→Ile，Val336→Ile，Gly340→Val，Ala369→Ser 或 Gly，Asp448→Asn，Ser496→Glu 或 Thr，Val531→Ile，Ile547→Val，Glu552→Asp，Asp569→Glu，这些突变结合 Ala427→Thr 分布在不同菌株的 GyrB 上。

ParE 上的氨基酸突变情况见表 2-10。所有 11 株氟喹诺酮耐药菌株及 2 株中间菌株在 ParE 的第 552 位点均出现了 Ala→Thr 的替换。与 GyrB 突变相同的是在对氟喹诺酮敏感的 4 株菌株中，138T-2 和 35-1 上也发现了 Ala552→Thr 的突变，此位点的氨基酸突变以前的研究也未见报道。另外，还发现其他没有被报道的氨基酸位点的替换，分别是 Ile493→Leu（8 株），Ser35→Phe，Lys70→Glu，Asp71→Asn，Thr139→Ile，Val144→Ile，Gly163→Ser，Asp180→Asn，Gly217→Ser，Ser318→Pro，Ala326→Thr，Asn371→Ser，Gly574→Ser，Val606→Ile，Arg616→Cys，这些突变结合第 552 位点的 Ala552→Thr 分布在不同菌株中的 ParE 上。

表 2-9 猪链球菌 GyrB 氨基酸位点的突变

菌株	最小抑菌浓度/（μg/ml）		GyrB													
	LVX	GAT	P66	P71	P74	P81	P94	P137	P142	P151	P155	P164	P166	P172	P192	P194
P1/7			D	Y	P	I	K	T	H	F	K	E	V	S	D	A
A7	≤0.25	≤0.12	—	—	—	—	—	—	—	—	—	—	—	—	—	—
SC19	0.5	≤0.12	—	—	—	—	—	—	—	—	—	—	—	—	—	—
138T-2	1	0.5	—	—	—	—	—	—	—	—	—	—	—	—	—	—
35-1	0.5	0.25	—	—	—	—	—	—	—	—	—	—	—	—	—	—
H49	4	2	—	—	—	—	—	—	—	—	—	—	—	—	—	—
9-3	>4	>2	—	—	—	—	—	—	—	—	—	—	—	—	—	—
4-2	>4	>2	—	—	—	—	—	—	—	—	—	—	—	—	—	—
D97	>4	2	—	—	—	—	—	—	—	—	—	—	—	—	—	—
G77	4	2	—	—	—	—	—	—	—	—	—	—	—	—	—	—
Q3	>4	>2	—	—	—	—	—	—	—	—	—	—	—	—	—	—
R61	>4	>2	—	—	—	—	—	—	—	—	—	—	—	—	—	—
19-3	>4	>2	—	—	—	—	—	—	—	—	—	—	—	—	—	—
K6	>4	>2	—	—	—	—	—	—	—	—	—	—	—	—	—	—
CX6-1	>4	>2	S	—	—	V	—	—	—	—	R	K	—	T	E	—
W0996-1	>4	>2	S	F	—	V	—	—	—	—	R	K	—	N	—	—
G52	>4	1	N	F	T	—	R	A	R	Y	R	K	I	—	E	T
CM4-1	>4	>2	N	F	T	—	R	A	R	Y	R	K	I	—	E	T

菌株	最小抑菌浓度/（μg/ml）		GyrB													
	LVX	GAT	P219	P221	P259	P278	P336	P340	P369	P427	P448	P496	P531	P547	P552	P569
P1/7			E	V	D	V	V	G	A	A	D	S	V	I	E	D
A7	≤0.25	≤0.12	—	—	—	—	—	—	—	—	—	—	—	—	—	—
SC19	0.5	≤0.12	—	—	—	—	—	—	—	—	—	—	—	—	—	—
138T-2	1	0.5	D	I	—	—	—	—	—	T	—	—	—	—	—	N
35-1	0.5	0.25	—	—	—	—	—	—	—	T	—	—	—	—	—	—

续表

菌株	最小抑菌浓度/（μg/ml）		GyrB													
	LVX	GAT	P219	P221	P259	P278	P336	P340	P369	P427	P448	P496	P531	P547	P552	P569
H49	4	2	—	—	—	—	—	—	—	T	—	—	—	—	—	—
9-3	>4	>2	—	—	—	—	—	—	—	T	—	—	—	—	—	—
4-2	>4	>2	—	—	—	—	—	—	—	T	—	—	—	—	—	—
D97	>4	2	D	I	—	—	—	—	—	T	—	—	—	—	—	—
G77	4	2	—	—	—	—	—	—	—	T	—	—	—	—	—	—
Q3	>4	>2	—	—	—	—	—	—	—	T	—	—	—	—	—	—
R61	>4	>2	—	—	—	—	—	—	—	T	—	—	—	—	—	—
19-3	>4	>2	—	—	—	—	—	—	—	T	—	—	—	—	—	—
K6	>4	>2	—	—	—	—	—	—	—	T	—	—	—	—	—	—
CX6-1	>4	>2	—	M	—	—	—	—	S	T	—	E	I	V	—	E
W0996-1	>4	>2	—	M	—	—	—	—	G	T	—	—	I	V	D	E
G52	>4	1	—	L	E	I	I	V	—	T	N	T	I	V	D	—
CM4-1	>4	>2	—	L	E	I	I	V	—	T	N	T	I	—	D	—

注：GAT. 加替沙星；LVX. 左氧氟沙星；—. 表示与P1/7的氨基酸相同；A. 丙氨酸；D. 天冬氨酸；E. 谷氨酸；F. 苯丙氨酸；G. 甘氨酸；H. 组氨酸；I. 异亮氨酸；K. 赖氨酸；L. 亮氨酸；M. 甲硫氨酸；N. 天冬酰胺；P. 脯氨酸；R. 精氨酸；S. 丝氨酸；T. 苏氨酸；V. 缬氨酸；Y. 酪氨酸

表 2-10 猪链球菌 ParE 氨基酸位点的突变

菌株	最小抑菌浓度/（μg/ml）		ParE															
	LVX	GAT	P35	P70	P71	P139	P144	P163	P180	P217	P318	P326	P371	P493	P552	P574	P606	P616
P1/7			S	K	D	T	V	G	D	G	S	A	N	I	A	G	V	R
A7	≤0.25	≤0.12	—	—	—	—	—	—	—	—	—	—	—	—	—	—	—	—
SC19	0.5	≤0.12	—	—	—	—	—	—	—	—	—	—	—	—	—	—	—	—
138T-2	1	0.5	—	—	—	—	—	—	—	—	—	—	—	L	T	—	—	—
35-1	0.5	0.25	—	E	—	—	—	—	—	—	—	—	—	—	T	—	I	—
H49	4	2	—	—	—	I	—	—	—	—	—	—	—	L	T	—	—	C
9-3	>4	>2	—	—	—	—	—	—	—	—	—	T	—	—	T	—	—	—
4-2	>4	>2	—	—	—	—	—	—	—	—	—	—	—	—	T	—	I	—
D97	>4	2	F	—	—	—	—	—	—	S	—	—	—	—	T	—	—	—
G77	4	2	—	—	—	I	—	—	—	—	—	—	S	L	T	—	—	—
Q3	>4	>2	—	—	—	—	—	—	—	—	—	—	—	L	T	—	—	—
R61	>4	>2	—	—	—	—	—	S	—	—	—	—	—	—	T	S	—	—
19-3	>4	>2	—	—	—	—	—	—	N	—	—	—	—	—	T	—	—	—
K6	>4	>2	—	—	—	—	—	—	N	—	—	—	—	—	T	—	—	—
CX6-1	>4	>2	—	—	—	—	—	—	—	—	—	—	—	L	T	—	—	—
W0996-1	>4	>2	—	—	N	—	I	—	—	—	P	—	—	L	T	—	—	—
G52	>4	1	—	—	—	—	—	—	—	—	—	—	—	L	T	—	—	—
CM4-1	>4	>2	—	—	—	—	—	—	—	—	—	—	—	L	T	—	—	—

注：GAT. 加替沙星；LVX. 左氧氟沙星；—. 表示与P1/7的氨基酸相同；A. 丙氨酸；C. 半胱氨酸；D. 天冬氨酸；E. 谷氨酸；F. 苯丙氨酸；G. 甘氨酸；I. 异亮氨酸；K. 赖氨酸；L. 亮氨酸；N. 天冬酰胺；P. 脯氨酸；R. 精氨酸；S. 丝氨酸；T. 苏氨酸；V. 缬氨酸

通过 DNAStar EditSeq 软件对上述测序结果进行编辑整理，并使用 DNAMAN 软件对其进行同源性分析。17 株菌中，*gyrA* 基因同源性为 94.16%，*gyrB* 基因同源性为 95.58%，*parC* 基因同源性为 96.62%，*parE* 基因同源性为 95.22%。进一步对上述结果绘制喹诺酮耐药基因进化树发现，不同地区分离菌株间也具有较高的同源性，并且存在单个基因高同源性现象，如中介菌株 G77（河南分离株）和 H49（湖北分离株），耐药菌株 19-3（湖北分离株）和 K6（湖南分离株）的 4 个基因的同源性很高；耐药菌株 CM4-1、CX6-1（江西分离株）和 G52（河南分离株）的 *parE* 基因同源性很高。从中可以发现，猪链球菌对喹诺酮耐药的点突变，不是单纯由同种细菌在种内传播造成，更多的是由于细菌在抗生素选择压力下，药物靶基因自发形成的突变。同时，也说明了同等耐药水平菌株药物靶基因可能会发生相同特征的变异。这些突变可能存在对耐药无效的情况，对这些特征位点的进一步探究有助于揭示猪链球菌耐药机制。

综合上述数据，发现在所有突变位点中，有若干位点在不同耐药菌株中多次重复出现，猜测这些点突变与其喹诺酮耐药性有着一定的相关性。我们选取了其中 5 个出现频率最高的突变位点进行下一步研究，分别是 DNA 促旋酶的 GyrA 亚基的 S81R（或 K），GyrB 亚基的 A427T；拓扑异构酶Ⅳ的 ParC 亚基的 S79Y（或 F），ParE 亚基的 I493L 和 E552D。

为了分别研究这 5 个突变位点对猪链球菌耐药的贡献，通过点突变或扩增相应片段得到了 5 个单点突变亚基，分别将其克隆至 pET-32a 载体上。作为对照，4 个野生型亚基的表达载体也同样被构建了。将构建成功的质粒进行测序，测序结果与 GenBank 中 A7 菌株的各亚基序列进行比对，结果一致。

选择对喹诺酮类药物敏感的模式菌株 *E. coli* DH5α 为受体菌，将构建成功的质粒分别转入其中，并通过 Etest 试纸条检测这些菌株对左氧氟沙星（LVX）和加替沙星（GAT）的 MIC 值（表 2-11）。

表 2-11　转入野生型和突变体质粒的大肠杆菌对喹诺酮类药物的 MIC 值

菌株	最小抑菌浓度/（μg/ml）	
	左氧氟沙星	加替沙星
E. coli（GyrA）	0.006	＜0.002
E. coli（GyrA-S81R）	0.064	0.064
E. coli（GyrB）	＜0.002	＜0.002
E. coli（GyrB-A427T）	0.016	0.032
E. coli（ParC）	0.006	＜0.002
E. coli（ParC-S79Y）	0.016	0.023
E. coli（ParE）	0.006	＜0.002
E. coli（ParE-I493L）	0.047	0.032
E. coli（ParE-E552D）	0.032	0.023

从结果中可以发现，转入各单点突变亚基质粒的 *E. coli* DH5α 对左氧氟沙星和加替沙星的 MIC 值均有不同程度提高。其中 *E. coli*（GyrA-S81R）对左氧氟沙星和加替沙星的 MIC 值分别是对照菌株的 10.7 倍和 32 倍；*E. coli*（GyrB-A427T）对左氧氟沙星和加

替沙星的 MIC 值分别是对照菌株的 8 倍和 16 倍以上；*E. coli*（ParC-S79Y）对左氧氟沙星和加替沙星的 MIC 值分别是对照菌株的 2.7 倍和 11.5 倍；*E. coli*（ParE-I493L）对左氧氟沙星和加替沙星的 MIC 值分别是对照菌株的 7.8 倍和 16 倍；*E. coli*（ParE-E552D）对左氧氟沙星和加替沙星的 MIC 值分别是对照菌株的 5.3 倍和 11.5 倍（表 2-11）。其中 GyrA-S81R、ParC-S79Y 被报道能提升细菌的耐药性，而 GyrB-A427T、ParE-I493L、ParE-E552D 为本次实验首次发现。实验证实这些点突变确实与猪链球菌喹诺酮耐药直接相关。而临床菌株中，这些点往往多个共同存在，可以推测这些位点能够协同降低喹诺酮类抗生素与 DNA 促旋酶及拓扑异构酶Ⅳ的结合能力。此外，三个新发现的突变位点位于通常被关注的 QRDR 区域之外，提示我们应注意 QRDR 区域以外的喹诺酮耐药相关基因区段突变，而这些新的突变位点也将为下一代药物研发提供重要信息。

除了喹诺酮类药物靶点突变以外，猪链球菌还可能通过外排泵降低菌体内药物浓度来达到耐喹诺酮药物的目的。在添加 20μg/ml 外排泵抑制剂利血平后，R61 和 CX6-1 菌株对加替沙星的敏感性增强。这一结果提示我们，菌株中可能存在类似肺炎链球菌中 PmrA 的外排泵，其喹诺酮类药物耐药性可能是两种耐药策略协同作用的结果。

（二）猪链球菌对四环素类药物耐药特征的研究

四环素类药物是由放线菌产生的光谱抑菌剂，其在高浓度时亦具有杀菌作用。自 20 世纪 40 年代被发现以来，在临床及农业养殖方面被广泛使用。在包括美国在内的一些国家，四环素甚至被作为饲料添加剂促进动物生长，导致临床常见病原菌对其多数耐药。

四环素通过阻止氨基酰 tRNA 进入核糖体 A 位来抑制细菌蛋白质合成，从而达到抑菌效果。目前猪链球菌对四环素的耐药机制主要分为三类。第一类是外排泵，主要依靠主动转运降低菌体内四环素浓度，在猪链球菌中已鉴定到了 *tet*（B）和 *tet*（L）两种外排泵。第二类为核糖体保护，在猪链球菌中主要鉴定到 *tet*（M）、*tet*（O）、*tet*（W）及嵌合基因 *tet*（O/W/32/O），这类保护蛋白能够降低四环素与核糖体 A 位的结合能力，其中有研究发现嵌合基因能介导更高的耐药水平。但是该机制仅对第一代和第二代四环素有效，第三代药物与靶位更强的结合能力遏制了此类机制的生效。第三类为钝化酶，其能使四环素药物失活和修饰，但其鲜有报道。在细菌中主要存在 *tet*（X）、*tet*（34）和 *tet*（37）3 种四环素钝化酶，这类耐药机制对第三代四环素药物也同样有效。

从 2008～2010 年国内 9 省猪链球菌病发病猪分离鉴定的菌株中，通过药敏实验筛选出 106 株猪链球菌四环素耐药菌株。通过 PCR 方法检测已被报道的耐药基因在这些菌株中的分布，检测出核糖体保护蛋白相关基因 4 个，包括 *tet*（M）、*tet*（O）、*tet*（S）和 *tet*（W），检出率分别为 15.1%、81.1%、0.9%和 1.9%；检测到外排泵基因 *tet*（L）和 *tet*（40），检出率分别为 1.9%和 59.4%；此外在 1 株菌中检测到嵌合基因 *tet*（O/32/O）和 *tet*（O/W/32/O）。在检测过程中发现共有 67 株菌存在 2 个四环素耐药基因，猜测可能存在耐药基因的串联。通过各耐药基因两端引物两两组合，发现 *tet*（L）和 *tet*（M）串联的菌株 1 株，*tet*（O/32/O）和 *tet*（40）串联的菌株 1 株，以及 *tet*（O）和 *tet*（40）串联的菌株 61 株。为了验证菌株包含多个耐药基因是否存在协同作用，通过 Etest 试纸条测定各菌株对四环素的 MIC 值。经统计学分析，携带多个四环素耐药基因菌株对四环素 MIC 值有显著提高（表 2-12）（$P<0.001$，Wilcoxon 秩和检验）。同时多个省份高比率的四环素耐药菌株及高比率的耐药基因串联提示我们猪链球菌中可能存在介导四环素耐药基因水平转移的遗传元件。

表 2-12　耐药基因数与 MIC 的关系

组别	菌株数	四环素耐药基因	MIC 范围/（mg/L）	*P* 值
1	38	*tet*（M）、*tet*（O）、*tet*（W）或 *tet*（O/W/32/O）	8～32	<0.001（组 1vs 组 2）
2	67	*tet*（40）+*tet*（O）、*tet*（40）+*tet*（O/32/O）、*tet*（M）+*tet*（O），*tet*（M）+*tet*（S）、*tet*（M）+*tet*（L）或 *tet*（O）+*tet*（L）	16～64	

注："+"表示耐药基因可以被同时检测到

通过基因组比对和耐药基因搜索，筛选到存在 *tet*（O）和 *tet*（40）串联的测序菌株 JS14 进行后续分析。通过 ACT 软件将该菌基因组与多种抗生素敏感的菌株 A7 全局性比对，发现两者存在部分非同源区域。JS14 基因组 0～0.59Mb 区域和 0.71～2.13Mb 区域分别与 A7 基因组 0～0.59Mb 区域和 0.59～2.03 区域同源。而 JS14 基因组 0.59～0.71Mb 区域为非同源区域，猜测可能是外源的遗传片段，并对其序列进一步分析。

经分析，这个 124kb 的非同源区域为嵌合遗传元件，包含一个 68kb 的整合接合元件，将其命名为 ICESsuJS14；以及一个 56kb 的原噬菌体，命名为 ΦJS14。由于四环素耐药基因位于整合接合元件中，因此仅针对 ICESsuJS14 进行后续研究。ICESsuJS14 总长 68 071bp，对其序列分析表明，该元件 GC 含量为 38.7%，共含有 62 个可读框。此外还有 3 个假基因被鉴定到。*tet*（O）是此元件第 25 个可读框，紧随其后的是四环素外排泵基因 *tet*（40），两者呈串联结构。以上研究已证实，两者串联可以使宿主菌耐受更高的四环素水平。

为了检测 ICESsuJS14 是否仍存在水平转移能力，拟通过接合转移实验来验证。我们选择对药物敏感的 A7 为受体菌，为了方便后续水平转移频率的检测，通过抗生素诱导对 A7 改造筛选出耐环丙沙星的菌株，命名为 A7C，并选择 JS14 作为供体。按 1∶5 的比例将处于对数生长期的受体菌和供体菌混合，添加 50U 的 DNA 酶后经过滤器过滤，将混合菌固定在滤膜之上。将滤膜取下并贴于无抗性 TSA 平板上孵育 6h 后，将菌体洗下并涂布于相应平板上，计算转移频率。将接合转移实验重复多次，共获得 17 株接合菌株。经 PCR 扩增检测耐药基因 *tet*（O）和 *tet*（40），以及区分 2 型与 14 型的荚膜基因 *cps2J* 和 *cps1I*。在获得的接合菌中，均能检测到 *cps2J* 基因、*tet*（O）、*tet*（40）基因及串联结构，可以初步确定耐药基因 *tet*（O）和 *tet*（40）从 JS14 转移到 A7C 中了。进一步测定 JS14、A7C 及接合菌株对环丙沙星、四环素的 MIC 值，可以证实存在耐药性转移。经计算，ICESsuJS14 的转移频率为 2.1×10^{-8}。

在菌体细胞内，整合接合元件首先要在元件上编码的剪切酶帮助下从染色体上脱离形成环状结构，称为中间体（图 2-7A）。通过设计如图中所示 P3、P2 引物，能够通过 PCR 检测到环状中间体的存在（图 2-7B），进一步通过测序发现，ICESsuJS14 确实形成了中间体。

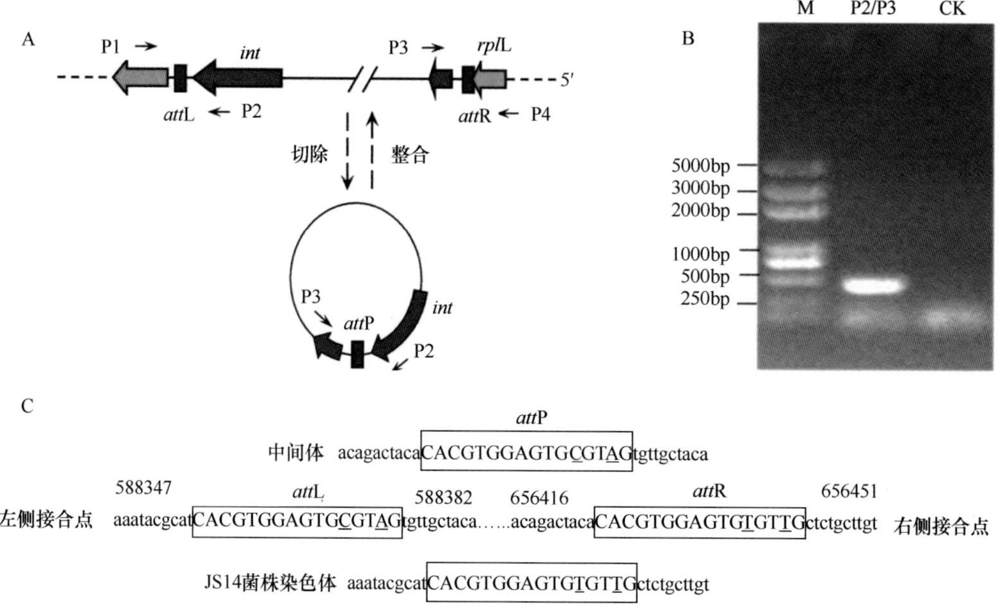

图 2-7 ICESsuJS14 中间体检测及其在供体菌染色体上核心整合位点

A. 中间体的形成及其引物设计模式图；B. M：marker；P2/P3：引物 P2 和 P3 扩增结果，496bp；CK：对照；C. 框内的大写字母代表各个整合位点，其中有下划线的为单碱基多态性位点。中部序列上方的数字表示序列对应的基因组起止点

为了分析此元件的整合位点，首先分析其在供体菌染色体上的整合位点，发现其插入到猪链球菌 JS14 的 23S rRNA 尿嘧啶甲基转移酶（SSUA7_0561）的 3′端位置。ICESsuJS14 通过其两端的 *attL* 和 *attR* 序列的同源重组完成剪切，再通过中间体上的 *attP* 区域和受体菌染色体上的 *attB* 序列同源重组完成整合过程（图 2-7C）。其核心整合位点序列为“CACGTGGAGTGCGTAG”。

不过在部分接合菌中，ICESsuJS14 的整合位点却发生了变化。设计如图 2-7A 中 P3、P4 引物，通过 PCR 检测，发现获得的 17 个接合菌株中，有 12 株与预期一致，而 5 株并无目的大小片段。这表明，ICESsuJS14 存在其他新的整合位点。通过 Tail-PCR 技术，找到了这 5 株菌中的 2 个整合位点，分别为 *SSUA7_1518* 和 *SSUA7_0139* 基因处，并且这两个整合位点之前未见报道。

在剪切整合过程中，需要多个基因协同运作。通过 NCBI 数据库比对分析，预测 ICESsuJS14 上各 ORF 的功能，寻找与重组相关的基因。研究发现 *orf32*、*orf35*、*orf48* 可能参与了元件剪切整合过程。其中 *orf32* 被鉴定为 ParB 蛋白，参与细胞分裂过程中 DNA 的分离，同时与质粒稳定性相关；*orf35* 被鉴定为重组酶，其 N 端与丝氨酸重组酶 TnpX 有较高相似性，能独自发挥剪切和整合作用。基因 *orf48* 编码转座子蛋白，被报道能够展开 DNA 链，使转移起点缺口位点暴露，促进接合元件的转移。

为了检测 ICESsuJS14 是否普遍存在于猪链球菌四环素耐药菌株中，通过 LD-PCR 分析其在 61 株四环素耐药菌株中的分布规律，发现在 40 株菌中存在与预期大小一致的 PCR 条带，在其余 21 株菌中则只能检测到部分区域，这提示我们可能还存在其他与 ICESsuJS14 部分同源的遗传元件。

在前期四环素耐药基因检测中还发现了一株猪链球菌 A3，能够检测到 *tet*（40）和 *tet*（O/32/O）串联。通过反向 PCR 并测序，得到了 *tet*（40）的侧翼序列，并进一步得到了整合元件全序列，命名为 ICESsuA3。BLASTN 分析发现猪链球菌 GZ1 基因组中的基因岛 33（genome island 33，GI33）分值最高，其上含有四环素耐药基因 *tet*（W）。此外其与 *Clostridium saccharolyticum* K10 基因组中的转座子 TnK10 部分区域相似度也较高，该转座子同样包含 *tet*（40）-*tet*（O/32/O）串联结构。ICESsuA3 中共有 53 个 ORF，其中第 18、第 19 个 ORF 分别为 *tet*（40）和 *tet*（O/32/O）。

同样以 A7C 菌株为受体，检测 A3 菌中 ICESsuA3 的接合转移频率。但在多次提高供体菌数量重复实验的情况下仍然没有获得接合菌株。通过普通 PCR 无法扩增到中间体的存在，而巢式 PCR 却能够检测到 ICESsuA3 的中间体。这一结果说明 ICESsuA3 能够形成环状中间体，但需要巢式 PCR 才能检测到间接说明其形成中间体的频率极低，从而降低了其转移频率。

（三）猪链球菌对壮观霉素耐药特征的研究

对 2006～2012 年分离的 191 株猪链球菌进行检测，发现其对壮观霉素的耐药率为 10.4%。为了分析其耐药机制，一方面通过 PCR 分析耐药菌株的 16S RNA 和 *s5* 基因的突变情况；另一方面，检测耐药菌株中目前常见的一些壮观霉素耐药相关基因的组成，包括 *spc*、*aad9*、*spw*、*spd* 和 *aadA* 等。结果发现：16S RNA 存在两处突变位点，*s5* 基因存在一处突变位点；另外，还在这些耐药菌株中检测到了 *spw* 和 *spw_like* 基因，其中 *spw_like* 基因为首次报道。为了进一步验证这些突变和基因对壮观霉素耐药性的影响，我们利用载体 pAT18 分别构建了对应的重组菌，结果发现，*s5* 基因的突变（Gly26→Asp）和 *spw_like* 基因的导入均可引起猪链球菌对壮观霉素产生耐药性（MIC 值上调大于 85 倍），而 16S RNA 的两处突变却对耐药性没有显著影响。这一研究表明 *s5* 基因的突变（Gly26→Asp）和 *spw_like* 基因的导入是引起猪链球菌临床菌株对壮观霉素产生耐药性的重要原因。另外，还发现 *spw_like* 基因位于一个新的转移元件——spw_like-aadE-lnu（B）～lsa（E）上面，并证明该转移元件可以在猪链球菌之间转移，其转移频率为 3.7×10^{-9}。

（四）其他抗生素耐药基因的检测

除喹诺酮类、四环素类药物耐药机制研究以外，还对大环内酯类、氨基糖苷类药物耐药基因进行了检测。

选择 3 种大环内酯类抗性基因 *ermB*、*ermA* 及 *mefA* 对 71 株红霉素耐药菌株进行了 PCR 检测。其中检测到携带 *ermB* 的菌株 46 株（64.8%），携带 *ermA* 的菌株 11 株（15.5%），携带 *mefA* 的菌株 22 株（31%）。

从携带 *ermB* 的菌株中随机抽取 19 株，将其扩增测序并与 GenBank 中 6 株来源于法国、芬兰、意大利及日本的肺炎链球菌，2 株来自美国和日本的金黄色葡萄球菌，2 株中国分离的猪链球菌 *ermB* 基因进行同源比对，建立进化树。发现来自我国中部地区的菌株 *ermB* 基因大多分布在同一分支，其中来自湖北的 6 株菌散布在不同分支中。而来自不同时间和地点的金黄色葡萄球菌、肺炎链球菌及猪链球菌被分于同一分支，同源性在 99%以上。由结果可推测，红霉素耐药性可能是通过一种广泛的能在种属间传播的方式来进行的。

氨基糖苷类耐药基因只有 *aph3'*（3'-磷酸转移酶）基因在 32 株耐药菌中被发现。于是我们从这 32 株菌中随机挑选 15 株，将其 *aph3'*基因测序分析，结果显示这 15 株菌该基因碱基差异低于 0.5%，亲缘关系极近。可见该基因的分布也不存在显著的地域差异，有着良好的稳定性。

参 考 文 献

Al-Numani D, Segura M, Dore M, et al. 2003. Up-regulation of ICAM-1, CD11a/CD18 and CD11c/CD18 on human THP-1 monocytes stimulated by *Streptococcus suis* serotype 2. Clin Exp Immunol, 133(1): 67-77.

Del Grosso M, Iannelli F, Messina C, et al. 2002. Macrolide efflux genes mef(A) and mef(E) are carried by different genetic elements in *Streptococcus pneumoniae*. J Clin Microbiol, 40(3): 774-778.

Dingle K E, Colles F M, Wareing D R, et al. 2001. Multilocus sequence typing system for *Campylobacter jejuni*. J Clin Microbiol, 39(1): 14-23.

Enright M C, Day N P, Davies C E, et al. 2000. Multilocus sequence typing for characterization of methicillin-resistant and methicillin-susceptible clones of *Staphylococcus aureus*. J Clin Microbiol, 38(3): 1008-1015.

Enright M C, Spratt B G. 1998. A multilocus sequence typing scheme for *Streptococcus pneumoniae*: identification of clones associated with serious invasive disease. Microbiology, 144(Pt 11): 3049-3060.

Feil E J, Maiden M C, Achtman M, et al. 1999. The relative contributions of recombination and mutation to the divergence of clones of *Neisseria meningitidis*. Mol Biol Evol, 16(11): 1496-1502.

Fittipaldi N, Fuller T E, Teel J F, et al. 2009. Serotype distribution and production of muramidase-released protein, extracellular factor and suilysin by field strains of *Streptococcus suis* isolated in the United States. Vet Microbiol, 139(3-4): 310-317.

Goyette-Desjardins G, Auger J P, Xu J, et al. 2014. *Streptococcus suis*, an important pig pathogen and emerging zoonotic agent-an update on the worldwide distribution based on serotyping and sequence typing. Emerg Microbes Infect, 3(6): e45.

Higgins R, Gottschalk M, Mittal K R, et al. 1990. *Streptococcus suis* infection in swine. A sixteen months study. Can J Vet Res, 54(1): 170-173.

Lefebure T, Stanhope M J. 2007. Evolution of the core and pan-genome of *Streptococcus*: positive selection, recombination, and genome composition. Genome Biol, 8(5): R71.

Mouz N, Gordon E, Di Guilmi A M, et al. 1998. Identification of a structural determinant for resistance to beta-lactam antibiotics in Gram-positive bacteria. Proc Natl Acad Sci USA, 95(23): 13403-13406.

Roberts M C. 2005. Update on acquired tetracycline resistance genes. FEMS Microbiol Lett, 245(2): 195-203.

Sanford S E, Tilker M E. 1982. *Streptococcus suis* type II-associated diseases in swine: observations of a one-year study. J Am Vet Med Assoc, 181(7): 673-676.

Smith H E, Veenbergen V, van der Velde J, et al. 1999. The cps genes of *Streptococcus suis* serotypes 1, 2, and 9: development of rapid serotype-specific PCR assays. J Clin Microbiol, 37(10): 3146-3152.

Spratt B G. 1999. Multilocus sequence typing: molecular typing of bacterial pathogens in an era of rapid DNA sequencing and the internet. Curr Opin Microbiol, 2(3): 312-316.

Staats J J, Feder I, Okwumabua O, et al. 1997. *Streptococcus suis*: past and present. Vet Res Commun, 21(6): 381-407.

Tait-Kamradt A, Clancy J, Cronan M, et al. 1997. mefE is necessary for the erythromycin-resistant M phenotype in *Streptococcus pneumoniae*. Antimicrob Agents Ch, 41(10): 2251-2255.

Taylor D E, Chau A. 1996. Tetracycline resistance mediated by ribosomal protection. Antimicrob Agents Ch, 40(1): 1-5.

Tien le HT, Nishibori T, Nishitani Y, et al. 2013. Reappraisal of the taxonomy of *Streptococcus suis* serotypes 20, 22, 26, and 33 based on DNA-DNA homology and sodA and recN phylogenies. Vet Microbiol, 162(2-4): 842-849.

Van Calsteren M R, Gagnon F, Lacouture S, et al. 2010. Structure determination of *Streptococcus suis* serotype 2 capsular polysaccharide. Biochem Cell Biol, 88(3): 513-525.

Wei Z, Li R, Zhang A, et al. 2009. Characterization of *Streptococcus suis* isolates from the diseased pigs in China between 2003 and 2007. Vet Microbiol, 137(1-2): 196-201.

第三章　猪链球菌毒力基因筛选技术

内容提要　本章通过体内诱导抗原技术和比较蛋白质组学技术等对猪链球菌可能参与致病过程的毒力相关基因进行了初步筛选，力求从猪链球菌 2000 多个基因中找到与其致病相关性较大的基因从而开展后续的深入研究。通过体内诱导抗原技术，我们发现了 19 个体内诱导表达的基因，分别参与细菌代谢过程、分裂与复制过程、物质转运过程等。其中 *sspA* 基因在肺炎链球菌、无乳链球菌等病原菌中已有参与免疫逃避过程的报道；另外一个基因 *orf28* 也被报道是Ⅲ型限制与修饰系统的一部分，参与病原菌致病过程中基因表达水平的调节。同时通过比较蛋白质组学技术，从临床分离株 SC-21 中发现了 5 个在高温环境中上调表达的蛋白质——核酸酶 SsnA、水解酶 CHAP、负责谷氨酰胺运输的 ABC 转运蛋白、假设蛋白 Hp2101 及一个未知蛋白。另外，还建立了一种基于亲和纯化的表面蛋白质组学技术来筛选与细胞相互作用的细菌蛋白，鉴定到多个与猪链球菌黏附相关的蛋白质，这些基因在猪链球菌致病过程中的具体功能将不断得到发掘，部分基因的致病机制也在我们后续的研究中得到了揭示。

1998 年和 2005 年在我国暴发的两次人感染猪链球菌病事件，引起了国内外学者的广泛关注。一直以来，鉴定 *S. suis* 的毒力相关基因及其功能是研究猪链球菌致病机理的热点，多种毒力相关因子相继被鉴定出来。*S. suis* 具有多种不同致病性的血清型，但其毒力相关因子的研究几乎都仅针对 SS2。目前，荚膜是各国研究人员公认的唯一猪链球菌毒力因子。此外，*S. suis* 的许多表面蛋白也被鉴定为潜在的毒力相关因子，包括一些具有典型的革兰氏阳性菌信号肽或 LPXTG 细胞膜锚定基序的蛋白质，也有一些蛋白质是存在于猪链球菌细胞内的酶。分泌蛋白是另外一类潜在的猪链球菌毒力相关因子，如溶血素（SLY）。值得注意的是，目前已鉴定的大部分毒力相关因子都不能作为判断菌株毒力的标志基因。而且随着猪链球菌全基因组序列的公布，大量可能参与其致病过程但功能未知的蛋白质已被发现。因此，*S. suis* 可能还存在更多的毒力相关因子有待鉴定。

第一节　毒力基因筛选

病原菌侵入宿主并最终致病这一系列过程往往是通过其编码的多个毒力蛋白共同协作完成的。在不同的致病阶段，病原菌会针对不同的宿主细胞环境调节自身蛋白的表达，而宿主针对其入侵也会进行相应调整以求抑制细菌的增殖与进一步感染。在合适的时间、合适的部位表达一系列合适的毒力因子有助于病原菌感染宿主，这一切都基于病原菌感知外界环境后体内发生的一系列调控过程。依靠组学手段挖掘感染过程中差异表达的基因、筛选病原菌致病相关因子有助于我们更深入了解猪链球菌的致病机理。

一、体内诱导抗原技术筛选毒力基因

体内诱导抗原技术（IVIAT）是一种能够快速简单鉴定出病原菌感染宿主过程中在体内表达的基因且不依赖于动物模型的新技术，这个技术有利于发现病原菌在致病过程中高表达的基因，这些基因往往对病原菌致病起着重要作用，同时它们也是病原体疫苗的候选蛋白及抗微生物制剂或诊断试剂的候选靶标（Deb et al.，2002）。尽管体内表达技术（IVET）、信号标签突变（STM）技术和差异荧光诱导（DFI）技术等也能够用于鉴定体内特异表达基因，但这些技术都摆脱不了对动物模型的依赖，而病原人工感染动物与天然感染可能存在差异，同时动物模型数据与实际感染人的情况相差甚远。大量文献报道由动物模型筛选到的基因外推到人感染过程得到的实验结果被证实是错误的。相比而言，IVIAT 能以临床血清作为探针，寻找病原感染过程中在宿主体内特异表达的基因，更贴近实际感染过程。

在采用 CTAB 法提取猪链球菌全基因组 DNA 后，选用 *Sau*3AI 作为基因组消化所用酶。从酶使用量为 1U 开始倍比稀释，探索最佳使用量，发现在将 1U 的 *Sau*3AI 稀释 32 倍后，37℃下对 1μg 基因组 DNA 酶切 30min，能使基因组消化后大小主要集中在 0.5～2kb。对基因组 DNA 大量酶切并回收后–20℃保存备用。同时用 *Bam*HI 对 pET28a，b，c 酶切并去磷酸化，再与基因组酶切片段连接，转化 DH5α 菌株并计数。根据文库构建所需克隆数公式：$N=\ln(1-P)/\ln(1-f/g)$，其中 N 为文库必需的克隆数；P 为期望的基因组覆盖率（在基因库中发现单个基因的可能性）；f 为克隆的 DNA 片段大小（kb）；g 为基因组的大小（kb）。以 99.9%作为期望基因组覆盖率，由于 DNA 片段范围在 0.5～2kb，所需克隆数在 2412～9652 个。而实际 pET28a，b，c 载体所制备文库克隆数分别为 8000 个、12 000 个、11 000 个，可以满足筛选需要。从平板上洗下生长的菌落，提取总质粒后，酶切鉴定发现外源片段大小为 0.5～2kb，与建库前 DNA 片段大小一致，证明建库成功，将文库转化至 BL21 表达菌株中待用。

在建库成功后，开始准备文库筛选探针。为了识别在不同感染阶段猪链球菌表达的所有抗原并避免存在不同个体感染差异，将人工感染制备的康复血清与临床采集的血清混合后用来制备探针。为了避免血清中存在大肠杆菌反应成分所造成的假阳性，首先将混合后的血清探针样品经过大肠杆菌裂解物吸附。之后将处理后的血清经链球菌菌体和裂解物吸附，去除链球菌体外表达蛋白形成的抗体。用全菌裂解物包被 ELISA 检测处理后抗体效价的变化。最终处理完成后的血清，抗体效价（OD_{630nm}）从吸附前的 1.3 降低到了 0.1，探针制备成功。

由于临床血清样品量有限，而经过整个处理过程的血清损耗极大，我们对文库用经过不同阶段处理的血清进行了 3 轮筛选。第一轮首先将转化后的 BL21 表达菌株稀释涂布在 KAN 抗性的平板上，保证每个平板上生长 300～500 个克隆。过夜培养后将平板上的菌转印至含 1mmol/L IPTG 的 KAN 抗性平板上，37℃放置 5h 以诱导插入片段表达产物。用氯仿蒸汽对菌落处理 30min，使菌体部分裂解。取平皿大小的 NC 膜覆盖在裂解后的菌落上，在空气中干燥后，以大肠杆菌裂解产物处理后的血清为一抗，筛选阳性斑点，共获得 153 个反应性克隆。根据阳性斑点位置挑出对应的克隆，在平板上划线，重复上述筛选过程，去除假阳性样品，获得 48 个反应性克隆，可以确认这是阳性克隆（图 3-1）。在第三轮筛选中，以猪链球菌处理后的血清作为一抗，进行筛选，最终筛选到 23 个体内表达的克隆。对这些克隆进行测试，结果显示在这 23 个克隆中，有 18 个含有单一的ORF，这之中有3个克隆在同一ORF上；其余5个克隆含有两个及以上ORF。对 5 个含多个 ORF 的克隆进一步亚克隆，通过点杂交又发现 4 个新的体内诱导表达基因。最终从猪链球菌基因组中共筛选到 19 个体内诱导表达基因。

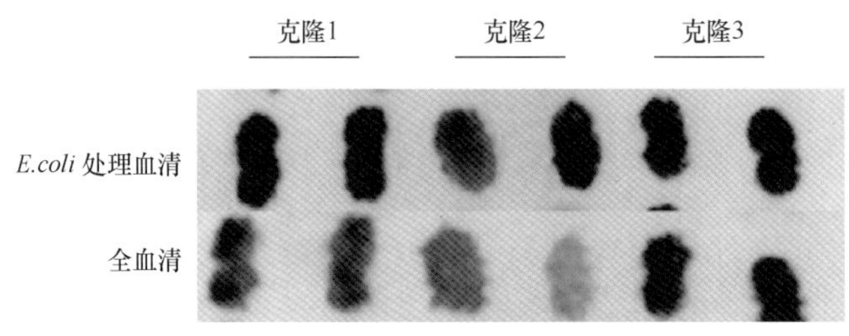

图 3-1　文库的第二轮/第三轮筛选示意图

对上述基因使用 PSORT 软件预测亚细胞定位，发现这些基因并不集中在某一部位。为了评价这些基因在宿主体内的诱导表达，挑选了 5 个亚细胞定位不同的基因 *ssp*、*secA*、*mod*、*moeA* 及 *orf28*，用荧光定量 PCR 方法验证这些基因在小鼠模型中的表达。为了避免这些基因诱导表达存在时空上的差异，在感染后 24h 和 48h 分别对血与肺脏进行取样检测。结果显示所选择基因的表达趋势在两个脏器和时间点都是一致的，证实通过 IVIAT 筛选到的基因在感染小鼠时的确在小鼠体内上调表达。对这些蛋白质通过同源性蛋白进一步分析，利用 BLAST 查找其同源基因，并进行 GO 分析，发现这 19 个基因可分为 7 类，分别是参与细菌代谢基因、细胞分裂基因、环境适应基因、蛋白质酶类基因、肽酶类基因、转运基因及未知功能基因。

在这些基因中，与处理后探针反应性最强的是细胞壁相关的丝氨酸蛋白酶（cell wall associated serine protease，SspA）。该蛋白质被归类为枯草杆菌素样蛋白酶家族，此家族蛋白一般具有广泛特异性的内肽酶活性。有报道认为，该类蛋白酶能够切割宿主蛋白，如免疫球蛋白、补体或胞外基质蛋白，辅助病原菌感染宿主（Cleary et al.，1992；Juarez and Stinson，1999）。猪链球菌基因组上的这个蛋白质，其序列与肺炎链球菌中 PrtA 同源性为 30%，与无乳链球菌中的 ScpB 同源性为 25%。进一步分析其功能域，其蛋白质序列中包含 1 个蛋白酶相关的锚定区、3 个丝氨酸蛋白酶结构域、2 个跨膜结构。分析无乳链球菌 ScpB 的功能域也发现了类似结构，而 ScpB 蛋白被认为具有 C5a 肽酶活性，可以切割补体成分 C5a，破坏其 Fn 黏附活性，从而抑制嗜中性粒细胞的趋化作用，在致病过程中扮演了一定角色（Tamura et al.，2006）。当然 SspA 能否抑制中性粒细胞趋化作用，在猪链球菌致病中扮演一定角色仍有待进一步研究。

此外，orf28 被发现与肺炎链球菌基因组中转座子 Tn5252 内 ORF28 高度同源（Kilic et al.，1994）。在 orf28 蛋白序列中发现了肽酶功能域 M23B 和 chap。其中 M23B 为 Gly-Gly 内肽酶，chap 则具有酰胺酶活性，据报道在细菌细胞壁代谢中起作用（Bateman and Rawlings，2003）。另外一个假定的修饰基因 *mod* 可能属于Ⅲ型限制与修饰系统。Ⅲ型限制与修饰系统能在致病过程中提高基因组 DNA 部分区域甲基化水平，从而调节基因表达（De Bolle et al.，2000；de Vries et al.，2002；Fox et al.，2007）。那么 *mod* 基因的体内诱导表达提示在猪链球菌致病过程中可能存在上述调节过程，逃避宿主的免疫。此外还鉴定到一些细胞质蛋白，可能是在细菌自溶过程中释放到细胞外，这些蛋白质在致病中的具体作用还有待发掘。

在猪链球菌体内诱导基因的研究中，有研究者使用了 IVET 和 STM 方法在猪感染猪链球菌模型中鉴定毒力相关基因，但这两种方法鉴定到的基因与本研究中鉴定到的基因无重合。不过由于每种方法在建库过程中都会存在一定的偏向性，并且这三种方法鉴定到的基因数量都有限，没有重合也在情理之中。此外，3 种方法鉴定的过程和原理都有一定的区别，分别是鉴定启动子、随机突变筛选及直接鉴定感染过程中表达的蛋白质。总体而言，本研究鉴定到 19 种体内诱导表达蛋白，涉及膜蛋白、胞壁蛋白、胞质蛋白等，这些数据为后续进一步研究猪链球菌致病机理提供了基础和方向。

二、差异蛋白质组学筛选猪链球菌致病相关基因

随着基因组学技术的发展和各物种全基因序列的完成，人们不再满足于基因水平的信息，而开始转向如何从基因转录翻译的调控及其产物的结构、功能角度来阐述基因组中的信息，“后基因组学”应运而生。而在生物体中，基因的功能主要依靠其编码的蛋白质来实现，因此蛋白质组学作为后基因组学时代最主要的部分，成为学术界的热点。基础的蛋白质组学主要分为 3 类：组成性蛋白质组学、差异显示蛋白质组学和相互作用蛋白质组学。差异显示蛋白质组学通常被用于比较不同生命过程中细胞蛋白质表达的差异，与 IVIAT 和 SCOTS 技术相比，不存在多轮富集造成的文库偏差，同时结果也更为直接地指向蛋白质。

病原微生物从环境中的低温进入宿主体内，感知到体内高温后其致病相关基因的表达会发生变化。例如，A 群链球菌 M 蛋白被发现在低温时其表达量较低，福氏志贺菌中也存在受温度调节的基因 *virB*（Hale，1991）。Winterhoff 等（2002）通过差异蛋白质组比较了猪链球菌在 30℃、37℃和 42℃条件下菌体蛋白质表达的变化，鉴定到两种胞壁蛋白组分，分别命名为 octS 和 adiS，其中 adiS 被报道是一种潜在的毒力因子。这说明通过高温诱导细菌结合蛋白质组手段寻找毒力相关蛋白，并依此进一步了解其致病机理是可行的。据此，我们希望通过差异蛋白质组学分析高温诱导下猪链球菌分泌蛋白的表达变化，为深入解释 *S. suis* 耐热机制提供科学依据。

将 300ml THB 培养基接种 *S. suis* 菌株 SC-21 后，培养至对数早期，将一半菌液转移到 42℃水浴中处理 1h，另一半在 37℃温箱中继续培养 1h，作为对照。为了防止细菌碎裂后膜蛋白或胞内蛋白释放到培养基中影响分泌蛋白的鉴定效果，培养全程静置，并

且确保取样时细菌生长状态在对数中期之前。取细菌培养后的培养基上清，通过 0.22μm 孔径的滤器去除残余菌体，通过 TCA-丙酮沉淀法提取蛋白质，同时提取 THB 培养基中的蛋白质作为阴性对照，为避免 TCA 对后期溶解能力的影响，加大了用于洗沉淀蛋白的丙酮量，尽可能除去 TCA 和其他杂质。之后用含有硫脲的蛋白裂解液在 20℃环境下裂解 2h，以减少蛋白质损失。

通过双向电泳分离所获得的蛋白质样品，首先通过第一向等电聚焦（IEF）分离，利用固相 pH 梯度技术能够根据蛋白质等电点对蛋白质样品分离，精度可以达到 0.001pH 单位，在本实验中选用了长 13cm、pH 4～7 的胶条对分泌蛋白进行分离。再通过第二向根据蛋白质分子质量进一步分离，使样品中不同的蛋白质尽可能分离，以便对比观察不同实验组间蛋白质种类的差异。通过 Image Master™ 2D Platinum 软件对各实验组跑胶结果进行分析，将差异 2 倍以上作为蛋白质差异的标准，共找到 5 个丰度存在显著性差异的斑点，并且这 5 个斑点在 42℃条件下均上调表达。从凝胶上挖出这些差异蛋白点，分别对它们进行胶内酶解及后续的 LC/ESI-MS/MS 质谱分析，通过数据库搜索共鉴定到 5 个差异蛋白，分别是核酸酶 SsnA、水解酶 CHAP、负责谷氨酰胺运输的 ABC 转运蛋白、假设蛋白 Hp2101 及一个未知蛋白。对上述 5 个蛋白质的亚细胞定位及信号肽进行了预测，其中 Hp2101、CHAP 和未知蛋白被定位在胞外；SsnA 被预测为细胞壁定殖蛋白，而 ABC 转运蛋白为膜整合蛋白。

双向电泳的结果从蛋白质角度直观地显示了上述蛋白质的丰度差异，那么其基因的转录水平是否也存在这样的差异呢？挑选了 SsnA 和 CHAP 这两个差异蛋白的基因作为实验对象，通过荧光定量 qPCR 对其进行 RNA 水平的检测。结果显示，在 42℃热激刺激下，SsnA 和 CHAP 的 mRNA 水平都显著高于 37℃的对照组。同时以体外正常培养的猪链球菌为对照组，从猪链球菌人工感染后的发病猪组织中分离细菌 mRNA，比较其转录水平。发现这两个蛋白质的转录水平在病猪体内均有不同程度上调，其中 SsnA 在病猪脑组织中上调幅度最大，而 CHAP 在猪肺组织中 mRNA 增加幅度最大。在这 5 个差异蛋白中，除 Hp2101 和未知蛋白外，其余 3 个在 *S. suis* 或其他细菌中已有与细菌毒力相关的报道。

SsnA 被认为是一种在猪源猪链球菌 2 型中保守的核酸酶，2004 年首次在 2 型致病菌株 SX332 及随后检测的 1～9 型中被鉴定到，其底物为单链和双链 DNA，并且在体内体外均能检测到其表达。Fontaine 等（2004）共检测了 258 株从猪鼻拭子或内部脏器（包括关节、脑及其他器官）分离到的猪链球菌，发现各菌株 SsnA 的表达量与其分离部位有极强的相关性（$P<0.001$）。在内部脏器中分离的 *S. suis* 大多具有核酸酶活性，而从鼻拭子中分离的上呼吸道或扁桃体部位的 *S. suis* 则罕有核酸酶活性。这些结果暗示 SsnA 可能与猪链球菌在宿主体内的存活能力相关，是一种毒力相关因子，在后续也对其帮助 *S. suis* 逃避宿主中性粒细胞胞外诱捕网捕获的机制进行了深入研究。

CHAP 是一类具有肽聚糖清除活性的酶，一般都具有酰胺酶和肽链内切酶两种活性，这类蛋白质在细菌分裂增殖、生长和自溶过程中起着重要作用（Bateman and Rawlings，2003；Borges et al.，2005；Rigden et al.，2003）。在 A 群链球菌、B 群链球菌及李斯特杆菌的研究中，该类蛋白质被鉴定为保护性抗原，可作为亚单位疫苗候选基因（Fagan et al.，2001；Schubert et al.，2000；Reinscheid et al.，2001）。而在前述评价 *CHAP* 基因体内 mRNA 表达水平的实验中，猪肺部分离样品的表达量最高，这暗示 CHAP 可能与猪链球菌引发的肺炎有一定相关性，而这一推测仍需要进一步的研究来支撑。

ABC 转运系统是细菌跨膜转运外界物质的蛋白质载体，一般通过其 N 端固定在细胞膜上，能够特异性识别底物并将其跨膜运输。在 B 群链球菌的研究中发现谷氨酸盐转运蛋白能够调控细菌纤连蛋白的表达，从而对其毒力造成影响，是该菌的毒力因子之一（Tamura et al.，2002；Wolters et al.，2005）。而该基因在 *S. suis* 中是否也发挥着类似的功能还有待进一步研究证实。

第二节　鉴定黏附相关毒力因子新技术的开发

扁桃体定殖是猪链球菌感染猪体的第一步，猪可以通过垂直传播或水平传播而获得 SS，并可在猪的扁桃体中长时间存活（Fittipaldi et al.，2007）。由于猪的黏膜上皮细胞广泛覆盖于扁桃体淋巴组织上，这些淋巴组织的深层上皮细胞内陷形成了众多的分支隐窝，显著地增加了 SS 接触上皮细胞的面积（Salles et al.，2002）。SS 在定殖到扁桃体后可能逃避宿主免疫细胞的识别，目前还不清楚存在于猪扁桃体的少量无临床症状的 SS 是如何突破宿主的黏膜免疫而引起宿主感染的，可能是 SS 突破了猪上呼吸道黏膜上皮细胞（Torremorell et al.，1998；Cloutier et al.，2003）。有报道指出，感染人类的 SS 可以与呼吸道上皮细胞或肠道上皮细胞发生相互作用，黏附并侵入上皮细胞（Wertheim et al.，2009；Kerdsin et al.，2011）。猪链球菌的强毒菌株同样可以黏附于人类呼吸道上皮细胞，这也证实了猪链球菌与上皮细胞的黏附对于 SS 引发感染的重要性。因此，研究病原菌黏附到宿主细胞表面的这一过程有助于我们全面了解 SS2 侵入宿主的过程。

细菌与宿主上皮细胞的黏附，以及随后的侵入和扩散至血液的过程都伴随着病原菌与宿主细胞的相互作用。细胞与细胞之间的相互作用可以通过转录组学的方法研究，但是病原菌蛋白与宿主分子间的相互作用却鲜有报道。目前，SS2 的许多表面蛋白都被鉴定为细菌黏附分子，并证实参与其致病过程。除了我们发现的分子外，其他被鉴定为细菌黏附分子的蛋白质有 Enolase（Zhang et al.，2009）、GAPDH（Wang and Lu，2007）、ApuA（Ferrando et al.，2010）和 Sad P（Pn/Po）（Haataja et al.，1994；Kouki et al.，2011）等，对这些蛋白质的研究目前取得很大的进展，但是 SS2 表面仍然存在许多功能未知的蛋白质，可能介导了与宿主细胞的相互作用。鉴定这些蛋白质与宿主之间的相互作用将有助于我们理解猪链球菌的致病机理。此外，越来越多的研究发现细菌的胞质蛋白可以表达于细菌表面（Bergmann et al.，2001；Brassard et al.，2004；Desvaux and Hebraud，2006；Knaust et al.，2007；Feng et al.，2009；Tunio et al.，2010），它们在病原菌与宿主之间的相互作用中同样发挥了重要作用，而这常常被我们忽视。因此，系统地鉴定 SS2 表面蛋白或表达于细菌表面的蛋白与宿主细胞的相互作用将有助于深入了解 SS2 的致病机理。

利用蛋白质组学手段大尺度地鉴定病原菌表面互作蛋白（surface interacting protein，SIP）是一个新型的领域，其相关的研究报道尚少。有研究利用蛋白质微阵列的方法鉴定了许多 A 群链球菌和 B 群链球菌表面蛋白与已知的宿主细胞配体纤连蛋白（fibronectin）、纤维蛋白原（fibrinogen）和 C4 结合蛋白（C4 binding protein）之间的相互作用（Margarit et al.，2009），这一方法对于获取微生物与宿主相互作用的复杂网络有一定的参考价值。然而，表达与纯化这些细菌表面蛋白是一个费时费力的过程，而且由于细菌表面蛋白的组成并没有被完全地鉴定（Rodriguez-Ortega et al.，2006；Doro et al.，2009），重组表达文库可能没有完全覆盖细菌的表面蛋白。为了克服这些限制，目前急需开发一种新的研究手段。

一、ACSP 技术的建立与筛选

基于此，金梅林等开发了一种名为基于亲和层析的表面蛋白质组学（affinity chromatography-based surface proteomics，ACSP）的研究方法，该方法将亲和层析技术和 shotgun 蛋白质组学技术（LC-MS/MS）相结合，可以进行大尺度系统的研究病原与宿主之间的相互作用（Ref）。用 NHS-PEG4-Biotin 试剂将 Hep-2 细胞的表面分子标记上生物素，采用中性卵白素树脂（NeutrAvidin Agarose resin）与生物素结合，与提取的 SS2 表面蛋白共同孵育来捕获细菌蛋白质，通过高盐缓冲液洗脱并收集捕获的蛋白质，随后利用 LC-MS/MS 分离并鉴定洗脱的蛋白质分子，最后进行功能的验证。

为了证实 Hep-2 细胞表面蛋白的生物素化，将标记后的细胞和未标记的细胞分别与 FITC-avidin 孵育，生物素化的细胞能观察到明显的绿色荧光信号，而对照组中不会出现荧光信号。为了测试中性卵白素树脂对生物素化分子的结合能力，增强型绿色荧光蛋白（EGFP）被用来模拟生物素化的 Hep-2 细胞表面蛋白。中性卵白素树脂能够很好地结合生物素化后的 EGFP，对没有生物素化的 EGFP 则没有结合能力，证实了 Hep-2 细胞的表面分子能够结合到中性卵白素树脂上。

用该方法共鉴定到 111 个蛋白质能够匹配至少一条肽段，其中的 64 个蛋白质能够匹配多余两条的肽段。在平行实验组中，有 34 个蛋白质至少匹配一条肽段，其中 11 个至少匹配两条肽段。利用 PSORTb 软件预测蛋白质的亚细胞定位发现大多数被捕获的蛋白质定位于细菌的细胞质，这些蛋白质的功能可以分为三类：翻译、代谢（包括碳水化合物代谢和核苷酸代谢）和其他。最后，从捕获物中鉴定出 46 个潜在的表面互作蛋白（表 3-1），其中 Enolase、Fbps 和 GAPDH 这三个蛋白质在前期的研究中已被证实是 SS2 的黏附分子，说明所开发的这项技术在鉴定细菌表面蛋白的工作中可信度很高。另外，SsnA 和 HP0272 这两个蛋白属于含有典型的革兰氏阳性菌 LPXTG 细胞膜锚定基序的蛋白质，可能是细胞壁蛋白。之后，从中选取了 8 个表面互作蛋白，分别是 DivIVA、SsnA、DnaK、HP0272、PepF、HAM1、Enolase 和 Fbps，来进行下一步的验证实验，其中 Enolase 作为阳性对照。

表 3-1 潜在 SIP 的功能分析

NCBI 登录号	蛋白质名称	预测的细胞定位	蛋白质功能	是否存在于平行实验	是否被报道为表面蛋白
146319156	Enolase	细胞质	代谢；碳代谢；糖酵解/糖原异生	是	是
146320618	putative 30S ribosomal protein S1	细胞质	遗传信息加工；翻译；核糖体		
146318184	elongation factor Tu	细胞质	翻译	是	
146317734	50S ribosomal protein L2	细胞质	遗传信息加工；翻译；核糖体	是	
146317984	trigger factor	细胞质	翻译		
146318257	SAM-dependent methyltransferase related to tRNA（uracil-5-）-methyltransferase	细胞质膜	翻译 RNA 甲基转移酶		
146319581	polynucleotide phosphorylase/polyadenylase	细胞质	代谢；核酸代谢；嘌呤代谢；遗传信息加工；折叠、分选与降解；RNA 降解		
146317956	molecular chaperone DnaK	细胞质	遗传信息加工；折叠、分选与降解；RNA 降解		
146318637	ribosomal protein L7/L12	细胞质	遗传信息加工；翻译；核糖体		
146318408	ATP-dependent nuclease，subunit B	细胞质	DNA 复制，重组和修复		
146319146	fibronectin/fibrinogen binding protein，Fbps	细胞质	毒力因子		是
146318979	hypothetical protein SSU05_1325	细胞质	遗传信息加工；翻译；核糖体		
146319622	surface-anchored DNA nuclease，SsnA	细胞壁	毒力因子		是
146317813	glyceraldehyde-3-phosphate dehydrogenase，GAPDH	细胞质	代谢；碳代谢；糖酵解/糖原异生	是	是
145688734	hypothetical protein SSU05_0272，HP0272	细胞壁			是
146317731	50S ribosomal protein L3	细胞质	遗传信息加工；翻译；核糖体		
146318435	50S ribosomal protein L21	未知	遗传信息加工；翻译；核糖体		
146318073	N6-adenine-specific DNA methylase	细胞质	翻译 RNA 甲基化		
146317745	50S ribosomal protein L6	细胞质	遗传信息加工；翻译；核糖体		
146318985	50S ribosomal protein L1	细胞质	遗传信息加工；翻译；核糖体		
146319492	pyruvate/2-oxoglutarate dehydrogenase complex，dihydrolipoamide dehydrogenase（E3）component，and related enzymes	细胞质	代谢；碳代谢；糖酵解/糖原异生	是	
146318384	NAD（FAD）-dependent dehydrogenase	细胞质	能量产生和转化		
146317742	50S ribosomal protein L24	细胞质	遗传信息加工；翻译；核糖体		
146319353	16S rRNA uridine-516 pseudouridylate synthase family protein	细胞质	与核糖体 RNA 中从尿嘧啶到假尿苷的合成相关		
146318141	cell division initiation protein，DivIVA	细胞质	细胞分裂和染色体的分隔		
146318897	oligoendopeptidase F，PepF	细胞质	氨基酸的运输与代谢		
146318922	50S ribosomal protein L20	细胞质	遗传信息加工；翻译；核糖体		
146319947	50S ribosomal protein L17	细胞质	遗传信息加工；翻译；核糖体		
146319032	DNA polymerase I	细胞质	代谢；核酸代谢；嘌呤代谢；遗传信息加工；折叠，分选与降解；RNA 降解；复制与修复；DNA 的复制与降解		
146319366	rRNA methylase	细胞质	翻译；RNA 的甲基化		

续表

NCBI登录号	蛋白质名称	预测的细胞定位	蛋白质功能	是否存在于平行实验	是否被报道为表面蛋白
146319359	fused deoxyribonucleotide triphosphate pyrophosphatase/unknown domain-containing protein，HAM1	细胞质	代谢；核酸代谢；嘌呤代谢		是
146319834	Zn-dependent peptidase	细胞质			
146317732	50S ribosomal protein L4	未知	遗传信息加工；翻译；核糖体		
146321746	30S ribosomal protein S9	细胞质	遗传信息加工；翻译；核糖体		
146319456	3-oxoacyl-（acyl carrier protein）synthase II	细胞质膜	代谢；脂代谢；脂肪酸合成		
146317744	30S ribosomal protein S8	细胞质	遗传信息加工；翻译；核糖体		
162139880	50S ribosomal protein L31 type B	细胞质	遗传信息加工；翻译；核糖体		
146319644	HD-superfamily hydrolase	细胞质			
146317736	50S ribosomal protein L22	细胞质	遗传信息加工；翻译；核糖体		
253751059	60kDa chaperonin	细胞质	遗传物质加工；折叠、分选与降解；RNA 降解		
146317809	30S ribosomal protein S7	细胞质	遗传信息加工；翻译；核糖体		
146319134	metallo-beta-lactamase superfamily hydrolase	细胞质	RNA 代谢		
146318924	translation initiation factor IF-3	细胞质	翻译、核糖体结构		
146319028	queuine tRNA-ribosyltransferase	细胞质			
146319494	pyruvate/2-oxoglutarate dehydrogenase complex，dehydrogenase（E1）component，beta subunit	未知	代谢；碳代谢；糖酵解/糖原异生	是	
146319334	phosphopantetheine adenylyltransferase	细胞质	代谢；维生素和辅因子的代谢；泛酸和 CoA 的生物合成		

二、候选 SIP 的验证

软件预测表明这些鉴定出来的蛋白质大多数属于胞质蛋白，但是有大量的研究表明 SS2 编码的胞质蛋白也可以定位在其表面，因而这部分蛋白质潜在的表面定位也不能被忽略。采用流式细胞技术检测了选取的这些蛋白质的亚细胞定位，发现未处理的 SS2 和阴性血清预孵育的 SS2 的荧光值都很低。相反，与 DivIVA 和 SsnA 血清孵育后的 SS2 的荧光值比阴性血清孵育的值高出 2 倍，说明这两个蛋白质大量表达于细菌表面。而与其他 6 个蛋白质的免疫血清孵育的SS2的荧光值相对于阴性血清只有少量的增加。其中，Enolase 已经被证实微量地存在于 SS2 表面（Esgleas et al.，2008），这说明，其他 5 个蛋白质可能与 Enolase 一样，在 SS2 表面的表达量较少。

为了验证这些蛋白质与细胞的黏附作用，采用间接免疫荧光实验检测 8 个被选取的 SIP 与 Hep-2 细胞的相互作用。由于 Enolase 与 Hep-2 细胞的相互作用在前期的研究中已经证实（Feng et al.，2009；Zhang et al.，2009），因此本节只探讨其他 7 个蛋白质的结合能力。如图 3-2 所示，所有的实验组细胞都能检测到强烈的绿色荧光信号，但是阴性对照组没有检测到绿色荧光信号，这一结果说明所有的重组 SIP 都能黏附到 Hep-2 细胞表面。

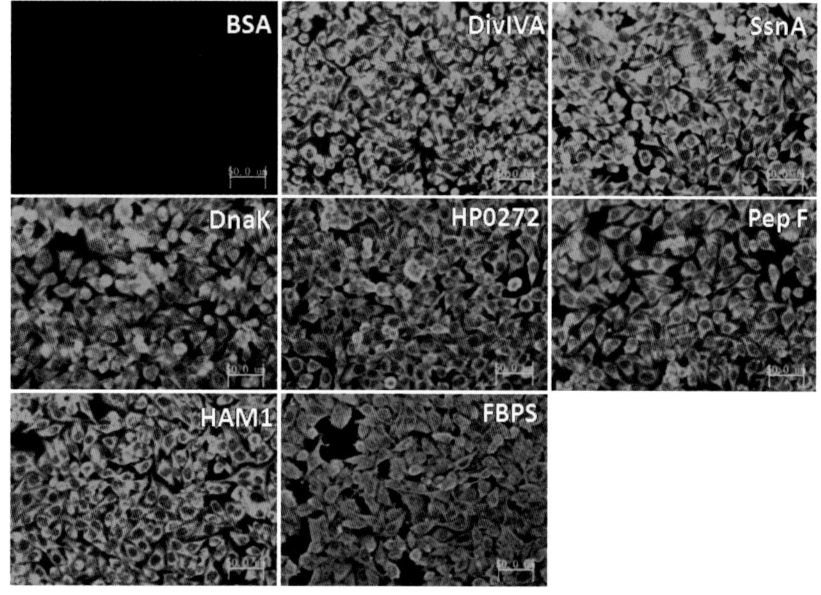

图 3-2　潜在候选基因与 Hep-2 细胞的黏附作用

评估一个特定的表面蛋白在细菌黏附过程中的贡献，通常会检测其重组蛋白或抗体对细菌黏附过程的竞争抑制作用。然而，这两种竞争抑制实验所得到的结果都会对后续研究造成潜在的误解。在重组蛋白竞争抑制实验中，当一个细菌的 SIP 的宿主细胞受体能够与其他的细菌 SIP 结合时，这个细菌 SIP 的抑制作用就会被放大。在抗体竞争抑制实验中，由于使用多克隆抗体，其潜在的交叉反应产生的影响很难被排除。考虑到这些情况，在本研究中，只有那些重组蛋白及其抗体能很好地抑制 SS2 与 Hep-2 细胞相互作用的 SIP 才被认为是 SS2 的黏附蛋白。如图 3-3 所示，相对于对照组 BSA，Enolase、DnaK 和 HAM1 三个重组蛋白都能够显著地抑制 SS2 黏附到 Hep-2 细胞，它们的抑制效果分别为 62%、73%和 63%。而其他的蛋白质并没有显著的抑制效果。另外，相对于阴性血清，除了 oligoendopeptidase F 以外，所有重组蛋白的多克隆抗体都能抑制 SS2 的黏附作用。基于以上的结果，研究认为 Enolase、DnaK 和 HAM1 是 SS2 的黏附蛋白。

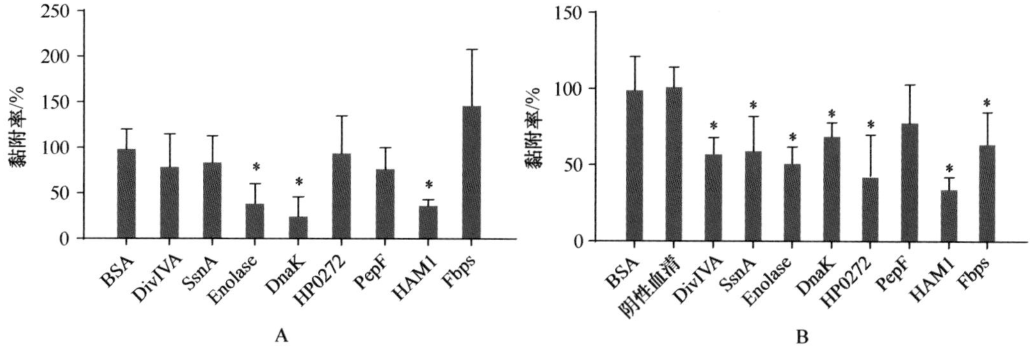

图 3-3　候选基因的黏附竞争性抑制实验

A. 重组蛋白抑制分析；B. 抗体抑制分析；$^*P<0.05$

Enolase 是糖酵解途径中一个必需的酶，有报道 Enolase 能与宿主的纤维蛋白和纤维蛋白酶原以一种赖氨酸依赖的方式结合（Bergmann et al.，2001），并参与许多链球菌的致病过程（Pancholi and Fischetti，1998；Jones and Holt，2007）。由于前期的研究中已证实其具有抑制作用（Vciga-Malta et al.，2004），因此它被当作研究中的对照。DnaK 是 SS2 的一个重要的免疫原性蛋白（Zhang et al.，2008），其氨基酸序列在革兰氏阳性菌中高度保守。DnaK 在 SS2 黏附到 Hep-2 细胞表面过程中的重要作用是首次报道，在脑膜炎奈瑟球菌（Knaust et al.，2007）和结核分枝杆菌（Xolalpa et al.，2007）的相关研究中，DnaK 被报道可以与纤维蛋白酶原结合，因此 SS2 的 DnaK 也可能具有相同的结合活性。尽管 HAM1 在 SS2 表面的表达量非常低，但仍然能够显著地抑制 SS2 与 Hep-2 细胞的黏附过程。为了确认这一结果，我们检查了 HAM1 多克隆抗体的特异性。如图 3-4A、B 所示，HAM1 的多克隆抗体与 Hep-2 细胞表面蛋白之间没有明显的交叉反应。同样，HAM1 可以识别天然的 HAM1 蛋白，并且与 SS2 表面其他蛋白质之间没有多余的交叉反应（图 3-4C）。这是首次报道 SS2 的 HAM1 蛋白及其同源蛋白在细菌黏附到宿主细胞过程中的重要作用。为了进一步明确猪链球菌 HAM1 蛋白黏附的受体，我们通过蛋白酶酶解的方式确定其互作分子为膜蛋白。

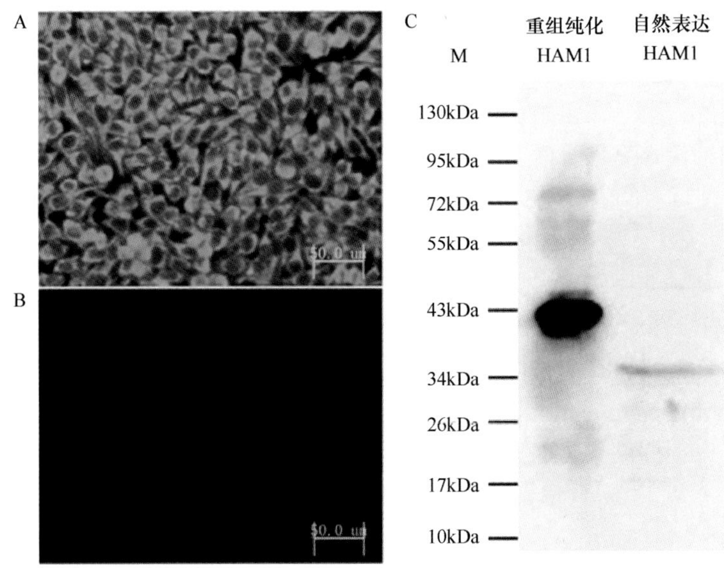

图 3-4　HAM1 蛋白对细胞黏附的特异性

A、B. Hep-2 细胞依次与重组 HAM1 蛋白（A）或 BSA（B）、HAM1 的多克隆抗体、羊抗鼠 IgG-FITC 孵育；C. HAM1 的抗体与 SS2 的表面蛋白之间的交叉反应；M. marker

虽然其他 5 个重组的 SIP 都可以黏附到 Hep-2 细胞的表面，但不参与 SS2 与宿主细胞的黏附过程。可能的原因是这些蛋白质被 SS2 的细胞壁掩盖而不能发挥功能，但是这些蛋白质仍有可能参与 SS2 的致病过程。Fbps 已被报道能与宿主纤维蛋白或纤维蛋白原结合（Courtney et al.，1994）。我们发现 Fbps 可以与 Hep-2 细胞表面发生相互作用，但是对 SS2 的黏附过程没有影响。de Greeff 等（2002）发现 Fbps 与 SS2 定殖于特定宿主器官有关并且影响 SS2 的致病力。SsnA 是 SS2 表面锚定的 DNA 核酸酶（Fontaine et al.，

2004），其同源蛋白在化脓链球菌的研究中也被证实与致病力有关（Hasegawa et al.，2010）。HP0272 是一个具有免疫原性的细菌表面蛋白，在先前的研究中已被鉴定为 SS2 的疫苗候选抗原（Chen et al.，2010）。在枯草芽孢杆菌的研究中，DivIVA 的同源蛋白与细菌的分裂过程有关（Cha and Stewart，1997）。金梅林等首次发现 DivIVA 蛋白能够表达于革兰氏阳性菌的表面并且可以黏附到 Hep-2 细胞表面。

这些实验说明，ACSP 技术是一个非常有价值的研究病原菌与宿主细胞相互作用的实验工具。

参 考 文 献

Bateman A, Rawlings N D. 2003. The CHAP domain: a large family of amidases including GSP amidase and peptidoglycan hydrolases. Trends Biochem Sci, 28(5): 234-237.

Bergmann S, Rohde M, Chhatwal G S, et al. 2001. alpha-Enolase of *Streptococcus pneumoniae* is a plasmin(ogen)-binding protein displayed on the bacterial cell surface. Mol Microbiol, 40(6): 1273-1287.

Borges F, Layec S, Thibessard A, et al. 2005. *cse*, a Chimeric and variable gene, encodes an extracellular protein involved in cellular segregation in *Streptococcus thermophilus*. J Bacteriol, 187(8): 2737-2746.

Brassard J, Gottschalk M, Quessy S. 2004. Cloning and purification of the *Streptococcus suis* serotype 2 glyceraldehyde-3-phosphate dehydrogenase and its involvement as an adhesin. Vet Microbiol, 102(1-2): 87-94.

Cha J H, Stewart G C. 1997. The divIVA minicell locus of *Bacillus subtilis*. J Bacteriol, 179(5): 1671-1683.

Chen B, Zhang A, Li R, et al. 2010. Evaluation of the protective efficacy of a newly identified immunogenic protein, HP0272, of *Streptococcus suis*. FEMS Microbiol Lett, 307(1): 12-18.

Cleary P P, Prahbu U, Dale J B, et al. 1992. Streptococcal C5a peptidase is a highly specific endopeptidase. Infect Immun, 60(12): 5219-5223.

Cloutier G, D'Allaire S, Martinez G, et al. 2003. Epidemiology of *Streptococcus suis* serotype 5 infection in a pig herd with and without clinical disease. Vet Microbiol, 97(1-2): 135-151.

Courtney H S, Li Y, Dale J B, et al. 1994. Cloning, sequencing, and expression of a fibronectin/fibrinogen-binding protein from group A streptococci. Infect Immun, 62(9): 3937-3946.

De Bolle X, Bayliss C D, Field D, et al. 2000. The length of a tetranucleotide repeat tract in *Haemophilus influenzae* determines the phase variation rate of a gene with homology to type III DNA methyltransferases. Mol Microbiol, 35(1): 211-222.

de Greeff A, Buys H, Verhaar R, et al. 2002. Contribution of fibronectin-binding protein to pathogenesis of *Streptococcus suis* serotype 2. Infect Immun, 70(3): 1319-1325.

de Vries N, Duinsbergen D, Kuipers E J, et al. 2002. Transcriptional phase variation of a type III restriction-modification system in *Helicobacter pylori*. J Bacteriol, 184(23): 6615-6623.

Deb D K, Dahiya P, Srivastava K K, et al. 2002. Selective identification of new therapeutic targets of *Mycobacterium tuberculosis* by IVIAT approach. Tuberculosis(Edinb), 82(4-5): 175-182.

Desvaux M, Hebraud M. 2006. The protein secretion systems in *Listeria*: inside out bacterial virulence. FEMS Microbiol Rev, 30(5): 774-805.

Doro F, Liberatori S, Rodriguez-Ortega M J, et al. 2009. Surfome analysis as a fast track to vaccine discovery: identification of a novel protective antigen for Group B *Streptococcus hypervirulent* strain COH1. Mol Cell Proteomics, 8(7): 1728-1737.

Esgleas M, Li Y, Hancock M A, et al. 2008. Isolation and characterization of alpha-enolase, a novel fibronectin-binding protein from *Streptococcus suis*. Microbiology, 154(Pt 9): 2668-2679.

Fagan P K, Reinscheid D, Gottschalk B, et al. 2001. Identification and characterization of a novel secreted immunoglobulin binding protein from group A streptococcus. Infect Immun, 69(8): 4851-4857.

Feng Y, Pan X, Sun W, et al. 2009. *Streptococcus suis* enolase functions as a protective antigen displayed on the bacterial cell surface. J Infect Dis, 200(10): 1583-1592.

Ferrando M L, Fuentes S, de Greeff A, et al. 2010. ApuA, a multifunctional alpha-glucan-degrading enzyme of *Streptococcus suis*, mediates adhesion to porcine epithelium and mucus. Microbiology, 156(Pt 9): 2818-2828.

Fittipaldi N, Gottschalk M, Vanier G, et al. 2007. Use of selective capture of transcribed sequences to identify genes preferentially expressed by *Streptococcus suis* upon interaction with porcine brain microvascular endothelial cells. Appl Environ Microbiol, 73(13): 4359-4364.

Fontaine M C, Perez-Casal J, Willson P J. 2004. Investigation of a novel DNase of *Streptococcus suis* serotype 2. Infect Immun, 72(2): 774-781.

Fox K L, Dowideit S J, Erwin A L, et al. 2007. *Haemophilus influenzae* phasevarions have evolved from type III DNA restriction systems into epigenetic regulators of gene expression. Nucleic Acids Res, 35(15): 5242-5252.

Haataja S, Tikkanen K, Nilsson U, et al. 1994. Oligosaccharide-receptor interaction of the Gal alpha 1-4Gal binding adhesin of *Streptococcus suis*. Combining site architecture and characterization of two variant adhesin specificities. J Biol Chem, 269(44): 27466-27472.

Hale T L. 1991. Genetic basis of virulence in *Shigella species*. Microbiol Rev, 55(2): 206-224.

Hasegawa T, Minami M, Okamoto A, et al. 2010. Characterization of a virulence-associated and cell-wall-located DNase of *Streptococcus pyogenes*. Microbiology, 156(Pt 1): 184-190.

Jones M N, Holt R G. 2007. Cloning and characterization of an alpha-enolase of the oral pathogen *Streptococcus mutans* that binds human plasminogen. Biochem Biophys Res Commun, 364(4): 924-929.

Juarez Z E, Stinson M W. 1999. An extracellular protease of *Streptococcus gordonii* hydrolyzes type IV collagen and collagen analogues. Infect Immun, 67(1): 271-278.

Kerdsin A, Dejsirilert S, Sawanpanyalert P, et al. 2011. Sepsis and spontaneous bacterial peritonitis in Thailand. Lancet, 378(9794): 960.

Kilic A O, Vijayakumar M N, al-Khaldi S F. 1994. Identification and nucleotide sequence analysis of a transfer-related region in the streptococcal conjugative transposon Tn5252. J Bacteriol, 176(16): 5145-5150.

Knaust A, Weber M V, Hammerschmidt S, et al. 2007. Cytosolic proteins contribute to surface plasminogen recruitment of *Neisseria meningitidis*. J Bacteriol, 189(8): 3246-3255.

Kouki A, Haataja S, Loimaranta V, et al. 2011. Identification of a novel streptococcal adhesin P(SadP)protein recognizing galactosyl-alpha1-4-galactose-containing glycoconjugates: convergent evolution of bacterial pathogens to binding of the same host receptor. J Biol Chem, 286(45): 38854-38864.

Margarit I, Bonacci S, Pietrocola G, et al. 2009. Capturing host-pathogen interactions by protein microarrays: identification of novel streptococcal proteins binding to human fibronectin, fibrinogen, and C4BP. FASEB J, 23(9): 3100-3112.

Pancholi V, Fischetti V A. 1998. alpha-enolase, a novel strong plasmin(ogen)binding protein on the surface of pathogenic streptococci. J Biol Chem, 273(23): 14503-14515.

Reinscheid D J, Gottschalk B, Schubert A, et al. 2001. Identification and molecular analysis of PcsB, a protein required for cell wall separation of group B Streptococcus. J Bacteriol, 183(4): 1175-1183.

Rigden D J, Jedrzejas M J, Galperin M Y. 2003. Amidase domains from bacterial and phage autolysins define a family of gamma-D, L-glutamate-specific amidohydrolases. Trends Biochem Sci, 28(5): 230-234.

Rodriguez-Ortega M J, Norais N, Bensi G, et al. 2006. Characterization and identification of vaccine candidate proteins through analysis of the group A *Streptococcus* surface proteome. Nat Biotechnol, 24(2): 191-197.

Salles M W, Perez-Casal J, Willson P, et al. 2002. Changes in the leucocyte subpopulations of the palatine tonsillar crypt epithelium of pigs in response to *Streptococcus suis* type 2 infection. Vet Immunol Immunopathol, 87(1-2): 51-63.

Schubert K, Bichlmaier A M, Mager E, et al. 2000. P45, an extracellular 45 kDa protein of *Listeria monocytogenes* with similarity to protein p60 and exhibiting peptidoglycan lytic activity. Arch Microbiol, 173(1): 21-28.

Tamura G S, Hull J R, Oberg M D, et al. 2006. High-affinity interaction between fibronectin and the group B streptococcal C5a peptidase is unaffected by a naturally occurring four-amino-acid deletion that eliminates peptidase activity. Infect Immun, 74(10): 5739-5746.

Tamura G S, Nittayajarn A, Schoentag D L. 2002. A glutamine transport gene, glnQ, is required for fibronectin adherence and virulence of group B streptococci. Infect Immun, 70(6): 2877-2885.

Torremorell M, Calsamiglia M, Pijoan C. 1998. Colonization of suckling pigs by *Streptococcus suis* with particular reference to pathogenic serotype 2 strains. Can J Vet Res, 62(1): 21-26.

Tunio S A, Oldfield N J, Berry A, et al. 2010. The moonlighting protein fructose-1, 6-bisphosphate aldolase of Neisseria meningitidis: surface localization and role in host cell adhesion. Mol Microbiol, 76(3): 605-615.

Veiga-Malta I, Duarte M, Dinis M, et al. 2004. Enolase from *Streptococcus sobrinus* is an immunosuppressive protein. Cell Microbiol, 6(1): 79-88.

Wang K, Lu C. 2007. Adhesion activity of glyceraldehyde-3-phosphate dehydrogenase in a Chinese *Streptococcus suis* type 2 strain. Berl Munch Tierarztl Wochenschr, 120(5-6): 207-209.

Wertheim H F, Nghia H D, Taylor W, et al. 2009. *Streptococcus suis*: an emerging human pathogen. Clin Infect Dis, 48(5): 617-625.

Winterhoff N, Goethe R, Gruening P, et al. 2002. Identification and characterization of two temperature-induced surface-associated proteins of *Streptococcus suis* with high homologies to members of the arginine deiminase system of *Streptococcus pyogenes*. Journal of Bacteriology, 184(24): 6768-6776.

Wolters J C, Abele R, Tampe R. 2005. Selective and ATP-dependent translocation of peptides by the homodimeric ATP binding cassette transporter TAP-like(ABCB9). J Biol Chem, 280(25): 23631-23636.

Xolalpa W, Vallecillo A J, Lara M, et al. 2007. Identification of novel bacterial plasminogen-binding proteins in the human pathogen *Mycobacterium tuberculosis*. Proteomics, 7(18): 3332-3341.

Zhang A, Chen B, Mu X, et al. 2009. Identification and characterization of a novel protective antigen, Enolase of *Streptococcus suis* serotype 2. Vaccine, 27(9): 1348-1353.

Zhang A, Xie C, Chen H, et al. 2008. Identification of immunogenic cell wall-associated proteins of *Streptococcus suis* serotype 2. Proteomics, 8(17): 3506-3515.

第四章　毒力相关因子的功能研究

内容提要　本章系统总结了金梅林及其团队自2005年以来在猪链球菌致病机制方面的研究成果，主要包括对具体的黏附相关基因、免疫逃避相关基因、致宿主高炎症相关基因、致病相关转录因子等的深入研究。针对第三章筛选到的蛋白质结合国内外组学相关报道，我们对猪链球菌中与各个致病过程相关的毒力因子进行了进一步研究。涉及黏附相关因子 HP0197、Fbps、ECE1、SsPepO、精氨酸肽酶、HtrA 等；免疫逃避相关因子 IgA1、IgG、NADH 氧化酶、HP1914 等；促炎相关因子 HP0459、分支酸合成酶、HP1856、HP1330 等；以及致病相关转录因子 revS、CiaRH、1910HK/RR、ResS/ResR、NisKR、BceRS、丝氨酸/苏氨酸蛋白激酶、Spx 等。通过对上述毒力相关因子的研究，初步阐释了猪链球菌在致病的不同阶段通过不同毒力因子侵入宿主最终致病整个过程的机制。

随着一系列致病相关基因的陆续发现，对其致病机制的了解也越来越深入，主要集中在以下几方面。①猪链球菌的定殖与入侵：猪链球菌利用其表面的黏附因子，定殖于扁桃体等的上皮细胞，借助扁桃体隐窝的屏蔽及 CPS 的抗吞噬等躲避免疫系统的监测与清除，然后通过 *sly* 裂解细胞或借助呼吸道伤口等途径侵入宿主的血液循环。猪链球菌的定殖与入侵是其在宿主体内繁殖与扩散的前提。②猪链球菌在宿主体内的存活与扩散：猪链球菌能够通过调控 CPS 的厚度，躲避中性粒细胞、单核细胞和巨噬细胞的吞噬，甚至利用 SodA 对抗溶酶体内过氧化物的杀伤，促进其在宿主体内的存活和扩散。③猪链球菌诱导脑膜炎：猪链球菌引起脑膜炎的先决条件是打开宿主的血脑屏障，其表面的 Sortase A、SLY、CPS 等均参与了这一环节，是猪链球菌致脑膜炎的重要分子基础。深入全面地解释猪链球菌的致病机制，能够为寻找新的药物靶标或开发新的防治手段提供理论基础，对理论研究和应用研究都有重要意义。

第一节　黏附因子功能研究

猪链球菌能与多种上皮细胞发生黏附作用，如猪源的 PK15 和 LLC-PK1 细胞，人源的 A549、Hep-2 和 HeLa 细胞及犬的 MDCK 细胞等。SS 还能黏附巨噬细胞，这对细菌的致病过程至关重要。研究发现，有荚膜的 SS2 能抵抗巨噬细胞的吞噬，其表面的唾液酸可能参与识别巨噬细胞，而无荚膜的 SS2 很容易被巨噬细胞吞噬（Segura et al., 2004）。在 SS 与细胞的黏附过程中，多种菌体表面分子或分泌型的毒力相关因子扮演着重要作用。SS 表面蛋白分子与包括纤连蛋白（fibronectin）和血纤维蛋白溶酶原（plasminogen）在内的细胞外基质（extracellular matrix，ECM）蛋白结合，促进黏附过程的发生。荚膜多糖（CPS）缺失菌株与野生菌株相比能更好地黏附到猪（LLC-PK1 和 PK15）、人（Hep-2、

A549 和 HeLa）和犬（MDCK）的细胞系（Lalonde et al.，2000；Benga et al.，2004），说明 CPS 妨碍了 SS 的黏附素与宿主上皮细胞的相互作用。因此有一种假说认为：SS 在感染的早期会下调 CPS 的表达以更好地黏附到宿主细胞表面（Ref）。此外，烯醇化酶（Enolase）、纤连蛋白结合蛋白（Fbps）和二肽基肽酶（DPPIV）已被鉴定为 SS 的黏附因子，这些蛋白质均可与人纤连蛋白或纤维蛋白原在体外结合（de Greeff et al.，2002a，2002b；Esgleas et al.，2008；Ge et al.，2009）。

鉴于 SS 在感染早期对宿主上皮细胞黏附的重要性，我们开展了一系列相关研究，筛选到多个具有黏附作用的蛋白质，这些蛋白质同时也对 SS2 的致病力有一定的影响，包括 HP0197 蛋白、淀粉酶结合蛋白 B（Abpb）、SsPepO 蛋白、高温热激需求蛋白（HtrA）、6-磷酸葡萄糖脱氢酶（6PGD）、纤连蛋白结合蛋白（Fbps）、反应调节因子（revS）和 Ssa 蛋白等。

一、HP0197 蛋白

（一）HP0197 在 SS2 致病过程中的作用

SS2 编码的 HP0197 蛋白最早作为免疫原性蛋白被 Zhang 等（2008）鉴定出来，其免疫产生的抗体可以为小鼠和猪提供良好的保护力以抵抗 SS2 的人工感染。HP0197 同时也是 SS2 的一个重要的毒力因子。为了研究 HP0197 蛋白在 SS2 致病过程中发挥的功能，我们构建了 HP0197 基因缺失的 SS2 突变株，具体方法如下：利用大肠杆菌和猪链球菌温敏型穿梭载体 pSET4s，采用插入失活的方法将构建成功的重组载体通过电击方式转入亲本株 SC19 中，pSET4s 在低温 28℃能正常复制，在高温 37℃则不能正常复制而导致丢失或整合到基因组上随基因组复制而复制；该载体携带的红霉素抗性基因，在 37℃下获得单交换后，利用含有壮观霉素抗性和红霉素抗性的 TSA 平板来筛选突变株，最后表现为对壮观霉素敏感而对红霉素耐药的是突变株，对壮观霉素和红霉素均敏感的是恢复型，二单交换依然保持对壮观霉素和红霉素双重耐药。对于可疑突变株，我们采用多重 PCR 及 Western-blot 进行检测验证，用基因上下游引物 *hp0197* 4s-F/*hp0197* 4s-R 进行扩增。为了进一步证实 SS2 不表达 HP0197 蛋白，将突变株全菌裂解进行 SDS-PAGE，用抗 HP0197 蛋白的小鼠多抗血清检测，其中 SC19 野生菌全菌蛋白作为对照。通过上述两个实验及其抗性表型，成功构建了 HP0197 突变株 *Δhp0197*，该突变株能在体外稳定传代，并且在体外的复制能力与野生菌株 SC19 没有显著差异。随后，以小鼠作为模型，通过比较野生菌株 WT 和 HP0197 基因缺失菌株（*Δhp0197*）对 BALB/c 小鼠的致病力来评价 HP0197 基因对细菌致病性的影响。小鼠感染 WT 后的前 3 天死亡率高达 80%，且表现出典型的临床症状，如被毛凌乱无光、精神萎靡、眼球浑浊、体重下降明显等（图 4-1A 和图 4-2）。而 *Δhp0197* 感染的小鼠第一天有两只死亡，其余小鼠在第一天可见精神不振等临床表现，但是从第二天开始即迅速恢复。而体外表达 HP0197 蛋白的互补菌株 C*Δhp0197* 感染的小鼠则与 WT 感染相类似，致死率高达 90%，说明 HP0197 基因重新构建入 *Δhp0197* 后对小鼠的致病性得以回复（图 4-1A）。对仔猪的攻毒实验也得到了相似的结果（图 4-1B），表明 HP0197 基因缺失后显著影响了猪链球菌的致病力。随后，通过检测小鼠血液的含菌量，在 WT 菌株感染后，血液中的 SS2 快速上升，到第 4 天达到最大值（3.5×10^6CFU/ml），之后逐渐下降，而 *Δhp0197* 感染后血液的 SS2 在第 2 天达到最大值（8×10^5CFU/ml），但仍然比 WT 的含量低，之后从第 3 天开始几乎检测不到 SS2 的存在（图 4-2），说明 HP0197 基因缺失后 SS2 很容易被宿主清除。综合以上结果，说明 HP0197 是 SS2 的重要毒力因子，其基因缺失后可显著降低猪链球菌对猪的致病力。

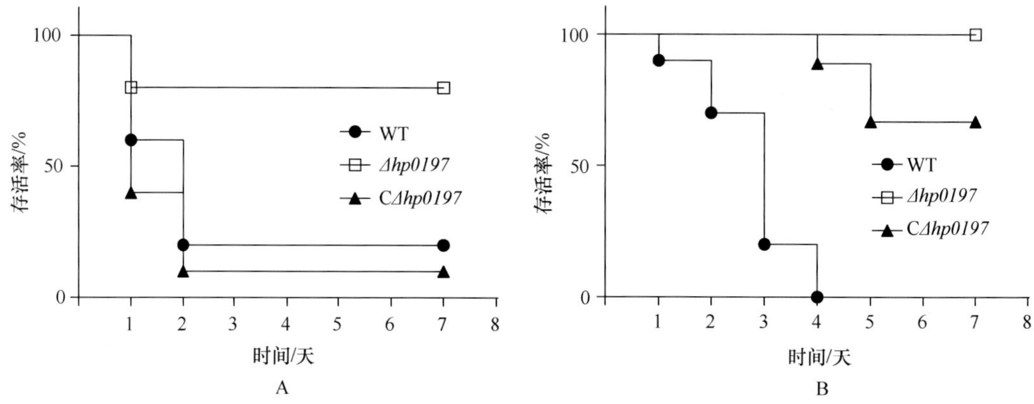

图 4-1 WT、*Δhp0197*、C*Δhp0197* 对小鼠（A）和仔猪（B）的致病性

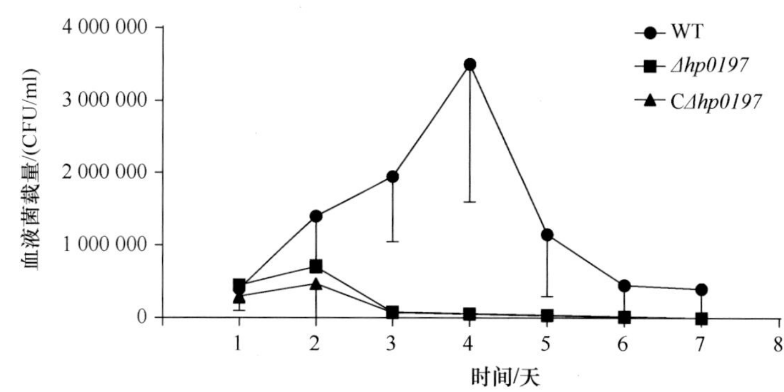

图 4-2 WT、*Δhp0197*、C*Δhp0197* 感染后小鼠血中载菌量

前面的小鼠感染实验提示 *Δhp0197* 致病力显著降低的原因是 *Δhp0197* 易于被宿主清除，猜测可能是 HP0197 基因缺失后，SS2 的抗吞噬能力下降。因此我们比较了 WT 和 *Δhp0197* 菌株的抗吞噬能力，与 WT 相比，*Δhp0197* 抗吞噬能力显著下降。在吞噬细胞介导的杀菌实验中，只有 5.0%±4.2%的 WT 被吞噬细胞杀死，而 *Δhp0197* 中却有高达 28.0%±4.6%的细菌被吞噬细胞所吞杀，重新引入 HP0197（C*Δhp0197*）则能部分回复抗吞噬活性（图 4-3A），表明 HP0197 基因的缺失可显著降低猪链球菌抗吞噬能力。猪链球菌能够有效抵抗吞噬，在血液中大量繁殖，很大程度上依赖于 CPS，因为 CPS 能够保护猪链球菌免遭由中性粒细胞和单核细胞/巨噬细胞介导的细胞吞杀。本实验检测了这 3 个菌株的荚膜厚度，透射电子显微镜的结果显示，WT 具有一个较厚的荚膜（52.8nm±10.4nm），而 *Δhp0197* 菌株的荚膜显著变薄（1.1nm±0.3nm），只有 WT 荚膜厚

度的 2.1%，互补菌株 C*Δhp0197* 的荚膜厚度部分回复（21.1nm±6.6nm）（图 4-3B），这说明 HP0197 蛋白能影响 SS2 荚膜的形成，从而增强 SS2 抵抗吞噬细胞的杀伤。

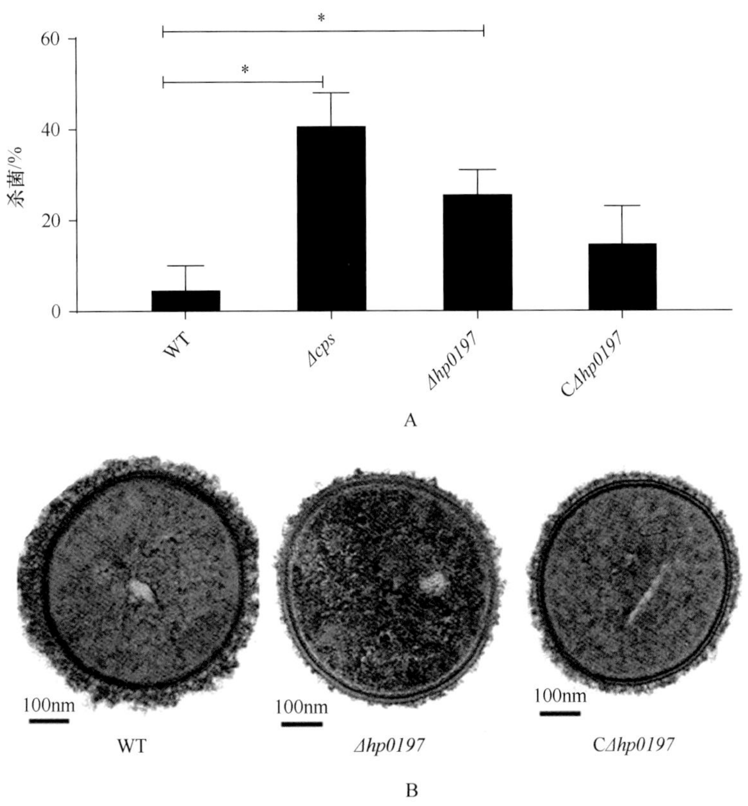

图 4-3　HP0197 调节细菌的抗吞噬能力（A）和荚膜形成（B）

$^*P<0.05$

为了阐明 HP0197 和荚膜合成基因簇之间的关系，我们应用全基因组表达谱芯片和蛋白质组学方法研究 HP0197 缺失后受调控基因的表达变化情况，为阐明 HP0197 影响细菌生长、代谢、黏附、侵入、抗吞噬，并进而调控细菌致病力的机制奠定重要的基础。利用全基因组表达谱芯片比较 HP0197 基因缺失后对细菌表达谱的影响，发现 HP0197 基因缺失后可导致 193 个基因差异表达，其中 43 个基因下调，主要是毒力相关基因和脂肪酸代谢相关基因；150 个基因上调，主要是碳代谢相关基因。通过对上调表达和下调表达的基因进行分析，对差异表达基因的特性及启动子进行分析，发现超过 50%的基因都是受到同一转录因子 CcpA 调节的。并且 HP0197 缺失后的基因表达差异和 CcpA 缺失后的差异表达基因相似度非常高，暗示 HP0197 对荚膜合成基因簇和碳代谢相关基因的调节可能是通过 CcpA 介导的。有意思的是，CcpA 的表达量在 HP0197 缺失后并未降低，说明 HP0197 并不直接调节 CcpA 的表达。有研究表明 CcpA 活性受到 HPr 的磷酸化调节，那 HP0197 是否通过调节 HPr 的磷酸化来调节 CcpA 活性呢？为了探讨这种可能性，我们成功将 WT、*Δhp0197* 菌株中的 HPr 基因引入了 FLAG 标签，并纯化出 HPr 蛋白，通过凝胶电泳迁移率实验（EMSA）分析 HPr 蛋白促进 CcpA 结合启动子的活性，我们发现纯化自 WT 的 HPr 显著增强 CcpA 的活性，而纯化自 *Δhp0197* 的 HPr 则丧失了该活性（图 4-4）。表明 HP0197 通过调节 HPr 来调节 CcpA 的活性，从而上调表达碳代谢相关基因，并下调表达荚膜合成基因簇等毒力相关基因。

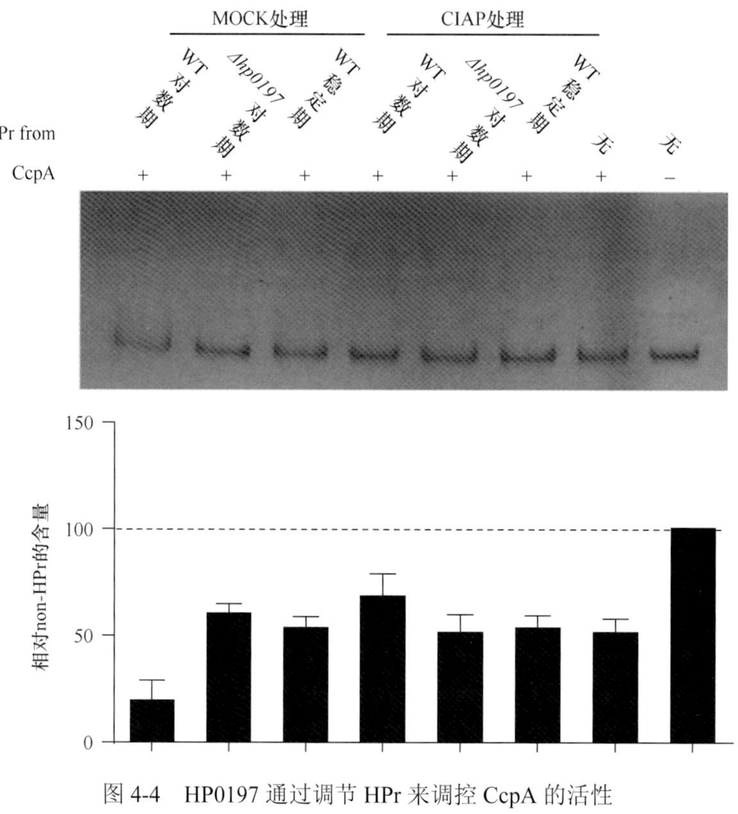

图 4-4　HP0197 通过调节 HPr 来调控 CcpA 的活性

作为细菌最主要的碳源，葡萄糖与 HP0197 之间存在的关系值得我们深入研究。我们将携带有 6×his 标签的重组 HP0197 蛋白固定到 Ni-sepharose 树脂上，将树脂与 40μg/ml 的葡萄糖溶液一起孵育过夜，检测溶液中的葡萄糖溶度。结果显示，结合了 HP0197 的树脂能够结合一定量的葡萄糖并改变葡萄糖溶液的浓度至（38.3±0.3）μg/ml。而没有结合 HP0197 的树脂却不能改变葡萄糖溶液的浓度［（40.1±0.5）μg/ml］。另外，*Δhp0197* 菌株在以葡萄糖为碳源的成分已知培养基（CDM）中的生长速率要明显慢于 WT 菌株，当 HP0197 基因重新转入 *Δhp0197* 菌株后，该互补菌株 C*Δhp0197* 的生长速率得到了部分回复，并且与 WT 接近（图 4-5）。这暗示着 HP0197 在 SS2 的能量代谢过程中也发挥着重要作用。

综合以上研究结果，我们可以阐述 HP0197 影响 SS2 致病的分子机制：HP0197 蛋白与葡萄糖结合，在细菌表面形成局部的高葡萄糖浓度区。而 HP0197 的缺失将导致其表面葡萄糖浓度降低，不利于葡萄糖等能源物质的摄取，从而导致碳源代谢水平降低，并降低 HPr-S46 磷酸化水平。而 HPr-S46P 是碳代谢调节子重要的辅助因子，其活性降低直接导致 CcpA 不能很好发挥碳代谢抑制 CCR 活性，从而使一系列碳代谢相关基因

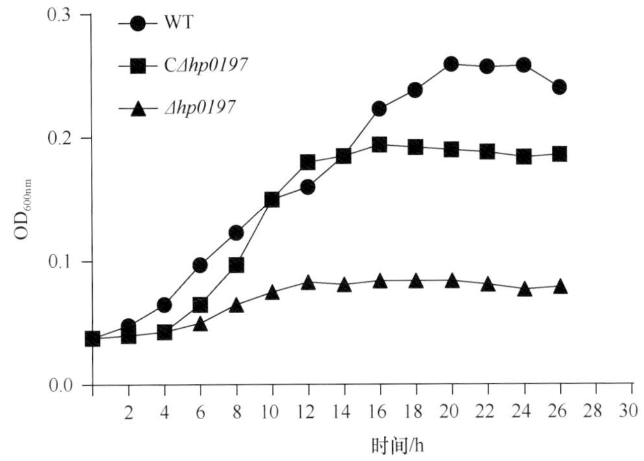

图 4-5　WT、*Δhp0197* 菌株和 C*Δhp0197* 菌株在以葡萄糖为唯一碳源的 CDM 中的生长差异

上调表达，而毒力相关基因，特别是抗吞噬结构——荚膜合成基因下调表达，从而导致 *Δhp0197* 的荚膜变薄，不能有效抵抗吞噬细胞的吞噬，从而很容易被感染的宿主清除，导致致病力显著降低。本研究表明，HP0197 是猪链球菌重要的毒力相关因子，其对毒力的调控是通过调节碳代谢水平从而调节 CcpA 的活性来实现的。

（二）HP0197 蛋白的结构解析

对该基因进行序列同源性搜索，未发现明显同源的蛋白质，生物信息学预测和分析发现该蛋白质的 N 端 5～30 氨基酸残基是一个 YSIRK 型的信号肽，C 端 418～472 氨基酸残基处有一个 G5 超家族结构域，该家族结构域常见于链球菌等细菌的表面蛋白中，可能与结合 *N*-乙酰葡糖胺及细胞黏附相关。从这些信息中，我们无法知道其具体的功能，因此尝试解析了 HP0197 蛋白 N′-18kDa 及 C′-G5 结构域（图 4-6）。通过 X 射线衍射，输出其电子密度图。结合 SeMet-18kDa 和 SeMet-G5 的硒原子的反常散射参数确定了电子云密度相位。经解析和修正，得到 18kDa 片段的三维结构数据。HP0197- 18kDa 蛋白晶体结构是由 6 个反向平行的 α 螺旋（α1、α2、α3、α4、α5 和 α6）组成。HP0197-G5 的蛋白晶体结构具有典型的 G5 结构域的拓扑学特征即 2 个三股 β 片层。这 2 个 β 片层组由中心部分 3 个互相缠绕的基序连接而成，这使得有的 β 片层的方向有明显的转换。所以，N 端 β 片层组形成了一个反向平行的 β 片层排列形式，而 C 端 β 片层组形成了一个平行/反向平行混合的 β 片层排列形式，这个结构的特性与结核分枝杆菌的复苏促进因子（resuscitation-promoting factor，ΔDUFRpfB）的 G5 结构域结构非常相似，其中 N 端的 r.m.s.d 值为 0.886Å，C 端的 r.m.s.d 值为 0.756Å。因此我们推测，HP0197 的 G5 结构域的功能可能与细胞黏附有关。而且 G5 结构域在细菌的糖苷水解酶中较为常见，我们进一步猜想 HP0197 有可能通过其 G5 结构域与细胞表面的多糖分子结合进而介导 SS2 与宿主细胞的黏附。

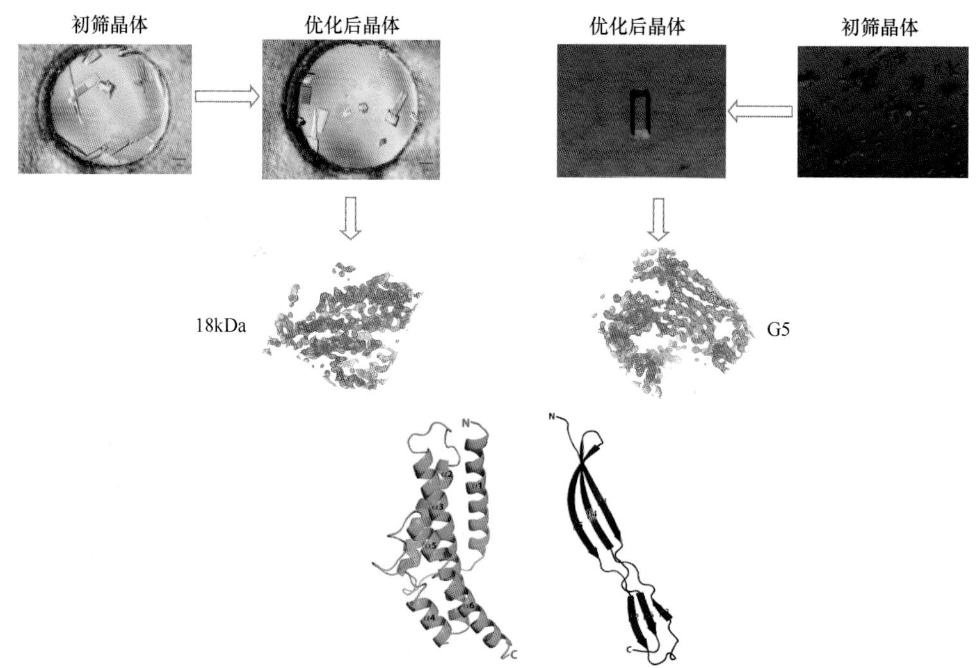

图 4-6　HP0197 蛋白 N′-18kDa 及 C′-G5 结构域的解析

（三）HP0197 是 SS2 重要的黏附相关因子

本研究通过间接免疫荧光实验证实了 HP0197 蛋白能够黏附到 Hep-2 细胞的表面。宿主细胞的 ECM 组成多为糖蛋白和糖胺聚糖（GAGs），在不同的宿主组织中其组成有所不同，但主要的成分包括纤连蛋白、弹性蛋白、胶原蛋白、层粘连蛋白和 GAGs（如肝素和硫酸肝素）等。为了探讨 HP0197 与哪一种成分结合，用黏附抑制实验和流式细胞技术筛选了多种 ECM，重组 HP0197 蛋白先用 *N*-乙酰葡萄糖胺、唾液酸、透明质酸、葡糖醛酸、葡萄糖、半乳糖、甘露糖、肝素等糖类预处理，再将处理后的蛋白质与 Hep-2 细胞孵育，最后用免疫荧光流式细胞技术检测 Hep-2 细胞表面的重组 HP0197 蛋白的荧光信号。在阴性对照组中，与 BSA 孵育的 Hep-2 细胞大多数都没有检测到荧光信号(图 4-7A)，未处理的重组 HP0197 蛋白能与细胞很好的黏附(图 4-7J)，当肝素处理的重组 HP0197 蛋白与 Hep-2 细胞孵育后，HP0197 与 Hep-2 细胞的相互作用被完全抑制（图 4-7I），而同样属于 GAGs 的透明质酸却不能抑制这种相互作用（图 4-7B），组成肝素的两个单糖分子——*N*-乙酰葡萄糖胺和葡糖醛酸同样不具有这样的抑制效应（图 4-7C、D）。没有抑制效果的还包括其他的一些单糖分子，如唾液酸、葡萄糖、半乳糖和甘露糖（图 4-7E～H）。这些结果说明，SS2 HP0197 蛋白的细胞表面配体可能就是糖蛋白上的肝素。

使用肝素酶处理 Hep-2 细胞后，HP0197 黏附细胞的能力明显下降（图 4-8A），证实了之前的结论。进一步研究发现，不只是肝素，其他硫酸化的糖胺聚糖，包括硫酸肝素、硫酸皮肤素和硫酸软骨素都能够不同程度地抑制 HP0197 与 Hep-2 细胞表面的黏附，

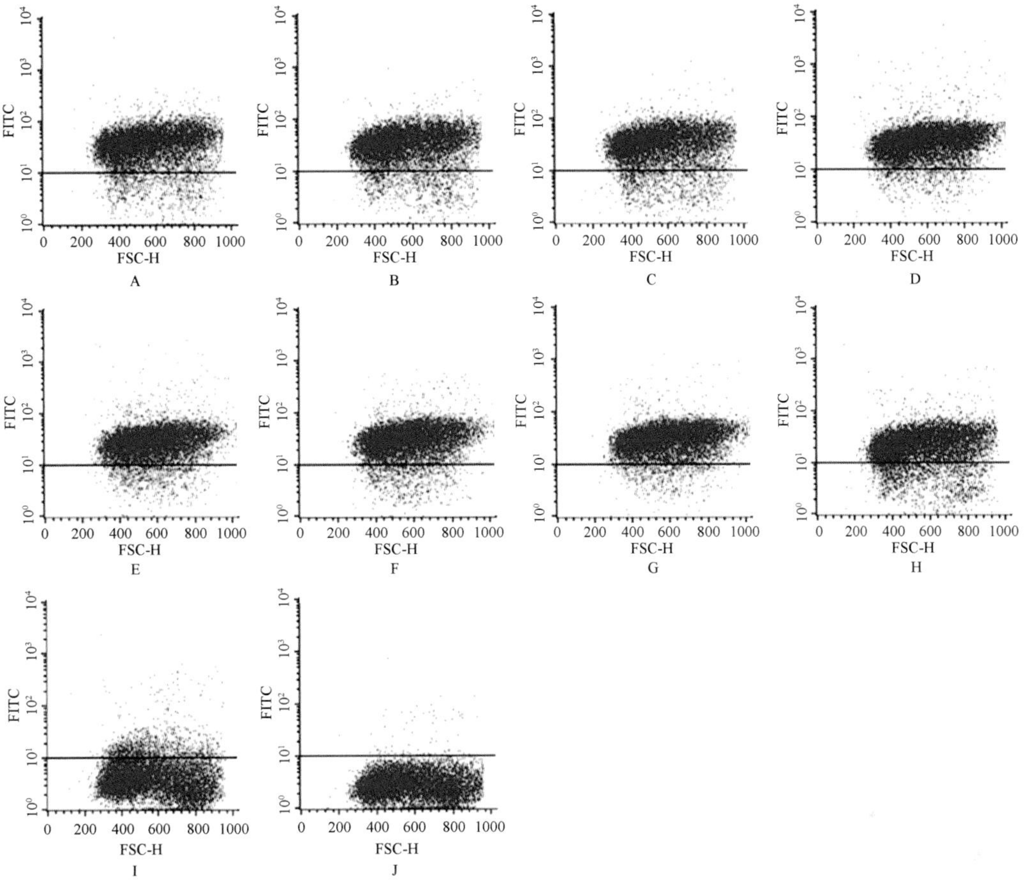

图 4-7　糖类对 HP0197 蛋白与 Hep-2 细胞结合能力的影响

在 HP0197 蛋白与细胞互作前分别使用 PBS（A）、透明质酸（B）、*N*-乙酰葡糖胺（C）、葡萄糖醛酸（D）、唾液酸（E）、葡萄糖（F）、半乳糖（G）、果糖（H）及肝素（I）预处理蛋白，（J）为未加入 HP0197 蛋白的 Hep-2 细胞。散点图 *X* 轴为 FSC 值，*Y* 轴为 FITC 荧光强度值，定义横线以上区域为 FITC 荧光阳性区

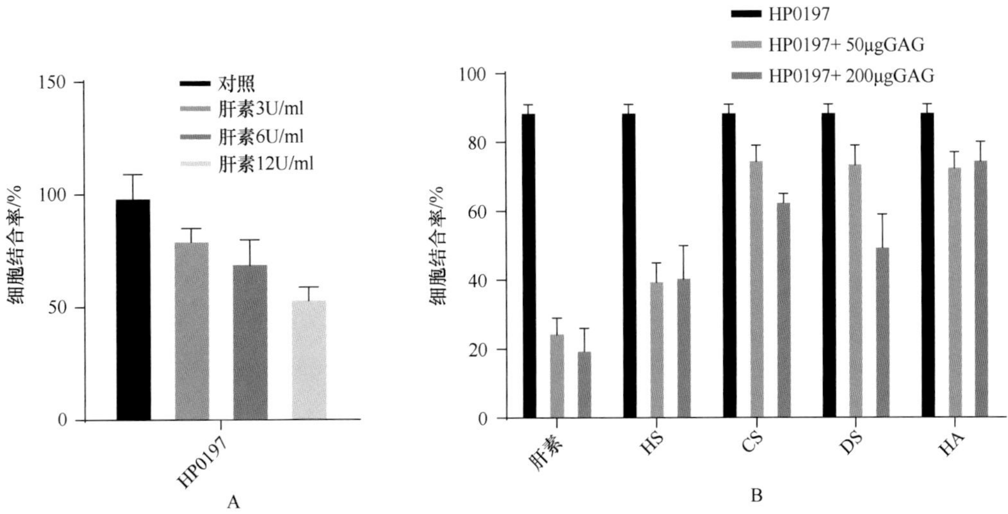

图 4-8　糖胺聚糖对 HP0197 蛋白对细胞黏附功能的影响

而非硫酸化的糖胺聚糖-透明质酸则不能产生这种抑制（图 4-8B），暗示了 HP0197 与糖胺聚糖的结合是基于静电结合。通过将 HP0197 的 18kDa 结构域、G5 结构域和二者之间的 loop 结构域分别表达纯化进行黏附抑制试验，发现全长的 HP0197 蛋白与重组的 18kDa 蛋白能够黏附到 Hep-2 细胞的表面，这种黏附作用能被肝素特异性地抑制，而重组的 G5 蛋白与 loop 蛋白几乎无法结合到 Hep-2 细胞表面（图 4-9），说明 18kDa 结构域是 HP0197 的肝素结合区，而不是前面预测的 G5 结构域。重组的 18kDa 蛋白与预先用不同剂量的肝素酶处理后的 Hep-2 细胞的结合能力显著下降，并呈剂量依赖效应。

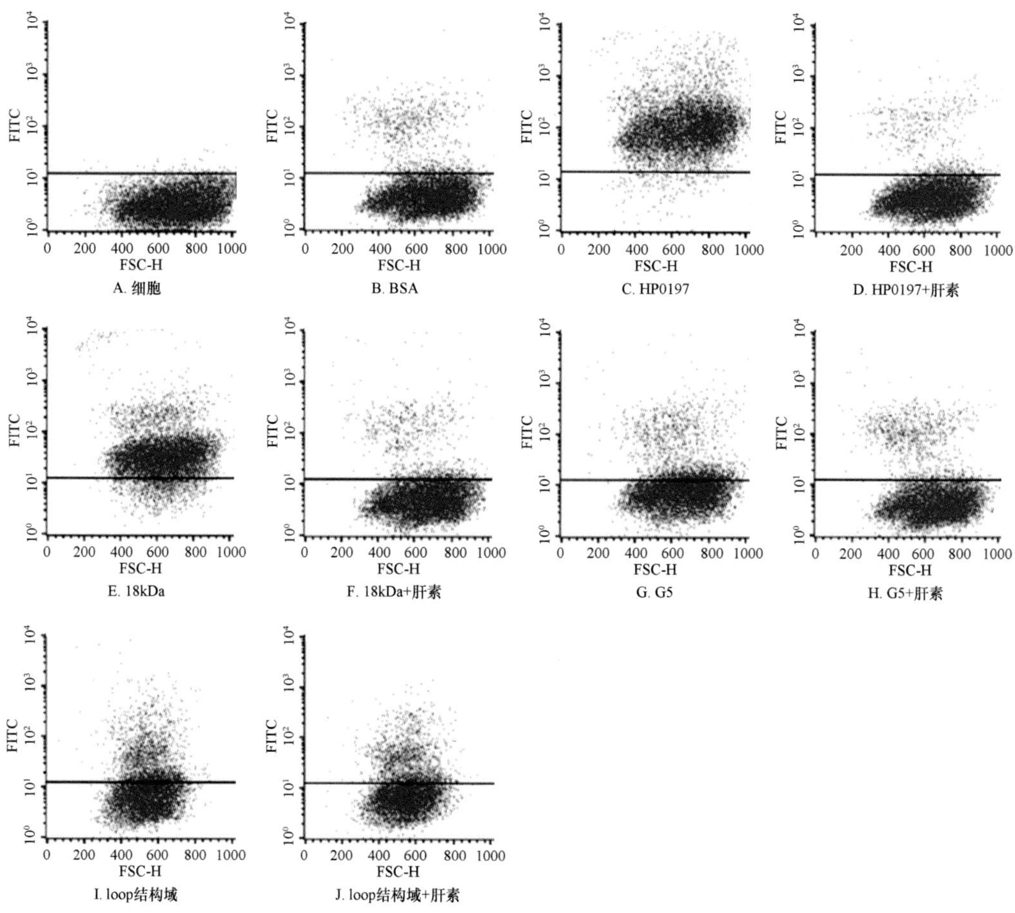

图 4-9　HP0197 蛋白 18kDa 和 G5 功能域对细胞黏附的作用

目前有很多与肝素结合的蛋白质结构已被解析，这些蛋白质基本都是依赖其表面带正电荷的碱性氨基酸簇与肝素带负电荷的硫酸根基团结合。基于以上信息，我们认为 18kDa 表面带正电荷的氨基酸残基可能是其肝素结合位点。根据 18kDa 结构域的结构数据，我们计算了其静电表面，基于空间相近的原则，将表面带正电残基分为 A、B、C、D 和 E 5 个氨基酸簇。利用定点突变将这些氨基酸簇分别突变为中性的丙氨酸并验证突变体结合 Hep-2 细胞的能力。其中突变体 A、B 和 D 较野生型 18kDa 蛋白对 Hep-2 细胞的结合能力显著下降，分别为野生型结合能力的 28.2%、44.3%和 33.2%，而突变体 C 和 E 则没有改变这种结合能力，说明 18kDa 结构域中 A、B 和 D 这 3 个带正电荷的碱性氨基酸簇是 HP0197 蛋白结合细胞的关键位点，同时证明了这 3 个氨基酸簇也是结合肝素的关键位点。有意思的是，A、B 和 D 氨基酸簇均处于 18kDa 结构域的同一端，这可能有利于肝素等长链糖胺聚糖分子的结合。进一步研究显示，蛋白 HP0197、18kDa、18kDa 的突变体蛋白 C 和 E 能够显著抑制猪链球菌 2 型对 Hep-2 细胞的黏附，而突变体 A、B 和 D 则没有明显的抑制作用。说明 18kDa 上的肝素结合位点对猪链球菌 2 型对宿主细胞的黏附起到十分重要的作用。由此我们得出结论，HP0197 蛋白通过位于 N 端的 18kDa 结构域与宿主细胞表面的肝素分子发生相互作用，介导了 SS2 对宿主细胞的黏附过程。

进一步通过 18kDa 结构域的三维结构预测并鉴定了其肝素结合位点，发现该结构域带正电的碱性氨基酸簇对肝素的结合至关重要。通过这些结构的生物学研究，为研制肝素结合抑制剂等治疗和预防链球菌感染的新型药物奠定了重要基础，在抗生素滥用问题日益严峻的今天，这些药物也越来越受人瞩目。18kDa 结构域的结构解析也为今后肝素结合蛋白结构和互作机制研究提供了重要借鉴和参考。

二、淀粉酶结合蛋白 B（Abpb）基因

在体内不利的环境下病原菌胞外蛋白酶在干扰宿主免疫系统、降解宿主相关组织及营养获取中起着关键性的作用从而有利于病原菌在体内的存活与扩散。在其他研究中发现 SS2 存在 4 种类型的蛋白酶，其中包括精氨酸类氨肽酶。我们确定了精氨酸肽酶为 SS2 表面的淀粉酶结合蛋白 B（Abpb）基因，该蛋白质与其他类型细菌的表面精氨酸肽酶具有高度的同源性。经过大肠杆菌表达系统，我们纯化得到了该肽酶，其能在明胶酶谱试验中分解猪源明胶。利用 pNA 偶联合成多肽对其蛋白酶活性进行分析并检测到了该肽酶对精氨酸合成肽 p-NA-Arg 具有非常高的切割活性，对赖氨酸脯氨酸合成肽的切割效果不明显（图 4-10A）。该肽酶对 pH 有广谱的适应范围，在 pH 4～10 均有很高的酶活，pH 7.0 的活性最高（图 4-10B），通过对其酶活指标的测定，获得 Abpb 蛋白酶最大酶促反应速度为 $V_{\max}$=2.8μmol/（mg·min），Abpb 的米氏常数为 Km=0.265Mm。

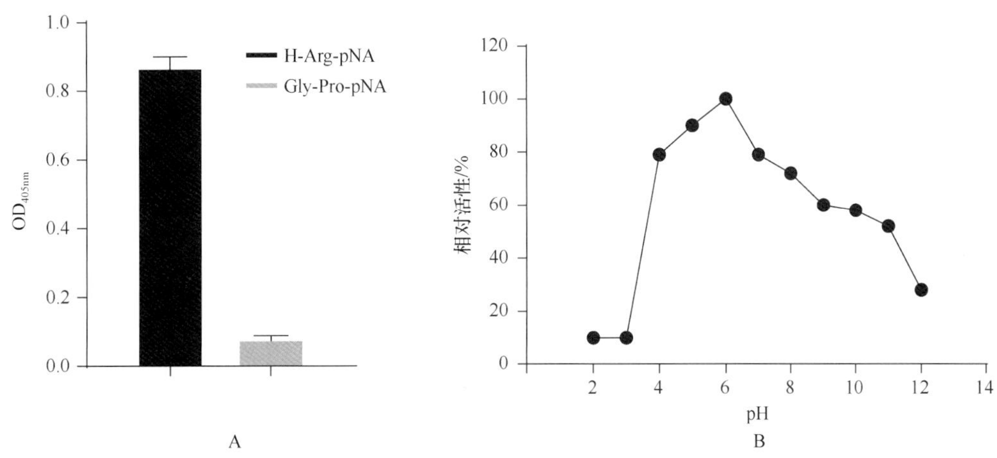

图 4-10　Abpb 蛋白的酶活性验证

前期的生物信息学分析发现 Abpb 可能表达于细菌表面，通过后续 Western-blot 实验及流式实验技术证明了 Abpb 蛋白确实表达于猪链球菌细胞壁，并且呈现少量分泌表达。我们随之构建了该肽酶的突变体对其在 SS2 致病过程中的作用进行了研究，发现 Abpb 突变株（*ΔAbpb*）相比于野生株 SC19 对 Hep-2 细胞的黏附能力明显下降（图 4-11A）。利用小鼠腹腔原代巨噬细胞及骨髓中性粒细胞比较突变株和野生株的抗吞噬能力的差异，发现骨髓中性粒细胞对突变株和野生株都表现很弱的杀菌效果，但腹腔巨噬细胞对突变株有 35%的杀伤效果，野生菌株杀伤效果不明显（图 4-11B），两株细菌感染 BALB/c 小鼠，突变株毒小鼠的致病力显著下降（图 4-11C）。之后利用体内竞争感染实验模拟攻毒实验，比较同一只小鼠体内突变株与野生株的生长和清除差异，结果显示在感染早期及高峰期的时候，野生菌在各个器官及血液中的含菌量是突变株的 2～4 倍，并且在感染后 12h 体内总含菌量开始下降，突变株与野生菌株之间的含量差异进一步变大，显示突变株可能更容易被机体清除，这与前面体外巨噬细胞吞杀实验中突变株更容易被吞噬结果相符。该蛋白质同时也是一个重要的免疫原性蛋白，具有较高的免疫原性特性，重组 Abpb 蛋白免疫小鼠，能刺激小鼠产生高滴度特异性抗体（图 4-11D），在被动攻毒实验中能给予小鼠百分之百的保护效果（图 4-11E）。根据以上实验结果我们推测在体内复杂的环境下，Abpb 可能有助于 SS2 利用其广谱的酶活活性，在降解宿主组织和干扰宿主免疫系统中起到非常重要的作用。另外，突变株对宿主组织的黏附能力下降、造成体内生长劣势和更易被吞噬细胞杀死等也是突变株致病性变弱和毒力降低的重要原因。

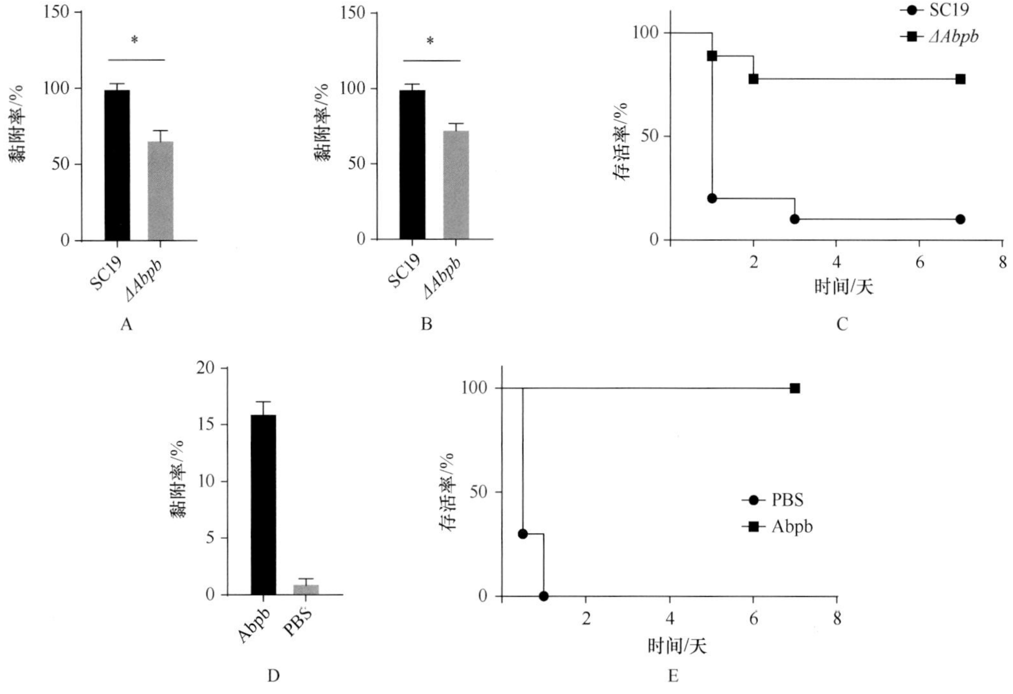

图 4-11　Abpb 基因的功能

A. *ΔAbpb* 菌株和野生菌株 SC19 对 Hep-2 细胞黏附能力的比较；B. 小鼠腹腔巨噬细胞对 *ΔAbpb* 和野生菌株 SC19 吞噬杀伤的比较；C. 突变株 *ΔAbpb* 相比野生菌株表现出下降的毒力；D. Abpb 蛋白被动免疫小鼠后产生的抗体滴度；E. Abpb 蛋白免疫小鼠后，腹腔攻毒，免疫组和对照组小鼠存活率；$^*P<0.05$

三、M13 金属多肽酶 SsPepO

SsPepO 也是 SS2 编码的一个蛋白，属于 M13 金属多肽酶家族，这一家族包括哺乳类中性肽链内切酶（NEP）和内皮素转化酶（ECE1）。NEP 参与许多生理性和病理性免疫应答的调控，ECE1 能够把内皮素前体转化成有活性的内皮素。SsPepO 蛋白在多种链球菌属中高度保守，包含一个 PepO 结构域，其 N 端含有一个信号肽，C 端具有锌金属结合位点，并且表达于细胞表面和上清液中。我们推测该蛋白质可能与纤溶酶原或纤连蛋白一起发挥作用。利用 ELISA 方法定性分析发现重组 SsPepO 蛋白能结合纤维酶原蛋白，且具有剂量依赖效应（图 4-12A）。SsPepO 和菌体同样能结合人血清中的纤溶酶原，先将 SsPepO 蛋白和菌株包被 ELISA 板子，再与不同稀释度的人血清孵育，用相对应的抗体检测结合的纤溶酶原的量。结果表明，随着人血清浓度的增加，SsPepO 和菌体结合纤溶酶原的量也相应地增加，野生株 SC19 和 *ΔSsPepO* 缺失菌株结合纤溶酶原的能力也存在明显的差异。等离子共振实验（SPR）技术表明 SsPepO 和纤溶酶原的结合强度很高，在 0～180s，两者的结合持续上升，在 180s 之后开始解离，但是解离的量很少。此外，我们发现 SsPepO 蛋白与纤溶酶原的相互作用力受离子强度的影响，当 NaCl 的浓度增加时，SsPepO 与纤溶酶原的结合力逐渐降低。赖氨酸残基也参与了 SsPepO 蛋白与

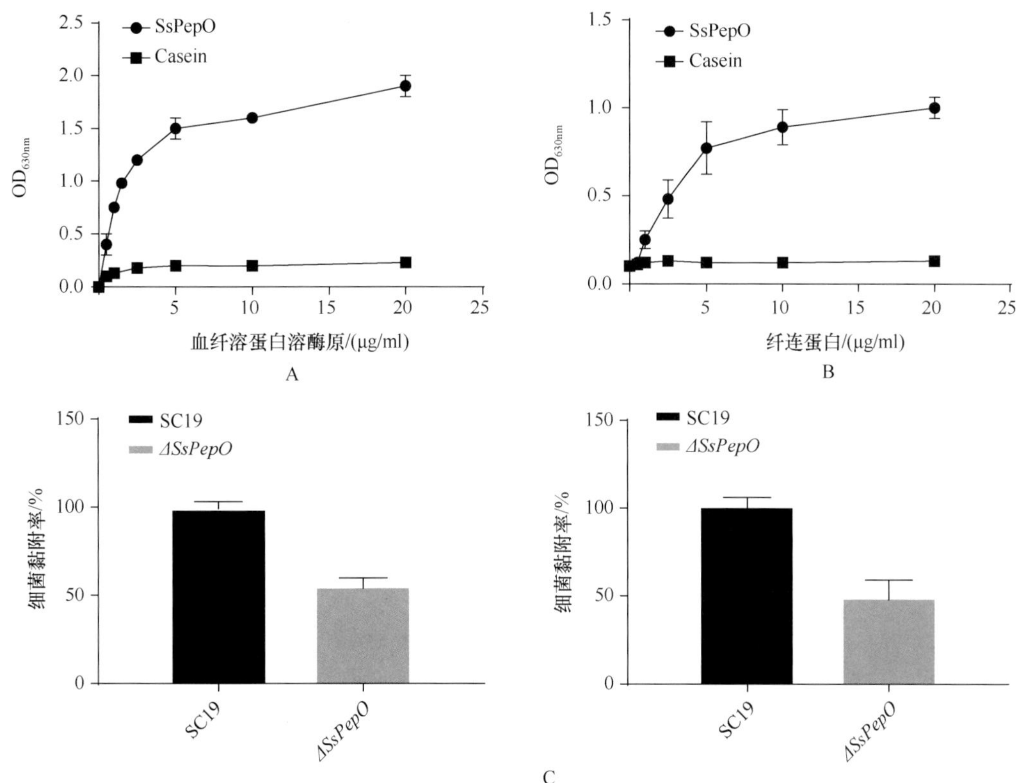

图 4-12　SsPepO 在 SS2 黏附过程中的作用

A. SsPepO 与纤溶酶原的结合；B. SsPepO 与纤连蛋白的结合；C. *ΔSsPepO* 对宿主细胞的黏附能力下降

纤溶酶原的相互作用过程，因为在 ELISA 结合实验中加入不同浓度的赖氨酸类似物 ε-ACA 后，SsPepO 结合纤溶酶原的量下降了 60%。SsPepO 还能与纤连蛋白结合（图 4-12B），与纤溶酶原的结合不存在竞争关系。

纤溶酶原能被组织型纤溶酶原激活物 tPa 或尿激酶纤溶酶原激活物 uPa 及细菌的链激酶激活转化成丝氨酸蛋白酶纤溶酶而发挥酶活的功能。前面的研究已经证实了 SsPepO 能结合纤溶酶原，在 SsPepO 和纤溶酶原作用后加入 uPa 和纤溶酶特异性底物 S-2251 共同孵育，其 OD_{405nm} 的值会逐渐上升，说明纤溶酶原产生有活性的纤溶酶能降解底物 S-2251，而不加纤溶酶原激活物或者酪蛋白作为阴性对照组的，OD_{405nm} 值和颜色都不变，表明底物 S-2251 均不能被降解。此外，有报道称纤溶酶原能降解 C3b 和 C5 而影响补体途径，我们发现在 SsPepO 结合纤溶酶原后加入激活物 uPa 和 C3b，C3b 会被降解得到两条大小分别为 68kDa 和 30kDa 的条带，而阴性对照组 C3b 则没有降解，说明 SsPepO 可能通过降解 C3b 来逃避宿主的补体途径。

为了确认 SsPepO 基因是否参与 SS2 对宿主细胞的黏附过程，我们比较了野生菌株 SC19 和 *ΔSsPepO* 缺失菌株黏附能力的差异。相较于 SC19 菌株，*ΔSsPepO* 缺失菌株黏附鼠脑微血管内皮细胞的能力下降了 50%，对人脑微血管内皮细胞的黏附能力也下降了 60%（图 4-12C）。*ΔSsPepO* 缺失菌株对小鼠的致病力有一定程度的下降，小鼠的存活率为 50%。相反，野生菌株感染小鼠的症状更明显，出现的时间也更早，小鼠可以观察到被毛凌乱、发抖嗜睡等症状，存活率为 10%。

四、其他黏附相关毒力因子

HtrA 是热休克诱导的一种丝氨酸蛋白酶，具有丝氨酸蛋白酶与分子伴侣的双重功能。HtrA 在许多细菌中都是一个重要的致病因子，HtrA 基因可以调控大肠杆菌对蛋白质和温度的适应性（Jomaa et al.，2009）；沙门氏菌亚种缺失 HtrA 基因会影响细菌的耐受性和环境压力，对细菌的毒力也会产生影响（Ahmer and Heffron，1999）。SS2 的 HtrA 蛋白与其他链球菌属的同源性能达到 95%，且在猪链球菌中，除 1/2 型、20～22 型、26 型、29 型和 31 型外，其余的血清型均含有 HtrA 基因。我们发现 HtrA 蛋白能黏附于 Hep-2 细胞表面；HtrA 基因缺失菌株（*ΔHtrA*）较野生菌株 SC19 对 Hep-2 细胞的黏附降低了 30%，外源表达 HtrA 蛋白的互补菌株 *CΔHtrA* 对细胞的黏附能力得到回复；当将细胞与 HtrA 重组蛋白预先孵育后，SC19 菌株对细胞的黏附性也显著降低，说明这种高温热激需求蛋白可作为 SS2 的黏附素。HtrA 基因能调节细菌应对环境变化的能力，我们发现 *ΔHtrA* 菌株与野生菌株相比，对温度、pH、氧化压力和渗透压应激的敏感性显著增加，说明 SS2 的 HtrA 基因同样具有调节自身应激应答的能力。但是 HtrA 基因对小鼠的致病力影响不大，*ΔHtrA* 菌株较野生菌株 SC19 对小鼠的致死率没有显著的差别。

6-磷酸葡萄糖脱氢酶（6PGD）是一种存在于原核生物和真核生物中，具有重要的生理学功能的酶，参与戊糖磷酸代谢途径。肺炎链球菌 6PGD 蛋白定位在细胞膜表面，该蛋白质能分别抑制 90%无荚膜肺炎链球菌和 80%有荚膜肺炎链球菌对 A549 细胞的黏附（Daniely et al.，2006）。SS2 的 6PGD 蛋白也分布于细菌表面，重组 6PGD 蛋白处理

Hep-2 细胞后，猪链球菌 2 型对宿主细胞的黏附能力降低了约 72%（图 4-13A），SS2 的 6PGD 蛋白能抑制细菌对宿主细胞的黏附，说明其本身有可能就是细菌的一个黏附因子。用重组的 6PGD 蛋白免疫 BALB/c 小鼠和仔猪之后，都能产生较高的抗 6PGD 蛋白的抗体（图 4-13B）；采用致死剂量的 SS2 攻毒后，该重组蛋白对 BALB/c 小鼠能提供 80% 的保护（图 4-13C）。在对仔猪的攻毒实验中，对照组仔猪接种 SS2 菌株 SC19 后表现明显的临床症状，出现精神沉郁，乏食嗜睡，有神经症状，呼吸困难，体温升高，并在 48h 内全部死亡，解剖后发现多脏器有充血、出血的现象，从各脏器均能分离到攻毒 SS2 菌株。而 6PGD 蛋白免疫组仔猪攻毒后大部分出现轻微的临床症状，少部分症状较重，48h 内死亡率为 20%，之后的几天部分仔猪逐渐好转，最终具有 50%的保护力（图 4-13C）。

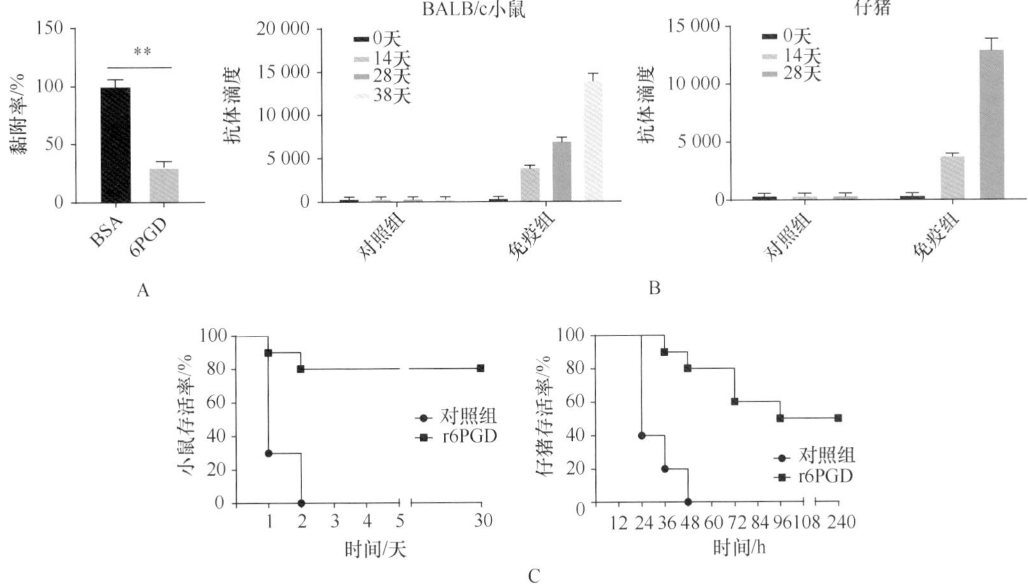

图 4-13　SS2 6PGD 基因的功能

A. 6PGD 蛋白对细菌黏附细胞的影响；B. 6PGD 蛋白免疫 BALB/c 小鼠/仔猪后抗体检测；C. 6PGD 蛋白对 BALB/c 小鼠/仔猪的免疫保护；$^{**}P<0.01$

纤连蛋白结合蛋白 Fbps 被证实能结合人的纤连蛋白和纤维蛋白原（fibrinogen），但是也有研究发现等基因 Fbps 突变并没有丧失结合纤维蛋白原的能力（Ref）。此外，Fbps 突变的菌株感染猪体的实验表明 SS 定殖扁桃体不需要 Fbps 的参与，但与细菌在特定器官中的定殖有密切关联，可能与 SS 的致病性有关。猪链球菌 2 型基因组中的 *fbps* 基因编码了一种具有纤连蛋白结合位点的表面膜蛋白（fibronectin binding proteins，Fbps），与其具有同源性且同样具有 Fn 结合活性的蛋白质在其他链球菌的感染中发挥着关键的作用。构建了 *fbps* 基因缺失突变菌株，与亲本菌株 SC19 相比其生长特性没有显著差异，但是其对细胞的黏附能力和侵袭能力却显著下降（图 4-14A）。体内实验表明，*fbps* 基因缺失突变菌株感染小鼠的临床症状不明显，引起的病理程度较轻，小鼠死亡率显著下降，*fbps* 基因缺失突变菌株在小鼠各组织的定殖能力也显著下降，说明 *fbps* 基因缺失使得 SS2 的致病力显著降低（图 4-14B）。此外，我们采用 CytoTrap 酵母双杂交技术筛选到

了两个与 *fbps* 基因相互作用的宿主蛋白——API5 和 ZFYVE27。

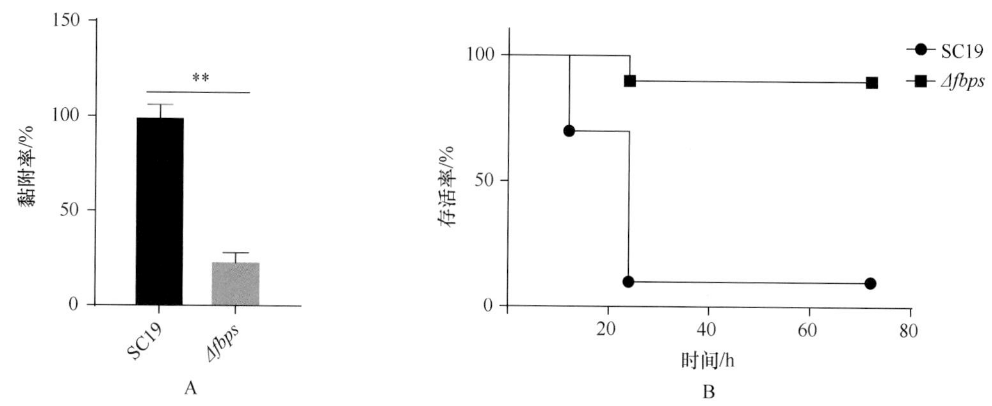

图 4-14 SS2 的 Fbps 蛋白对细菌黏附的影响

A. *Δfbps* 对 Hep-2 细胞的黏附能力检测；B. *fbps* 基因缺失突变对 SS2 致病力的影响；$**P<0.01$

revS 基因是一种反应调节因子（response regulator），该基因能够在转录水平对 SS2 多种毒力因子进行调控，缺失该基因后多种毒力因子表达减弱。我们发现 SS2 *revS* 基因缺失菌株的生长速度明显加快，而溶血活性显著降低。该基因缺失的菌株（*ΔrevS*）对 Hep-2 细胞的黏附能力下降了 65%，而回复菌株对细胞的黏附能力则大幅上升，约为野生型菌株的 72%（图 4-15A）。

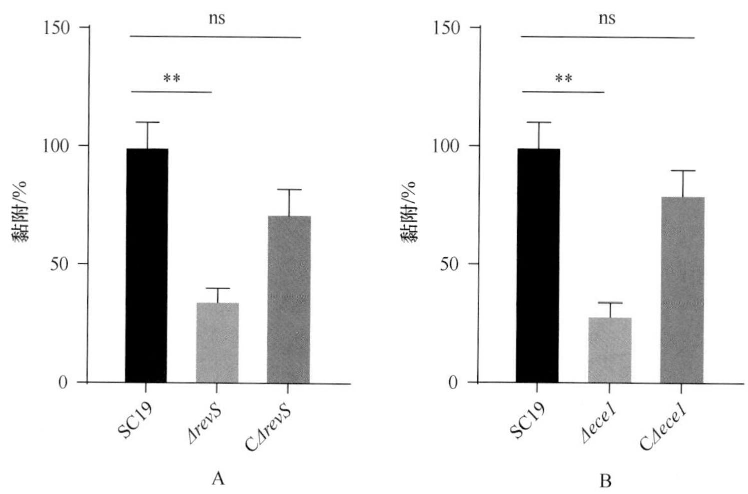

图 4-15 SS2 编码的具有黏附作用的蛋白质

A. 突变体 *ΔrevS* 黏附 Hep-2 细胞能力下降；B. 突变株 *Δece1* 黏附 Hep-2 细胞的能力下降；$**P<0.01$；ns. 差异不显著

此外，*SSU05_0153* 基因编码的内皮素转化酶 1（ECE1）也具有潜在的黏附作用。以野生毒菌株 SC19 对 Hep-2 细胞的黏附为标准，*ece1* 基因缺失菌株对 Hep-2 细胞的黏附能力比野生毒菌株下降了 71.2%（图 4-15B），说明 *ece1* 基因在 SS2 黏附宿主细胞的过程中发挥了一定的作用。

第二节　免疫逃避因子相关功能研究

免疫球蛋白是由 B 淋巴细胞表达，具有抗体活性的蛋白质分子，在脊椎动物体液免疫中起着关键作用。例如，分泌型免疫球蛋白 A（immunoglobulin A secretory，SIgA），它在黏膜免疫系统中起着关键性的防御作用，由于其在外分泌中含量极多，且不易被蛋白酶破坏，因此是机体抗感染和抗过敏的重要屏障；又如免疫球蛋白 G（immunoglobulin G，IgG），它占血清中总免疫球蛋白的 75%左右，在机体免疫中起着保护作用，能有效帮助机体预防相应感染性疾病。

一、IgA1 蛋白酶

SIgA 作为黏膜免疫重要的防御因子，帮助机体抵抗着众多病原微生物的入侵。在病原与宿主长期对抗进化过程中，病原菌也发展出了逃避 SIgA 的策略，通过相应的蛋白酶水解 SIgA 铰链区，其失去防御作用。

在前期研究中，鉴定到了猪链球菌一个相关毒力因子 HP1022，通过分析其氨基酸序列，发现该基因与肺炎链球菌 IgA1 蛋白酶存在 41%的同源性。进一步分析发现，HP1022 与 IgA1 蛋白酶的一级结构相类似。HP1022 基因序列中，前 43 个氨基酸为信号肽序列，有定殖周质的作用。与通过 C 端 LPXTGX 模体分选酶活性锚定于细胞壁的蛋白质不同，HP1022 的二级结构是通过 N 端定殖，紧随其后的是两个跨膜区和 3 个重复序列（G5 domain）。HP1022 的 C 端是由锌离子结合序列 HEMTH 和一个具有肽酶活性的谷氨酸残基 E 组成。通过上述分析结果，我们初步确定猪链球菌的 HP1022 基因很可能是 IgA1 蛋白酶。

首先通过 pET-28a 构建 HP1022 表达载体，分别提取诱导表达后沉淀与上清部分，以 SS2 康复血清为一抗，经 Western-blot 分析确证表达产物有良好的免疫学活性，可以证明 SS2 表达此蛋白质，同时也说明该基因在猪链球菌侵入宿主体内后该蛋白质仍有表达，并且可能在侵入过程中起着重要作用。将表达纯化的 HP1022 蛋白与人单克隆抗体 IgA1 按 1∶10 的比例在 37℃温箱中孵育 3h，经 SDS-PAGE、Western-blot 分析确证，纯化后的 HP1022 具有良好的 IgA1 蛋白酶活性，即 SS2 的 HP1022 是其 IgA1 蛋白酶。

为了检测 HP1022 在猪链球菌不同菌株中的分布，我们首先挑选了临床病猪体内分离的血清型 1～9 型和 1/2 型菌株进行 PCR 检测，发现在各血清型均能扩增到该基因（图 4-16A）。随后我们又挑选了实验室分离的 20 株致病性菌株和 20 株非致病性菌株，扩增发现 85%的致病性菌株携带该基因（图 4-16C），而只有 20%的非致病性菌株携带 HP1022（图 4-16B）。由此可见，HP1022 广泛存在于多个血清型中，且其与菌株致病性存在一定关联。

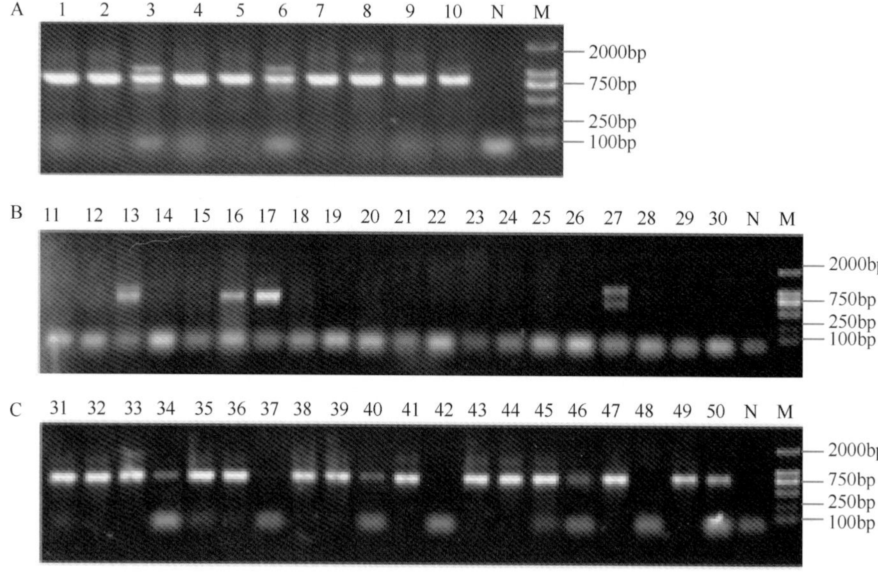

图 4-16 HP1022 基因在猪链球菌不同菌株的分布

M. marker；N. 阴性对照

为了进一步证实 HP1022 在猪链球菌致病过程中所起的重要作用，通过同源重组的方法对 HP1022 进行了敲除，并以抗 IgA1 蛋白酶的多克隆抗体作为一抗通过 Western-blot 进行鉴定（图 4-17A）。之后用 PCR 检测连续传代培养 8 代的菌株，发现 *Δiga* 均能扩增出大小为 1600bp 的目的带，结果表明基因缺失菌株 *Δiga* 能够稳定遗传，并且在培养过程中基因缺失菌株与亲本株相比生长速度无明显差别。对其生化特性进行进一步分析也发现，菌株对各营养物质的利用并无显著性变化（表 4-1）。

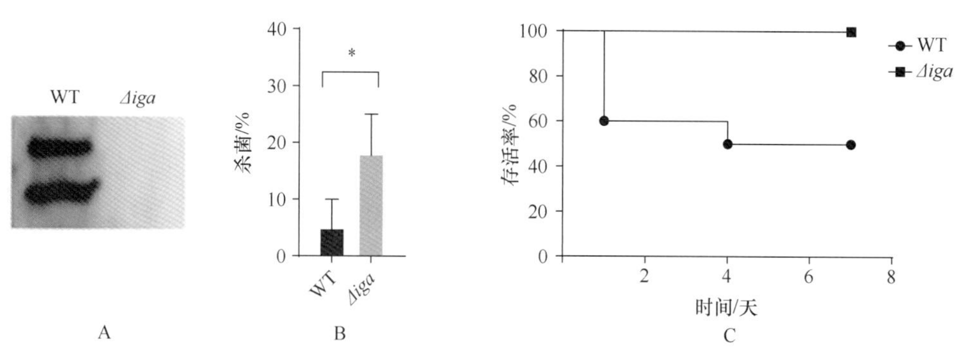

图 4-17 IgA 蛋白酶缺失突变株的鉴定与致病力研究

$^*P<0.05$

表 4-1 不同菌株生化特性的比较

生化反应管	丙酮酸	马尿酸	七叶树素	α-半乳糖苷酶	β-葡糖苷酸酶	β-半乳糖苷酶	碱性磷酸酶	亮氨酰酶	精氨酸试验	核糖	戊糖	甘露醇	山梨糖醇	乳糖	葡聚糖	菊糖	棉子糖	淀粉
WT	—	—	—	—	—	—	—	—	—	—	—	—	—	—	—	—	—	—
Δiga	—	—	—	—	—	—	—	—	—	—	—	—	—	—	—	—	—	—

注：—. 表示 *Δiga* 和 WT 无差别

分别将亲本株和缺失菌株 *Δiga* 以 1∶100 的比例与小鼠巨噬细胞混合，同时加入补体 50μl，前期制备的小鼠 IgA1 蛋白酶多克隆抗体 50μl，并用 DMEM 补齐至 300μl，在 37℃温箱中孵育。以未经过吞噬试验的野生菌株 WT 和缺失菌株 *Δiga* 菌株为标准，有 5.5%±3.9%的野生菌被巨噬细胞吞噬，而缺失突变菌株则有 18.7%±7.5%被巨噬细胞吞噬，说明在敲除 IgA1 蛋白酶基因后猪链球菌抗吞噬能力存在显著下降（图 4-17B）。腹腔注射感染小鼠，观察并记录小鼠死亡情况和临床症状。在接种细菌 3 天后，两组小鼠均出现抑郁、眼部水肿、乏力倦怠等症状，但 WT 组的症状更明显。WT 组中 4 只小鼠（40%）在感染细菌一天内死亡，另 2 只小鼠在接种细菌后的 3 天内表现出原地转圈、角弓反张等明显的由于脑膜炎导致的神经症状，其中一只第四天死亡，另一只小鼠在实验期内一直携带高浓度的 SS2（达 6×10^6 CFU/ml）。而基因缺失菌株 *Δiga* 组，无实验动物死亡，也没有野生菌组小鼠出现的脑膜炎症状（图 4-17C）。通过检测小鼠血液载菌量发现，在接种细菌 24h *Δiga* 组小鼠血液携带菌量显著少于 WT 组小鼠血液携带菌量（$P<0.05$）；并且接种猪链球菌 7 天内，WT 组小鼠血液中始终有猪链球菌被检测到，而 *Δiga* 组的小鼠从接种第 5 天开始，血液中已无法检测到细菌。

鉴于 IgA1 蛋白酶缺失后在小鼠模型中效果显著，我们以猪链球菌天然宿主猪为动物模型进一步考察其对致病力的影响。将 10^6CFU 猪链球菌重悬液滴入经乙酸预处理的猪鼻腔中，并设置 PBS 平行对照，持续观察感染后猪的发病情况。WT 组在感染一天后即出现相关惊厥、震颤和跛行症状，从第二天起出现死亡，并在第三天全部死亡；而 *Δiga* 组只有两头猪出现上述猪链球菌感染相关的症状，于第三天死去，其他猪无症状出现，两组动物死亡率有显著差异（图 4-18A）。同时也检测了感染后各组每天的体温变化，在感染一天后，两组动物体温均有上升，但在第二天出现了明显差异，*Δiga* 组未发病动物在 4 天后恢复正常，而 WT 组在第三天体温超过 42℃，并于当天全部死亡（图 4-18B）。在实验过程中，我们还对 WT 组和 *Δiga* 组病死的猪进行解剖，观察器官和组织的病变情况，发现均有组织病变坏死现象，但是未发病猪及 PBS 对照组未发现明显的组织损伤。

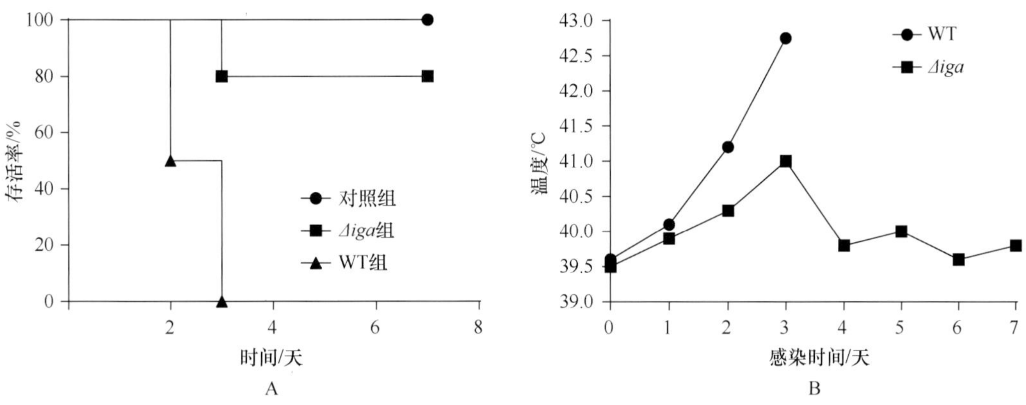

图 4-18　WT 和 *Δiga* 菌株鼻腔感染猪实验

综上所述，SS2 在 IgA1 蛋白酶基因缺失后，对小鼠和猪的侵入能力及致病力都显著降低，并且更容易被机体清除，说明 IgA1 蛋白酶基因与猪链球菌致病力相关，是 SS2 的一个毒力相关因子。

二、IgG 结合蛋白

IgG 作为血清主要的抗体成分，在机体免疫中起保护作用。而链球菌表面存在一种 G 蛋白，能与 IgG 结合。据报道，在 G 群链球菌的研究中发现 IgG 结合蛋白造成了 IgG 在菌体表面的大量聚集，这会在一定程度上破坏补体途径的激活及其后续调理作用的发挥。在猪链球菌基因组中，我们通过比对发现了一个猪链球菌 IgG 结合蛋白（SSPG），它被报道能引起宿主机体较强的体液免疫反应，并且具有较好的免疫保护能力，但其生物学功能的研究仍然匮乏，因此对其进行了进一步研究。

根据 SSPG 基因设计特异性引物，分别在本实验临床 1/2 型、1 型、2 型、9 型分离菌株中扩增到了目的大小片段，并分别克隆至表达载体，鉴定正确的菌株分别命名为 pET-28a-1/2、pET-28a-1、pET-28a-2、pET-28a-9。表达纯化各蛋白质，通过精确定量跑胶并转膜后，分别与 HRP 标记的人、鼠、猪及羊 IgG 共孵育，显色后可看见目的蛋白的特异性条带，但灰度略有不同，证实从各血清型菌株中克隆表达的 SSPG 重组蛋白与各动物 IgG 均具有结合活性，但结合活性存在差异。

因此，将纯化后的各 SSPG 调整至统一浓度，分别包被至酶标板，将带有 HRP 标记的人、鼠、猪和羊 IgG 分别倍比稀释后加入，37℃孵育后以 $P/N \geq 2$ 为判断标准，计算抗体滴度。可以发现，不同血清型 SSPG 与 IgG 的结合活性除 SSPG-1 外没有显著性差异，但是与不同宿主 IgG 的结合能力存在明显差别，其中与人和猪 IgG 的结合活性相对较强（表 4-2）。

表 4-2 重组 SSPG 蛋白与不同动物 IgG 结合的平均滴度

蛋白	IgG				
	人	鼠	猪	羊	PBS
SSPG-1/2	1∶20	1∶8	1∶40	1∶8	<1∶2
SSPG-1	1∶20	1∶4	1∶20	1∶8	<1∶2
SSPG-2	1∶20	1∶8	1∶40	1∶10	<1∶2
SSPG-9	1∶20	1∶10	1∶40	1∶10	<1∶2

在 SC19 基础上对 SSPG 进行了缺失，对其生长曲线和生化特性进行检测，发现其在对数期生长及对营养物质利用等方面与亲本株无明显差异，但其稳定期较亲本株明显缩短，且在衰亡期活菌数下降迅猛，显著少于亲本株。由于 SSPG 位于猪链球菌细胞壁上，猜测可能是该基因缺失对 *S. suis* 表面结构造成了影响，因此我们用扫描电镜和透射电镜对亲本株和缺失突变株进行了观察。如图 4-19 扫描电镜结果所示，亲本株与突变株均为椭圆形结构，表面光滑，无明显差异。而透射电镜结果显示突变菌株的细胞壁结构较为模糊，边缘界线也较野生菌株模糊，提示表面结构发生了变化。

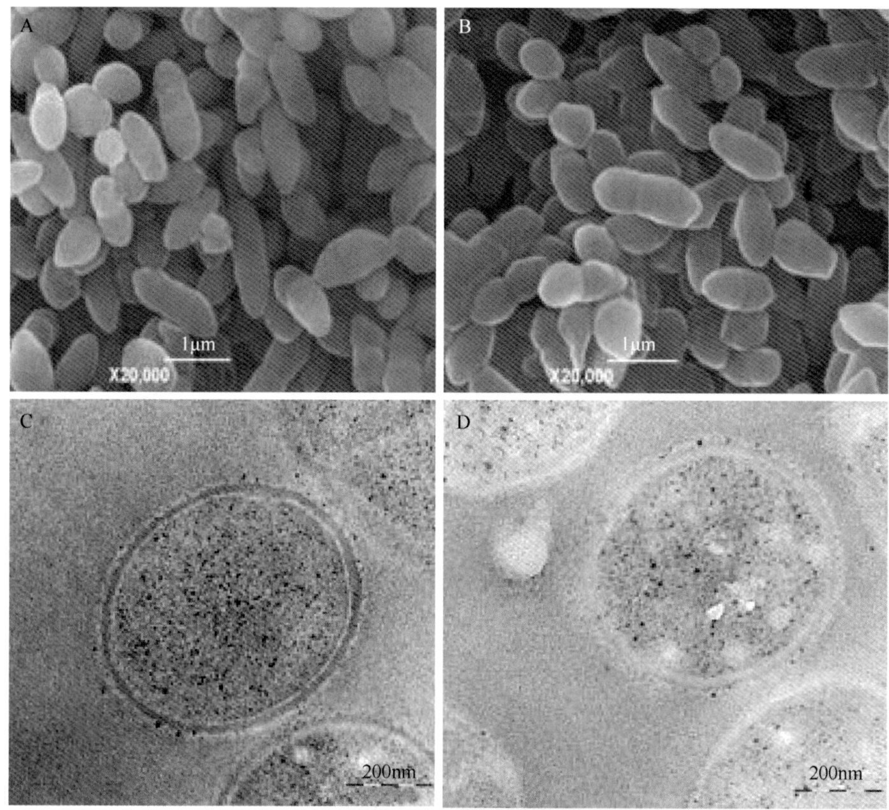

图 4-19　SC19 和 SSPG 基因缺失菌株的电镜结果

A、C. SC19；B、D. *Δsspg*

通过小鼠模型检测 SSPG 基因缺失对猪链球菌致病力的影响，分别用不同感染剂量的亲本株、突变菌株或突变菌株和 100μg SSPG 混合后对小鼠进行梯度攻毒实验，并在腹腔注射后一周内持续观察小鼠的发病和死亡情况。结果表明，突变菌株和亲本株的毒力差异不明显，但突变菌株与 SSPG 混合后毒力有所增强（表 4-3）。由此可知，尽管前期实验中 SSPG 蛋白表现出与致病相关的表型，但并不在猪链球菌致病中起决定性作用，可能是菌体本身所表达的蛋白质量不足以影响到宿主免疫系统，所以在突变菌株中外源添加大量的 SSPG 会出现致病力增强的现象。

表 4-3　小鼠 LD_{50} 试验结果

攻毒剂量 /（CFU/ml）	小鼠死亡数（死亡数/总数）/只		
	野生菌株	缺失菌株	缺失菌株+SSPG
1×10^8	1/10	0/10	4/10
5×10^8	2/10	2/10	10/10
1×10^9	8/10	9/10	10/10
2×10^9	10/10	10/10	10/10
5×10^9	10/10	10/10	10/10
LD_{50}/（CFU/ml）	5.48×10^8	5.04×10^8	1.04×10^8

注：缺失菌株+SSPG 为缺失菌株与 SSPG 蛋白混合后攻毒

三、其他免疫逃避途径

（一）NADH 氧化酶影响猪链球菌 2 型的氧化应激反应和致病力

宿主吞噬细胞在吞入入侵的病原微生物后会产生多种活性氧类物质，该物质具有广谱的杀菌作用。而相应地，外源微生物也发展出了对抗这一杀菌作用的机制，在这种氧化应激条件下存活是细菌致病力的一种表现。在猪链球菌抗氧化应激机制的研究中，我们发现了 4 个可能与之相关的基因（*0350*、*nox*、*tpx* 和 *copA*），并对其在氧化应激反应和致病力方面的功能进行了评估。

为了研究这 4 种基因在猪链球菌 2 型氧化应激反应中所做出的贡献，分别构建了这 4 种基因的缺失突变株，检测它们在低氧和高氧条件下的生长情况。在静止培养模拟低氧条件下，除 *Δnox* 突变株表现出轻微的生长抑制现象以外，其余 3 株突变株与亲本株生长情况一致；在剧烈振荡培养模拟高氧条件下，*Δnox* 突变株有明显的生长抑制现象出现，同时 *Δtpx* 突变株也呈现出生长缺陷的表型，而其余两个突变株没有表现出与亲本株差异明显的生长变化；在 H_2O_2 模拟体内活性氧存在的环境下，*Δnox* 突变株表现出与其余菌株显著差异的生长缺陷表型。这些结果说明，在 4 个基因中，*nox* 基因与猪链球菌 2 型抗氧化应激能力相关性最强。

进一步用小鼠模型评价突变株致病力的变化，在持续 7 天的死亡率与症状观察中，*Δnox* 突变株组小鼠没有表现出任何猪链球菌感染相关的临床症状，且全部存活，其他组小鼠表现出不同程度的临床症状，包括被毛粗乱、眼睑肿胀等。*Δnox* 组小鼠的存活率显著高于亲本株组，而其余突变株组与亲本株组未呈现显著差异（图 4-20），说明

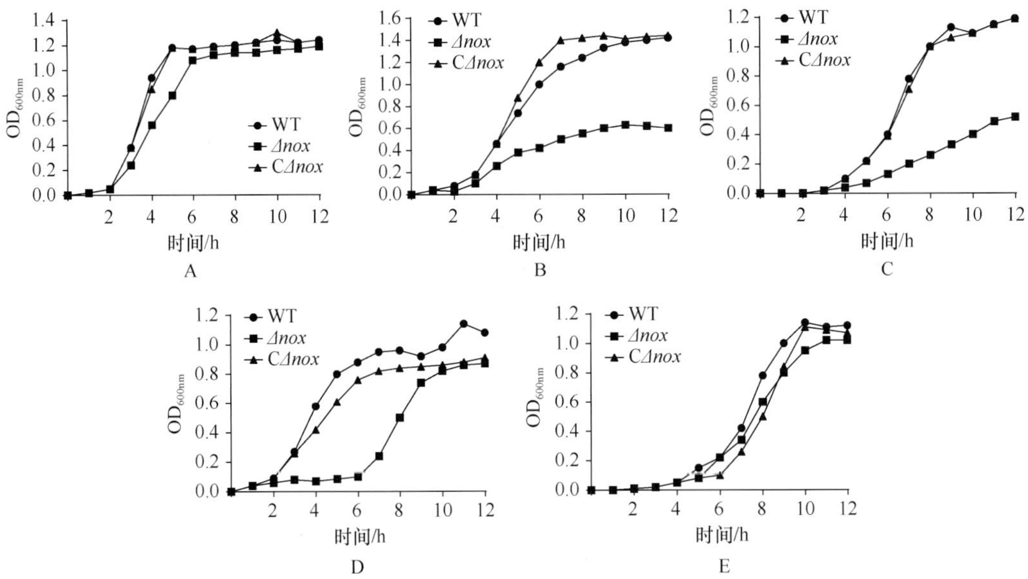

图 4-20　不同条件下亲本株、*Δnox* 和 C*Δnox* 的生长特性

A. 静止培养条件下的生长曲线；B. 振荡培养条件（200r/min）下的生长曲线；C. 在含 0.5mmol/L H_2O_2 条件下的生长曲线；D. 在含 2mmol/L SIN-1 条件下的生长曲线；E. 在含 2mmol/L 百草枯条件下的生长曲线

nox 基因与猪链球菌 2 型毒力相关，在猪链球菌 2 型抗氧化应激能力和致病力方面起着重要作用。

对 *nox* 基因进行比对分析，发现在猪链球菌 2 型 SC84 基因组中，该基因被注释为 NADH 氧化酶。以该基因组序列作为查询序列，对所有完成全基因组测序的猪链球菌序列进行检索，显示均有 *nox* 基因存在，且具有较高的保守性。进一步将其与其他链球菌（如化脓链球菌、肺炎链球菌、无乳链球菌、变形链球菌和血链球菌）中的同源蛋白进行多序列比对，并模拟预测其蛋白质结构，发现该 NADH 氧化酶在链球菌属中也是高度保守，其二级结构包括 11 个 α 螺旋、25 个 β 折叠和 5 个卷曲。

为了排除 *nox* 缺失导致的极性效应引起上述差异，我们用亲本株、*Δnox* 突变株和互补菌株 C*Δnox* 进行了相同的实验，同时引入两个实验组，分别加入能间接产生过氧亚硝基（ONOO—）的 SIN-1 和能够产生细胞内活性氧自由基的百草枯。*Δnox* 突变株与前期实验结果表现一致，在振荡培养和存在 H_2O_2 条件下均表现出生长抑制现象；而互补菌株 C*Δnox* 在各条件下生长情况与亲本株无显著性差异。在新加入的 SIN-1 实验组中，*Δnox* 突变株表现出明显的生长延迟，而在百草枯实验组中，*Δnox* 突变株与亲本株的生长没有显著差异。这也暗示着 *nox* 基因编码的 NADH 氧化酶确实在猪链球菌氧化应激反应中发挥着重要作用。

为了研究 *Δnox* 突变株致病力下降的本质，对感染小鼠的组织载菌量进行了检测。3 组小鼠分别通过腹腔接种感染亚致死剂量的亲本株、*Δnox* 突变株及 C*Δnox* 互补菌株，并分别在感染后 6h 和 12h 随机选取 5 只小鼠，采集血液、脑、肝和脾组织并匀浆处理，进行载菌量分析。对实验结果进行统计学分析，发现感染后 6h，在所有检测的组织中 *Δnox* 突变株组的载菌量均显著低于亲本株和互补菌株。而感染后 12h，除脑组织外，突变株在其他检测组织中的载菌量均显著低于亲本株和互补菌株（图 4-21A～D），这些结果表明 NADH 氧化酶的缺失会影响猪链球菌 2 型对小鼠组织的定殖能力。

由于炎性反应在猪链球菌 2 型感染致病过程中起着重要作用，因此在实验中还比较了各菌株诱导小鼠产生炎性因子的能力。亲本株感染小鼠 6h 后所产生的肿瘤坏死因子-α（TNF-α）最多，而单核细胞趋化因子-1（MCP-1）在感染后第 9h 达到顶峰；*Δnox* 突变株仅能诱导极低水平的 TNF-α 和 MCP-1；互补菌株诱导小鼠产生的 TNF-α 和 MCP-1 水平虽然低于亲本株，但与欧洲菌株 P1/7 相近。综合分析实验结果，突变株诱导小鼠产生的 TNF-α 从 6h 起显著低于亲本株和互补菌株；其诱导小鼠产生的 MCP-1 在各时间点均显著低于野生株，从 6～12h 显著低于互补菌株。

在小鼠实验中，被感染小鼠的血中载菌量与细菌黏附侵入宿主机体及在机体内的传播等多种因素相关，为了评价 NADH 氧化酶在猪链球菌逃逸先天免疫应答中发挥的作用，分别检测了亲本株、*Δnox* 突变株和 C*Δnox* 互补菌株在 BALB/c 小鼠全血中的存活能力，将孵育后样品中的活菌数与接种液中活菌数的比值定义为生长因子。在全血中孵育 1h、2h 和 3h 后，*Δnox* 突变株的生长因子分别为 0.912、1.088 和 1.797；而亲本株的分别为 2.448、9.387 和 42.053。与突变株相比，互补菌株的生长因子有部分回复，但仍没有达到野生株的水平，而在各时间点，突变株的生长因子均显著低于亲本株和互补株，证明 NADH 氧化酶有助于猪链球菌逃逸宿主先天免疫应答。

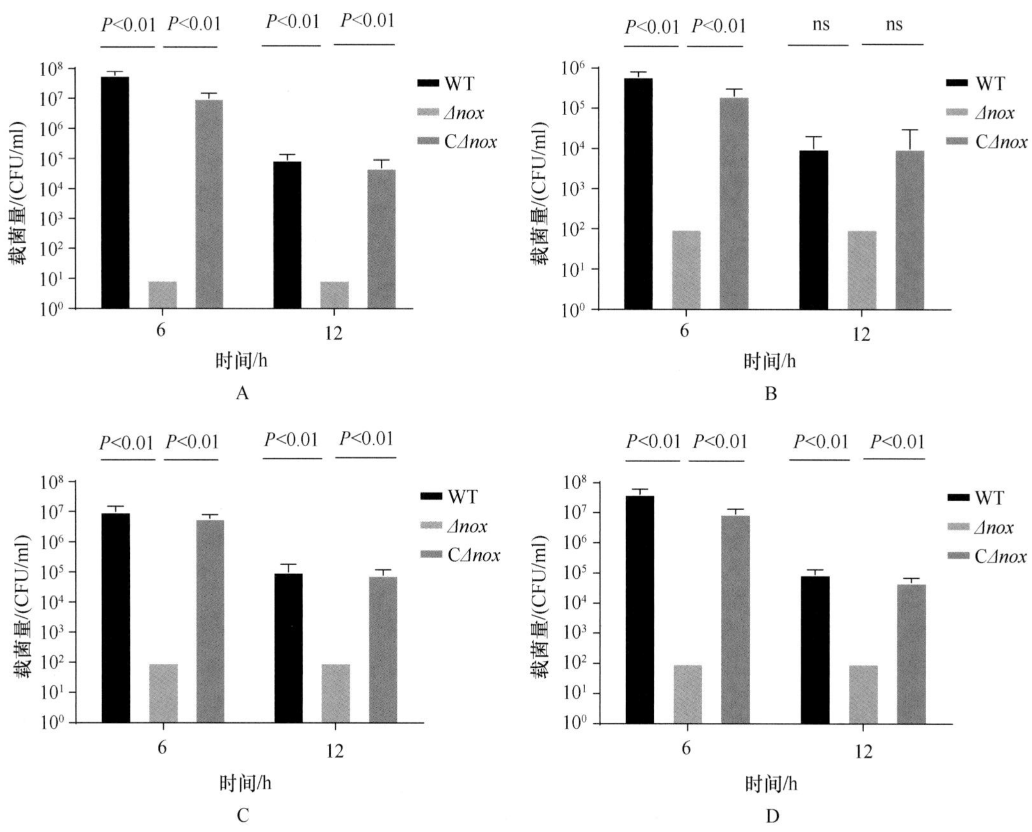

图 4-21　野生株、*Δnox* 和 C*Δnox* 对小鼠组织的定殖

A. 血组织中的载菌量；B. 脑组织中的载菌量；C. 肝组织中的载菌量；D. 脾组织中的载菌量；ns. 差异不显著

为了进一步证实缺失 *nox* 基因后对猪链球菌致病力的影响，选用猪链球菌天然宿主仔猪为动物模型评价致病力的变化。在实验过程中，对照组的仔猪无猪链球菌临床症状出现。Δ*nox* 突变株感染组的仔猪在实验全程同样未表现出临床症状，一直存活到实验结束。在感染 24h 后，亲本株组仔猪有多种临床症状出现，包括精神不振、嗜睡、关节肿胀和颤抖。两头猪在感染后第 3 天死亡或者因为伦理学原因处死；另有两头在感染后第 4 天死亡；剩余一头逐渐康复，至实验结束恢复正常状态。在 C*Δnox* 感染组，5 头猪中有 3 头表现出严重的临床症状，且在第 3～第 4 天死亡；其余两头有轻微症状出现，而后恢复健康。由此可知，缺失突变株感染组仔猪的存活率显著高于亲本株和互补株感染组。

在第 7 天观测结束后，分别采集感染仔猪的脑、心和肺组织样品，进行组织病理学观察。在脑组织切片中，感染亲本株的仔猪脑膜明显增厚，有大量的炎性细胞浸润；在感染 C*Δnox* 互补菌株的仔猪的切片中可以观察到同样的病理变化；而感染 *Δnox* 突变株的仔猪没有明显的病理改变被观察到（图 4-22A）。观察感染亲本株仔猪的心脏组织切片，可以发现部分心肌纤维排列紊乱，伴随心肌细胞水肿变性现象；而感染 *Δnox* 突变株仔猪的心脏没有表现出明显的病理变化；感染 C*Δnox* 互补菌株仔猪的心脏组织切片中同样可以观察到心肌纤维排列紊乱，心肌横纹消失（图 4-22B）。

此外，亲本株和互补菌株感染仔猪的肺组织也与 *Δnox* 感染仔猪的明显不同。野生株和互补菌株感染仔猪的肺有多种病理变化被观测到，包括肺泡壁增厚、毛细血管扩张、浆液渗出和炎性细胞浸润等；而 *Δnox* 突变株感染仔猪的肺没有表现出明显的病理变化（图 4-22C）。

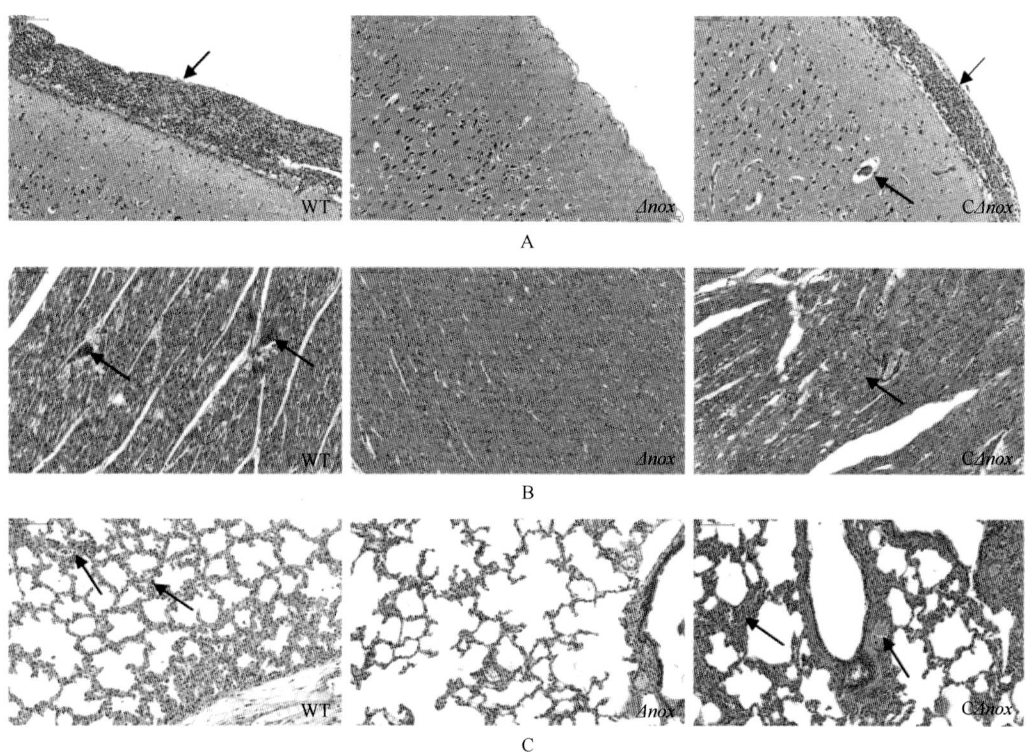

图 4-22　感染仔猪的组织病理学检查

A. 感染仔猪脑组织的病理学检测；B. 感染仔猪心组织的病理学检测；C. 感染仔猪肺组织的病理学检测；箭头指示病理变化

仔猪感染实验进一步证实 NADH 氧化酶影响猪链球菌 2 型的毒力。

细菌蛋白往往拥有多种功能，为了评价 NADH 氧化酶的酶活在猪链球菌 2 型氧化应激反应和致病力两个方面所起的作用，我们分别对 NADH 氧化酶蛋白序列中预测的两个假定活性位点进行了点突变，期望改变其酶活效率，从而进行下一步研究。将点突变后的片段测序鉴定，证实分别成功地将 NADH 氧化酶的保守残基 His11 和 Cys44 突变为丙氨酸（Ala）。将野生型和点突变后的 *nox* 基因片段分别克隆至表达载体，在诱导表达并纯化后用于酶活测定。通过测定各重组蛋白对 NADH 氧化速度来评价酶活，野生型酶活为 6258.2U/mg，与此前报道的酿酒酵母工程菌所表达的 NADH 氧化酶活性相当，而两个突变体重组蛋白的酶活均显著降低，酶活不足野生型蛋白的 1/8。上述结果表明，所选择的两个假定活性位点确实为 NADH 氧化酶活性位点，点突变后显著降低了 NADH 氧化酶的酶活。

将上述构建的两个点突变的 *nox* 基因分别构建互补质粒并转入 *Δnox*，分别命名为 C*Δnox*（H11A）和 C*Δnox*（C44A）。按照前述，检测猪链球菌各菌株对氧化应激的敏感性，发现在低氧条件下，5 个菌株生长没有显著性差异；在高氧环境和 H_2O_2 环境下，*Δnox* 突变株和 2 个点突变互补菌株均表现出显著的生长缺陷表型。同样使用小鼠模型评价各菌株致病力变化，发现除 *Δnox* 突变株组小鼠无猪链球菌感染症状外，其余各组均表现出不同程度的临床症状，存活率分别为亲本株与互补菌株 37.5%，C*Δnox*（H11A）和 C*Δnox*（C44A）75%。对结果进行统计学分析，C*Δnox* 互补菌株感染组小鼠的存活率要低于 C*Δnox*（H11A）和 C*Δnox*（C44A）感染组。尽管在统计学上未发现显著性差异，但突变体 NADH 氧化酶互补菌株对小鼠的致病力存在减弱的趋势。综上所述，NADH 氧化酶的酶活主要影响了猪链球菌 2 型氧化应激反应，而在致病性方面发挥的作用不明显。

除了 NADH 氧化酶外，超氧化物歧化酶（SOD）也被报道能够影响猪链球菌 2 型的抗氧化应激能力和致病力，并且这两个基因均被同一个猪链球菌抗氧化应激相关转录因子 *ΔspxA1* 所调控。那么这两个基因是否是该转录因子缺失后抗氧化应激能力及致病力大幅下降的原因呢？我们在 *ΔspxA1* 中分别导入 NADH 氧化酶和 SOD 的过表达质粒，命名为 *ΔspxA1*（C*nox*）和 *ΔspxA1*（C*sodA*）。同样选择低氧和高氧的条件培养各菌株，绘制生长曲线。在低氧条件下各菌株生长情况表现一致，而在高氧条件下，与野生株相比，其余各菌株均有生长缺陷的表型，不过 *ΔspxA1*（C*nox*）相较于其他两株菌生长情况较好。因此可以认为 NADH 氧化酶是 SpxA1 氧化应激反应中重要的因子之一，但 SpxA1 的抗氧化应激作用还依赖其余基因共同作用。用小鼠感染模型评价各菌株致病力差异，亲本株和 *ΔspxA1*（C*nox*）组的小鼠均表现出明显的猪链球菌临床症状，其存活率分别为25%和12.5%；而 *ΔspxA1* 突变株组和 *ΔspxA1*（C*sodA*）组的小鼠仅有轻微的症状，其存活率高达 100%和 75%。可以发现，过表达 NADH 氧化酶的 *ΔspxA1* 菌株致病力有显著性提升，说明其在 SpxA1 对毒力的调控中起着重要的作用。

（二）HP1914 抑制宿主早期炎症反应

炎性应答，是机体的一种抗病反应，通常情况下对机体是有利的，是宿主先天免疫的一部分，然而，过度的炎症反应会导致机体出现休克或器官衰竭，因此，看待炎症应该分成正反两面。有研究表明，宿主在感染早期上调炎性相关因子有助于对猪链球菌的清除；而在感染中后期猪链球菌又会诱导机体产生过度的炎症反应，从而加重机体的损伤。说明在猪链球菌感染过程中，炎症反应不仅有帮助机体清除病原的“好”的一面，同时还有加重病情制造损伤的“坏”的一面。因此，在长期进化过程中，猪链球菌不仅进化出了诱导过度炎性应答的促炎机制，同时也进化出了逃避宿主免疫应答的抑炎机制：在前期实验中，我们筛选到一个猪链球菌表面蛋白 HP1914，对猪链球菌的促炎活性具有显著的抑制作用，介导了一种全新的免疫逃避机制。

首先构建了 HP1914 重组蛋白表达载体，通过表达纯化得到重组蛋白后，用 GENMED 蛋白样品液相去除内毒素试剂盒去除其中所含的内毒素，以免影响后续抑炎能力的检测。分别用 10μg 和 40μg 的 HP1914 蛋白与 RAW264.7 细胞提前孵育 30min，然后加入 5×10^6 CFU 的 SC19 共孵育，4h 后收集细胞，提取 RNA，通过 qPCR 对各细胞因子的表达情况进行检测，同时，设立无细菌添加的阴性对照和仅有细菌添加的阳性对照，结果显示，SC19 能够诱导 RAW264.7 细胞显著上调 IL-1β、MCP-1、TNF-α 和 IFN-β 的表达，而 HP1914 能够明显降低 SC19 的这种促炎活性，并且除了 IFN-β 以外，HP1914 对 IL-1β、MCP-1 和 TNF-α 的抑制存在明显的剂量依赖性（图 4-23）。表明重组蛋白 HP1914 对猪链球菌的促炎性具有明显的抑制作用，暗示 HP1914 可能有助于 SS2 躲避宿主免疫系统的炎性识别。

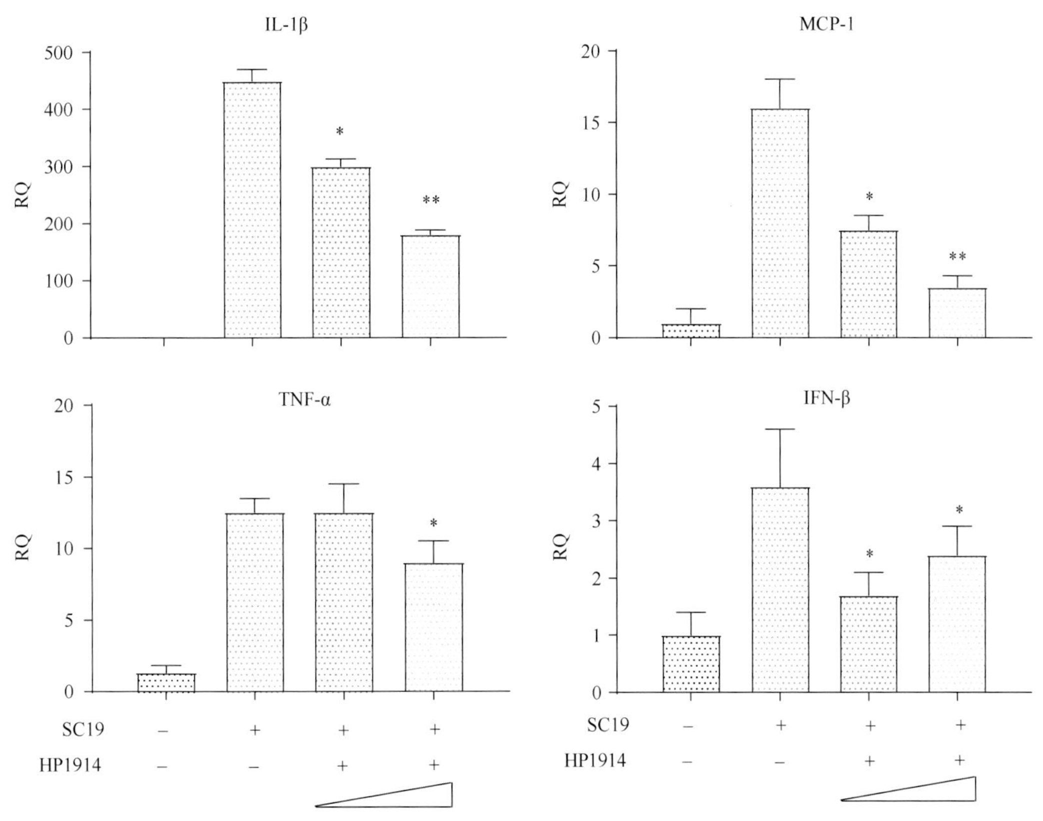

图 4-23　HP1914 对 SC19 促炎活性的抑制作用

$^*P<0.05$；$^{**}P<0.01$

为了验证 HP1914 的抑炎作用是否有助于 SS2 的免疫逃避，首先构建了 *hp1914* 基因的缺失突变菌株。将 *hp1914* 基因的左右同源臂通过酶切连接的方法分别插入到 pSET4s 质粒上，然后利用其相对应的内切酶进行酶切鉴定，结果显示重组质粒构建成功。然后，将构建成功的重组质粒电转入亲本株 SC19 中，利用 pSET4s 质粒的温敏特性及基因同源重组的原理，进行单交换和双交换，挑取在无 SPC 抗性的平皿上生长，但在 SPC 抗性的平皿上不长的单菌落，此为突变体菌株疑似菌株，然后再通过 PCR 扩增 SS2 的看家基因 *GDH* 和缺失基因 *SSU05_1914* 对疑似菌株进行鉴定，筛选出正确的缺失突变菌株 *Δhp1914*（*gdh* 阳性及 *hp1914* 阴性的菌株）。

为了评价 *hp1914* 基因的缺失对 SS2 的影响，我们绘制了 *Δhp1914* 和 SC19 的生长曲线，并对它们进行了染色观察。结果显示，与 SC19 相比，虽然 *Δhp1914* 的生长速度稍慢，但其形态并无显著差异，反映出 *hp1914* 基因的缺失虽然对 SS2 有一定的影响，但并不显著。

为了验证内源的 HP1914 蛋白对 SS2 促炎活性的影响，成功构建缺失突变体菌株 *Δhp1914* 以后，利用 RAW264.7 细胞对亲本株 SC19 和缺失突变株 *Δhp1914* 的促炎活性进行了评价。收集生长对数中期的 SC19 和 *Δhp1914*，计数后取相同的菌量分别与 RAW264.7 细胞孵育，设立 4 个时间点（1.5h、3h、4.5h 和 6h）分别取样，通过 qPCR 检测各细胞因子的表达情况。结果显示，与亲本株 SC19 相比，缺失突变株 *Δhp1914* 在各个时间点均能诱导 RAW264.7 细胞产生更高水平的细胞因子 MCP-1、IL-1β 和 TNF-α，尤其是在 4.5h 时差异最为显著（图 4-24）。上述结果表明不仅是外源的 HP1914 蛋白能够抑制 SC19 的促炎活性，其自身表达的内源 HP1914 同样具有显著的抑炎效果。

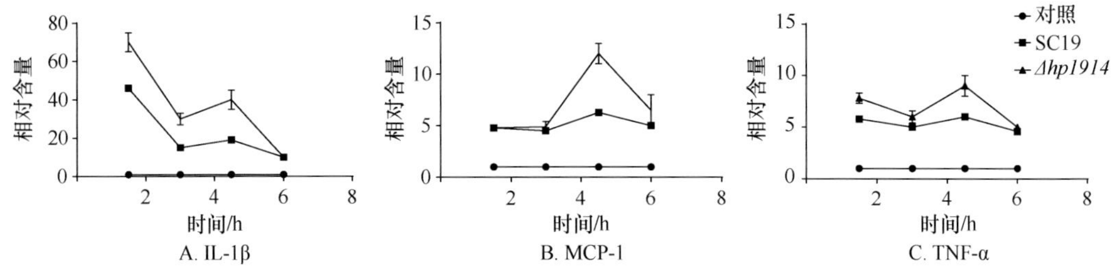

图 4-24　RAW264.7 与 *Δhp1914* 共孵育后细胞因子的变化

接着，通过小鼠存活实验评价 SC19 和 *Δhp1914* 的毒力，分析 HP1914 与 SS2 致病之间的相关性。将 4 周龄 BALB/c 雌性小鼠随机分为两组，每组 10 只。两组小鼠分别腹腔注射 4×10^8CFU/只的 SC19 和 *Δhp1914* 进行感染，持续观察 72h。结果发现 SC19 攻毒组的小鼠全部死亡，而 *Δhp1914* 组的小鼠死亡 6 只存活 4 只，并且，*Δhp1914* 组小鼠的死亡时间明显慢于 SC19 组的小鼠（图 4-25），表明 *Δhp1914* 的毒力显著低于 SC19，进一步证实 HP1914 与 SS2 的致病力相关。

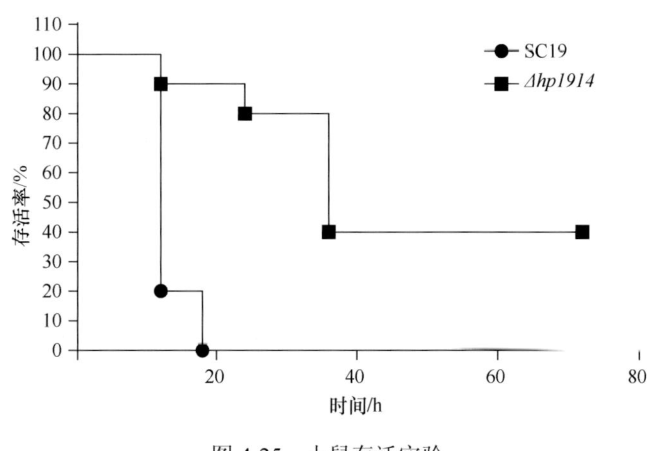

图 4-25　小鼠存活实验

另外，为了揭示 *Δhp1914* 毒力降低的原因，我们继续进行了小鼠的体内实验，分析

了 *Δhp1914* 感染后小鼠的体内细胞因子变化及血液载菌量。将 18 只 4 周龄的雌性 BALB/c 小鼠随机分成两组，每组 9 只，分别腹腔注射感染 SC19 和 *Δhp1914*，并于感染后的 3h、6h 和 9h 进行眼球采血，每个时间点 3 只小鼠。先通过倍比稀释法统计血液中的细菌含量，然后将剩余的血液制备成血清，并通过 ELISA 方法检测其中的细胞因子含量。结果发现：在感染后第 3h，*Δhp1914* 组小鼠血液中的 TNF-α 含量明显高于 SC19 组的小鼠，而此时两组小鼠血液中的细菌含量没有明显的差异（图 4-26A），说明 HP1914 不仅在体外，在体内同样发挥了显著的抑炎作用。随后，到感染后第 6h，与 SC19 组相比，*Δhp1914* 组小鼠的血液含菌量出现显著降低，同时，TNF-α 的含量也明显下降（图 4-26B），这一结果进一步证实，SS2 在感染前期利用 HP1914 的抑炎作用降低了宿主免疫系统的炎性识别与清除，促进了自身在宿主体内的存活。

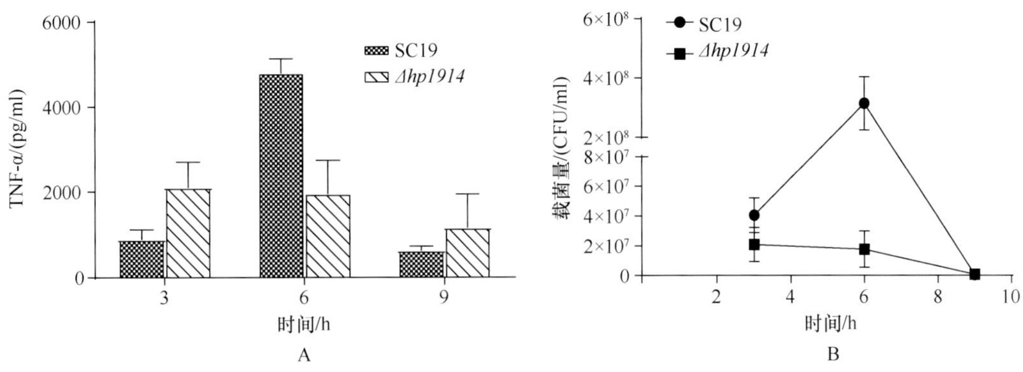

图 4-26　SS2 感染小鼠后血液细胞因子与载菌量

A. 血清中 TNF-α 含量；B. 血液载菌量

病原相关分子模式是模式识别受体识别结合的配体，主要是指病原微生物表面某些共有的高度保守的分子结构，如革兰氏阴性菌的脂多糖（LPS），革兰氏阳性菌的肽聚糖（PGN）、脂磷壁酸（LTA）等。当病原菌感染宿主后，宿主的免疫系统往往会通过模式识别受体识别病原的 LPS、PGN 和 LTA 等，完成“自我”与“非我”的判断，从而对病原微生物进行清除。因此，为了进一步揭示 HP1914 介导 SS2 免疫逃避的机制，我们继续对其抑炎分子机制展开研究。首先，选取革兰氏阳性菌的代表性促炎分子：PGN、LTA 及脂蛋白类似物（Pam3CSK4，P3C），以小鼠巨噬细胞系 RAW264.7 为细胞模型进行试验。将 RAW264.7 细胞培养于 12 孔细胞培养板中，分别将 PGN、LTA 和 P3C 与细胞孵育，同时各加入等量的 HP1914 蛋白，并设立各促炎分子阳性组、HP1914 阴性组及空白对照组。4h 后收集培养基上清，利用 ELISA 分别检测其中的 TNF-α 和 IL-1β 含量。结果显示，PGN、LTA 和 P3C 均能够诱导 RAW264.7 细胞显著上调表达 TNF-α 和 IL-1β，而除了 LTA 诱导的 TNF-α 以外，其他均能被 HP1914 所抑制（图 4-27），表明 HP1914 的抑炎活性针对的是 PGN、LTA 和 P3C 等促炎分子，具有明显的广谱性。

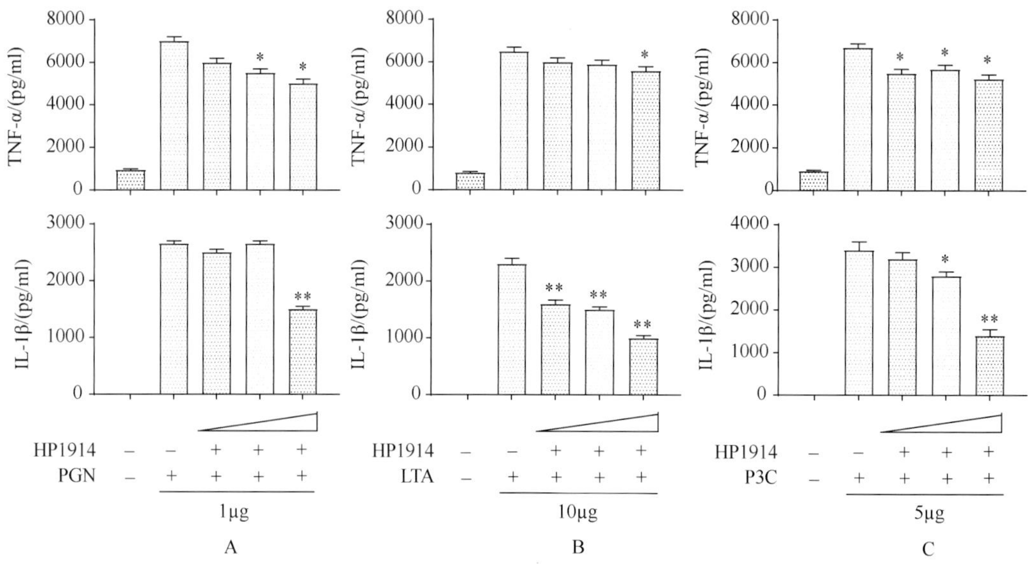

图 4-27　HP1914 对 PGN、LTA 和 Pam3CSK4 促炎活性的抑制

A. HP1914 抑制 PGN 的促炎活性；B. HP1914 抑制 LTA 的促炎活性；C. HP1914 抑制 P3C 的促炎活性；$*P<0.05$；$**P<0.01$

综上所述，最终证明：SS2 在其感染早期，能够利用 HP1914 屏蔽自身的 PGN、LTA 和脂蛋白等病原相关分子模式，从而减少宿主免疫系统的清除，增加细菌在宿主体内的存活，是一种全新的免疫逃避机制。

第三节　猪链球菌诱导过度炎症的分子机制

我国在 1998 年江苏及 2005 年四川暴发的两次人感染猪链球菌事件中，猪链球菌能引起宿主脑膜炎和败血症。其中在 2005 年病死病例（38 例）中高达 97.4%的病例（37 例）发生链球菌中毒性休克样综合征（STSLS）；并且发生中毒样休克的患者死亡率极高，有 62%的患者死亡。随后在越南和泰国发生的病例中也发现存在类似症状。因此，引起宿主免疫紊乱，导致炎性暴发最终引起链球菌中毒性休克样综合征被认为是高致病性猪链球菌 2 型感染的标志。研究发现，高致病性猪链球菌 2 型引起 STSLS 症状的患者与仅患脑膜炎患者相比，血液中 IL-1β、IL-6、IL-8、IL-12p70、IFN-γ 及 TNF-α 浓度更高，并且我国高致病力菌株 05ZYH33 刺激机体产生的炎性因子较其他猪链球菌 2 型致病株更高，这可能是 05ZYH33 致病力强的原因。

猪链球菌导致宿主免疫系统过激反应，引起典型的炎性。对已完成测序菌株的比较基因组学分析发现我国致 STSLS 的高致病力菌株存在一个大小为 89kb 的毒力岛，这可能与其诱导更高炎性因子应答有关（Chen et al.，2007）。同时人们发现除了我国高致病力菌株外，其余猪链球菌 2 型致病株也能诱导猪、小鼠和人的细胞产生不同的促炎性细胞因子。前期研究发现 SS2 感染后 TLR 受体家族中仅 TLR2 上调表达，推测该菌感染猪并引起严重的炎性应答反应可能主要是通过 TLR2 信号通路的激活来实现的。且多项研究表明猪链球菌刺激宿主过激的免疫应答与 CD-14、TLR2 等模式识别受体有关，它们被猪链球菌刺激后引发了炎性因子的释放。

已报道的毒力相关因子中有部分与猪链球菌引起的炎性有关。CPS 作为一个重要的毒力因子，被认为能通过 MyD88 途径诱导 MCP-1 的产生。猪链球菌的一个分泌蛋白——溶血素（SLY）蛋白能使红细胞破裂释放血红蛋白，与细胞壁组分协同诱导细胞因子的产生。在对我国高致病力菌株特有的 89K 序列进行生物信息学分析后发现，该序列存在 4 型分泌系统，对该系统中重要基因 *VirD4*、*VirB4* 进行缺失，发现缺失菌株与野生菌株相比，诱导产生的 TNF-α、IL-6、IL-12p70 水平显著降低，其与宿主过度的炎性应答有关，是导致 STSLS 的原因之一；该研究进一步指出，89K 毒力岛不是导致我国高致病力菌株 05ZYH33 与其余菌株症状差异的唯一原因。在对 89K 毒力岛上 4 型分泌系统起毒素释放作用的 *VirB1* 基因进行缺失后，也发现与之前类似的现象，进一步说明 4 型分泌系统与 STSLS 的相关性。鉴于猪链球菌 2 型普遍能诱导宿主高表达炎性因子，因此，可推测大多数致病菌株具有众多的促炎相关因子。更多研究指出，猪链球菌细胞壁组分是刺激宿主过激的炎性应答的主要原因，但其具体机制尚不明确。进一步研究发现，猪链球菌胞壁组分中的脂蛋白是诱导炎性因子表达的重要原因之一。其中已发现低浓度的胞壁蛋白 SspA 能够引起宿主 CCL5 的高表达，而高浓度的 SspA 反而能降解 CCL5 从而降低其浓度，以此来帮助猪链球菌逃避宿主免疫系统。尽管如此，目前在猪链球菌诱导炎性相关因子及其调控方面的研究资料仍不足以解释猪链球菌导致宿主“炎性紊乱”的机制，因此，对猪链球菌促炎相关分子的发掘和作用机理的研究很有必要。

通过软件预测，结合相关文献，对猪链球菌胞外蛋白分子进行筛选，并成功构建 SS2 胞外蛋白原核表达载体 97 个，其中，成功表达纯化的蛋白质 56 个。经过内毒素去除和 0.22μm 过滤除菌后，蛋白质与小鼠肺巨噬细胞株 RAW264.7 孵育，通过实时荧光定量 PCR（qPCR）对 TNF-α、IL-8（KC）、IFN-β、MCP-1 等相关细胞因子的 mRNA 进行检测，经过 3 次重复试验，最终确定，促炎相关蛋白共有 7 个，分别为 HP1330、HP1262、HP1174、HP1717、HP0459、HP1868、HP1856。分别将 SC19 与 RAW264.7 细胞孵育 1h、2h、3h 和 6h 后，提取细菌的总 RNA，对 7 个促炎蛋白的 mRNA 进行荧光定量 PCR 分析，发现在体外诱导情况下，各蛋白质均显著上调表达。

一、猪链球菌 2 型促炎蛋白作用机制

（一）HP0459 激活炎性应答机制的研究

Zhang 等（2015）成功表达并纯化了 HP0459 蛋白，用 GENMED 蛋白样品液相去除内毒素试剂盒去除其中所含的内毒素，通过鲎试剂检测重组蛋白中的内毒素含量，结果发现经过内毒素去除处理后，重组 HP0459 中的内毒素含量小于 0.05EU/mL，符合与细胞孵育的要求。然后以 RAW264.7 细胞为体外细胞模型，将重组 HP0459 蛋白与之共孵育，具体的孵育条件为温度 37℃，浓度 10μg/ml，时间 10h。孵育完成后，收集细胞上清液用于细胞因子的 ELISA 检测，同时，收集细胞并提取 RNA，用于 qPCR 检测。结果发现重组蛋白 HP0459 能够显著刺激 MCP-1、IL-1β 和 TNF-α 上调表达（图 4-28），说明 HP0459 蛋白具有明显的促炎活性。

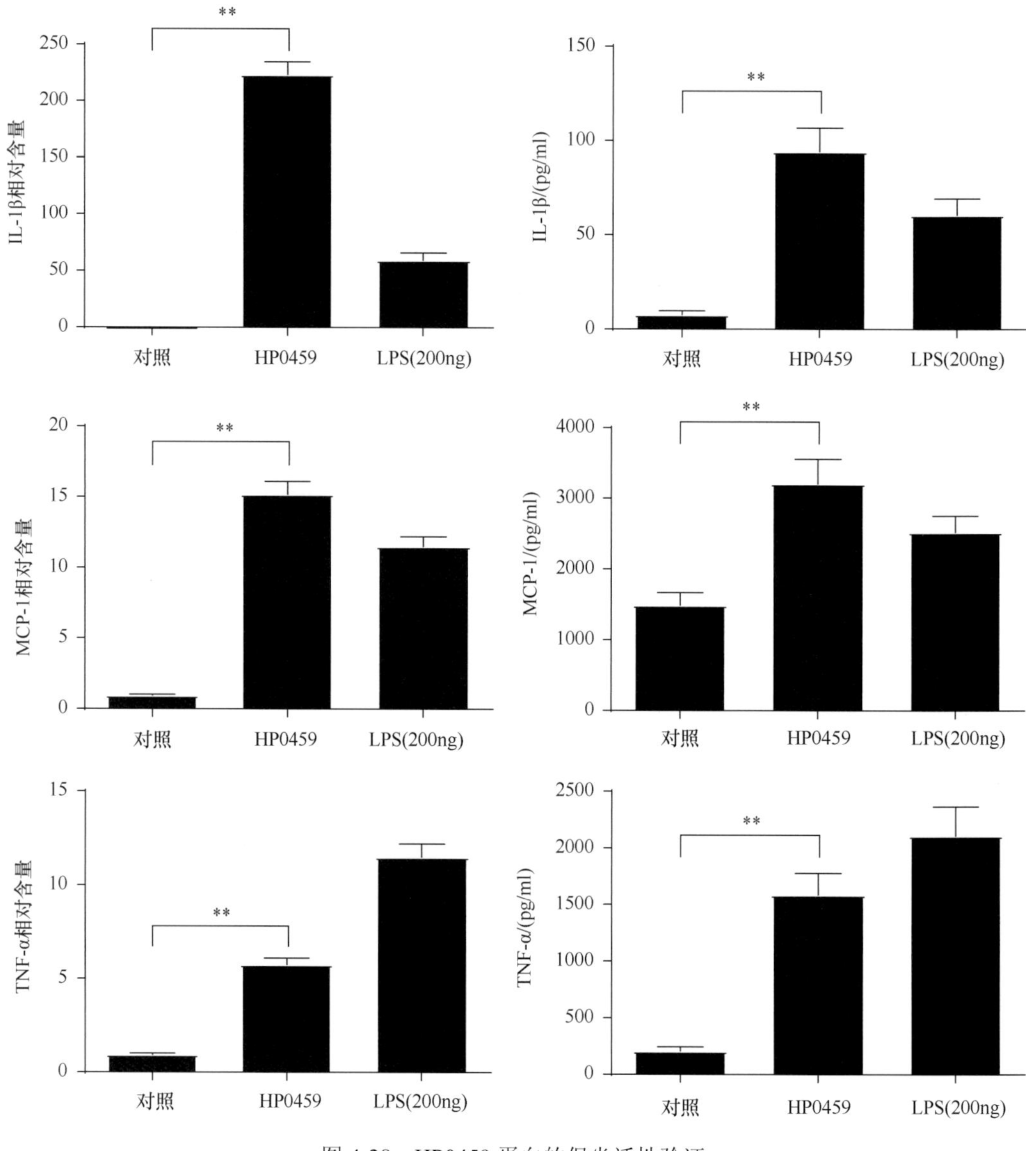

图 4-28 HP0459 蛋白的促炎活性验证

$^{**}P<0.01$

为了进一步分析 HP0459 的促炎活性在 SS2 诱导的过度炎性应答中的作用，我们以 SC19 为亲本株，构建了 *hp0459* 的基因缺失突变体，将其命名为 *Δhp0459*。通过 PCR 检测 *hp0459* 基因，发现野生对照菌株能够扩增出对应的 DNA 片段，而突变体菌株不能，表明 *hp0459* 缺失突变体构建成功（图 4-29A），然后，通过绘制生长曲线及革兰氏染色分析突变体菌株与野生菌株的生长情况，结果发现 *hp0459* 基因的缺失对 SC19 的生长没有显著影响（图 4-29B、C）。

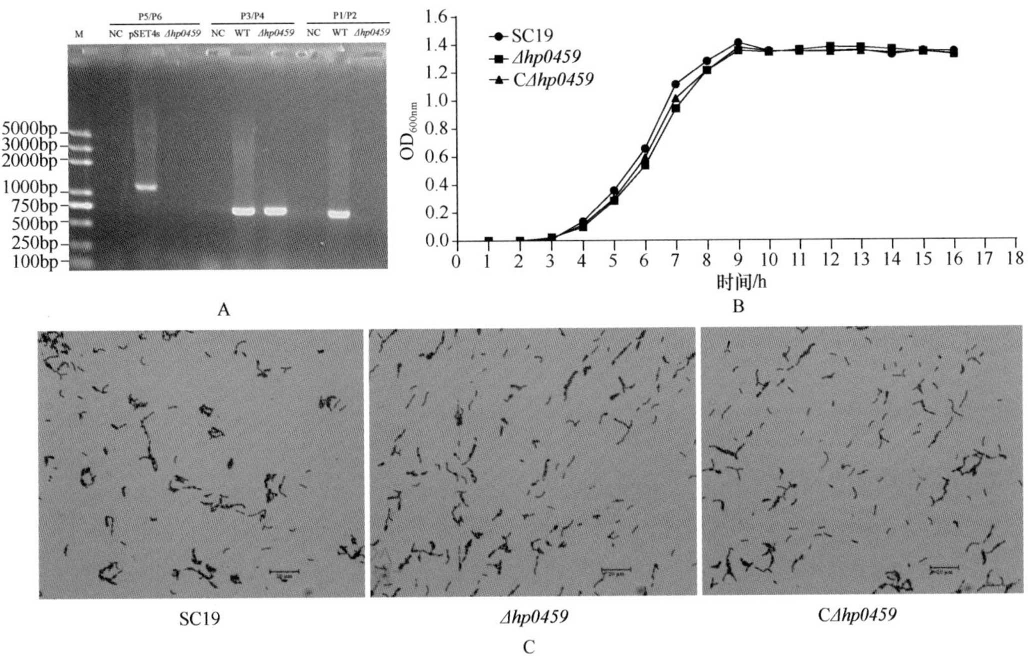

图 4-29　突变体菌株 *Δhp0459* 及其互补菌株 C*Δhp0459* 的构建与鉴定

之后，分别将 SC19、*Δhp0459* 和 C*Δhp0459* 与 RAW264.7 孵育 4h，收集细胞上清液，通过 ELISA 检测其中细胞因子的含量，结果发现 *Δhp0459* 激活 IL-1β 和 TNF-α 的能力显著低于 SC19 和 C*Δhp0459*（图 4-30），表明 HP0459 有助于 SS2 激活炎性反应。为了进一步验证在体内 HP0459 是否有相似的作用，我们以 C57BL/6 小鼠为模型进行动物实验，将 120 只 6 周龄的雌性 C57BL/6 小鼠随机分成 3 个组，每组 40 只，分别腹腔注射 5×10^8CFU/只的 SC19、*Δhp0459* 和 C*Δhp0459*，在攻毒后 3h、6h、9h 和 12h 每组分别取 10 只小鼠，采集血液、肺脏和脾脏。另外，取 5 只相同规格的小鼠作为空白对照。分别提取肺脏和脾脏的 RNA 进行 qPCR，结果发现 *Δhp0459* 激活 IL-1β 和 TNF-α 的能力显著低于 SC19 和 C*Δhp0459*（图 4-31）。这一结果进一步证实 HP0459 在 SS2 感染宿主诱导炎性应答的过程中发挥了重要作用。另外，我们也进行了小鼠的存活实验，但是

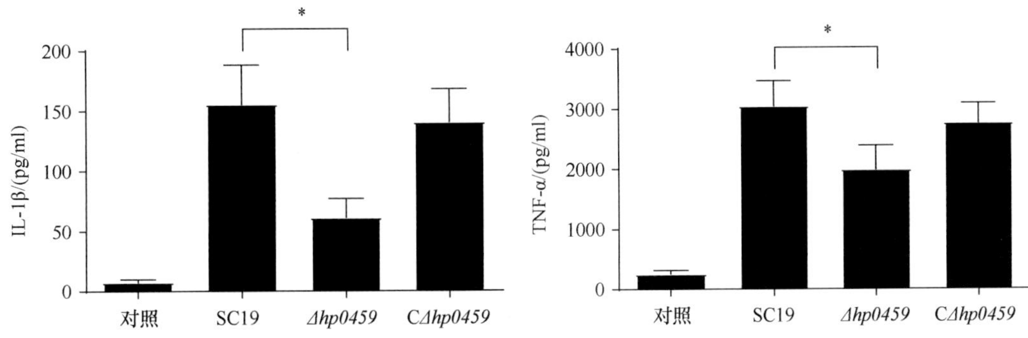

图 4-30　SS2 对 RAW264.7 的炎性激活

$^*P<0.05$

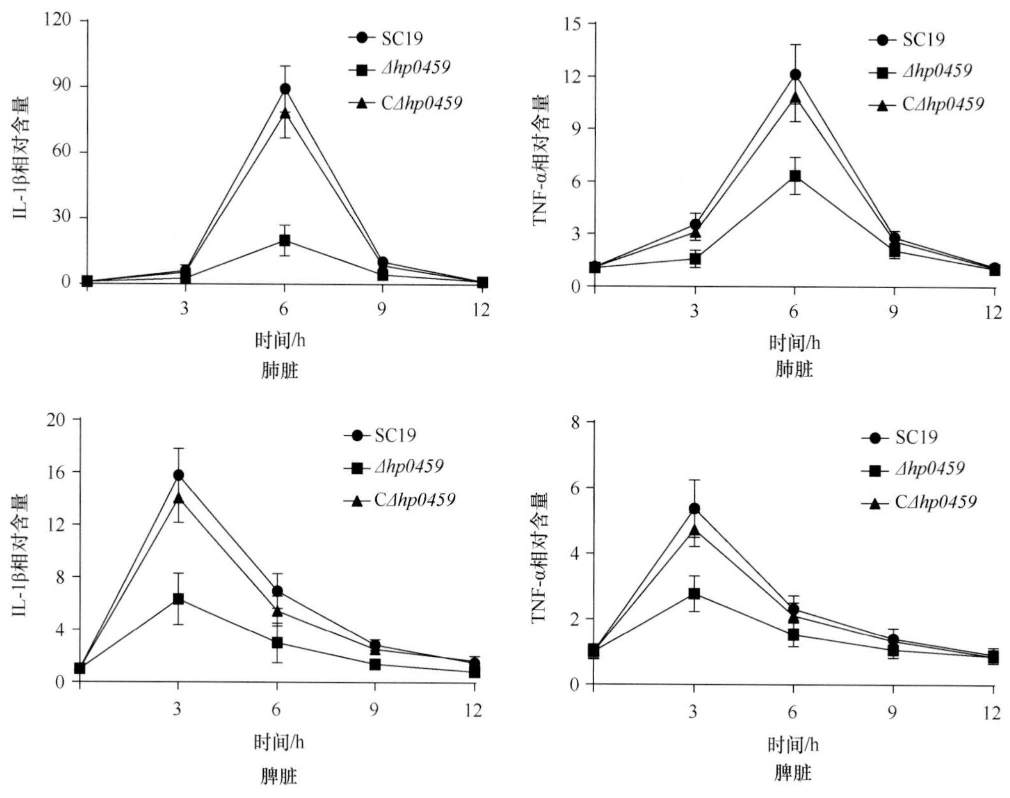

图 4-31 体内 SS2 诱导 IL-1β 和 TNF-α 的情况

结果发现 *Δhp0459* 和 SC19 对小鼠的毒力并没有显著差异，为了解释这一现象，我们继续检测了上述实验中小鼠血液和脾脏的载菌量，结果发现 *Δhp0459* 组小鼠的血液和脾脏的载菌量显著高于 SC19 和 C*Δhp0459* 组（图 4-32），有报道指出体内载菌量也是影响细菌毒力的重要因素，因此，这就解释了为什么 *Δhp0459* 诱导的炎性应答显著低于 SC19，但是它们两者之间的毒力却没有明显差异。

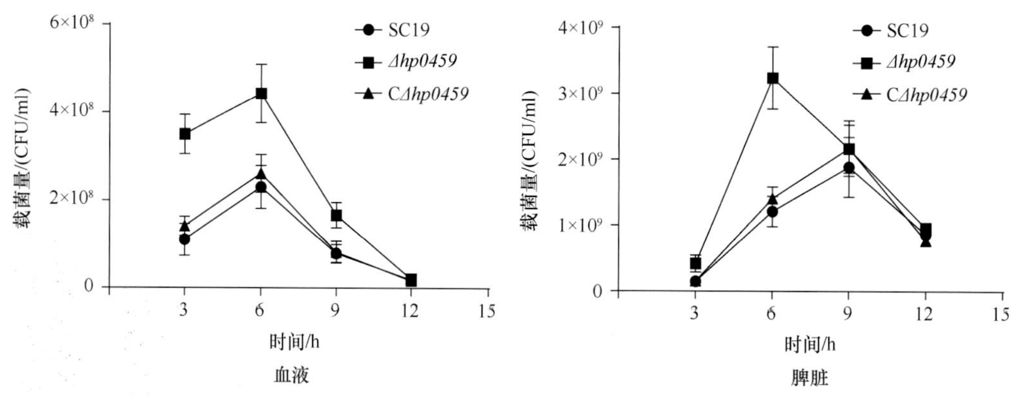

图 4-32 血液和脾脏组织载菌量

在确定 HP0459 的促炎活性后，继续对其作用机制进行探索。首先，为了鉴定其识别受体，我们以 RAW264.7 细胞为模型，进行了抗体封闭试验：分别将 8μg 的 TLR2 和

TLR4 的低内毒素水平单克隆抗体与 RAW264.7 细胞孵育 30min，然后加入 HP0459 蛋白 37℃共孵育 10h，蛋白质作用浓度为 10μg/ml，收集细胞上清液用于后续细胞因子的 ELISA 检测。结果发现 TLR2 的抗体能显著抑制 HP0459 诱导的 IL-1β、MCP-1 和 TNF-α 的表达，而 TLR4 抗体没有抑制作用（图 4-33A），表明 HP0459 的炎性识别受体可能是 TLR2。随后，为了验证这一结论，提取 TLR2 缺失小鼠的腹腔巨噬细胞，以此为细胞模型，检测 HP0459 蛋白的促炎活性，同时利用野生小鼠的腹腔巨噬细胞作为对照，结果发现，HP0459 能够诱导取自野生小鼠的腹腔巨噬细胞显著上调表达 IL-1β、MCP-1 和 TNF-α，却不能诱导取自 TLR2 缺失小鼠的腹腔巨噬细胞上调表达这些细胞因子（图 4-33B），这一结果进一步确定了 HP0459 蛋白的炎性识别受体是 TLR2。

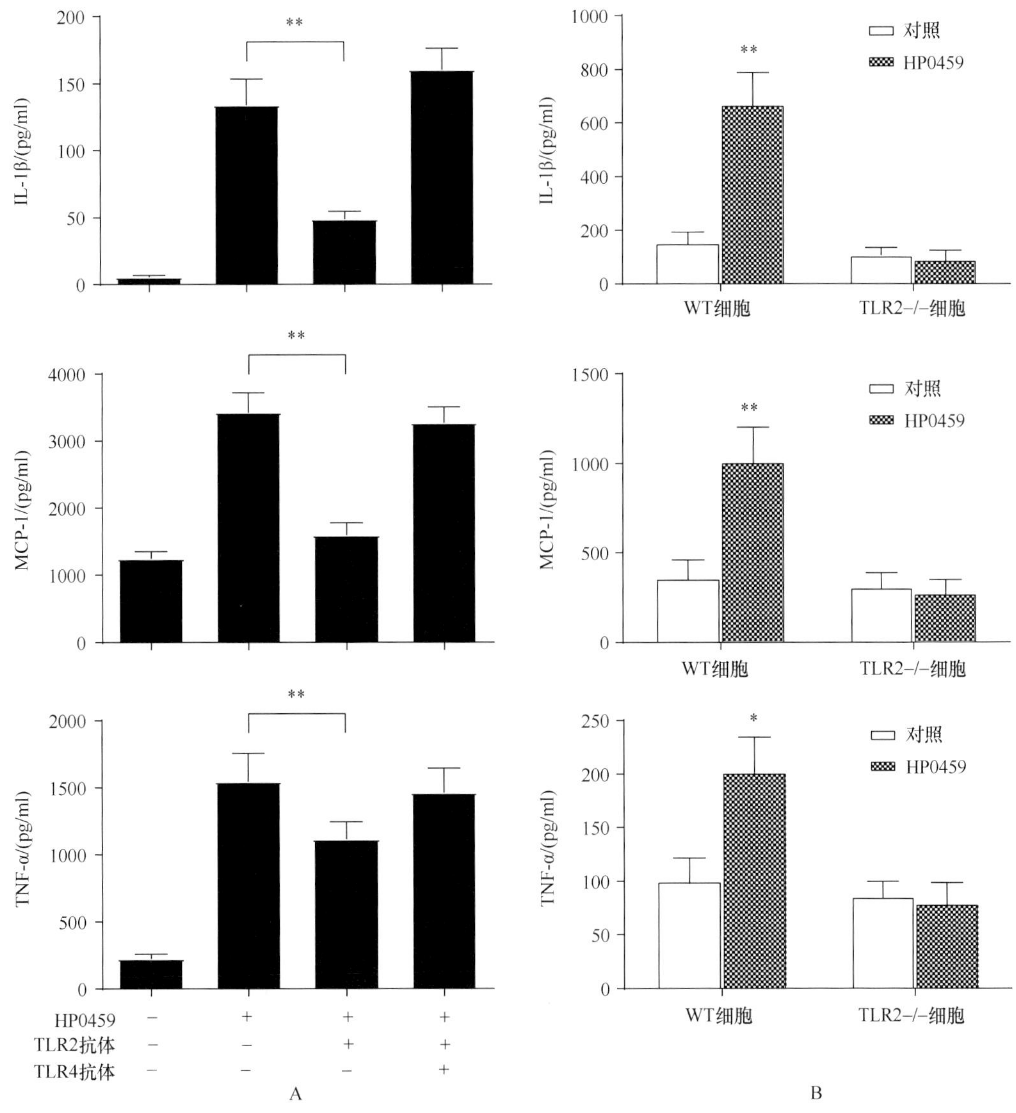

图 4-33　HP0459 炎性识别受体的鉴定与验证

$*P<0.05$；$**P<0.01$

然后，为了进一步完善 HP0459 的炎性信号通路，我们利用常见炎性信号通路的特异性抑制剂对 HP0459 激活炎性应答所依赖的信号转导途径进行了筛选（ERK1/2：U0126；NF-κB：PDTC；JNK：SP600125；PI3K：LY294002）：利用 U0126（10μmol/L）、PDTC（20μmol/L）、SP600125（10μmol/L）和 LY294002（20μmol/L）分别对 RAW264.7 细胞进行预处理 30min，然后加入 HP0459 蛋白 37℃共孵育 10h，蛋白质作用浓度为 10μg/ml，收集细胞上清液。ELISA 检测结果发现 U0126 能够显著降低 HP0459 诱导的 IL-1β、MCP-1 和 TNF-α，同时，PDTC 能够显著降低 HP0459 诱导的 IL-1β 和 MCP-1（图 4-34A），表明 HP0459 激活炎性应答的信号通路可能是 ERK1/2 和 NF-κB。为了进一步验证这一结论，我们检测了 HP0459 处理后 RAW264.7 细胞中 ERK1/2 和 NF-κB 的磷酸化情况：将 HP0459 蛋白与 RAW264.7 细胞孵育 10h 后，弃掉上清液，细胞用冰的 PBS 洗一遍之后，加入带有磷酸酶抑制剂的 RIPA 裂解缓冲液，待细胞裂解后收集样品，离心取上清，并通过 Bradford 法检测样品中的蛋白质浓度。另外，设空白对照进行相同的处理，并根据检测结果统一样品的蛋白质浓度。分别取 40μg 蛋白质的 HP0459 组样品和空白对照样品，经 12%的 SDS-PAGE 后，将蛋白质转移至 0.22μm 的硝化纤维素膜上，进行 Western-blot 检测，一抗为 ERK1/2 和 NF-κB 的磷酸化抗体和非磷酸化抗体，检测抗体为 HRP 标记的二抗，同时，以 β-actin 作为内参。结果显示，HP0459 蛋白可以显著激活 ERK1/2 的磷酸化（图 4-34B），NF-κB 虽然也有磷酸化产生，但是与空白对照相比并不明显。结合 ELISA 和 Western-blot 的结果，证明 HP0459 的促炎活性主要依赖于 ERK1/2 的磷酸化。

经过上述试验，最终证明：猪链球菌胞外蛋白 HP0459 具有显著的炎性激活作用，并且在猪链球菌感染引起炎性应答的过程中发挥了重要作用，它的促炎活性依赖于 TLR2 的识别与 ERK1/2 的磷酸化。

（二）HP1330 促炎机制的研究

将 HP1330 表达纯化，进行去内毒素处理和除菌处理后，以 RAW264.7 细胞为模型检测 HP1330 重组蛋白的促炎活性，同时，设立空白对照及 LPS（100ng/ml）阳性对照。有报道指出，Poly.B 能够显著抑制 LPS 的炎性激活作用，因此，本实验中也设立了 HP1330 加 Poly.B 的对照组。最终，qPCR 和 ELISA 结果均表明，HP1330 具有强烈的促炎活性（图 4-35）。为了进一步确定细胞因子的上调表达是由 HP1330 刺激引起的，对 HP1330 蛋白进行热变性处理后（100℃，10min），再次检测其促炎活性，结果发现热变性能够使 HP1330 的促炎活性几乎完全消失（图 4-36），这一结果进一步证实了 HP1330 蛋白促炎活性的可靠性。

为了验证 HP1330 蛋白在猪链球菌感染致病过程中的作用，利用同源重组技术，以 SC19 为亲本株，构建了 *hp1330* 基因的缺失突变体菌株 *Δhp1330*。PCR 检测结果显示 *hp1330* 基因已经被成功缺失，突变体构建成功（图 4-37A）。生长曲线结果表明 *Δhp1330* 的生长速度与 SC19 和 C*Δhp1330* 的生长速度没有显著差异（图 4-37B）。然而，革兰氏染色结果却显示 *Δhp1330* 的长链比例明显多于 SC19 和 C*Δhp1330*，而 *Δhp1330* 的链长

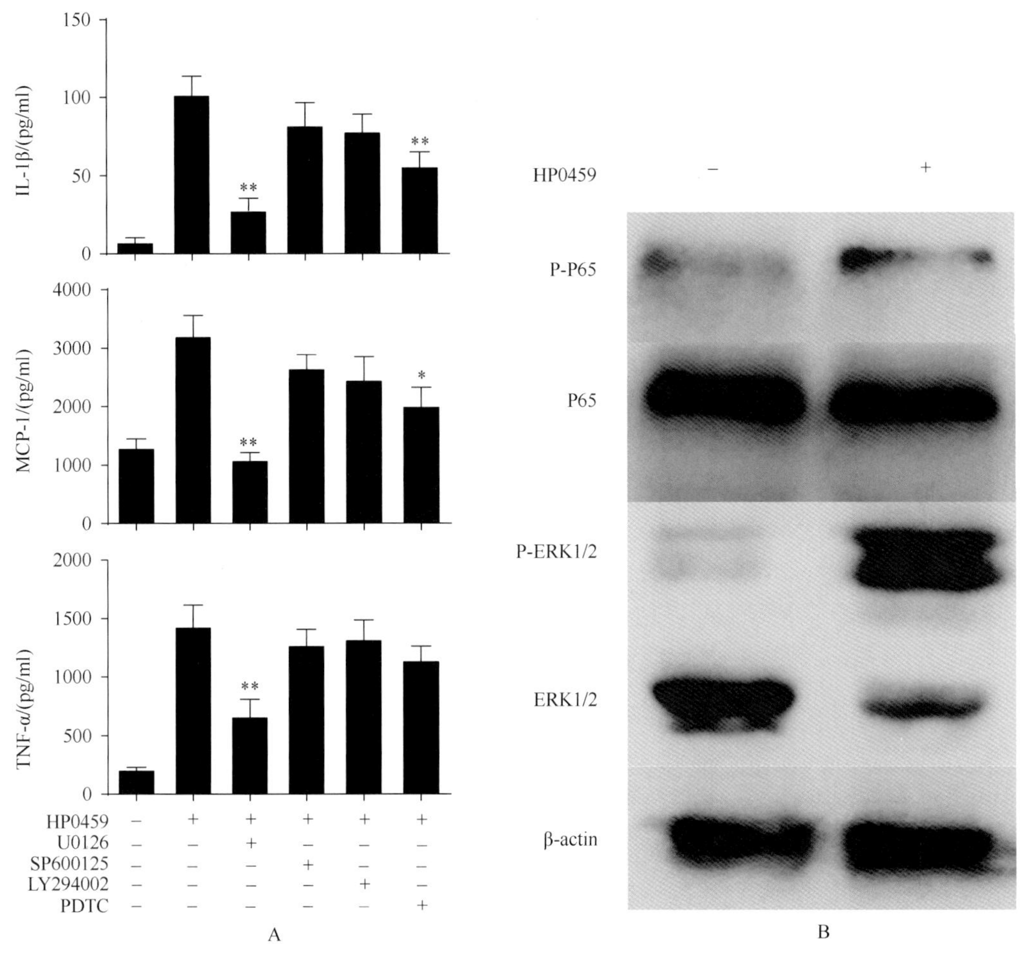

图 4-34　HP0459 的炎性信号通路的鉴定与验证

*P<0.05；**P<0.01

也明显长于 SC19 和 C*Δhp1330*（图 4-37C）。细菌计数通常是通过计算菌落形成单位进行的，对于链球菌来说，只有当两个相互比较的细菌的链长没有显著差异时，通过计算菌落形成单位来进行细菌计数才是可靠的。在本研究中，*Δhp1330* 的链长明显长于 SC19 和 C*Δhp1330*，因此，在这种形态下对 *Δhp1330*、SC19 和 C*Δhp1330* 计数进行后续的细胞实验和动物实验并不合理。为了解决这一问题，我们进行了一系列的摸索，最终发现，当利用固体形态的培养基（TSA）对 *Δhp1330*、SC19 和 C*Δhp1330* 进行培养时，它们三者之间的长链比例和链的长度没有显著差异（图 4-37D）。因此，在后续的细胞实验和动物实验过程中，采用固体培养的方式对 *Δhp1330*、SC19 和 C*Δhp1330* 进行培养。另外，为了进一步分析 *hp1330* 基因的缺失是否会影响猪链球菌的微观形态，分别对 *Δhp1330*、SC19 和 C*Δhp1330* 进行了透射电镜观察，结果显示三者的微观结构和形态没有显著差异。

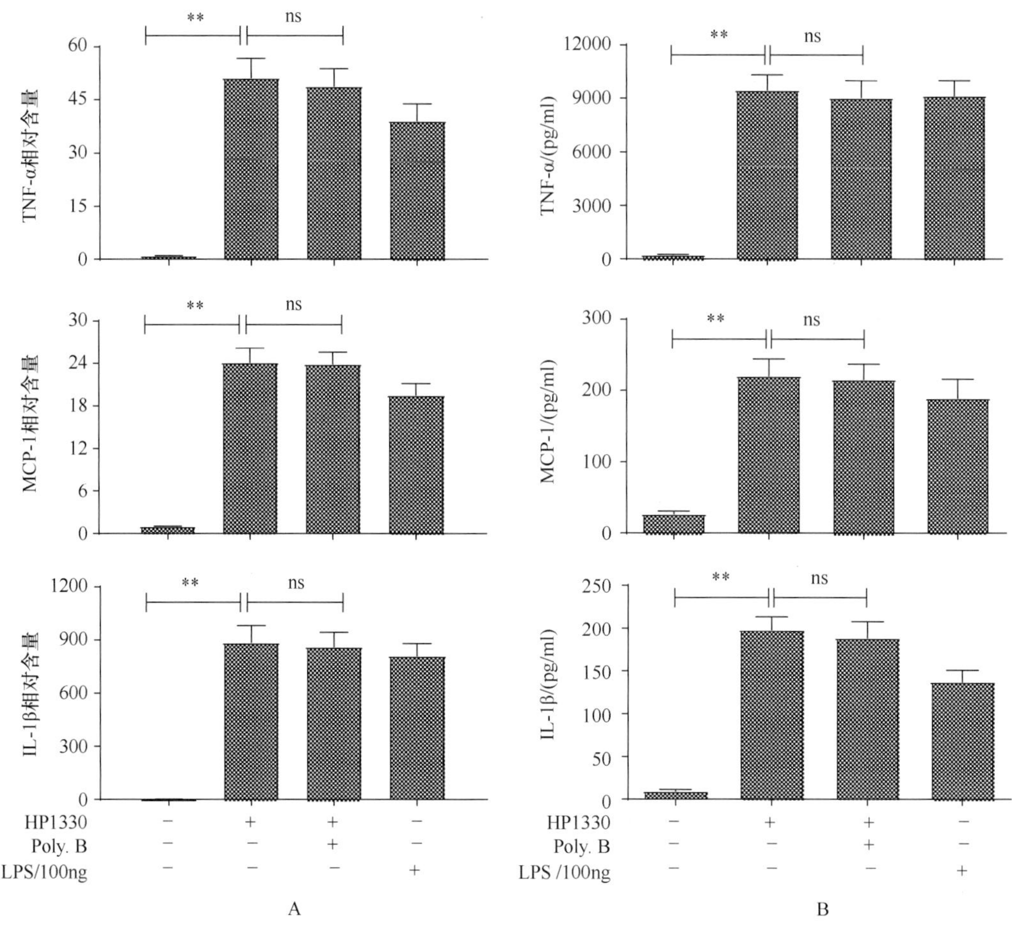

图 4-35 HP1330 重组蛋白的促炎活性验证

$^{**}P<0.01$；ns. 差异不显著

利用固态培养基对 *Δhp1330*、SC19 和 C*Δhp1330* 进行培养后，分别将其与 RAW264.7 细胞孵育，收集细胞和培养基上清液，用于 qPCR 和 ELISA 检测，结果显示，不管是在转录水平，还是在蛋白质水平，*Δhp1330* 诱导 TNF-α、MCP-1 和 IL-1β 的能力均显著低于亲本株 SC19 和互补菌株 C*Δhp1330*（图 4-38）。表明 *hp1330* 基因的缺失显著降低了 SS2 的体外炎性激活能力。

有报道指出过度的炎症反应是 SS2 强毒菌株引起宿主死亡的重要原因，因此，推测 HP1330 很可能与 SS2 的致病性相关。为了验证这一假设，我们继续进行小鼠试验，通过腹腔注射的方式，对 C57BL/6 小鼠进行人工感染，感染剂量为 6×10^{8}CFU/只，每组小鼠 10 只，共 3 组（*Δhp1330*、SC19 和 C*Δhp1330*），感染后持续观察 7 天。结果发现，在感染后第 1 天，SC19 感染组的小鼠便出现了 SS2 感染的典型症状，包括被毛粗乱、体重下降、抑郁、颤抖及结膜炎等，其最终的存活率仅为 20%；与之相反，*Δhp1330* 感染组的小鼠，在整个观察期内均未出现明显的症状，最终的存活率高达 90%，表明 *hp1330* 基因的缺失显著降低了 SS2 的致病力（图 4-39），进一步证实 HP1330 蛋白与 SS2 致病力之间的相关性。

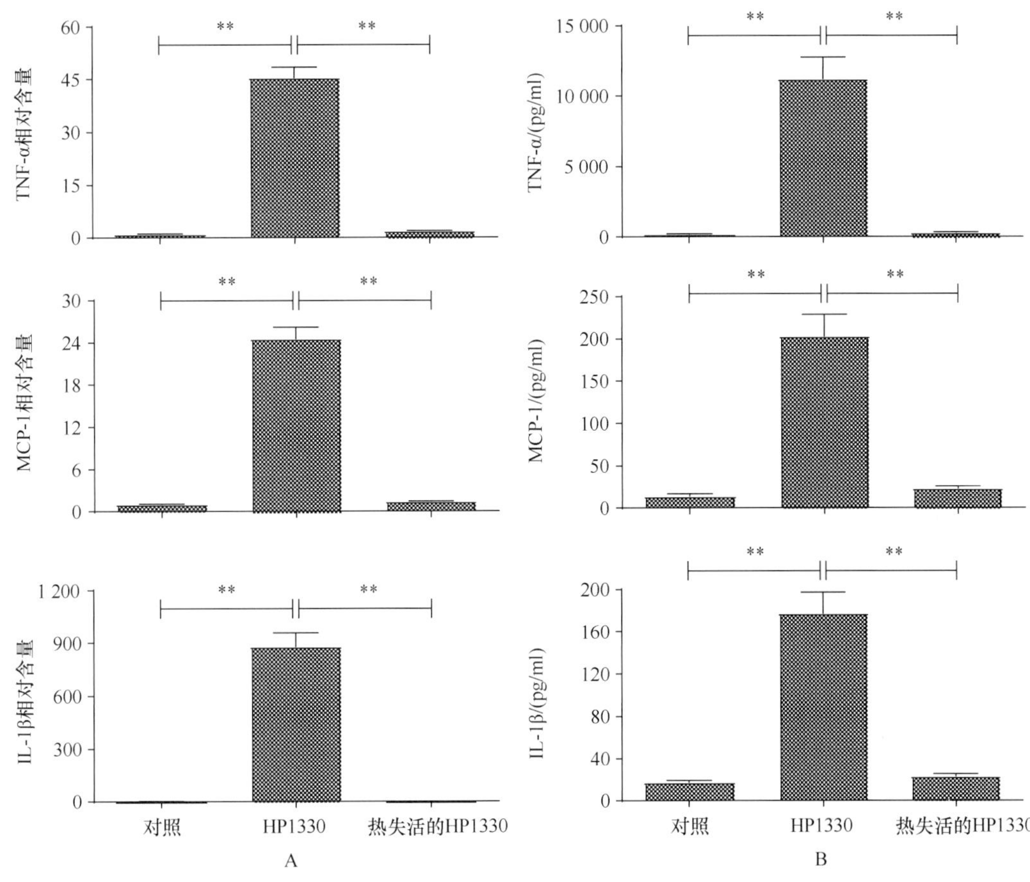

图 4-36　热变性对 HP1330 促炎活性的影响

$^{**}P<0.01$

为了进一步验证 HP1330 蛋白影响 SS2 致病力是否与其促炎活性相关，我们分析了 *Δhp1330*、SC19 和 C*Δhp1330* 感染后，体内细胞因子的变化情况及载菌量的差异。由于 *hp1330* 基因的缺失会引起 SS2 链长的变化（图 4-37C），进而导致细菌计数（菌落形成单位计数法）出现误差，因此，在检测体内载菌量之前，我们首先通过革兰氏染色对体内细菌的链长形态进行了观察，结果显示，利用固态培养的 *Δhp1330*、SC19 和 C*Δhp1330* 进行感染后，细菌的链长在体内并未发生明显的变化（图 4-40B）。因此，在后续的试验中通过菌落形成单位计数法计算各感染组小鼠的体内载菌量是可靠的。将 60 只 6 周龄的雌性 C57BL/6 小鼠随机分成 3 组，每组 20 只，分别通过腹腔注射感染 *Δhp1330*、SC19 和 C*Δhp1330*，感染剂量为 2×10^8CFU/只。结果显示，感染后 6h 和 9h，*Δhp1330* 组小鼠的血液细胞因子含量显著低于 SC19 组和 C*Δhp1330* 组，同时，感染后 6h SC19 组和 C*Δhp1330* 组小鼠的血液载菌量显著高于 *Δhp1330* 组（图 4-40 A、C）。这一系列结果表明，HP1330 提高 SS2 的致病力，除了依赖其强烈的促炎活性外，也可能与其能够影响细菌的体内载量有关。

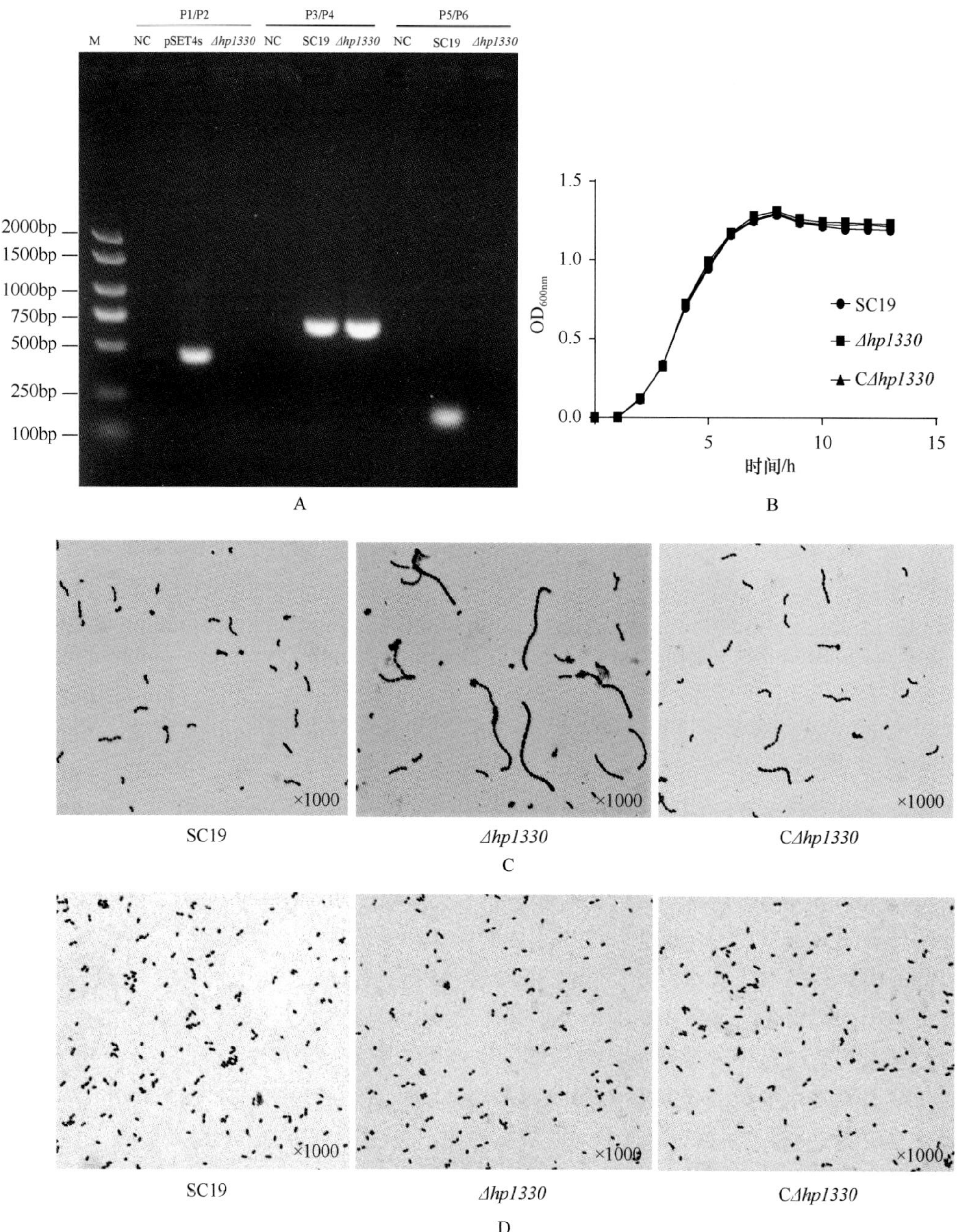

图 4-37 突变体菌株 *Δhp1330* 及其互补菌株 C*Δhp1330* 的构建与鉴定

M. marker

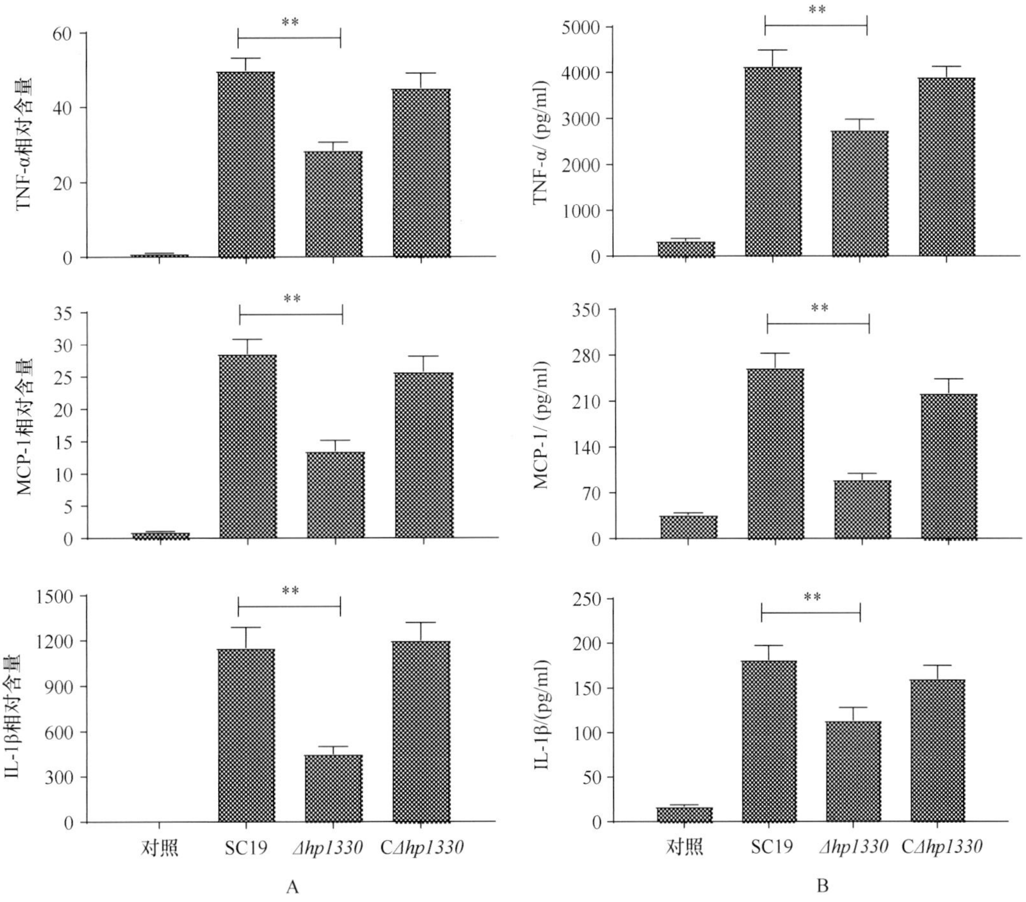

图 4-38　SS2 对 RAW264.7 的炎性激活

$^{**}P<0.01$

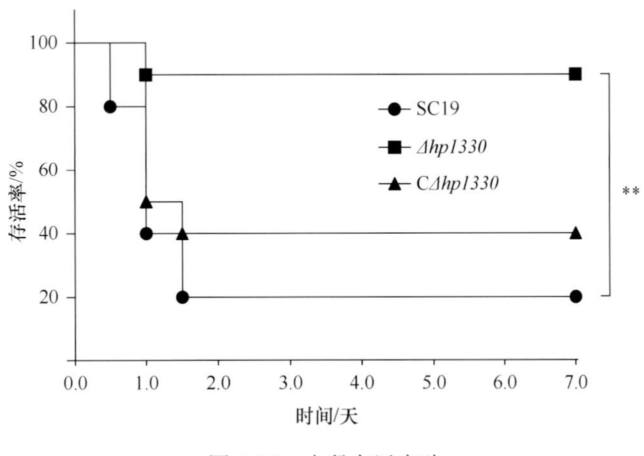

图 4-39　小鼠存活实验

$^{**}P<0.01$

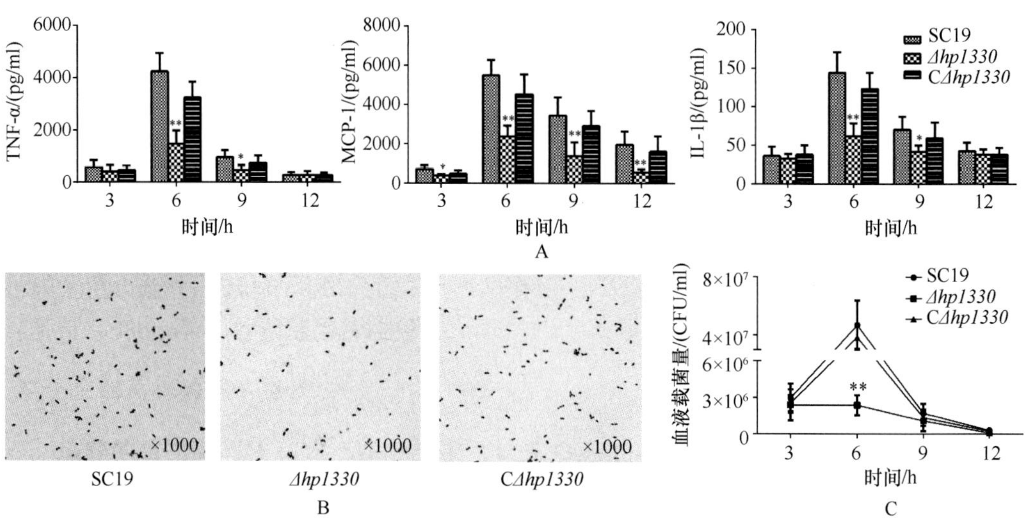

图 4-40 SS2 感染的体内细胞因子变化与载菌量

$^{*}P<0.05$；$^{**}P<0.01$

为了深入揭示 HP1330 的致病机制，我们继续探索了它的炎性激活机制及生物学功能。首先，HP1330 蛋白的炎性激活机制方面，针对其胞外炎性识别受体和胞内信号转导通路展开了研究。有报道指出，猪链球菌感染相关的受体主要有：TLR2、CD14、TLR4、TLR6 和 TLR9。基于此，通过 qPCR 分析了 HP1330 刺激 RAW264.7 细胞后相关受体的 mRNA 水平，结果显示，HP1330 能够诱导 TLR2 显著上调表达，而 TLR4 却没有明显变化（图 4-41A），暗示 HP1330 蛋白的炎性识别受体可能是 TLR2。为了验证这一结论，以 RAW264.7 细胞为模型，分别利用 TLR2 和 TLR4 的低内毒素水平单克隆抗体进行封闭试验；同时，提取 TLR2 缺失小鼠和 TLR4 缺失小鼠的腹腔巨噬细胞，分别检测 HP1330 蛋白的促炎活性。最终，ELISA 结果显示无论是 TLR2 抗体的封闭还是 TLR2 基因的缺失，均能够显著降低 HP1330 诱导 TNF-α、MCP-1 和 IL-1β 的水平，而 TLR4 方面则没有明显变化（图 4-41B、C）。这一结果进一步证实 TLR2 是 HP1330 蛋白的炎性识别受体。接着，为了鉴定 HP1330 蛋白炎性信号的胞内转导通路，利用常见炎性信号通路的特异性抑制剂（ERK1/2：U0126；NF-κB：PDTC；JNK：SP600125；PI3K：LY294002；P38：SB20358）进行筛选。ELISA 检测结果发现 U0126 能够显著降低 HP1330 蛋白诱导 TNF-α、MCP-1 和 L-1β 的水平（图 4-42A），表明 HP1330 炎性信号的胞内转导通路可能是 ERK1/2。为了验证这一结论，通过 Western-blot 检测了 HP1330 刺激后 RAW264.7 细胞中 ERK1/2 的磷酸化水平，结果发现相对于空白对照组，HP1330 刺激组 RAW264.7 细胞的 ERK1/2 发生了明显的磷酸化（图 4-42B），进而证实 HP1330 炎性信号的胞内转导确实依赖于 ERK1/2 的磷酸化。

上文已经提到，HP1330 除了具备强烈的炎性激活能力外，其缺失后还能够影响 SS2 在宿主体内的载菌量。有报道指出病原体在宿主体内的多少也是影响其致病力的重要因素，因此，为了全面揭示 HP1330 的致病机理，我们继续对其影响 SS2 体内载菌量的机制展开研究。首先，在 NCBI 数据库中，通过 BLAST 比对 HP1330 的序列，筛选其同

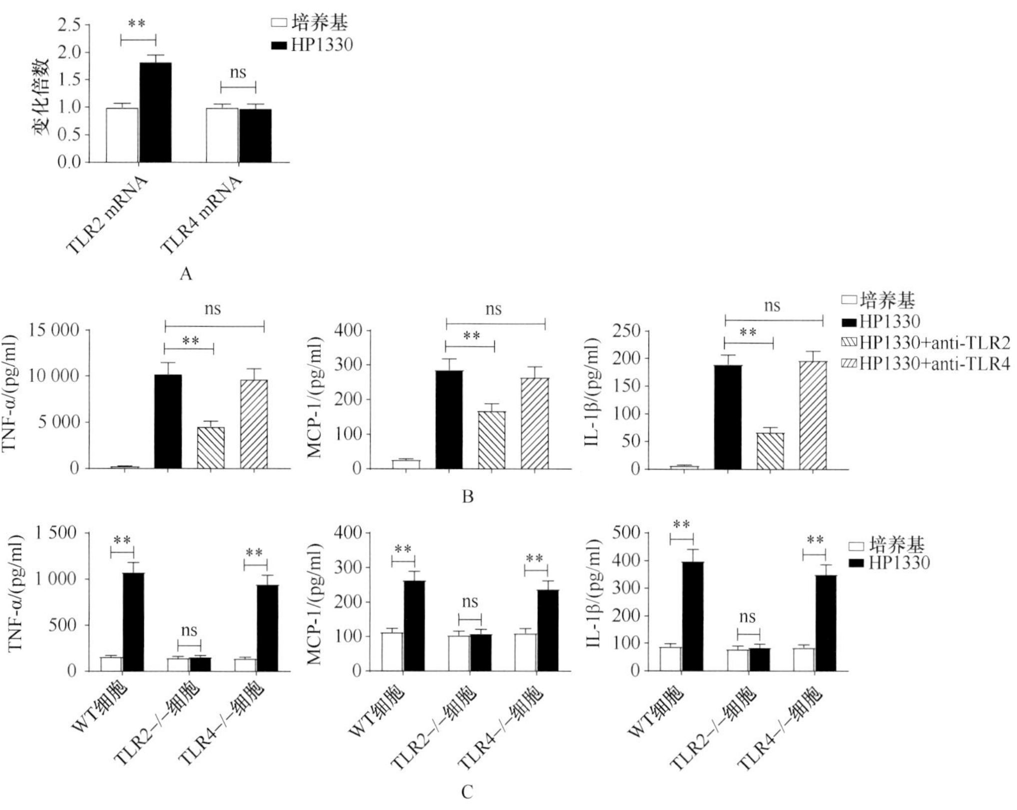

图 4-41　HP1330 炎性识别受体的鉴定与验证

$^{**}P<0.01$；ns. 差异不显著

源性较高的蛋白质或结构域，结果发现 HP1330 蛋白包含一个锌离子结合位点，暗示其可能具有基质金属蛋白酶的功能。基质金属蛋白酶的主要功能是降解细胞外基质，前期研究中发现 HP1330 缺失后会增加液体培养时 SS2 的链长，由于肽聚糖水解作用是细菌增殖分裂所必需的，因此，我们猜测 HP1330 可能具有降解肽聚糖的功能。为了验证这一假设，我们通过酶活试验分析了 HP1330 是否具有降解肽聚糖的能力。首先，提取高纯度的猪链球菌肽聚糖：将猪链球菌野生菌株 SC19 培养至对数中期，总体积为 2L，通过冰浴快速降温至 10℃以下后，离心弃上清，然后将收集的菌体重悬于 20ml 冰水中，并将其等体积加入 8%的 SDS 煮沸液中，30min 后离心弃上清，沉淀用单蒸水反复洗涤至检测不到 SDS 为止，然后用 0.2mm 的玻璃磁珠将粗提取的肽聚糖打断，离心收集肽聚糖碎片，用淀粉酶在 37℃处理 2h 后再加入 DNA 酶和 RNA 酶处理 2h，离心弃上清并将沉淀洗涤 3 遍后加入胰蛋白酶处理，37℃持续 16h，沉淀用 49%的氢氟酸在 4℃处理 48h，沉淀用单蒸水洗涤 2 遍后再用 8mol/L 的 LiCl 洗一遍，之后用 100mmol/L 的 EDTA 洗一遍，最后用单蒸水洗 3 遍后离心取沉淀并冻干称重。然后，以提取的高纯度肽聚糖为底物进行酶活试验：配制肽聚糖酶活反应底物凝胶，配制过程与 SDS-PAGE 凝胶基本一致，唯一的区别是在配制下层胶的时候将水换成等体积的肽聚糖重悬液。待底物凝胶配制完成后，按照 SDS-PAGE 凝胶的操作步骤进行电泳，以溶菌酶作为阳

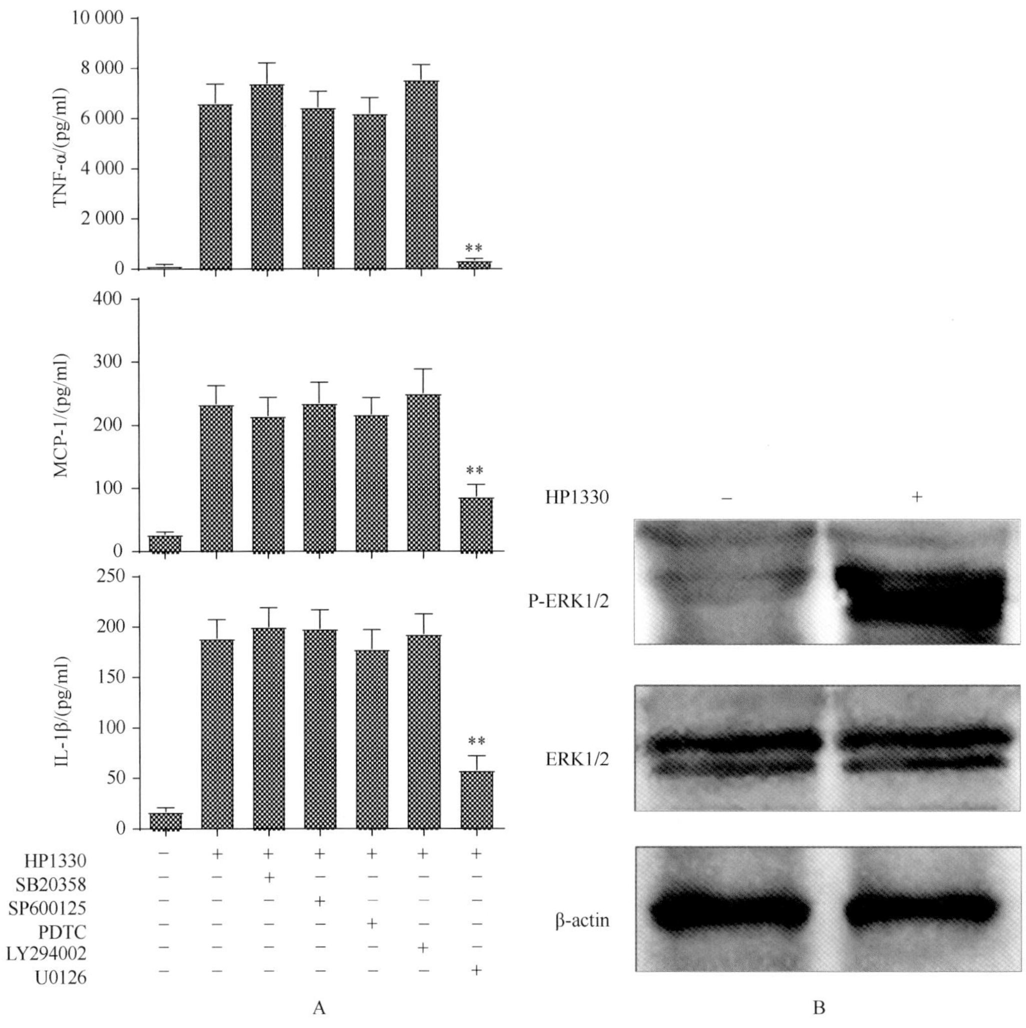

图 4-42 HP1330 胞内炎性信号通路的鉴定与验证

$^{**}P<0.001$

性对照，BSA 作为阴性对照，条件和上样量均相同的凝胶同时电泳两块，一块进行考马斯亮蓝染色，一块置于缓冲液（20mmol/L NaCl，10mmol/L $MgCl_2$，20mmol/L Tris，0.1% TritonX-100）中进行酶活检测。结果显示，与溶菌酶一样，HP1330 能够使其在底物凝胶的位置形成明显的条带，而 BSA 却不能（图 4-43），表明 HP1330 确实具有肽聚糖的酶解活性。因此，我们推测 HP1330 影响 SS2 在宿主体内的载菌量很可能是依赖于其肽聚糖的酶解活性。

综上所述，最终证明：HP1330 是一个全新的 SS2 毒力相关蛋白，具有强烈的促炎活性并且能够影响 SS2 在体内的生长，其作用机理依赖于 TLR2 的识别和 ERK1/2 的磷酸化，另外还有其肽聚糖的酶解活性。

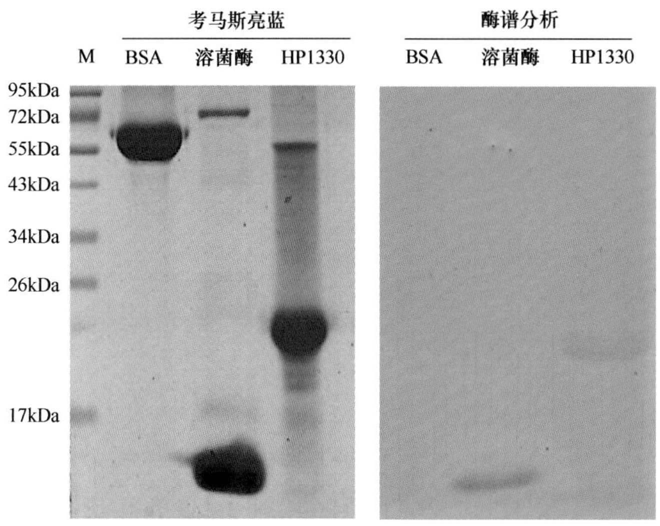

图 4-43　HP1330 的肽聚糖酶活检测

M. marker

（三）其他促炎蛋白的研究

前期筛选的 7 个 SS2 促炎蛋白中，除了 HP0459 和 HP1330 以外，还对 AroC（HP1262）和 HP1856 进行了初步研究。利用 RAW264.7 细胞分别对 AroC 和 HP1856 的促炎活性进行验证，结果发现，与筛选时的结果一致，AroC 和 HP1856 能够诱导 IL-1β 和 TNF-α 的大量表达（图 4-44 和图 4-45），表明 AroC 和 HP1856 确实具有炎性激活作用。

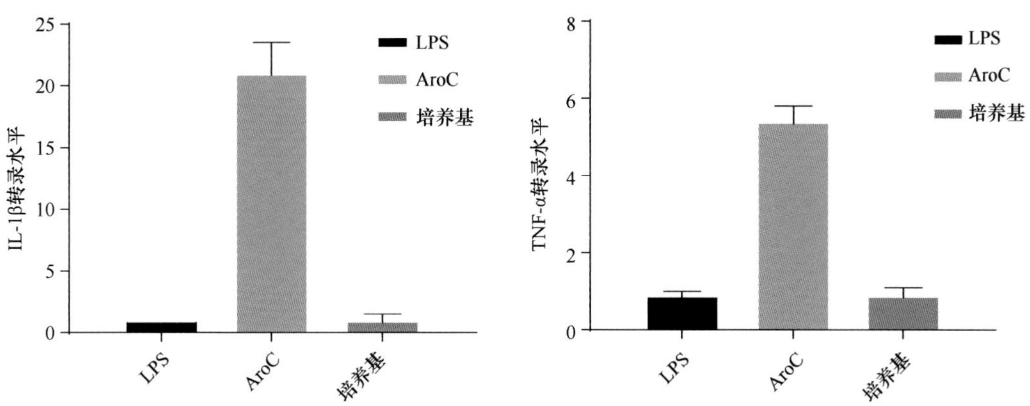

图 4-44　AroC 蛋白促炎活性验证图

接下来，为了鉴定 AroC 和 HP1856 的炎性识别受体，以 RAW264.7 细胞为细胞模型，进行抗体封闭试验（anti-TLR2 和 anti-TLR4），发现 AroC 和 HP1856 的促炎活性均能够被 anti-TLR4 显著抑制（图 4-46 和图 4-47），初步说明 AroC 和 HP1856 的促炎活性可能具有 TLR4 依赖性；然后，提取 TLR2 缺失小鼠和 TLR4 缺失小鼠的腹腔巨噬细胞，以此为细胞模型，进一步验证 TLR4 作为 AroC 和 HP1856 识别受体的可靠性，同时利用 WT 小鼠的腹腔巨噬细胞作为对照，结果发现，AroC 和 HP1856 均可以激活 WT 和 TLR2 缺失小鼠腹腔巨噬细胞的炎性反应，但是却无法激活 TLR4 缺失小鼠的腹腔巨噬细胞（图 4-48 和图 4-49）。进一步确定 AroC 和 HP1856 的炎性识别受体确实都是 TLR4。

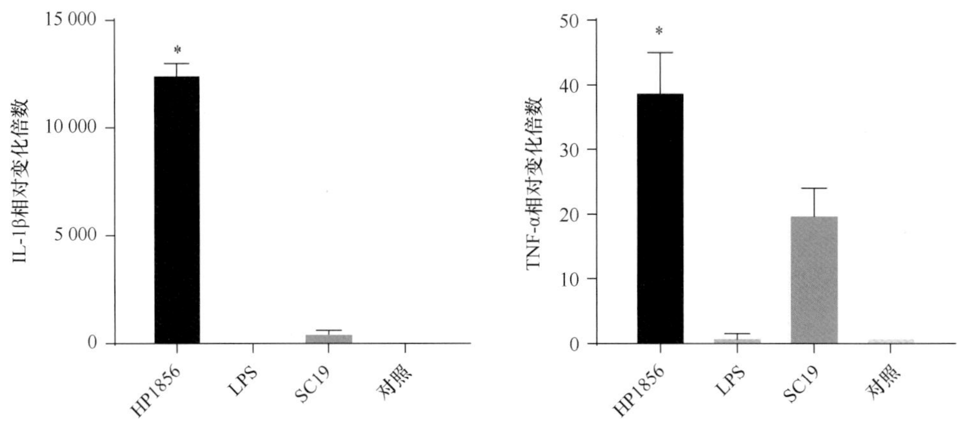

图 4-45　HP1856 蛋白促炎活性验证

*$P<0.05$

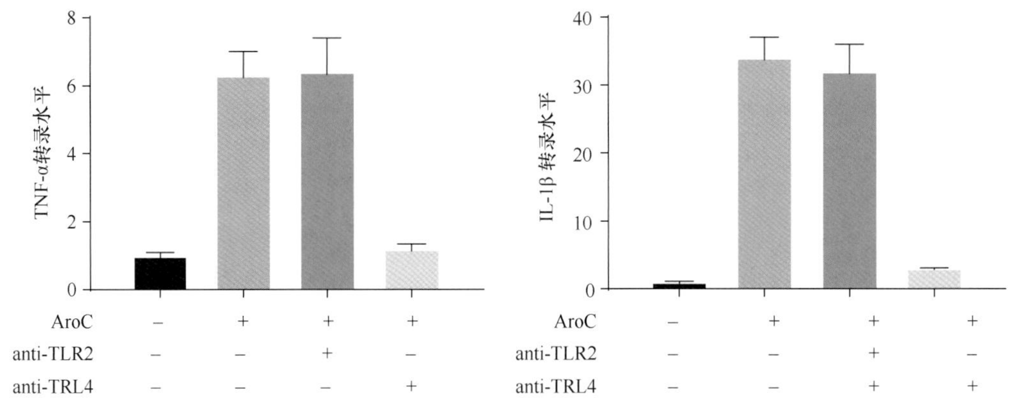

图 4-46　AroC 促炎抗体封闭试验图

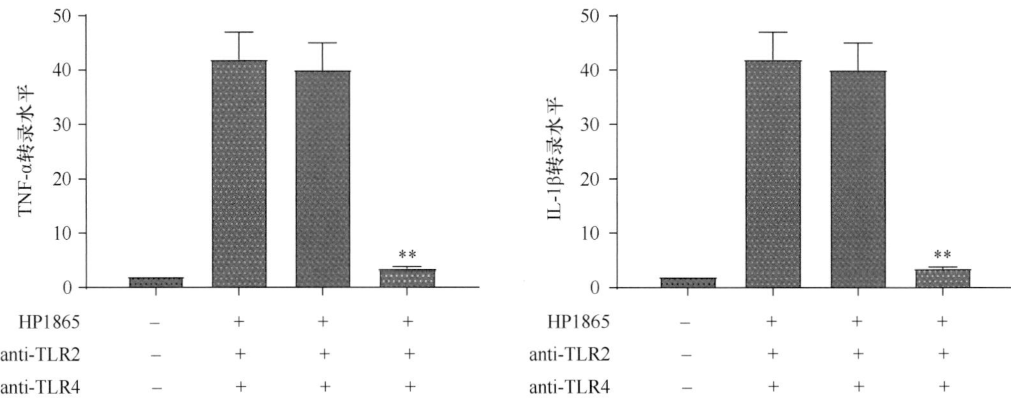

图 4-47　HP1856 促炎活抗体封闭试验

**$P<0.01$

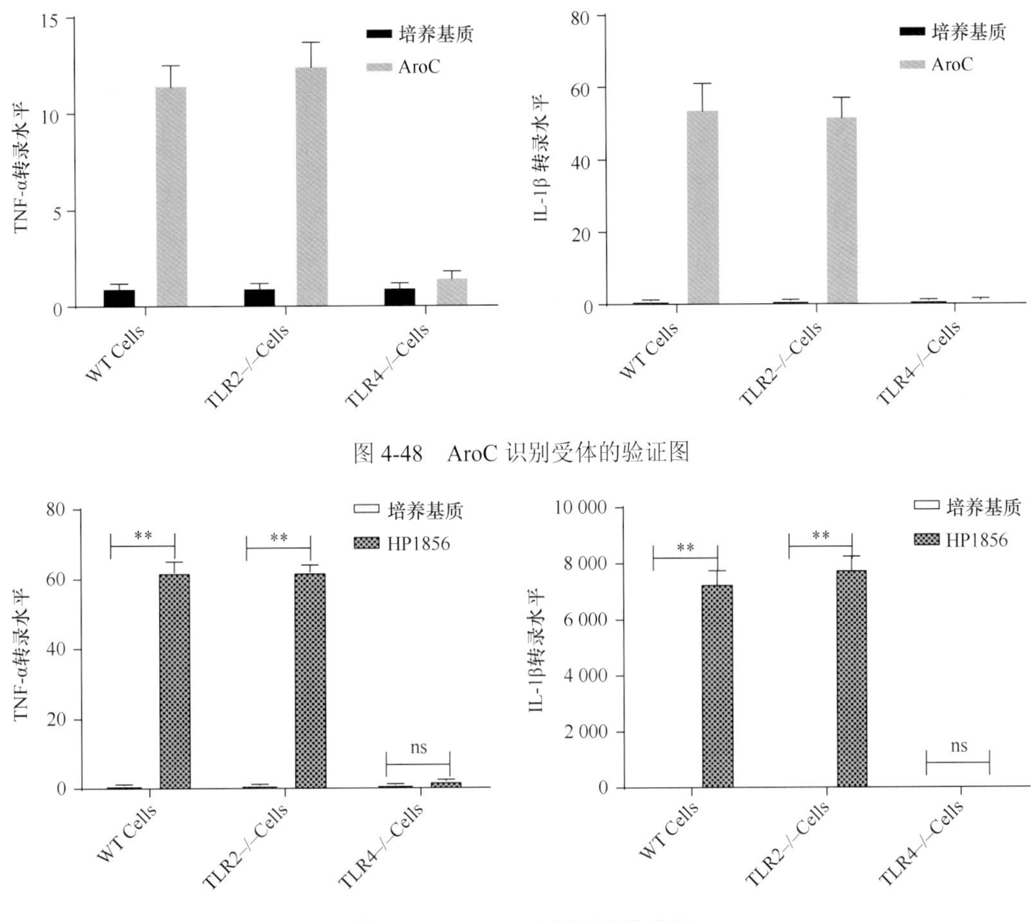

图 4-48　AroC 识别受体的验证图

图 4-49　HP1856 识别受体的验证

**$P<0.01$；ns. 差异不显著

为了进一步分析 AroC 和 HP1856 炎性信号的胞内转导通路，利用信号通路的特异性抑制剂进行了鉴定(ERK1/2：U0126；NF-κB：PDTC；JNK：SP600125；PI3K：LY294002；P38：SB20358)，结果发现：①AroC 蛋白刺激 RAW264.7 引起的 IL-1β 和 TNF-α 上调表达能够被 NF-κB 的特异性抑制剂 PDTC 抑制，表明 NF-κB 通路参与了 AroC 蛋白炎性信号转导（图 4-50）；②HP1856 蛋白刺激 RAW264.7 引起的 IL-1β、TNF-α、MCP-1 和 IFN-β 上调表达能够分别被 PI3K 和 NF-κB 的特异性抑制剂 LY294002 和 PDTC 抑制，表明 PI3K 和 NF-κB 通路参与了 AroC 蛋白炎性信号转导（图 4-51）。

为了进一步分析 AroC 和 HP1856 的促炎作用在 SS2 感染致病过程中的作用，我们分别对其进行了基因缺失突变体菌株的构建。然而，由于某些未知的原因，仅成功缺失了 *aroC* 基因，HP1856 始终无法被缺失。得到 *aroC* 基因的缺失突变菌株 *ΔaroC* 后，首先进行了小鼠存活实验，结果发现 *ΔaroC* 组小鼠的存活率明显高于 WT 对照组（图 4-52），表明 *aroC* 是一个 SS2 毒力相关基因。同时，我们也利用 RAW264.7 细胞评价了 *ΔaroC* 的炎性激活能力，然而，结果却发现突变体菌株 *ΔaroC* 诱导 IL-1β、TNF-α、MCP-1 和 KC 的能力明显高于野生菌株 SC19（图 4-53）。若根据这一结果分析，AroC 应该是具有抑炎活性，这显然与前期的蛋白试验结果相矛盾。为了解释这一现象，我们通过 NCBI 的 BLAST 对 AroC 的序列进行了分析，结果发现 AroC 含有分支酸合成酶的结构域，疑似具有分支

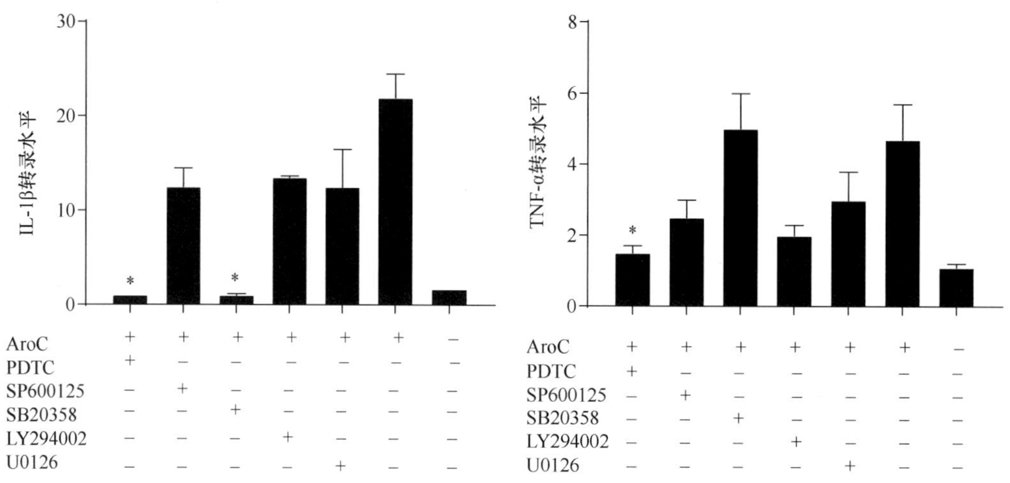

图 4-50 AroC 炎性信号通路的鉴定

*$P<0.05$

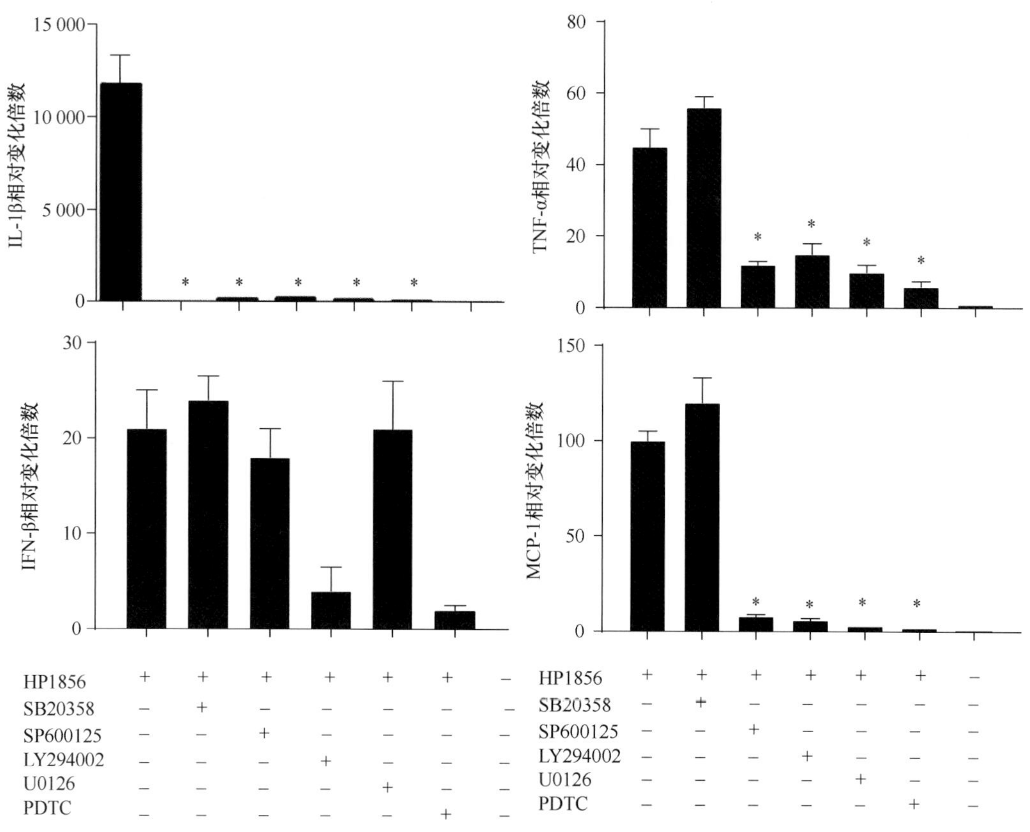

图 4-51 HP1856 炎性信号通路的鉴定

*$P<0.05$

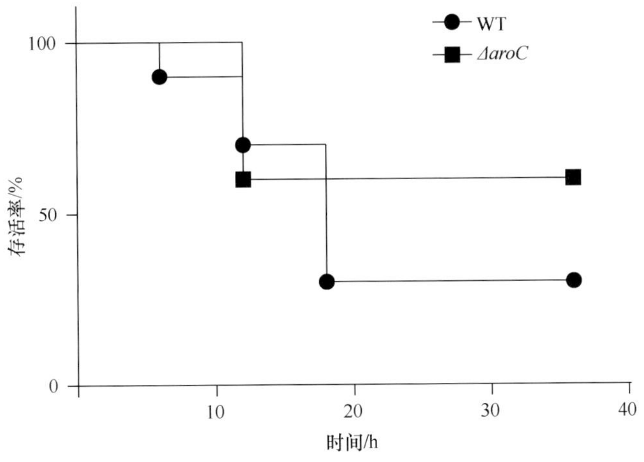

图 4-52　小鼠存活实验

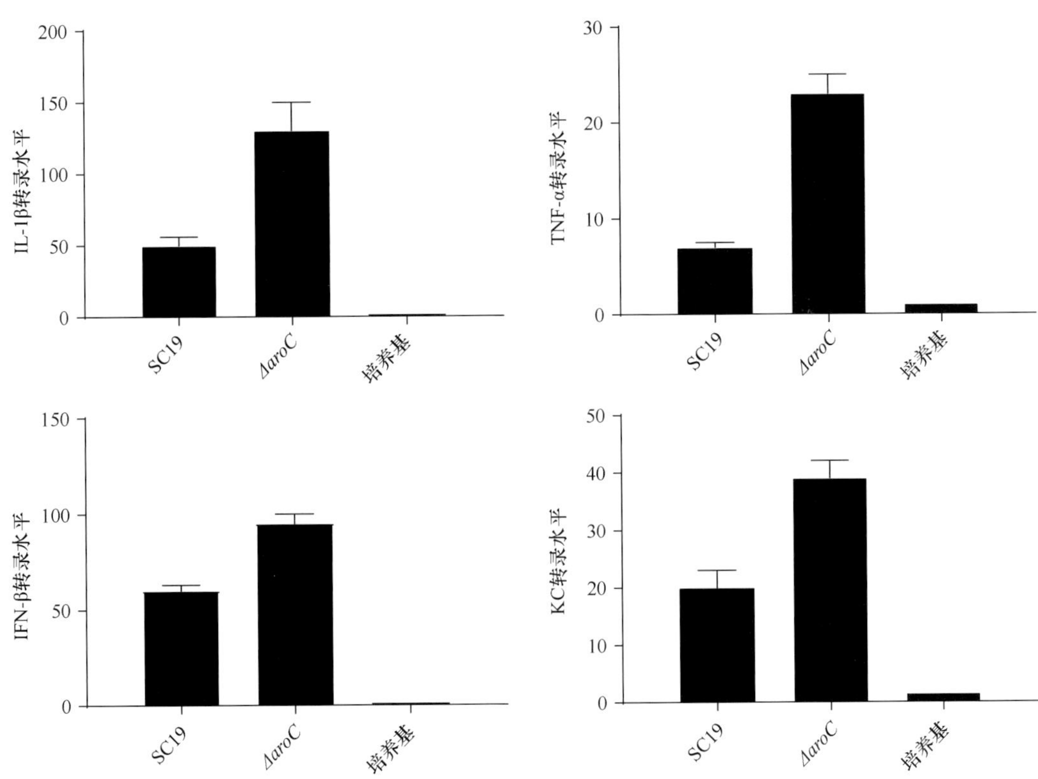

图 4-53　SC19 和 *ΔaroC* 对 RAW264.7 的炎性激活

酸结合酶的功能。有研究发现在猪链球菌 2 型参考菌株 S735 中缺失与 AroC 同一家族的 AroA 和 AroK 的启动子后会导致缺失菌株 CPS 合成障碍，并由此推测芳香族氨基酸的合成可能影响 CPS 的合成、转运及组装。因此，推测作为芳香族氨基酸合成酶中重要一员的 AroC，缺失后很可能也会导致 SS2 的 CPS 合成受限；同时，也有研究证实 CPS 能阻断细菌细胞壁与宿主的接触，帮助病原抵抗宿主免疫细胞的清除作用。基于以上两点，我们大胆推测：由于 *aroC* 基因的缺失导致突变体 *ΔaroC* 的 CPS 合成受限，因此感染宿主后

ΔaroC 更容易被宿主的免疫系统识别，并且暴露更多的表面炎性分子，这就解释了为什么虽然 AroC 蛋白具有显著的促炎活性，但是其缺失后反而能够激活更高的炎性反应。

另外，上文已经指出没能得到 HP1856 的缺失突变菌株，为了验证其致病相关性，我们采用了另外一种思路：将 HP1856 导入天然不含 HP1856 的菌株中，构建 HP1856 的外援插入重组菌株，然后通过对比重组菌株的致病性变化来评价 HP1856 是否与猪链球菌的致病相关。首先，通过 BLAST 分析所有已公布基因组序列的猪链球菌菌株，找到不含 *hp1856* 基因的猪链球菌亲本株 D9，然后通过分子克隆的方法将其基因的完整 ORF 导入 D9 菌株中。PCR 检测结果证实 D9 菌株中没有目的基因的存在；将目的基因 SSU05_1856 通过酶切连接的方法克隆到穿梭载体 pSET2 上，构建过表达载体，酶切结果显示可以切出的片段大小分别为 5000bp 和 710bp，与目的基因大小一致；将重组质粒导入 D9 菌株以后，通过 Western-blot 证明 HP1856 可以在过表达菌株 D9-1856 中表达。

接下来，以 RAW264.7 细胞为模型，取相同菌量的过表达菌株 D9-1856 和本体菌株 D9 分别与 RAW264.7 共同孵育 6h 后，通过 qPCR 检测各细胞因子的变化。结果显示，与 D9 菌株相比，D9-1856 菌株能够引起更强烈的炎性反应，诱导更多的炎性细胞因子上调表达（图 4-54），暗示 HP1856 的表达可能有助于猪链球菌感染宿主产生过量的炎症反应，甚至导致败血性休克。

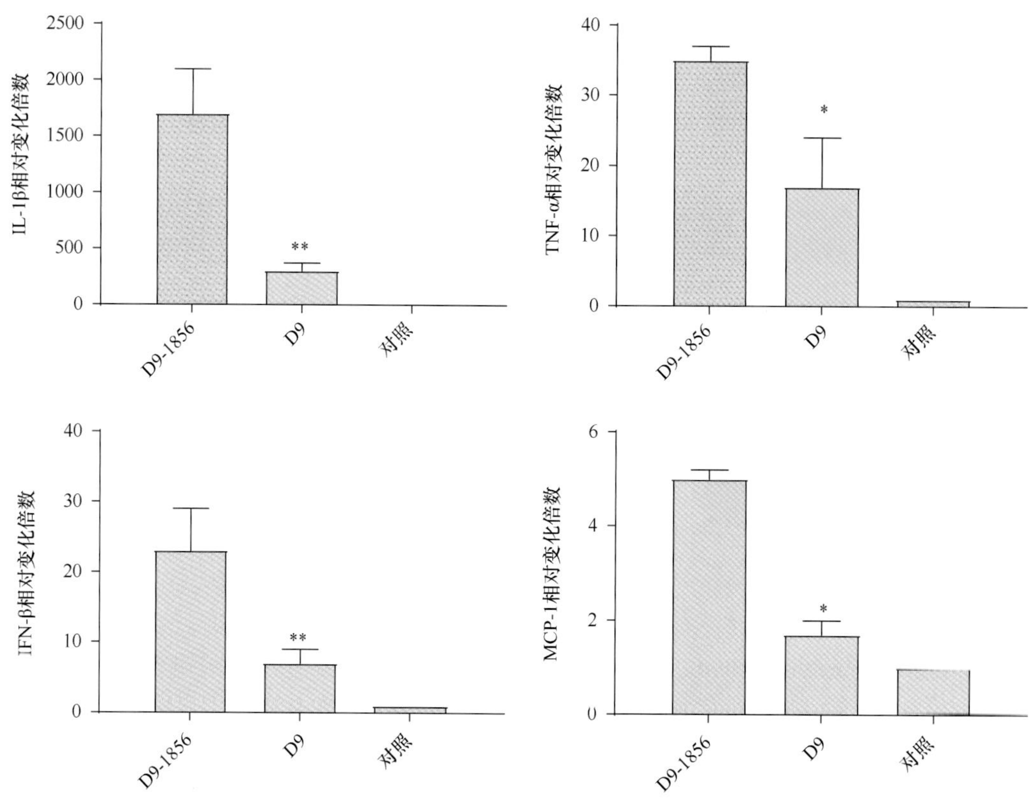

图 4-54 HP1856 过表达菌株促炎活性检测

$^*P<0.05$；$^{**}P<0.01$

为了验证我们的假设，继续进行小鼠的体内试验。选取 4 周龄 BALB/c 雌性小鼠 24 只，随机分成两组，每组各 12 只。每组小鼠分别腹腔注射接种亲本株 D9 及过表达菌株 D9-1856，剂量为 4×10^7CFU，分别在感染后 3h、6h 和 9h 进行眼球采血，每个时间点每组取 3 只小鼠的血液检测其载菌量的变化。结果如图 4-55 所示，在感染后的 3h 和 6h，D9-1856 组小鼠的血液载菌量均显著高于 D9 组。另外，分离小鼠血液的血清，通过 ELISA 检测其中 TNF-α 和 MCP-1 的表达量。结果如图 4-56 所示，过表达菌株 D9-1856 和亲本株 D9 感染后，小鼠血液中的 TNF-α 和 MCP-1 均会升高，且 D9-1856 组显著高于 D9 组。综上所述，HP1856 蛋白具有强烈的促炎活性，不仅能够在体内外诱导高水平的细胞因子表达，同时，还有助于提高猪链球菌在宿主体内的载菌量，是一个与猪链球菌致病性密切相关的促炎蛋白。

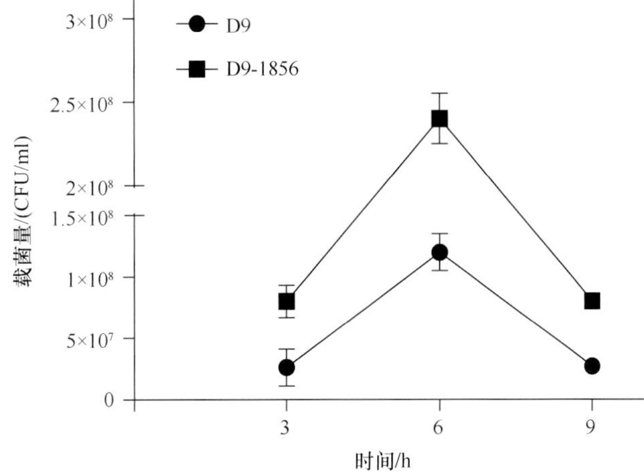

图 4-55　血中载菌量检测

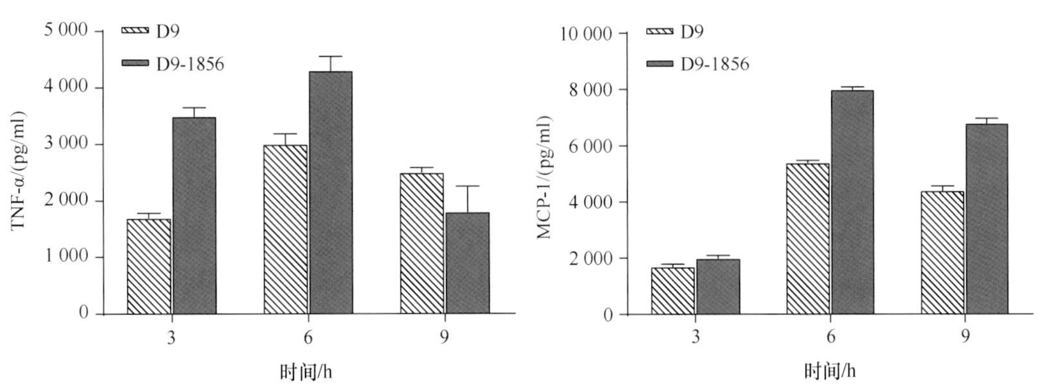

图 4-56　TNF-α 和 MCP-1 的 ELISA 检测

目前，筛选的 7 个促炎蛋白中，已经分析了其中 4 个蛋白（HP0459、HP1330、AroC 和 HP1856）的炎性激活机制，分别是：①HP0459 和 HP1330 的促炎作用依赖于 TLR2 的识别及 ERK1/2 通路的磷酸化；②AroC 的促炎作用依赖于 TLR4 的识别及 NF-κB 通路的磷酸化；③HP1856 的识别受体为 TLR4，下游通路主要是 PI3K 和 NF-κB（图 4-57）。

另外，剩余 3 个促炎蛋白的作用机制还有待进一步研究。

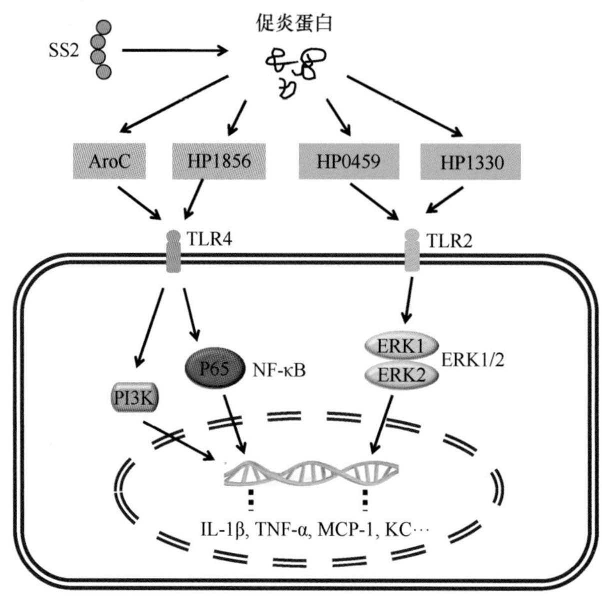

图 4-57　HP0459、HP1330、AroC 和 HP1856 的炎性信号通路模式图

二、树突状细胞促进猪链球菌炎性风暴机制的研究

病原微生物感染宿主后，体内趋化因子促使免疫细胞聚集到感染部位，并激活这些免疫细胞，免疫细胞被激活后又产生多种细胞因子，形成正反馈回路。一般情况下，这个反馈回路受机体严密监控而不至于失控，但在一些特殊条件下，该反馈回路会失控，从而使机体的某个部位聚集过量的被激活的免疫细胞，从而分泌大量的炎症因子形成炎症风暴。炎症风暴会导致机体各组织器官发生明显的病理变化，从而影响其生理功能并危及生命。猪链球菌 2 型感染宿主后主要表现脑膜炎、关节炎和肺炎，严重的导致死亡并表现出明显的炎症风暴症状。目前科研工作者针对猪链球菌的致病机制的研究主要集中在毒力因子的发掘和脑膜炎的研究，而猪链球菌侵入机体后如何引起炎症风暴的机制尚不明朗。

树突状细胞（dendritic cell，DC）最早在 1973 年由美国诺贝尔奖获得者 Ralph Steinman 发现，因其细胞表面有许多树突状突起而得名，是体内抗原递呈能力最强的抗原递呈细胞（antigen-presenting cell，APC）。树突状细胞与其他的抗原递呈细胞最大的区别在于，DC 可以刺激初始 T 淋巴细胞的活化与增殖，而其他的 APC（如巨噬细胞、B 细胞）只能刺激已经活化的记忆性 T 淋巴细胞，因此 DC 作为免疫应答的始动者是连接先天性免疫与获得性免疫的桥梁，在免疫系统中具有十分独特的地位。正常机体内大部分的 DC 都处于未成熟状态，分布在肠黏膜等容易接触到外来抗原的部位。未成熟 DC 摄取外来抗原的方式有 3 种，包括吞噬（phagocytosis）、巨胞饮（macropinocytosis）和受体介导的内吞（receptor mediated endocytosis），这就使得未成熟的 DC 可以更加快捷高效地接触并捕捉到外来抗原，对抗原的摄取和处理也处于最强时期。未成熟的 DC

摄取处理抗原后自身转化为成熟的状态，并迁移至最近的外周淋巴组织中。

DC 表面的模式识别受体（pattern recognition receptor，PRR）包括：C 型凝集素受体（C-type lectin receptor，CLR）、Toll 样受体（Toll-like receptor，TLR）、NOD 样受体（NOD-like receptor，NLR）等。当未成熟 DC 的 PRR 识别抗原表面的病原相关分子模式（pathogen associated molecular pattern，PAMP）后，DC 便被激活摄取并处理外来抗原后迁移到最近的淋巴组织。DC 在迁移过程中转变为成熟状态，通过依赖 MyD88 或不依赖 MyD88 的信号转导通路使 DC 表面 MHC 分子及共刺激分子（CD80/CD86）表达上调从而分泌大量的细胞因子及趋化因子，这些细胞因子具有调节炎症反应和定向诱导 T 细胞分化的功能。近年来研究发现猪的 DC 在多种病原感染机制中发挥重要作用，其外周血中的 DC 种类及其 PRR 与人类 DC 非常相似。

研究显示猪链球菌 2 型引起炎症风暴，导致发病迅速和高致死率。潘阳阳（2012）用猪链球菌 2 型感染肺泡巨噬细胞，发现猪链球菌 2 型刺激的巨噬细胞分泌大量的 TNF-α、IL-1 和 IL-6，而这些炎性因子被认为是引起肺损伤、肺炎甚至肺休克的直接因素。树突状细胞与巨噬细胞一样，是体内专职的抗原提呈细胞，其受不同类型抗原刺激后分泌不同类型的细胞因子，诱导 $CD4^{+}T$ 细胞向不同方向分化和调节机体的炎症反应。而关于 DC 细胞在猪链球菌感染引发的炎症风暴中是否发挥作用、如何发挥作用则少见报道。由于树突状细胞在免疫应答中处于特殊地位，研究树突状细胞在猪链球菌感染引发炎症风暴中的作用及其机制，可为该病的防控提供必要的理论依据。本研究直接采用猪外周血来源的树突状细胞（monocyte-derived DC，MoDC），用猪链球菌 2 型野生菌株 SC19 刺激该细胞，研究树突状细胞在猪链球菌感染引发炎症风暴中的作用及其机制，阐明猪链球菌感染导致机体细胞因子网络失衡和炎症反应失控，引发炎症风暴及对机体各组织器官造成严重损伤的机理，以期为该病的防控提供必要的理论依据。

将稀释后的猪外周血通过 Ficoll-Hypaque 密度梯度离心法分离得到猪外周血单个核细胞层，并进一步采用免疫磁珠分选法先分离出 $CD14^{+}$单核细胞。分离的 $CD14^{+}$单核细胞体积较小，表面光滑易于贴壁生长，加入 GM-CSF 和 IL-4 后继续培养 3 天后，部分 $CD14^{+}$单核细胞形状开始变得不规则，体积变大，细胞边缘出现绒毛状突起。继续培养至第 4 天和第 5 天细胞体积进一步增大，表面树突更加明显并呈半悬浮状态。

对猪的 MoDC 的鉴定采用多形态学观察，利用免疫学功能检测和选取 CD1、SLA-Ⅱ和 CD172a 这 3 种表面标志的流式检测其表达量。CD1 低表达，表达率为 20%；SLA-Ⅱ高表达，表达率为 87%；CD172a 高表达，表达率为 93%。符合现有文献报道的猪外周血 MoDC 典型表型。将分离并培养至第 5 天的猪 MoDC 用 SC19（MOI∶0.1）刺激，同时设置对照组（control）、LPS 组和 Pam3CSK4 组。24h 后用抗 CD1，SLA-Ⅱ和 CD172a 流式抗体染色，上机检测结果显示，与对照组相比，SC19（MOI∶0.1）组 CD1 表达下降，SLA-Ⅱ高表达，CD172a 表达下降，显示 SC19 可以促进 MoDC 的成熟。

分选得到的 $CD14^{+}$单核细胞在培养过程中，分化出来的 MoDC 会逐渐增多，其吞噬能力也逐渐增强，在第 6 天 MoDC 吞噬能力达到顶峰，随后逐渐下降（图 4-58A）。在第 6 天用 SC19（MOI∶0.1）和其他抗原刺激物来刺激 MoDC，2 天后检测发现受刺激的 MoDC 其吞噬能力与 control 组相比出现了下降，SC19（MOI∶0.1）刺激组下降程度最显著（图 4-58B）。说明 SC19 可促进 MoDC 的成熟。

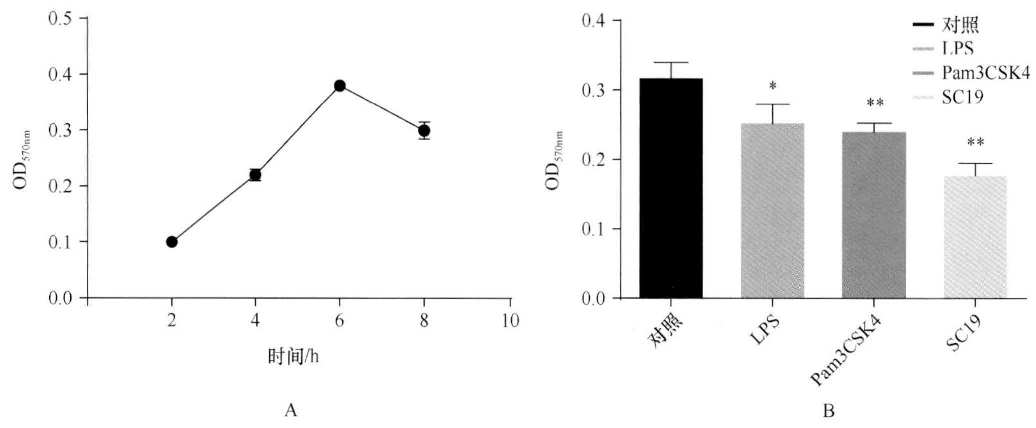

图 4-58 MoDC 吞噬功能

A. 不同培养时期 MoDC 的吞噬能力；B. SC19 刺激后 MoDC 吞噬能力；$*P<0.05$；$**P<0.01$

SC19 感染的 MoDC 刺激 T 淋巴细胞的增殖能力见图 4-59，将 MoDC 与 T 淋巴细胞按不同比例混合后，设置对照组（control）、LPS 组、Pam3CSK4 组和 SC19（MOI：0.001）组，用不同抗原刺激物刺激，发现 4 个组的 MoDC 刺激 T 淋巴细胞增殖程度，都是随 MoDC∶T 增大而越发明显。

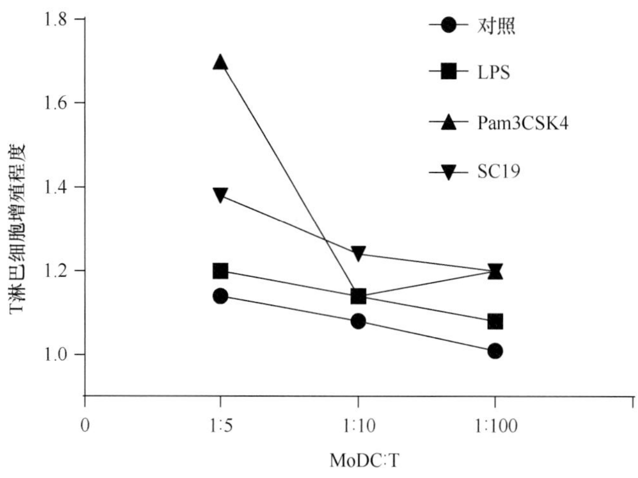

图 4-59 MoDC 刺激 T 淋巴细胞增殖能力

SC19 刺激 MoDC 的 24h 之内 Th1 型细胞因子中 IL-12 的分泌量大量增多，并呈一定的剂量依赖性。IL-1β、IFN-γ、TNF-α、IL-8 等促炎症性细胞因子分泌增加，其中 IL-8 也呈现明显的剂量依赖性。SC19 刺激 MoDC 分泌的 IL-6、TGF-β1 和 IL-10 极少（图 4-60）。

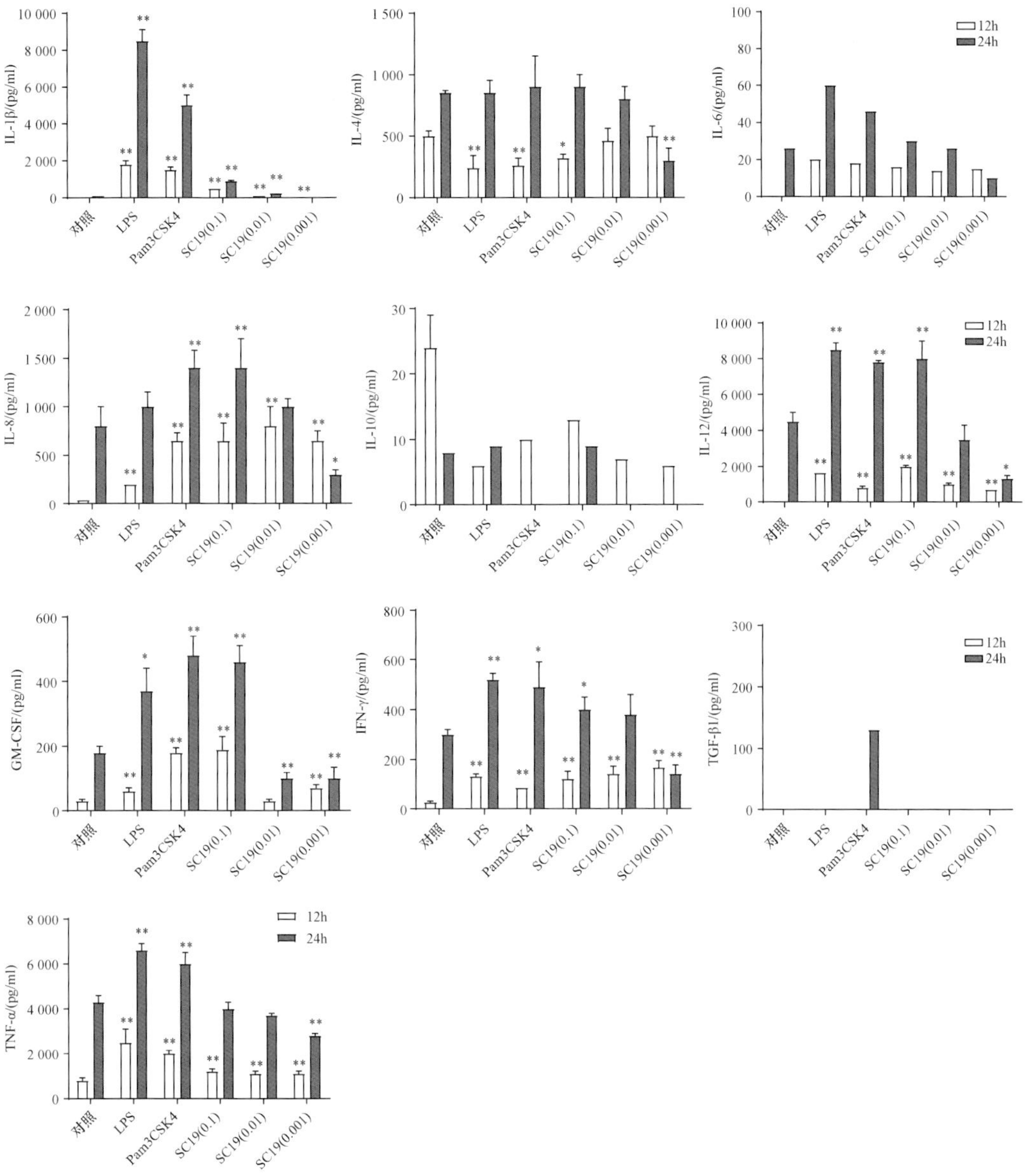

图 4-60　SC19 刺激 MoDC 分泌的细胞因子

$^{*}P<0.05$；$^{**}P<0.01$

免疫磁珠分选得猪外周血源 CD4^{+}T 细胞纯度用 PE Mouse Anti-Pig CD4a 染色，通过流式细胞仪检测其纯度达到 98%以上。

SC19 刺激 MoDC 诱导 CD4^{+}T 细胞定向分化流式分析结果显示 SC19 刺激的 MoDC 的确诱导 Th 细胞向 Th1 亚型偏移。进一步对 SC19 刺激 MoDC 和 CD4^{+}T 细胞后分泌的细胞因子进行检测，发现 SC19 刺激 MoDC 还可能诱导了 Th17 细胞的分化，而 Th2 主要效应性细胞因子 IL-4 没有显著的变化，说明 SC19 刺激 MoDC 主要诱导了 Th1 亚型细胞偏移而非 Th2 细胞偏移（图 4-61）。

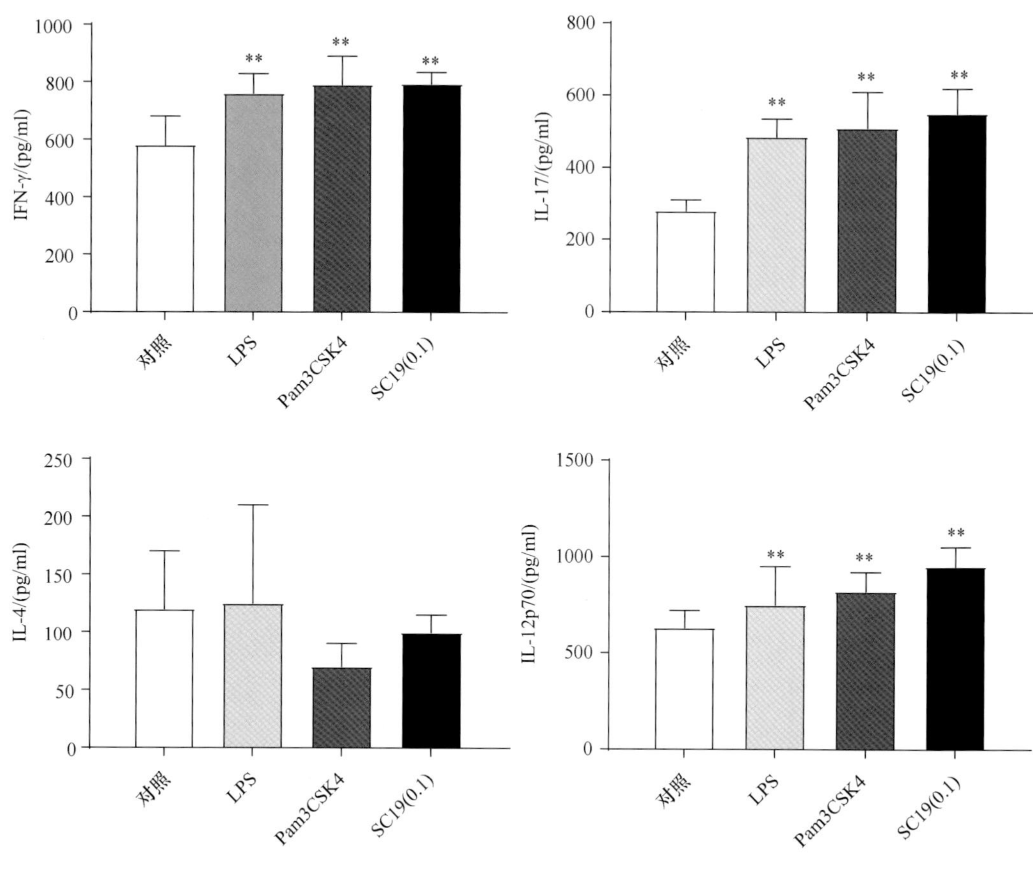

图 4-61 SC19 刺激 MoDC 诱导 CD4$^+$T 细胞分泌细胞因子

**P<0.01

综上所述，SC19 能够刺激 MoDC 细胞，使其分泌大量的 IL-12、IL-1β、IL-8、TNF-α、IFN-γ 等促炎性细胞因子，从而诱导 CD4$^+$T 向 Th1 亚型分化，表明 MoDC 细胞在猪链球菌感染引发炎症风暴的过程中发挥了重要作用。

第四节 转录调控相关因子功能研究

双组分信号转导系统是一种在细菌中广泛被利用的信号转导系统，主要参与对环境改变时的基因表达调控。经典的双组分信号转导系统由组氨酸激酶（histidine kinase，HK）和反应调节因子（response regulator，RR）组成。当细菌接收到外界环境信号刺激后，位于细胞膜上的 HK 蛋白通过信号输入区感受到外界环境变化，其组氨酸残基首先发生自我磷酸化，随后 HK 的转导区与 RR 的接受区发生相互作用将磷酸基团传递至 RR 蛋白接受区的天冬氨酸（Asp）残基，RR 蛋白接受区通过 Asp 磷酸化调节输出区的活性来调控靶基因的表达（Beier and Gross，2006）。

双组分信号转导系统在细菌中通过整合多个不同的调控系统形成一个调控网络，在猪链球菌 2 型欧洲株 P1/7 和加拿大株 89/1591 中共发现了 13 对双组分信号转导系统（TCSTS）（Chen et al.，2007），而在我国 98HAH12 和 05ZYH33 菌株中，目前共发现有

15 对 TCS 系统，推测这也许是中国株致病力强和易感人多的原因（de Greeff et al.，2002，2002b；Wu et al.，2009；Li et al.，2008，2011；Pan et al.，2009）。

此外一些全局转录因子或孤儿转录因子如 CcpA、Rgg、RevS、CovR、RevSC21 等也被证实和在其他革兰氏阳性菌中一样，能够影响菌体的致病力，在其致病过程中发挥着重要作用。

一、双组分信号转导系统 *resS-resR*

构建双组分信号转导系统（TCS）*resS/R-resR* 的缺失突变株 *ΔresR*，*ΔresS*，*ΔresS/R* 及其互补菌株 *ΔresR*-pAT18*resR*（RESRB），*ΔresS*-pAT18*resS*（RESSB），*ΔresS/R*-pAT18*resS/R*（RESSRB），对其生物学功能研究发现，*resS-resR* 双组分信号转导系统是猪链球菌 2 型体内一个广谱调控系统，主要调控其毒力从而影响其致病力。溶血活性实验结果显示单缺失菌株和亲本株的溶血环大小一致，*ΔresS/R* 双缺失突变株基本没有溶血环，定量结果也显示 *ΔresS/R* 双缺失突变株在对数生长后期相比亲本株和单缺失突变株 *ΔresR*、*ΔresS* 基本没有分泌溶血素（图 4-62）。

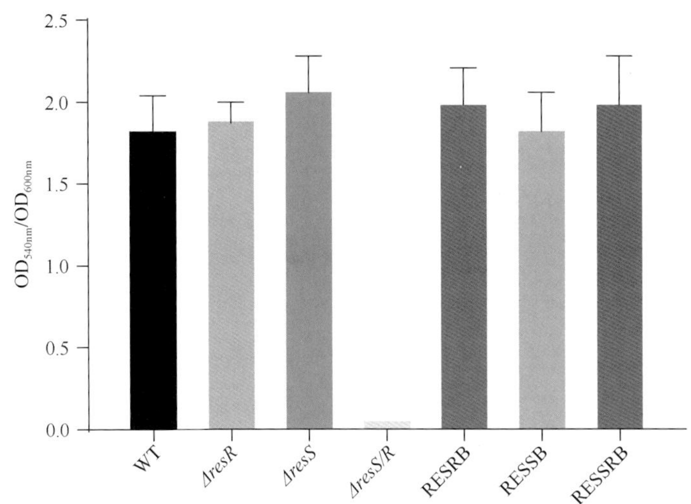

图 4-62　亲本株、3 个突变株和 3 个回复株的溶血性的测定

OD_{540nm}/OD_{600nm} 的值代表各细菌生长期的溶血活性

动物半数致死量（LD_{50}）表明，双缺失突变株 *ΔresS/R* 的 LD_{50} 值（3.162×10^9CFU）相比于野毒株（1.4798×10^7CFU）高 2 个 lg 单位（表 4-4）。

表 4-4　小鼠 LD_{50} 实验结果

组别	小鼠死亡数量/只						LD_{50}/CFU
	10^{10}CFU/ml	10^9CFU/ml	10^8CFU/ml	10^7CFU/ml	10^6CFU/ml	10^5CFU/ml	
WT	6	6	6	2	0	0	1.4798×10^7
ΔresR	6	6	6	4	0	0	6.761×10^6
ΔresS	6	6	4	0	0	0	6.761×10^7
ΔresS/R	6	0	0	0	0	0	3.162×10^9

小鼠攻毒后，WT（野生菌）组、*ΔresR* 组和 *ΔresS* 组均出现被毛粗乱、眼睛结膜炎和精神萎靡等症状，感染 36h 后，死亡率达到 80%。但在 *ΔresS/R* 组，72h 后没有出现死亡小鼠。临床剖检发现死亡小鼠大面积的皮下淤血，心、肝、脾、肺、肾出现严重坏死，*ΔresS/R* 剖检症状很轻微。

病理学结果显示，感染 WT 组、*ΔresR* 组和 *ΔresS/R* 组肺泡壁增厚、充血和水肿，局部出现血栓。*ΔresS/R* 感染组肺部只有少量出血。

上述结果说明，ResS/ResR 双组分信号转导系统在调控毒力方面具有重要作用，为了进一步了解该双组分调控的基因，我们选取其两侧的毒力基因进行 real-time PCR 检测。如图 4-63 所示，*ΔresS/R* 双缺失突变株溶血活性丧失，毒力降低和溶血素（*sly*）表达量下调。说明猪链球菌 2 型在感染宿主的过程中通过 *ΔresS/R* 调控溶血素（*sly*）大量表达，造成宿主血细胞大量溶血，从而激发机体凝血因子过量分泌，导致血栓。

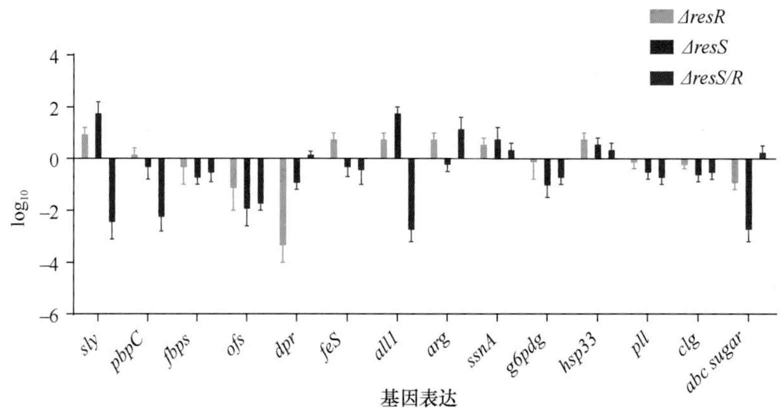

图 4-63　real-time PCR 定量检测 ResS/ResR 双组分信号转导系统的调控基因

根据 real-time PCR 结果，我们可以绘制一个 *resS/R-resR* 双组分信号转导系统的基因调节图：*resS/R-resR* 双组分信号转导系统对某种外界环境因子做出信号应答，通过磷酸化/去磷酸化的作用调节 SS2 在其宿主体内的生长、代谢以适应新的环境。由 *resR* 调控的基因影响着宿主和病原菌之间的互作，包括荚膜多糖的抗吞噬作用，细胞表面蛋白和蛋白酶的黏附作用，分泌蛋白如溶血素和核酸酶等的裂解作用。其他的一些转录调控基因也可能受到了 *resR* 的调控。

二、双组分信号转导系统 NisKR 和 BceRS

在乳酸球菌中，乳链球菌素基因簇包括 nisABTCIPRKFEG，分别参与细胞内转录后修饰反应和转运、细胞外蛋白水解的激活（Horn et al.，991）。该基因簇中的双组分信号转导系统 NisKR 参与乳链球菌素的生物合成。在枯草芽孢杆菌中，双组分信号转导系统 BceRS 可以诱导 ABC 转运蛋白的表达，该转运蛋白可以将抗生素从作用位点移开，调节细胞对药物的抵抗力（Ouyang et al.，2010）。

在猪链球菌 2 型中，我们发现基因缺失突变株 *ΔnisKR* 和 *ΔbceRS* 对 Hela 细胞的黏附和侵入能力显著降低，更容易被小鼠的肺泡巨噬细胞吞噬和杀伤。缺失株在血液、心和肺组织中的载菌量低于亲本株，说明 NisKR 和 BceRS 影响猪链球菌的毒力。提取基因缺失突变株 *ΔnisKR*、*ΔbceRS* 和亲本株总 RNA，通过 RNA-seq 发现，*ΔnisKR* 中有 22 个基因下调一半以上，7 个基因上调 2 倍以上；*ΔbceRS* 中有 4 个基因下调一半以上，15 个基因上调 2 倍以上，这是首次在猪链球菌 2 型中通过建立 DAP-seq 技术来寻找调控蛋白的结合位点。

三、双组分信号转导系统 CiaRH

在猪链球菌 2 型中，*ΔciaRH* 双基因缺失突变株在 96 孔板底部形成不均匀生物被膜，局部染色深，与亲本株有明显差异，用移液器对染色后的 96 孔板进行强烈洗涤，发现 *ΔciaRH* 的生物被膜残留量明显多于亲本株（图 4-64）。用 33%的冰醋酸将黏附在 96 孔板的生物被膜溶解进行定量检测，检测到缺失株和亲本株形成生物被膜的总量并无显著差异。共聚焦显微镜观察到亲本株形成相对较薄而均匀的生物被膜，*ΔciaRH* 双基因缺失突变株的厚度要大于亲本株（图 4-65）。以上研究结果表明，CiaRH 双组分信号转导系统参与调控猪链球菌 2 型生物被膜的形态和黏附能力。

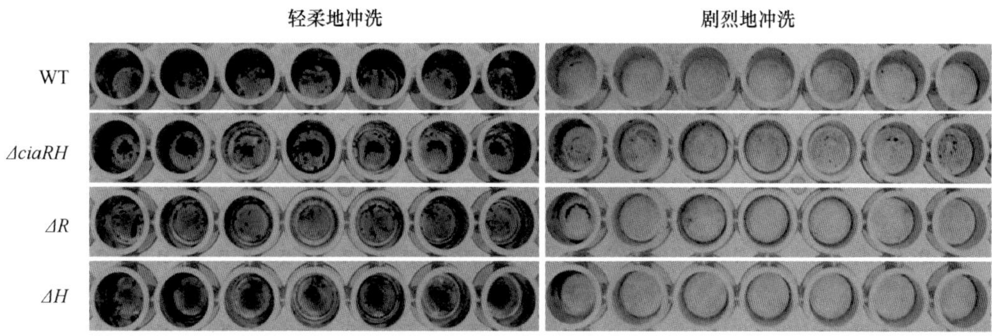

图 4-64　生物被膜检测

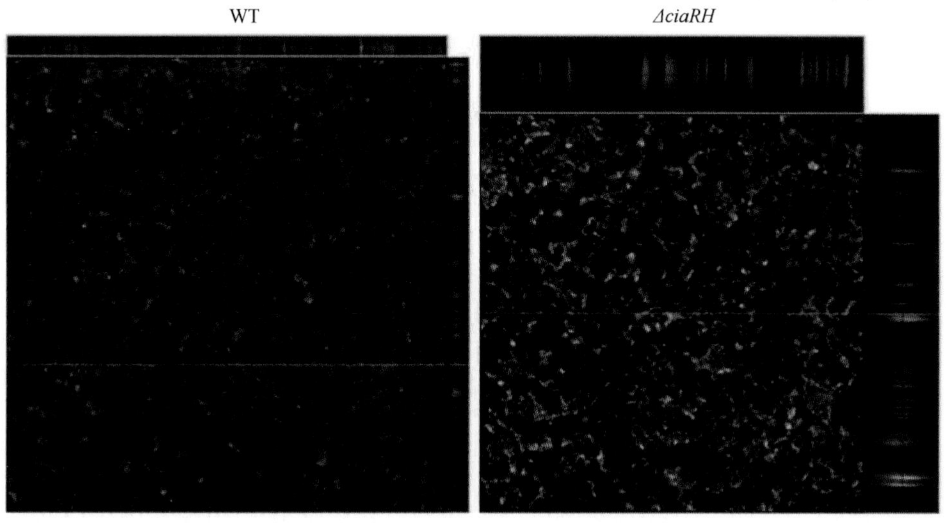

图 4-65　野生株和 *ΔciaRH* 缺失菌株生物被膜共聚焦显微观察

通过小鼠模型发现 *ΔciaRH* 双基因缺失突变株的毒力显著下降，半数致死量是亲本株的 8 倍。本动物实验也证实 *ΔciaRH* 在感染仔猪过程中毒力下降显著，感染的组织载菌量也低于亲本株（图 4-66）。

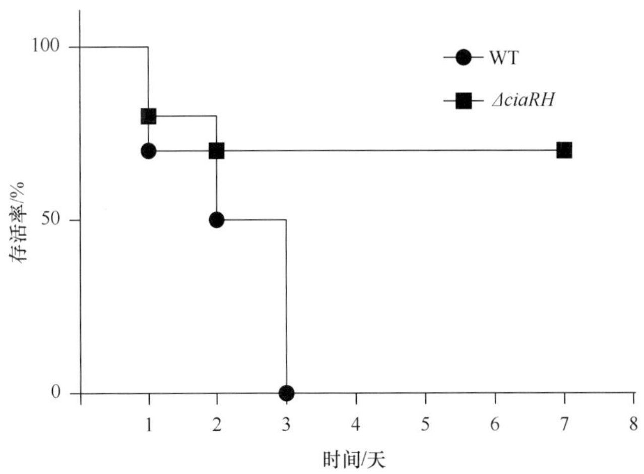

图 4-66　野生株和 *ΔciaRH* 基因缺失突变株感染仔猪的存活率

四、双组分信号转导系统 1910HK/RR

通过利用温度敏感型“自杀性”质粒 pSET4s 构建双基因缺失突变株 *Δ1910hk/rr*，并获得相应的互补菌株 C*Δ1910hk/rr*。透射电镜、溶血实验结果表明 *Δ1910hk/rr* 的溶血活性与亲本株相比没有显著变化。中性粒细胞介导的杀伤实验结果表明，*Δ1910hk/rr* 抵抗中性粒细胞的杀伤能力更弱，对 Hep-2 细胞的黏附和侵入能力更低。

利用基因芯片技术从转录组水平研究基因缺失突变株 *Δ1910hk/rr* 表达谱变化，在注释的 2194 个基因中，有 50 个基因下调一半以上，32 个基因上调 2 倍以上。对差异基因进行功能分类，结果显示大部分基因是 ABC 氨基酸转运、代谢、毒力和荚膜合成相关的基因（表 4-5）。

表 4-5　WT 和基因缺失突变株 *Δ1910hk/rr* 的基因芯片结果

基因号	注释信息	*Δ1910hk/rr*/WT	
		芯片结果	实时荧光定量
SSU05_0252	glutamate dehydrogenase	–2.245 765 44	
SSU05_0578	sialic acid synthase，NeuB	–1.743 615 554	–7.301 704 694
SSU05_0579	UDP-*N*-acetylglucosamine 2-epimerase，NeuC	–1.756 707 4	–4.362 528 444
SSU05_0580	acetyltransferase，NeuD	–1.831 506 635	–4.525 547 111
SSU05_0581	CMP-*N*-acetylneuraminic acid synthetase，NeuA	–1.710 356 158	–2.874 155 111
SSU05_0789	pyrimidine operon attenuation protein/uracil phosphoribosyl transferase	–12.998 082 13	–1.404 24
SSU05_0791	carbamoyl phosphate synthase small subunit	–14.706 023 43	–2.097 04
SSU05_1004	putative glycosyltransferase	–3.253 503 007	–3.103 24
SSU05_1007	orotate phosphoribosyltransferase	–12.297 736 4	–3.222 97

续表

基因号	注释信息	Δ1910hk/rr/WT	
		芯片结果	实时荧光定量
SSU05_1009	orotidine-5-Phosphate decarboxylase	−6.069 714 82	−2.535 9
SSU05_1011	responsible for channeling the electrons from the oxidation of dihydroorotate from the FMN redox center in the pyrD subunit to the ultimate electron acceptor NAD（+）	−4.497 050 168	−2.346 18
SSU05_1013	ADP-glucose pyrophosphorylase	−2.836 555	−3.176 91
SSU05_1015	glycogen synthase	−2.126 994 643	−2.986 63
SSU05_1027	ABC-type amino acid transport/signal transduction systems，periplasmic component/domain	−1.789 763 965	−3.158
SSU05_1202	isocitrate dehydrogenase	−1.792 820 2	−2.719 74
SSU05_1204	methylcitrate synthase condensation of oxaloacetate with acetyl-CoA but with a lower specificitycatalyzes the synthesis of 2-methylcitrate from propionyl-CoA and oxaloacetate	−1.527 607 3	−2.898 32
SSU05_1205	Catalyzes the conversion of citrate to isocitrate	−1.441 911 6	−2.682 31
SSU05_1361	ABC-type polar amino acid transport system，ATPase component	−2.784 686 372	−2.922 03
SSU05_1363	amino acid ABC transporter，permease protein	−2.688 375 067	−2.255 22
SSU05_1907	ABC-type sugar transport system，ATPase component	−5.861 663 696	−4.052 54
SSU05_1935	xanthine/uracil permeases	−3.421 401 244	−1.981
SSU05_1958	dihydroxyacetone kinase	−7.259 402 8	−3.610 45
SSU05_2068	ABC-type amino acid transport system，permease component	−2.660 028 7	−2.903 8
SSU05_2116	5′-nucleotidase/2′,3′-cyclic phosphodiesterase and related esterases	−2.075 986 1	−3.803 1

五、转录调节因子 CodY

CodY 是细菌中一种广谱转录调节因子，在细菌感染宿主和致病过程中起重要作用。截至 2005 年在 GC 含量低的革兰氏阳性菌中都发现高度保守的 CodY，包括化脓链球菌、肺炎链球菌、炭疽杆菌和乳酸乳球菌都有 CodY 的大量报道（Sonenshein，2005）。

细菌的 CodY 通过结合 GTP 感受胞内 GTP 的含量来指示营养状况的改变。在 GTP 充足时 CodY 能够结合 GTP，而在 GTP 浓度较低时，不能结合 CodY，转变成一个转录抑制因子。CodY 也能够通过与 DNA 结合抑制多种基因的表达，这些基因一般能诱导细胞在对数期增长并迅速过渡到稳定期。GTP 和异亮氨酸是 CodY 转录抑制功能两种不同的效应激活物，其可以单独增加也可成倍增加 CodY 对目标基因的亲和力。营养基因的表达调控受多种信号的共同调节，一个特定的糖反应一般由至少两个调控体系调控，一个调控体系对应特定的糖，其他调控体系对应所有可用的碳源（Brinsmade et al.，2010）。

研究发现，化脓链球菌中广谱转录调节因子 CodY 和 CovRS 相互协调。它们在菌毛蛋白的产生、生物被膜的形成过程中发挥重要作用，同时 CodY 能够广泛调控毒力基因的表达（Kreth et al.，2011）。在肺炎链球菌中，CodY 调节子参与氨基酸代谢和细胞代谢过程，如碳代谢和铁吸收。

以猪链球菌 2 型为亲本株，构建了 CodY 基因缺失突变株，通过研究其生物学特性、对细胞的黏附和其毒力的变化，确定转录因子 CodY 缺失后对猪链球菌 2 型表型和毒力的影响。进一步通过基因芯片筛选了受 CodY 调控的基因，并用荧光定量和 EMSA 证实 CodY 直接调控的毒力相关基因，为深入研究 CodY 在猪链球菌中的调控机制提供理论基础。

溶血试验结果显示，CodY 突变株和亲本株都产生明显的 α-溶血环，但 CodY 突变株的溶血环比亲本株的要小。在对数生长中期，突变株 *ΔcodY* 分泌的溶血素比野生株要少。

透射电镜观察对数生长前期、中期和后期突变株 *ΔcodY* 和亲本株的菌落形态，发现突变株的荚膜厚度比亲本株的更薄更疏松（图 4-67A、B）。唾液酸是细菌荚膜多糖的一种重要的组成成分，也是重要的黏附分子。通过测定唾液酸含量，发现突变株的唾液酸含量减少（图 4-67C）。

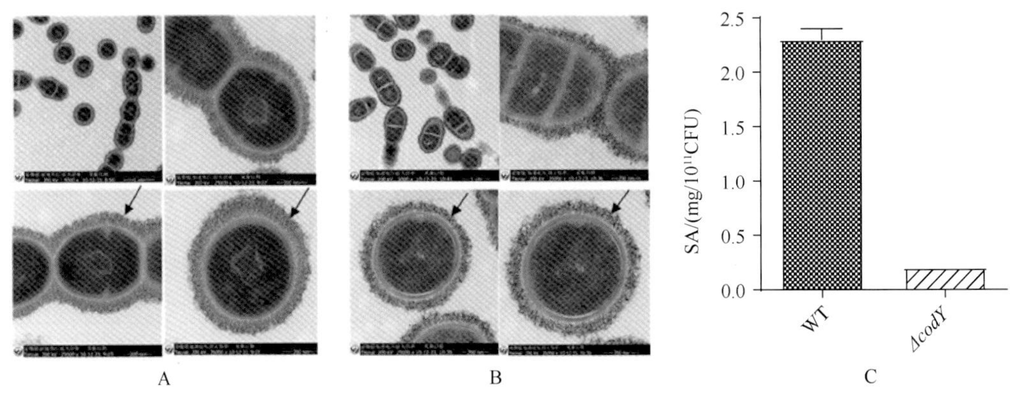

图 4-67　电镜观察野生株（A）和突变株 *ΔcodY*（B）菌落形态及测定其唾液酸（C）

小鼠的 LD_{50} 实验结果显示，*ΔcodY* 的毒力仅为亲本菌株的 17.6%。以 5×10^7CFU 感染小鼠后，分别在 18h、24h、48h、72h、96h、120h 和 240h，取血液、心脏、肺脏和脑计算各个器官的载菌量，结果显示 *ΔcodY* 在各个时间点的带菌量均低于亲本株 2～4 个 lg 梯度，并在 24h 内迅速被清除（表 4-6）。以上结果都表明 codY 是猪链球菌 2 型一个重要的毒力因子，对其早期定殖起关键作用，在感染后期能调控该菌逃避宿主的清除。

表 4-6　野生株和突变株 *ΔcodY* 在 BALB/c 小鼠组织的载菌量　（单位：lgCFU/g）

时间	野生菌株感染组				*ΔcodY* 感染组			
	血	心	肺	脑	血	心	肺	脑
18h	4.68	4.89	4.65	4.17	4.00	3.56	3.07	2.50
24h	4.59	4.57	4.43	5.64	2.48	2.28	1.04	1.64
48h	3.36	4.48	4.13	2.27	5.37	5.20	4.88	4.75
72h	5.93	5.75	5.82	5.98	3.06	2.65	1.04	2.16
96h	2.79	3.97	5.61	3.92	3.34	—	—	3.00
120h	3.47	3.57	5.02	1.22	—	—	—	—
240h	1.52	1.52	3.86	—	—	—	—	—

利用基因芯片技术从转录水平研究 *codY* 对各基因的影响，共检查到 2178 个基因，其中上调表达 2 倍以上的有 214 个，下调表达 2 倍以上的基因有 164 个。对差异表达基因进行功能分类，大部分是与 ABC 氨基酸转运、毒力、代谢和荚膜合成有关的基因。荚膜多糖、溶血素、溶菌酶和唾液酸合成基因均表达下调，与小鼠实验结果一致。*codY* 能调控这么多基因，可能与细菌内部调控基因之间相互协调，在细菌的致病过程中发挥重要作用。

六、Spx 调节因子

Spx 在 GC 含量较低的革兰氏阳性菌中是一类 RNA 聚合酶结合蛋白（Zuber，2004）。多数研究表明 Spx 是一个全局调控因子，对转录起始发挥正负调控作用，在枯草芽孢杆菌中，Spx 通过结合 RNA 聚合酶 α 亚单位的 C 端结构域进行干扰 RNA 聚合酶应答激活某些蛋白质的能力（Nakano et al.，2003）。Spx 蛋白在多数细菌中存在一些保守序列，包括 3 个序列高度一致的区域和氨基端的 CXXC 基序，其中一个区域包含 Gly 残基。枯草芽孢杆菌对氧化还原应激的感受与 CXXC 基序相关（Nakano et al.，2005；Newberry et al.，2005）。Spx 临近基因的结构在低 GC 含量的革兰氏阳性菌中保守，*spx* 基因与 *mecA* 基因紧密串联，而 *mecA* 基因在枯草芽孢杆菌中负调控编码遗传感受态。在金黄色葡萄球菌、枯草芽孢杆菌和粪肠球菌中只有一个 *spx* 基因（Nakano et al.，2003；Pamp et al.，2006；Kajfasz et al.，2012）。在肺炎链球菌、炭疽杆菌和变形链球菌中含有两个 *spx* 基因（Turlan et al.，2009；Nakano et al.，2014；Kajfasz et al.，2010）。随着研究的深入，*spx* 在更多的细菌中被鉴定。

在猪链球菌 2 型中也鉴定到 SpxA1 和 SpxA2 两个转录因子，并证实其调控应激反应和毒力，基因组表达谱芯片显示 SpxA1 和 SpxA2 是两个全局调节因子。在 SC84 菌株的基因组中，*spxA1* 基因位于染色体的负链，*spxA2* 基因位于染色体的正链，其中 SpxA1 包含 133 个氨基酸，SpxA2 包含 132 个氨基酸，均属于砷酸盐还原酶 C（ArsC）蛋白家族。

将猪链球菌的 SpxA1 和 SpxA2 与变形链球菌、肺炎链球菌、血链球菌、枯草芽孢杆菌和金黄色葡萄球菌进行多序列比对，结果显示猪链球菌的 Spx 蛋白与这些细菌具有极高的同源性。这些 Spx 蛋白包含氨基端的 CXXC 基序、羧基端的 RPI 基序和 Gly52 残基 3 个保守的残基。RPI 基序具有调节 CXXC 基序的活性和在体内条件下结合硫酸盐的作用，而在 SpxA2 中的 RPI 基序变为 SPI。

通过比较 *ΔspxA1* 和 *ΔspxA2* 在不同应激条件下生长情况，发现与正常培养条件相比，*ΔspxA1* 突变株对过氧化氢高度敏感，*ΔspxA2* 突变株对 SDS 和氯化钠高度敏感，而在高温、低温、酸应激和二酰胺应激条件下没有明显差异。在不添加血清的培养基中，其生长均表现出差异。

小鼠模型评估 *ΔspxA1* 和 *ΔspxA2* 对毒力的影响，结果显示 *ΔspxA2* 感染的小鼠表现出典型的猪链球菌临床症状（如被毛粗乱、嗜睡和跛行等），而 *ΔspxA1* 仅表现轻微的症状。病理切片结果显示 *ΔspxA2* 感染小鼠的脑膜可以观察到大量的巨噬细胞核和中性粒细胞，*ΔspxA1* 感染的小鼠脑膜则没有明显的变化。突变株在小鼠脑组织中的细菌数显著低于亲本株。竞争感染实验显示，*ΔspxA1* 和 *ΔspxA2* 的竞争指数均显著小于 1。

基因表达谱芯片结果显示，*spxA1* 和 *spxA2* 相邻基因的表达水平没有变化，而与亲本株相比，有大量差异基因表达，其中 *ΔspxA1* 有 165 个，*ΔspxA2* 有 404 个，COG 分类结果显示这些差异基因参与包括细胞进程、信息存储和代谢等生物学过程（表 4-7）。

表 4-7　*ΔspxA1* 和 *ΔspxA2* 突变株差异表达基因的 COG 分类

功能范畴	*ΔspxA1* 中基因数量		*ΔspxA2* 中基因数量	
	上调表达	下调表达	上调表达	下调表达
1. information storage and processing	5	25	21	29
1.1 translation	—	14	9	5
1.2 transcription	4	8	8	10
1.3 replication，recombination and repair	1	3	4	14
2. cellular processes and signaling	11	14	37	38
2.1 cell cycle control and mitosis	—	—	7	—
2.2 defense mechanisms	—	1	9	4
2.3 signal transduction mechanisms	1	4	3	5
2.4 cell wall/membrane biogenesis	—	6	14	9
2.5 cell motility	3	—	—	2
2.6 intracellular trafficking and secretion	3	1	1	5
2.7 posttranslational modification，protein turnover，chaperones	4	2	3	13
3. metabolism	28	41	68	92
3.1 energy production and conversion	1	6	6	7
3.2 carbohydrate	10	16	14	22
3.3 amino acid	6	6	16	12
3.4 nucleotide	5	4	2	24
3.5 coenzyme	—	3	4	12
3.6 lipid	5	1	6	6
3.7 inorganic ion	1	4	18	7
3.8 secondary metabolites biosynthesis，transport and catabolism	—	1	2	2
4. poorly characterized	15	37	75	71
4.1 general function prediction only	6	11	22	25
4.2 function unknown	2	7	11	13
4.3 not in COGs	7	19	42	33

参 考 文 献

潘阳阳. 2012. 肺巨噬细胞在猪链球菌 2 型引致肺炎过程中的作用. 华中农业大学硕士学位论文.

Ahmer B M, Heffron F. 1999. *Salmonella typhimurium* recognition of intestinal environments: response. Trends Microbiol, 7(6): 222-223.

Beier D, Gross R. 2006. Regulation of bacterial virulence by two-component systems. Current Opinion in Microbiology, 9: 143-152.

Benga L, Goethe R, Rohde M, et al. 2004. Non-encapsulated strains reveal novel insights in invasion and survival of *Streptococcus suis* in epithelial cells. Cell Microbiol, 6(9): 867-881.

Brinsmade S R, Kleijn R J, Sauer U, et al. 2010. Regulation of CodY activity through modulation of intracellular branched-chain amino acid pools. J Bacteriol, 192(24): 6357-6368.

Chen C, Tang J, Dong W, et al. 2007. A glimpse of streptococcal toxic shock syndrome from comparative genomics of *S. suis* 2 Chinese isolates. PLoS One, 2: e315.

Chen L, Ge X, Wang X, et al. 2012. SpxA1 involved in hydrogen peroxide production, stress tolerance and endocarditis virulence in *Streptococcus sanguinis*. PLoS One, 7: e40034.

Choi S Y, Reyes D, Leelakriangsak M, et al. 2006. The global regulator Spx functions in the control of organosulfur metabolism in *Bacillus subtilis*. J Bacteriol, 188: 5741-5751.

Daniely D, Portnoi M, Shagan M, et al. 2006. Pneumococcal 6-phosphogluconate-dehydrogenase, a putative adhesin, induces protective immune response in mice. Clin Exp Immunol, 144(2): 254-263.

de Greeff A, Buys H, van Alphen L, et al. 2002a. Response regulator important in pathogenesis of *Streptococcus suis* serotype 2. Microbial Pathogenesis, 33: 185-192.

de Greeff A, Buys H, Verhaar R, et al. 2002b. Contribution of fibronectin-binding protein to pathogenesis of *Streptococcus suis* serotype 2. Infect Immun, 70(3): 1319-1325.

Erwin K N, Nakano S, Zuber P. 2005. Sulfate-dependent repression of genes that function in organosulfur metabolism in *Bacillus subtilis* requires Spx. Journal of Bacteriology, 187: 4042-4049.

Esgleas M, Li Y, Hancock M A, et al. 2008. Isolation and characterization of alpha-enolase, a novel fibronectin-binding protein from *Streptococcus suis*. Microbiology, 154(Pt 9): 2668-2679.

Ge J, Feng Y, Ji H, et al. 2009. Inactivation of dipeptidyl peptidase IV attenuates the virulence of *Streptococcus suis* serotype 2 that causes streptococcal toxic shock syndrome. Curr Microbiol, 59(3): 248-255.

Handke L D, Shivers R P, Sonenshein A L. 2008. Interaction of *Bacillus subtilis* CodY with GTP. J Bacteriol, 190(3): 798-806.

Horn N, Swindell S, Dodd H, et al. 1991. Nisin biosynthesis genes are encoded by a novel conjugative transposon. Mol Gen Genet, 228(1-2): 129-135.

Hui A C, Ng K C, Tong P Y, et al. 2005. Bacterial meningitis in Hong Kong: 10-years' experience. Clin Neurol Neurosurg, 107: 366-370.

Huong V T, Ha N, Huy N T, et al. 2014. Epidemiology, clinical manifestations, and outcomes of *Streptococcus suis* infection in humans. Emerging Infectious Diseases, 20: 1105-1114.

Jomaa A, Iwanczyk J, Tran J. 2009. Characterization of the autocleavage process of the *Escherichia coli* HtrA protein: implications for its physiological role. J Bacteriol, 191(6): 1924-1932.

Joseph P, Ratnayake-Lecamwasam M, Sonenshein A L. 2005. A region of *Bacillus subtilis* CodY protein required for interaction with DNA. J Bacteriol, 187(12): 4127-4139.

Kajfasz J K, Mendoza J E, Gaca A O, et al. 2012. The Spx regulator modulates stress responses and virulence in *Enterococcus faecalis*. Infection and Immunity, 80: 2265-2275.

Kajfasz J K, Rivera-Ramos I, Abranches J, et al. 2010. Two Spx proteins modulate stress tolerance, survival, and virulence in *Streptococcus mutans*. J Bacteriol, 192: 2546-2556.

Kreth J, Chen Z, Ferretti J, et al. 2011. Counteractive balancing of transcriptome expression involving CodY and CovRS in *Streptococcus pyogenes*. J Bacteriol, 193(16): 4153-4165.

Lalonde M, Segura M, Lacouture S, et al. 2000. Interactions between *Streptococcus suis* serotype 2 and different epithelial cell lines. Microbiology, 146(Pt 8): 1913-1921.

Leelakriangsak M, Zuber P. 2007. Transcription from the P3 promoter of the *Bacillus subtilis* spx gene is induced in response to disulfide stress. J Bacteriology, 189: 1727-1735.

Levdikov V M, Blagova E, Colledge V L, et al. 2009. Structural rearrangement accompanying ligand binding in the GAF domain of CodY from *Bacillus subtilis*. J Mol Biol, 390(5): 1007-1018.

Levdikov V M, Blagova E, Joseph P, et al. 2006. The structure of CodY, a GTP- and isoleucine-responsive regulator of stationary phase and virulence in gram-positive bacteria. J Biol Chem, 281(16): 11366-11373.

Li J, Tan C, Zhou Y, Fu S, et al. 2011. The two-component regulatory system CiaRH contributes to the virulence of *Streptococcus suis* 2. Veterinary Microbiology, 148: 99-104.

Li M, Wang C, Feng Y, et al. 2008. SalK/SalR, a two-component signal transduction system, is essential for full virulence of highly invasive *Streptococcus suis* serotype 2. PLoS One, 3: e2080.

Mai N T, Hoa N T, Nga T V, et al. 2008. *Streptococcus suis* meningitis in adults in Vietnam. Clin Infect Dis,

46: 659-667.

Nakano MM, Kominos-Marvell W, Sane B, et al. 2014. *SpxA2*, encoding a regulator of stress resistance in *Bacillus anthracis*, is controlled by SaiR, a new member of the Rrf2 protein family. Molecular Microbiology, 94: 815-827.

Nakano S, Erwin K N, Ralle M, et al. 2005. Redox-sensitive transcriptional control by a thiol/disulphide switch in the global regulator, Spx. Molecular Microbiology, 55: 498-510.

Nakano S, Nakano M M, Zhang Y, et al. 2003. A regulatory protein that interferes with activator-stimulated transcription in bacteria. P Natl Acad Sci USA, 100: 4233-4238.

Newberry K J, Nakano S, Zuber P, et al. 2005. Crystal structure of the *Bacillus subtilis* anti-alpha, global transcriptional regulator, Spx, in complex with the alpha C-terminal domain of RNA polymerase. P Natl Acad Sci USA, 102: 15839-15844.

Ouyang J, Tian XL, Versey J, et al. 2010. The BceABRS four-component system regulates the bacitracin-induced cell envelope stress response in *Streptococcus mutans*. Antimicrob Agents Chemother, 54(9): 3895-3906.

Pamp S J, Frees D, Engelmann S, et al. 2006. Spx is a global effector impacting stress tolerance and biofilm formation in *Staphylococcus aureus*. J Bacteriol, 188: 4861-4870.

Pan X, Ge J, Li M, et al. 2009. The orphan response regulator CovR: a globally negative modulator of virulence in *Streptococcus suis* serotype 2. J Bacteriol, 191: 2601-2612

Pohl K, Francois P, Stenz L, et al. 2009. CodY in *Staphylococcus aureus*: a regulatory link between metabolism and virulence gene expression. J Bacteriol, 191(9): 2953-2963.

Ratnayake-Lecamwasam M, Serror P, Wong K W, et al. 2001. *Bacillus subtilis* CodY represses early-stationary-phase genes by sensing GTP levels. Genes Dev, 15(9): 1093-1103.

Segura M, Gottschalk M, Olivier M. 2004. Encapsulated *Streptococcus suis* inhibits activation of signaling pathways involved in phagocytosis. Infect Immun, 72(9): 5322-5330.

Sonenshein A L. 2005. CodY, a global regulator of stationary phase and virulence in Gram-positive bacteria. Curr Opin Microbiol, 8(2): 203-207.

Stenz L, Francois P, Whiteson K, et al. 2011. The CodY pleiotropic repressor controls virulence in gram-positive pathogens. FEMS Immunol Med Microbiol, 62(2): 123-139.

Suankratay C, Intalapaporn P, Nunthapisud P, et al. 2004. *Streptococcus suis* meningitis in Thailand. Southeast Asian J Trop Med Public Health, 35: 868-876.

Takeuchi D, Kerdsin A, Pienpringam A, et al. 2012. Population-based study of *Streptococcus suis* infection in humans in Phayao Province in Northern Thailand. PLoS One, 7: e31265.

Tang J, Wang C, Feng Y, et al. 2006. Streptococcal toxic shock syndrome caused by *Streptococcus suis* serotype 2. PLoS Medicine, 3: e151.

Turlan C, Prudhomme M, Fichant G, et al. 2009. SpxA1, a novel transcriptional regulator involved in X-state development in *Streptococcus pneumoniae*. Molecular Microbiology, 73: 492-506.

Villapakkam A C, Handke L D, Belitsky B R, et al. 2009. Genetic and biochemical analysis of the interaction of *Bacillus subtilis* CodY with branched-chain amino acids. J Bacteriol, 191(22): 6865-6876.

Wu T, Chang H, Tan C, et al. 2009. The orphan response regulator RevSC21 controls the attachment of *Streptococcus suis* serotype-2 to human laryngeal epithelial cells and the expression of virulence genes. FEMS Microbiology Letters, 292: 170-181.

Yu H, Jing H, Chen Z, et al. 2006. *Streptococcus suis* study g. Human *Streptococcus suis* outbreak, Sichuan, China. Emerging Infectious Diseases, 12: 914-920.

Zhang A, Xie C, Chen H, et al. 2008. Identification of immunogenic cell wall-associated proteins of *Streptococcus suis* serotype 2. Proteomics, 8(17): 3506-3515.

Zhang Q, Yang Y, Yan S, et al. 2015. A novel pro-inflammatory protein of *Streptococcus suis* 2 induces the Toll-like receptor 2-dependent expression of pro-inflammatory cytokines in RAW 264.7 macrophages via activation of ERK1/2 pathway. Frontiers in Microbiology, 6: 178.

Zuber P. 2004. Spx-RNA polymerase interaction and global transcriptional control during oxidative stress. J Bacteriol, 186: 1911-1918.

第五章　炎症与免疫

内容提要　本章系统总结了金梅林及其团队近年来在宿主感染猪链球菌后免疫应答方面的研究成果，前期主要筛选宿主脑、脾脏等脏器及外周血单核细胞中特异性应答基因，对筛选到的特异性应答 TREM-1 基因在发病过程中的作用及中性粒细胞胞外诱捕网（NETs）在猪链球菌发病过程中的功能等内容进行了研究。

我们对感染猪链球菌后的发病猪进行解剖，通过基因芯片对其脑组织、脾脏组织及分离得到的外周血单核细胞中差异表达基因进行了检测。通过与正常猪组织芯片结果比较发现了 TREM-1 等多个差异基因，也发现了感染过程中 MAPK、Jak-STAT、TLR2、MYD88 等多个被激活的信号通路；同时还比较了各感染脏器间的差异基因，鉴定到 SLA-DRB1 等多个存在于感染部位特异性的基因。这些基因的筛选与鉴定有助于后续对宿主感染猪链球菌过程的深入了解。

在上述筛选结果中，我们发现了一个在猪链球菌相关研究中未曾报道的基因 TREM-1，它能放大由胞外菌的抗原诱导的炎症反应，我们猜测其在猪链球菌致病过程中起到了重要作用，并对其进行了进一步研究。通过研究确定了机体通过 TLR2 和 MYD88 通路上调 TREM-1 基因的表达量，并且该基因的表达对机体后续炎症反应起着重要作用。同时，通过质谱分析确定了机体中 actin 参与了 TREM-1 信号通路的激活，完整阐明了机体上调 TREM-1 基因及后续对炎症反应的放大机制。

作为免疫应答机制研究的热点，中性粒细胞胞外诱捕网（NETs）得到了世界各国学者的广泛关注。因此也对 NETs 对 *S. suis* 的捕杀、*S. suis* 的逃避机制及 *S. suis* 诱导 NETs 形成的分子机制进行了研究。实验证实 NETs 有利于减轻感染 *S. suis* 的小鼠临床症状，并且能够显著提高小鼠存活率，而 *S. suis* 的荚膜能够帮助其逃避 NETs 的捕杀，同时在此基础上初步解释了其形成机制。

由于基因芯片无法展示蛋白修饰在致病过程中的变化，通过 Western-blot 对细菌感染后宿主细胞酪氨酸磷酸化水平进行了检测，结合其他病原菌的研究，我们鉴定到了表皮生长因子受体 EGFR 存在酪氨酸磷酸化，并且其在致宿主神经炎症中起着重要作用。通过实验证实，感染后的 hBMEC 细胞中 EGFR 的多个配体分子转录水平增强，翻译后配体与 ErbB 家族受体结合，介导 EGFR 的激活及 EGFR/ErbB3 异源二聚体或 EGFR 同源二聚体的形成，从而导致 hBMEC 及脑组织中细胞因子的产生和释放，并形成后续神经炎症反应。此外，SC19 诱导 EGFR 激活后能够竞争性结合 ACTN4，从而破坏由 ACTN4 维持的细胞骨架的稳定，使细胞骨架出现重排，上述结果阐明了 EGFR 酪氨酸磷酸化在猪链球菌致宿主脑膜炎过程中所起的作用。

2005 年在我国四川资阳市暴发的人感染猪链球菌 2 型事件最终导致 200 多人致病且有 38 人死亡。在死亡病例中，有 90%呈现链球菌中毒性休克样综合征（STSLS）症状（Tang et al.，2006）。但与 A 群链球菌超抗原导致中毒性休克样综合征不同，猪链球菌（*S. suis*）引起 STSLS 的机制尚不明朗。已有的报道发现，在病例和小鼠模型上均发现高水平细胞因子的存在（de Greeff et al.，2010；Domínguez-Punaro et al.，2007），而这些细胞因子的存在会导致机体脏器损伤，加速死亡，如在对败血症的研究中发现，体内 TNF-α 和 IL-6 的高水平表达的患者存活时间会显著低于平均存活时间（Norrby-Teglund et al.，1995）。因此，猪链球菌引起的宿主体内细胞因子高水平表达在其感染宿主过程中发挥着重要作用，对其的研究有助于阐明 *S. suis* 致病机制，为防控猪链球菌病提供理论基础。

第一节　宿主应答猪链球菌感染的基因筛选

对 *S. suis* 致高炎症反应的研究，主要集中在对其自身毒力相关因子的研究上，如第四章提及的 HP0459、HP1330 等基因。随着研究手段的进步和研究的深入，病原菌与宿主互作领域渐渐被涉及，越来越多的研究者开始关注宿主在感染过程中的应答反应（Chiang et al.，2008；Niewold et al.，2007）。为了准确反映 *S. suis* 侵入宿主后的免疫应答反应，我们通过全基因组芯片对猪脾脏、肺组织、脑组织及外周血单核淋巴细胞（PBMC）的表达谱进行了研究。

一、猪链球菌 2 型感染猪脾脏的转录组学研究

脾脏作为猪体内最大的淋巴器官，包含多种免疫细胞，在病原菌入侵时能迅速参与先天免疫应答。以其为研究对象，有助于深入揭示猪感染 *S. suis* 后的免疫应答模式。

购买实验用猪后，对其血清进行 ELISA 抗体检测，选择 9 头同一批次、体重相当且 *S. suis* 抗体显示阴性的健康仔猪用于后续实验。通过鼻腔滴入菌液分别感染 05ZY 株（WT 组）、ΔHP0197 菌株（M97 组）及 PBS（NC 组），在感染 3 天后，感染组仔猪可见临床症状，剖检所有猪只均有心包积液、淋巴结肿大等病理变化。对照组无明显临床症状，剖检未发现病理学变化。剖杀后，将采集的脾脏样品迅速放入液氮保存用于后续 RNA 提取、反转及芯片杂交步骤。

以 FDR＜10%，fold change≥2 或≤0.5 作为差异表达基因的筛选标准，对比 WT 组与 NC 组，WT 组共有 104 个基因上调表达，129 个基因下调表达。而 M97 组与 NC 组相比，基因表达水平基本无明显差异，仅有 1 个基因上调，3 个基因下调。为了验证上述结果的可靠性，我们从中选取了 16 个上调基因（上调倍数区间 18.6～2）和 3 个下调基因进行荧光定量检测。检测结果除 1 个上调基因及 2 个下调基因未检测到外，其余基因具有与芯片结果相似的变化趋势，表明芯片结果可信。

将上述 233 个基因依次比对 NCBI 数据库，发现其中 158 个基因存在同源性较高的序列，并且 126 个基因在 NCBI 数据库中已有注释，结合其他数据库及相关文献又对剩余 32 个基因中的 9 个进行注释，其余 23 个基因功能仍然未知。结合 MAS 及 DAVID 系统对上述差异基因进行 GO 分析及 pathway 分析，根据各基因的功能可将上述 135 个基因分成 39 个类别，分别参与刺激应答反应、代谢过程、炎性应答、机体防御反应及物质转运等方面。

对筛选到的基因进行 pathway 分析，结果显示在猪感染猪链球菌后，TLR 信号通路被激活，这会促进后续 IL-1β 及 IL-6 释放。在取样时，感染组仔猪血液和器官中仍能分离出 *S. suis*，而这些炎性因子的释放有助于机体对病原的清除，但也会对自身造成损伤。此外，还有 MAPK、Jak-STAT 等信号通路被激活。具体各基因的分类如下所述。

炎性因子及急性期蛋白：芯片结果中显示大量编码宿主炎性因子及急性期蛋白的基因上调表达。有研究表明，机体感知到外来病原入侵后，会产生 IL-1β、IL-6 及 IL-8，从而控制病原的感染（Van der Poll et al.，1997；Vanier et al.，2009）。然而，过度或者失控的炎性因子表达同样会造成机体自身的损伤（Norrby-Teglund et al.，1995）。此外，还有其他与炎性反应相关联的基因上调表达，诸如 S100 钙结合蛋白家族中的 S100A8、S100A9 及 S100A12（Foell et al.，2007a，2007b），Pentraxin 3（Hojo et al.，2008）和 Resistin（Bokarewa et al.，2005；Patel et al.，2003）等。这些蛋白质除了参与调节蛋白磷酸化、细胞增殖等细胞功能外，还具备促进炎症的功能，被报道在多种疾病发病过程中上调表达。例如，Resistin 能够促进多种炎性因子包括 IL-6、IL-12、TNF-α 等的上调表达（Milan et al.，2002；Silswal et al.，2005），同时也能诱导细胞表面黏附因子的大量表达（Verma et al.，2003）。这些黏附因子被认为在募集炎性细胞、抵抗病原菌入侵的过程中起着重要作用。急性期蛋白如乳铁传递蛋白、结合球蛋白、血清淀粉样蛋白 A 2 等被报道在机体防御及自身修复中发挥作用，其通常由 IL-1、IL-6 等在炎性应答早期诱导。我们推测在 *S. suis* 感染早期，机体通过急性反应来抵抗病原菌的感染。

细胞黏附因子（cell adhesion molecules，CAMs）是一类存在于细胞表面介导细胞间或细胞与基质间互作的分子，主要参与黏附、极化、运动及增殖等多种基本细胞进程。仔猪感染 *S. suis* 3 天后，有多种与免疫相关的 CAMs 上调表达。例如，E-selectin 是内皮细胞表达的一种细胞黏附因子，通常是由细胞因子活化的，它能够将粒细胞募集到损伤部位（Al-Numani et al.，2003）。而蛋白聚糖 Versican 被报道能够结合在免疫细胞表面，通过激活 TLR2 通路来诱导促炎因子释放（Wang et al.，2009；Wight，2002）。TSP-1 除了参与细胞生长、黏附、迁移等过程外，也被发现具有免疫调节功能，它能够调节 T 细胞行为，促进炎性 T 细胞的激活和增殖（Li et al.，2002；Vallejo et al.，2000），并且敲除了 TSP-1 的小鼠相较野生小鼠更易感染病原菌（Lawler et al.，1998）。

应激反应蛋白：芯片结果中也发现了一系列与氧化应激及内环境稳定相关的基因上调表达。超氧化物歧化酶（SOD2）在多种疾病发病过程中被鉴定到，它主要在机体抵抗活性氧（ROS）的损伤过程中发挥作用。而有报道通过细菌性脑炎模型及 SS2 感染模型证实前列腺素 E2（PGE2）与血脑屏障（BBB）的损伤有关（Jobin et al.，2006；Tilley et al.，2001），因此，该基因可能与 SS2 引发宿主脑炎症状有着极大关联。

细胞受体通路：Toll 样受体（TLR）家族是宿主先天免疫应答过程中承担识别外源病原的受体，不同的 TLR 复制识别不同结构的分子。而猪链球菌作为革兰氏阳性菌，主要由 TLR2 通过其表面 LTA 来识别。在小鼠模型中，脑组织芯片结果显示 TLR2 及 CD14 显著上调（Domínguez-Punaro et al.，2007），即使通过抗生素处理后的死菌仍能通过 TLR2/6 通路来激活 NF-κB（Wichgers Schreur et al.，2010）。在猪链球菌 2 型感染猪脾脏的转录组学研究结果中，TLR2 及 CD14 分别上调 2 倍和 3.4 倍，并且其下游分子 MyD88 同样上调表达，与该通路相关的炎性因子 IL-6 与 IL-1β 同样大量表达。而在 M97 组，该通路分子并无显著的上调表达，因此它的激活与侵入机体的菌株有关。综上所述，高致病力 *S. suis* 在侵入宿主体内后，会被 TLR2 及 CD14 所识别，并进一步通过激活其下游通路来诱导促炎因子的释放。

此外，细胞表面另外一种受体蛋白 TREM-1 在芯片中同样上调表达。TREM-1 能够放大病原成分引起的宿主炎症反应应答，大多存在于粒细胞表面。有多种病原菌的报道指出，宿主发病后会上调表达 TREM-1，而非病原感染导致的炎症过程其表达量没有明显变化（Bouchon et al.，2000）。这个基因可能与 *S. suis* 感染宿主所导致的高炎性因子水平相关。

抗病蛋白相关基因：在芯片结果中，我们还发现了一些与抗病原感染相关基因的上调表达，如 *Nramp1* 及 TIMP-1 基因。*Nramp1* 编码的蛋白质是巨噬细胞溶酶体膜表面蛋白，它通过改变内吞小体内环境来破坏细菌防御活性氧或氮的机制，在机体清除分支杆菌、布鲁氏菌等多种病原的过程中起到了重要作用（Capparelli et al.，2007；Gruenheid et al.，1997）。因此，我们推测 *Nramp1* 可能在清除胞内 *S. suis* 过程中也发挥作用。

下调表达基因：在脾脏芯片结果中，有 129 个基因下调表达，但大部分基因没有被注释。已注释的基因中，大部分参与转运、转录、代谢等过程。这些基因的下调可能会降低宿主体内细胞活性，从而间接影响机体对 *S. suis* 的清除。这些下调基因的详细作用仍有待进一步发掘。

二、猪链球菌 2 型感染宿主猪的转录组学研究

鉴于在猪链球菌 2 型感染宿主猪的脾脏转录组学研究中发掘到了大量有趣的结果，为了加深对 *S. suis* 致宿主脑膜炎、肺炎、败血症的机制的了解，对人工感染 *S. suis* 的发病猪脑组织、肺组织及外周血单核淋巴细胞（PBMC）转录谱变化进行了研究，希望借此为今后进一步研究发病机理提供理论依据。

采取脾脏转录组学研究中的方法，采集相关部位样品提取 RNA，并经过后续芯片检测及数据处理筛选到了一系列差异表达（differential expression，DE）基因。结果如图 5-1 所示，在脑组织中共检测到 1608 个差异表达基因，其中上调基因 344 个，下调基因 1264 个。肺组织中共发现 DE 基因 617 个，其中包括上调基因 293 个，下调基因 324 个。PBMC 中共筛选到 DE 基因 685 个，包括上调基因 403 个和下调基因 282 个。寻求脑和肺中 DE 的基因合集，共发现差异基因 123 个，其中上调基因 81 个，下调基因 42 个；脑和 PBMC 差异基因的合集中共 108 个基因，含上调基因 48 个，下调基因 60 个；肺和

PBMC 差异基因的合集中共有基因 109 个，其中上调基因 83 个，下调基因 26 个。而在 3 个组织中均发现存在 DE 的基因共计 31 个，上调基因 26 个和下调基因 5 个。

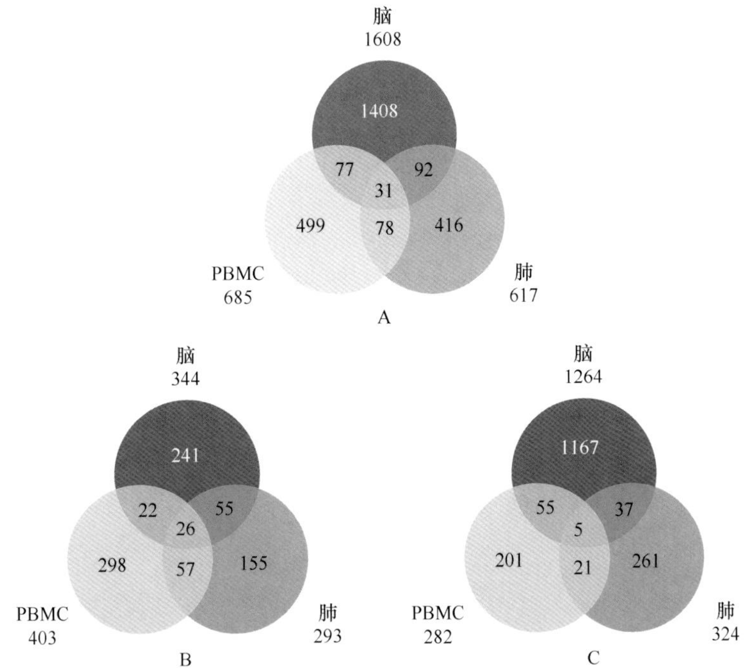

图 5-1　有显著性差异表达变化的基因的数量统计

A. 在脑、脾脏及外周血淋巴单核细胞中检测到的差异表达基因的总数量（$P \leqslant 0.05$）；B. 上述组织中上调表达的基因数量；C. 上述组织中下调表达的基因数量

同样对芯片结果进行可靠性分析，在各脏器组分别随机选取 5 个不同差异表达变化的基因，通过荧光定量 PCR 对其进行检测，并与芯片结果进行比较。两者结果中各基因差异表达变化水平基本一致，即使在肺组织和脑组织中部分基因变化与芯片结果存在差异，但趋势一致（表 5-1）。

对上述芯片结果中的差异基因通过 DAVID 软件分析和注释，并按分类进行归类。在脑组织中检测到的 1608 个 DE 基因中共含有 417 个独立的基因。肺组织中检测到的 617 个 DE 基因中共计 210 个独立的基因，而 PBMC 中检测到的 685 个 DE 基因中有 213 个独立的基因。这些基因能够划分为防御反应、免疫反应、炎症反应、天然免疫反应、细胞黏附、细胞死亡、细胞分化、细胞表面受体相关信号转导、细胞因子活性、细胞因子结合、对外界刺激的反应、对体内刺激的反应、应激反应、创伤反应、信号传感器活性、基因表达和生长因子活性 17 类。由于部分基因在机体中发挥多种作用，因此会出现在两类或以上分类中；而部分基因未发现注释信息，没能进行分类，有待后续数据库的补充和更新。对这些基因中与免疫反应相关的基因进一步分析共可分为 5 类，具体信息如下所述。

表 5-1 实时荧光定量 PCR 验证结果

组织	基因	Microarray FC[a]	qPCR FC	*P* 值
脑	*ICAM-1*	+5.77	+[b] 6.00	0.0129
	TLR2	+3.86	+19.89	0.0301
	CD163	+8.91	+179.61	0.0158
	TTR	–[c] 12.83	–10.92	0.0023
	VEGFA	+1.55	–4.20	0.0461
肺	*ICAM-1*	+1.97	+55.50	0.0133
	TLR2	+2.44	+25.59	0.0216
	CD163	+4.25	+11.30	0.0056
	TTR	–1.05	–7.69	0.0292
	VEGFA	–2.22	–3.45	0.0201
外周血单核淋巴细胞	*ICAM-1*	+3.16	+13.13	0.0075
	TLR2	+2.70	+8.57	0.0132
	CD163	+9.08	+3.39	0.0243
	TTR	–1.07	–0.69	0.0055
	VEGFA	–2.71	–1.27	0.0332

注：a. fold change；b. “+” 表示上调表达；c. “–” 表示下调表达

Toll-like receptor 信号途径相关基因：在芯片结果中，包含一批 TLR 家族及其相关基因。与脾脏中差异基因相似，*TLR2*、*CD14* 和 *MyD88* 均发现存在上调变化；此外，识别 LPS 的 TLR4 受体在脑组织和 PBMC 中依次上调了 2.20 倍和 3.55 倍，该基因在肺中上调倍数为 1.86 倍；协助 TLR2 或 TLR4 识别 LPS 的 *LY96* 基因，在脑中有 2.33 倍上调，而在肺中仅有 1.52 倍。

与炎症反应相关的基因：除了 *IL-10RB* 在 3 种组织中均检测到上调表达外，其余白介素基因上调表达主要集中出现在肺脏组织中。例如，*IL-1B*、*IL-6*、*IL-8*、*IL-12B* 和 *IL-18* 等基因在肺脏组织中的转录水平均上调，依次为 7.64 倍、4.43 倍、4.64 倍、3.44 倍及 2.70 倍。而 *IL-15* 仅在脑中存在 2.97 倍上调，*IL-1A* 和 *IL-12B* 仅在 PBMC 中存在 5.64 倍和 12.79 倍上调。

与趋化因子相关的基因：在芯片结果中检测到趋化因子变化，并且在各脏器中其存在较大差异。在脑中趋化因子基因 *CCL2*、*CCRL2* 和 *CXCL9* 表达水平分别上调 12.62 倍、2.04 倍和 18.75 倍。而在肺中差异基因为 *CCL4*、*CCL3L1*、*CCL19*、*CXCL9* 和 *CXCR6*，分别上调表达 3.88 倍、3.69 倍、3.80 倍、8.43 倍和 2.16 倍。同时，在 PBMC 中发现 *CCL3L1*、*CCR5* 和 *CXCR6* 基因分别上调 2.80 倍、4.05 倍和 2.53 倍。

补体系统相关基因：本实验检测到一系列补体系统相关基因 *C1QA*、*C1QB*、*C1QC*、*C3* 和 *C4BPA* 等在 PBMC 样品中均上调表达，依次上调 2.27 倍、3.56 倍、5.09 倍、4.58 倍和 2.95 倍。而 *C1R* 在脑和肺中分别上调 3.11 倍和 2.40 倍。*C7* 则在肺中有 3.64 倍的上调表达。此外 *CD18* 也与补体系统相关，发现其在脑中上调 2.13 倍。

与抗原加工和呈递相关的基因：抗原加工和呈递与后期适应性免疫应答紧密相关，在本研究中，*SLA-DRA*、*SLA-DRB1*、*SLA-DQA1*、*SLA-DQB1*、*SLA-DOA*、*TAP1* 等基因在脑组织中表达量分别上调了 3.75 倍、2.77 倍、3.21 倍、4.03 倍、2.96 倍、4.24 倍，而 *SLA-1* 则下调至原来的 1/3。而在 PBMC 的芯片结果中 *SLA-6*、*SLA-DRB1* 和

SBAB-1044B7.2 的表达均为下调，分别为原来的 46%、27%和 39%。在肺脏组织中，*SLA-DRB1* 下调为原来的 22%，而 *TAP1* 上调了 2.14 倍。

3 种组织中均发生差异变化的 31 个基因中，*CD163*、*CD14*、*IL-10*、*TLR2* 等基因已被报道与天然免疫相关。CD163 属于清道夫受体超家族，它能特异性识别血红蛋白，所以被称为血红蛋白清道夫受体（Graversen et al.，2002；Moestrup and Moller，2004）。有研究发现在富含巨噬细胞的器官中 *CD163* 表达量较高，它是巨噬细胞与细菌黏附的受体之一（Van den Heuvel et al.，1999），并且它能促进细菌感染宿主过程中致炎细胞因子的诱导产生（Polfliet et al.，2006；Fabriek et al.，2009），与炎症的调控有关。在早期对 *CD163* 的研究主要集中在冠心病、癌症等领域，而近年相关文献发现 *CD163* 与 SS2 的感染有一定的关系（Wilson et al.，2007），但是其具体的功能却还未能研究清楚。在本研究中，同样发现感染了 *S. suis* 的病猪 3 种组织样本中 *CD163* 表达水平均上调，这其中的功能和分子机制有待进一步发掘。

第二节 TREM-1 在猪链球菌 2 型感染中的作用及机制研究

先天免疫应答能在感染早期快速应对病原的侵入，可以有效提高宿主的存活率。然而过度的炎症反应对机体本身也是有害的，因此对这一过程的调节对于疾病的发展至关重要。机体能够通过多种识别受体对病原进行识别，并向通路下级传递信号，如 TLRs 家族能够分别识别不同的病原，并激活免疫细胞对病原进行清除，同时引起适应性免疫应答的启动（Majewska and Szczepanik，2006）。中性粒细胞、单核细胞在感受到胞外菌或其抗原成分后，细胞中 TREM-1 的表达会显著上调，它能放大这些由病原的抗原诱导的炎症反应，而在胞内菌刺激或非病原导致的炎症反应中无相应的改变（Bouchon et al.，2000）。基于此，TREM-1 可以作为外界阻断炎症反应的靶点并因此受到越来越多的关注。在 *S. suis* 感染猪后其脾脏样品转录组芯片结果中发现，TREM-1 上调表达，那么其在宿主感染 *S. suis* 早期先天免疫应答中起着什么作用呢？我们试图通过小鼠模型来揭示其中的机制。

一、TREM-1 在猪链球菌 2 型感染中的作用及其应答机制的研究

由于商品化的 TREM-1 重组蛋白包含大段人 IgG1 pro100～lys330 段编码基因，且成本过高，因此我们首先构建了 TREM-1 的 pET-28a 表达质粒，表达并通过 His 与 Flag 双标签纯化出重组 TREM-1 蛋白 rmedTREM-1（TREM-1-FH），随后经过去内毒素处理，以便后续细胞实验验证及随后的小鼠实验使用。

有研究表明，巨噬细胞表面的 TREM-1 受体能够识别血小板上的配体，从而强化 LPS 引起的炎性因子表达。rmedTREM-1 由于与 TREM-1 拥有同样的结构域，因此可以与之竞争性结合血小板上的配体，从而抑制之后炎性应答的反应水平。在 RAW264.7 细胞中分别加入 LPS、LPS+血小板、LPS+血小板+TREM-1-FH、TREM-1-FH 及不做处理的阴性对照。结果显示，加入 TREM-1-FH 可以显著降低 LPS 诱导下由血小板强化的 IL-1β 表达水平，同时 TREM-1-FH 对细胞并无刺激作用，上述结果证实 TREM-1-FH 能够竞争性结合相应配体来抑制 TREM-1 信号通路，因此在小鼠实验中能够作为 TREM-1

信号通路抑制剂使用。

考虑到 TREM-1 会放大宿主感受到病原菌后炎性应答水平，并因此对机体造成一定损伤，在感染早期腹腔注射 30μg 溶于 PBS 中的 rmedTREM-1 蛋白，观察其对小鼠感染的影响。PBS 组与 rmedTREM-1 组小鼠在感染后 12h 内均表现出精神抑郁的症状，其中 rmedTREM-1 组在感染后 7h 即出现死亡，在 9～10h 有 50%小鼠死亡，较对照组死亡更快。与对照组相比，rmedTREM-1 抑制了 TREM-1 信号通路后反而增加了小鼠死亡率，但幸存的小鼠体重从第 4 天即开始恢复，较 PBS 组康复更快。通过平板计数检测小鼠血中含菌量，发现 rmedTREM-1 组小鼠体内菌量在 6h 和 24h 显著高于对照组，并且在 6h 菌量达到最高峰，因此选择该时间点进行后续实验。

重复上述小鼠实验，增加了 TREM-1 抗体组，该抗体能够激活 TREM-1 信号通路。通过 ELISA 检测小鼠血清及腹腔灌洗液中的炎性因子，rmedTREM-1 组中 IL-1β、TNF-α 表达水平较对照组显著增高，而阳性对照组表达水平变化反而不明显（图 5-2），说明阻断 TREM-1 信号通路会阻碍机体对细菌的清除，由此导致的高菌量引起了体内高炎性因子的释放，这可能是引起小鼠高死亡率的原因。

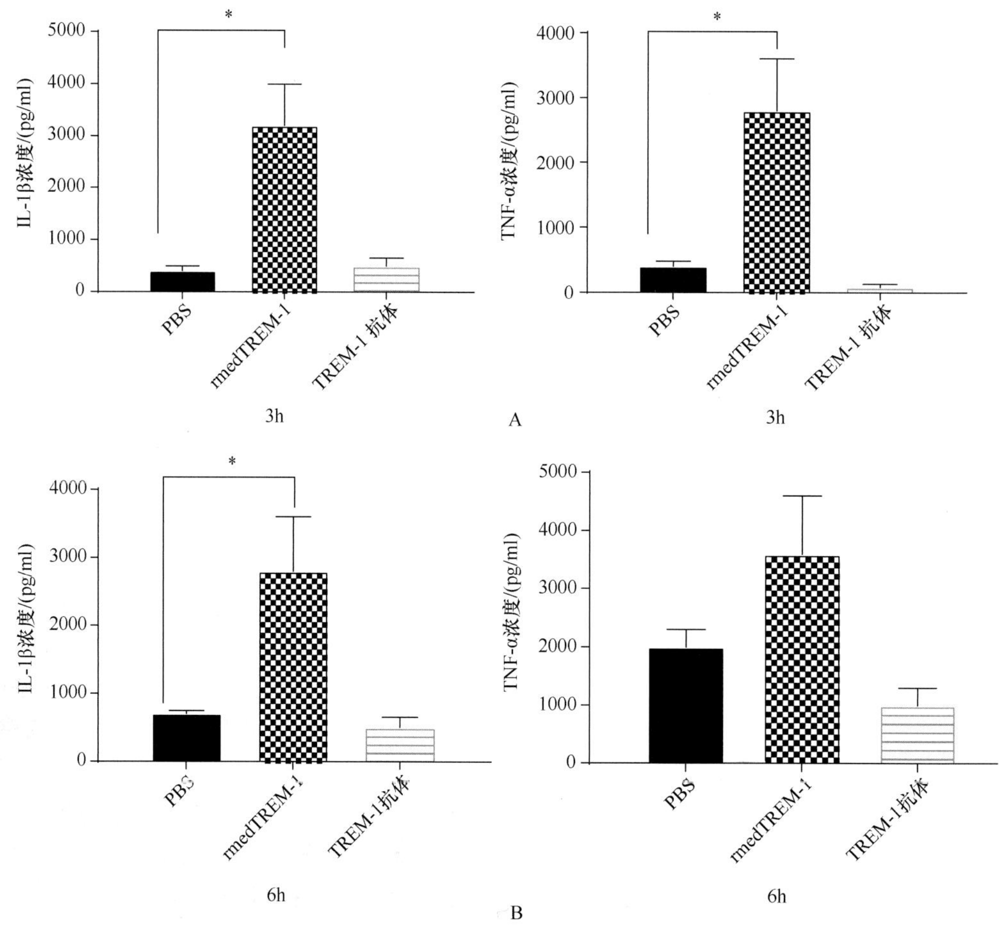

图 5-2　*S. suis* 感染小鼠后细胞因子检测

A. 小鼠血液中细胞因子变化；B. 小鼠腹腔灌洗液中细胞因子变化；*$P<0.05$

观察小鼠病理组织切片，可以发现在感染 3h 后小鼠肺脏已出现炎性细胞浸润现象（图 5-3）。6h 后 PBS 组小鼠肺脏炎性细胞浸润更为明显，组织损伤严重；而 rmedTREM-1 组中炎性细胞充满了肺泡间隙，且肺脏组织损伤更为严重，这进一步说明过度炎症反应是导致该组小鼠高死亡率的重要原因。

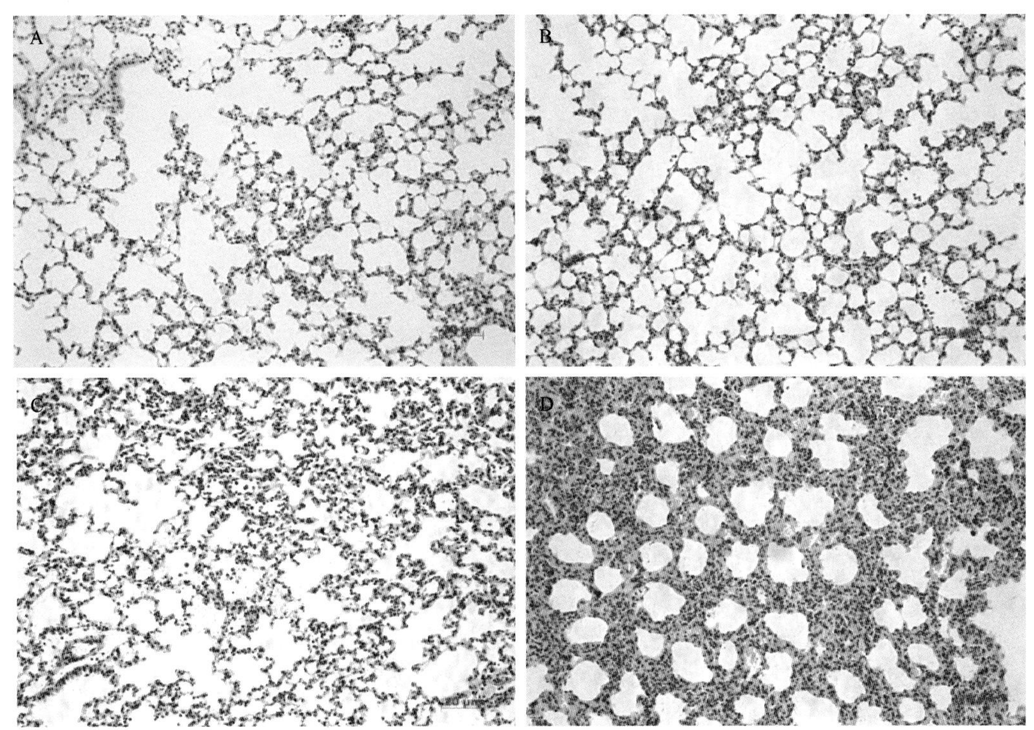

图 5-3　*S. suis* 感染小鼠后其肺组织病理学变化

A. 未攻毒；B. 攻毒后 3h；C. PBS 组（攻毒后 6h）；D. rmedTREM-1 组（攻毒后 6h）

对小鼠血液的血象检测结果显示，rmedTREM-1 组外周血和腹腔中的中性粒细胞的比例均要低于 PBS 组；而 TREM-1 抗体组中中性粒细胞比例略高于 PBS 组。同时我们也用流式细胞仪分析了中性粒细胞比例的变化，与血象结果相似的是，在外周血和腹腔灌洗液中 rmedTREM-1 组中性粒细胞的比例均显著低于 PBS 组；而 TREM-1 抗体组中性粒细胞的比例则略高于 PBS 组。可以初步确认阻断 TREM-1 的信号通路影响了中性粒细胞募集到血液和感染部位，对机体清除细菌的过程造成了阻碍。

上述结果显示，在感染 *S. suis* 后用 rmedTREM-1 干扰体内炎性反应反而会影响机体对细菌的清除从而增加小鼠死亡率，但是幸存的小鼠康复情况好于对照组。同时，用微生物制剂对猪链球菌病的治疗效果也并不理想，细菌被清除后患者往往存在耳聋、化脓性关节炎等后遗症，而出现败血症症状时即使治疗及时仍然不能避免其高死亡率的发生。因此，我们尝试通过抗生素配合 rmedTREM-1 来治疗感染 *S. suis* 的小鼠。

在小鼠存活率实验中，氨苄青霉素（AMP）的使用可以有效增加幸存小鼠的康复速度，但是对小鼠的高死亡率并没有改善，而 AMP 与 rmedTREM-1 配合使用能够显著改善小鼠的存活率，对小鼠起到了较好的保护作用。测定各组小鼠血中含菌量可以发现，

AMP 组和 AMP+rmedTREM-1 组小鼠体内菌量均得到了明显的控制（图 5-4A、B），表明 AMP 确实能够有效抑制小鼠体内的菌量，但 AMP 组小鼠的高死亡率说明致死率并不单纯由体内活菌数决定。同样，我们选择了感染后 6h 这个菌量达到峰值的时间点进行后续实验。

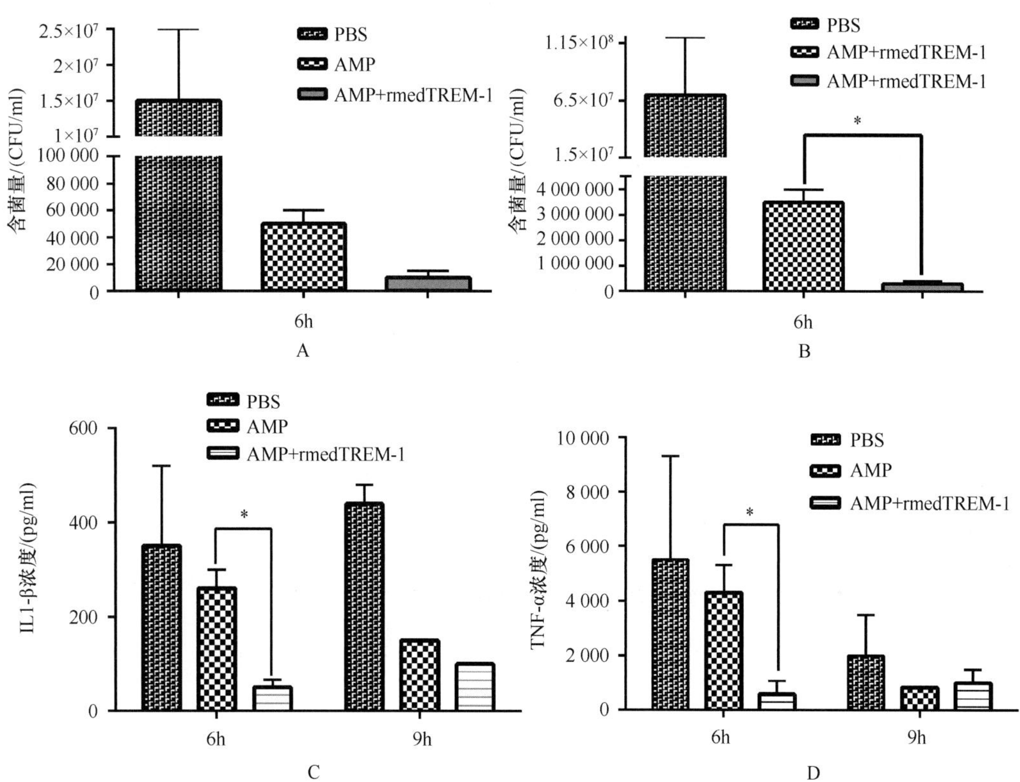

图 5-4 *S. suis* 感染小鼠后其体内含菌量及炎性因子检测

A. 小鼠血中含菌量检测；B. 小鼠腹腔含菌量检测；C. 小鼠血中 IL-1β 含量检测；D. 小鼠血中 TNF-α 含量检测；$*P<0.05$

ELISA 检测各组小鼠血清中 IL-1β、TNF-α 的含量，发现尽管 AMP 组小鼠体内含菌量显著低于 PBS 组，但两者血中炎性因子的含量并无太大差别，而 AMP+rmedTREM-1 组与这两组相比 IL-1β、TNF-α 的含量均显著降低，这说明 AMP+rmedTREM-1 组小鼠死亡率降低可能是由于抑制了体内过度的炎性因子表达，缓解了过度炎症所导致的机体损伤。

感染 6h 后对小鼠肺组织切片观察发现，PBS 组与 AMP 组的肺组织具有相似的炎性细胞浸润程度，这说明尽管 AMP 组小鼠体内含菌量下降，但机体中的炎症并未得到显著缓解；而 AMP+rmedTREM-1 组肺组织中炎性细胞浸润少于 AMP 组，证实该组小鼠体内炎症得到缓解，进一步说明 AMP+rmedTREM-1 组小鼠低死亡率可能是由于其体内炎症反应得到了缓解。

上述结果可以证实，TREM-1 能够对 *S. suis* 感染做出应答并且上调表达，但并无文献报道这个上调表达是通过哪条信号通路调控的。综合已有文献，发现 TLR2、IL-1R/MYD88 及 TLR3 信号通路都可能引起 TREM-1 的活化。因此，我们拟通过 MYD88 缺失的细胞系和 TLR2、TLR4 的阻断剂等手段对 *S. suis* 感染过程中激活 TREM-1 的通路进行研究。

以 RAW264.7 为细胞模型，通过 Western-blot 检测 TREM-1 的表达量（图 5-5）。在感染 *S. suis* 后，随着感染时间的增加，RAW 细胞中 TREM-1 的表达量增加。而在 MYD88 缺失的 RAW 细胞系中，TREM-1 的表达量并不会随着感染时间的增加而增加，说明 TREM-1 的激活与 MYD88 相关。而通过 TLR2 阻断剂阻断下游通路后，TREM-1 的表达有明显的抑制，而 TLR4 的阻断剂并不会干扰 TREM-1 的表达量，表明 *S. suis* 感染后 TREM-1 可以通过 TLR2 信号通路上调表达。

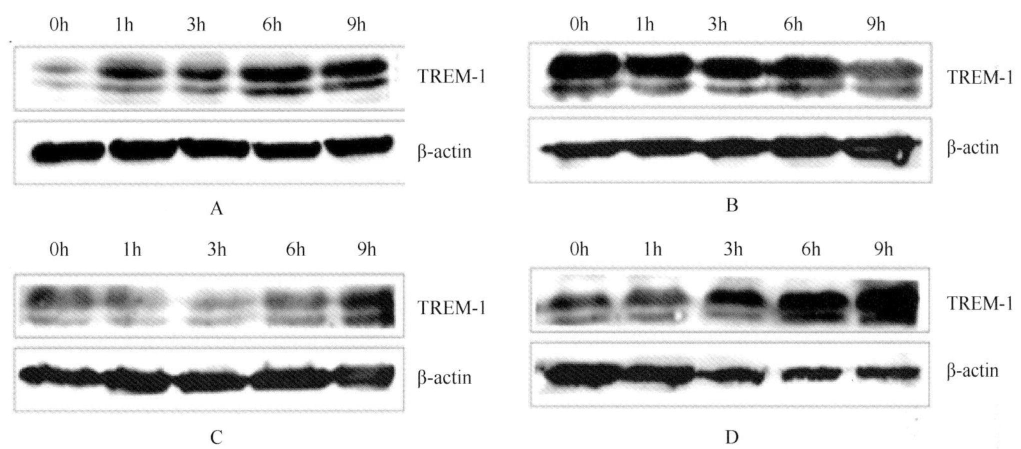

图 5-5　Western-blot 检测 *S. suis* 感染后各组细胞 TREM-1 蛋白表达量

A. 感染后 RAW 细胞中 TREM-1 蛋白表达量；B. 感染后 RAW 细胞的 MYD88 缺失细胞系中 TREM-1 蛋白表达量；C. 感染后阻断 TLR2 信号通路对 TREM-1 蛋白表达量的影响；D. 感染后阻断 TLR4 信号通路对 TREM-1 蛋白表达量的影响

上述结果表明，感染 *S. suis* 后，机体通过 TLR2/MYD88 信号通路上调 TREM-1 表达量，而并不依赖 TLR4 信号通路。这与前文中所筛选到的机体中与 *S. suis* 活化炎性反应应答相关的信号通路一致，也说明了 TREM-1 在猪链球菌感染过程中起着重要作用。

二、鼠 TREM-1 相互作用蛋白的筛选和鉴定研究

除了参与宿主先天免疫反应外，TREM-1 还被认为与病原菌导致的败血症相关，在败血症患者血浆中存在可溶性 TREM-1 蛋白且其表达量与败血症的严重程度正相关，其在血浆中的表达水平常被作为败血症诊断的重要指标。但除 Haselmayer 等（2007）发现血小板（PLT）上存在 TREM-1 配体外，并没有文献报道 TREM-1 配体的具体信息，因此我们希望以血小板为研究对象，对 TREM-1 互作的配体进行筛选和鉴定。

由于 Haselmayer 等（2007）在 PLT 上发现 TREM-1 的天然配体，但没有鉴定成功，我们在研究中采用了酵母双杂交和 Pull down 两种技术对 PLT 上与 TREM-1 存在互作的蛋白进行初步筛选。

为了构建小鼠 PLT 文库，经小鼠取全血，在 4℃，180*g* 离心去除血细胞。将上清缓慢铺于 500μl 34%BSA 溶液上，550*g* 离心 10min，中间环状乳白色物质即 PLT。将其吸出置于 500μl Human Tyrode buffer 中，3500r/min 离心 10min，获得 PLT 沉淀。将沉淀再次用 Human Tyrode buffer 清洗一次后即可用于 RNA 提取。将获得的 RNA 反转成 cDNA 并通过 LD-PCR 获得双链 DNA（dsDNA）。将纯化后的 dsDNA 与 pGADT7-Rec AD 共同转化 Y187 酵母并收获所有转化子，从而获得 Y187-pGADT7-Rec-PLT 酵母菌表达文库。同时构建了 AH109-pGBKT7-Rec-TREM-1 菌株，为了排除 TREM-1 蛋白自激活对后续双杂交过程的影响，将构建的 AH109-pGBKT7-Rec-TREM-1 菌株与 AH109-pGBKT7-Rec 对照菌株在缺陷型固体培养基 SD/Trp、SD/Leu/Trp、SD/TDO、SD/QDO 上划线培养，结果显示构建的诱饵蛋白菌株没有发生自激活。随后又检测了 TREM-1 蛋白对 AH109 菌株的毒性，AH109-pGBKT7-Rec-TREM-1 菌株在 SD/Trp 液体培养基中培养 16h 菌量已高达 8.0×10^{11}CFU/ml，远大于无毒性的菌量标准，因此构建的诱饵蛋白菌株可用于后续酵母双杂交筛选。将 PLT 文库菌株与诱饵蛋白菌株分别在 TDO、QDO 及含 x-*α*-Gal 的 QDO 三种缺陷型培养基上进行双杂交筛选，同时设置阳性筛选对照和阴性。在 QDO（x-*α*-Gal$^+$）培养基上共长出 5 个蓝色阳性菌落，经测序比对后得到两个与 TREM-1 互作的候选蛋白 B4galnt1 和 RPL31。

在用上述方法提取到鼠 PLT 后，通过 RIPA 强裂解液将其裂解并与 rmedTREM-1 蛋白（150μg）混合，进行 Pull down 实验。实验中设立 DMA 交联剂处理组和无 DMA 交联剂处理组，区别在于蛋白质混合后是否加入 DMA 交联剂。将上述实验组洗脱的蛋白质样品分别通过 12% SDS-PAGE 银染鉴定，DMA 处理组中 TREM-1 与 PLT 共孵育组在 40kDa 处存在一条特异性蛋白质条带；而无 DMA 处理组，TREM-1 与 PLT 共孵育组共发现 3 条特异性蛋白质条带，分别位于 55～70kDa、40～55kDa 和 35～40kDa 处。将特异性条带及其在对照组中对应位置的条带回收后，通过质谱分析。通过排除对照组与实验组共有的蛋白质，最终确定了 12 个可能与 TREM-1 发生互作的蛋白质。

通过构建表达的 TREM-1-His-Flag 蛋白（TREM-1）和商业化销售的 hTREM-1-Fc/IgG 重组蛋白（TREM-1-Fc）Pull down 垂钓血小板中与 TREM-1 发生互作的蛋白质，并用 14 种候选蛋白的抗体通过 Western-blot 进行验证。最终只有 Actin 与 TREM-1 存在较强互作，其余蛋白抗体未在血小板与 TREM-1 互作中鉴定到相应大小片段（图 5-6）。

在一般情况下，Actin 蛋白位于细胞质中，而 TREM-1 负责识别胞外信号，两者的亚细胞定位不同。既然 TREM-1 与 Actin 存在相互作用，那么 *S. suis* 激活炎症反应后，这二者在免疫细胞表面应该存在共定位分布，因此我们用免疫荧光共聚焦的方法在细胞水平分析二者间的共定位。在用 LPS 刺激 RAW264.7 细胞系 12h 后，TREM-1 与 Actin 蛋白在该细胞表面与胞内分布较对照组均有提升，并且有较强的共定位；而 LPS 和 PLT 共同刺激细胞相同时间后，两种蛋白质的分布情况较 LPS 组更高，且存在更强的共定位；同样地，LPS 与 Actin 共刺激组的结果也强于 LPS 组，但略低于 LPS 和 PLT 共刺激组。上述结果表明，在 LPS 诱导的验证反应中，TREM-1 与 Actin 有明显的共定位现象，并且 PLT 与 Actin 均能增强 LPS 对 TREM-1 蛋白表达量的提升作用。

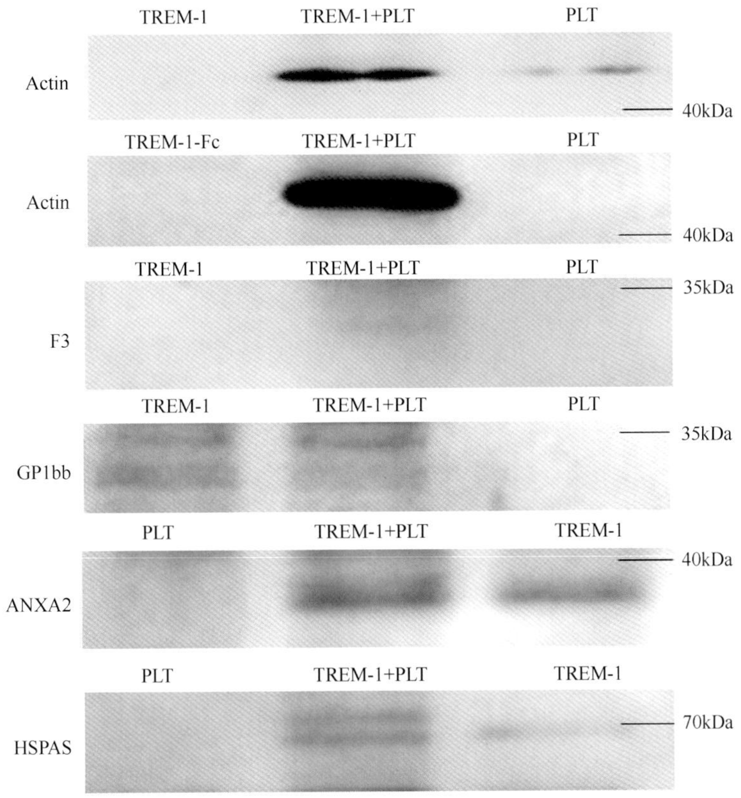

图 5-6　TREM-1 互作蛋白鉴定结果

免疫共沉淀和免疫荧光共聚焦试验结果证明 TREM-1 与 Actin 存在互作且在细胞水平有明显的共定位，同时 Actin 能够起到与 PLT 相似的强化免疫反应激活的功能。为了进一步确认在 PLT 上的 Actin 蛋白是其与 TREM-1 发生相互作用的主要配体，提取了 C57/B6 小鼠的 PLT，在将其与 TREM-1 蛋白共孵育前，通过 Actin 的兔多克隆抗体封闭 PLT 上的 Actin 蛋白。通过流式细胞仪检测发现，Actin 多抗能够有效抑制 TREM-1 与 PLT 的结合。这说明 Actin 蛋白可能是 PLT 与 TREM-1 发生相互作用的主要配体。

三、Actin 激活 TREM-1 信号通路的研究

在 TREM-1 信号通路被激活后，免疫细胞被激活并释放大量细胞因子，与此同时细胞产生呼吸暴发的炎性效应也会显著增强。我们已经证明 Actin 蛋白与 TREM-1 存在相互作用，那么它是否行使配体的功能发挥激活作用呢？利用不同剂量不同种类的刺激物对小鼠巨噬细胞系 RAW264.7 刺激 24h 后，通过流式细胞术检测各组细胞产生的 ROS 水平，以此来评价 Actin 对 LPS 诱导的炎性反应效应是否存在增强作用。结果表明，Actin 能够显著提高 LPS 诱导的巨噬细胞产生 ROS 水平，且存在剂量依赖性（图 5-7）。

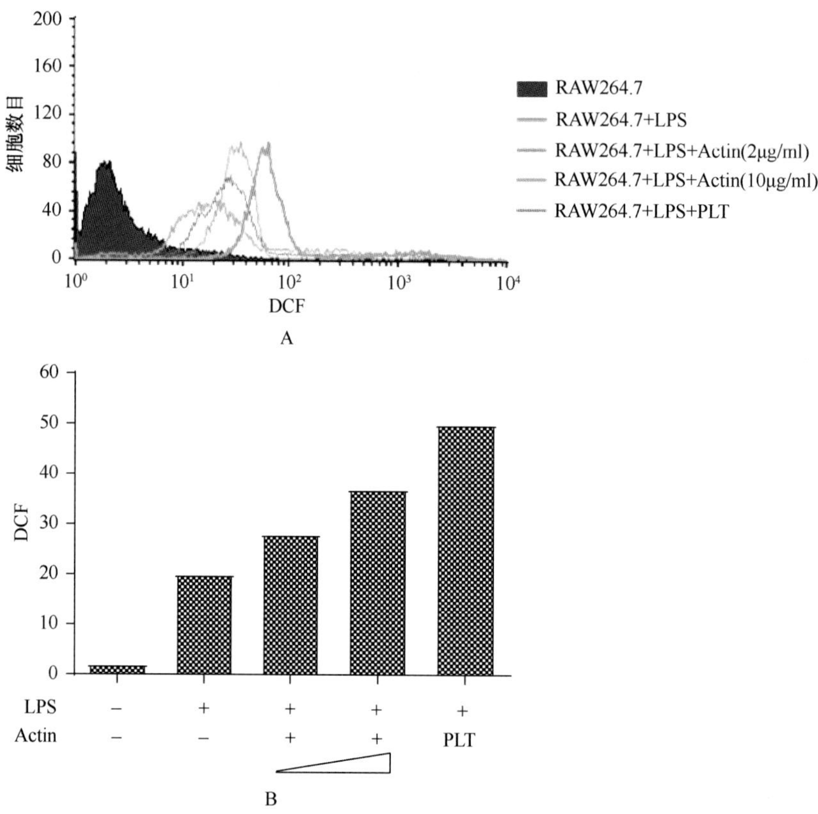

图 5-7 Actin 蛋白增强 LPS 诱导免疫细胞产生 ROS 的水平

DCF. 7'-二氯荧光素

既然 Actin 的剂量与其增强 LPS 诱导免疫细胞产生的 ROS 炎症反应效应的强毒呈正相关，那么其是否就是通过 TREM-1 信号通路来实现的呢？为了证明这一猜测，我们通过 Actin 兔源多克隆抗体阻断 PLT 上 Actin 与 TREM-1 的相互作用，并通过流式细胞术检测 ROS 水平。结果显示，在外源加入 TREM-1-His-Flag 蛋白后，Actin 对 LPS 所诱导的 RAW264.7 细胞产生 ROS 的增强作用明显被抑制，并且这种抑制作用存在剂量依赖性。这一结果说明 Actin 蛋白是通过 TREM-1 信号通路来增强 LPS 诱导的炎症反应，即 Haselmayer 等（2007）在 PLT 上发现存在 TREM-1 天然配体。

上述实验在体外细胞水平证实了 Actin 与 TREM-1 间存在互作，并且 Actin 能够通过 TREM-1 信号通路增强 LPS 诱导的炎症反应，那么在体内炎症反应应答过程中，这两者是否同样存在相互作用呢？根据以上分析，我们选择了小鼠盲肠结扎炎症模型（CLP 模型）来进行下一步验证。将小鼠用乙醚麻醉并对腹部被毛进行消毒，依次剪开皮肤、腹部肌肉与筋膜并找到盲肠，将盲肠结扎后用 5ml 无菌注射器穿刺，之后送回腹腔并将腹部肌肉和皮肤依次缝合。当 CLP 模型小鼠出现症状后，与对照组一起处死，取出肺脏固定并制作病理切片。将制作好的切片依次经过二甲苯、二甲苯与乙醇混合溶液、无水乙醇、去离子水的浸泡，脱去切片中的蜡。将处理后的切片放于柠檬酸钠缓冲液中，用微波炉煮沸 20min，最后将缓冲液替换成 PBS，完成对组织抗原的修复。通过

Actin 和 TREM-1 抗体及相应二抗分别对切片中的两种蛋白质进行标记，用 Confocal 对其共定位情况进行检测。结果显示，与对照组小鼠相比，CLP 模型小鼠肺组织存在大量炎性细胞浸润，在这些免疫细胞表面 Actin 和 TREM-1 两种蛋白质的分布均有所增强，且两者在细胞表面存在明显的共定位情况，由于炎性细胞仅在肺脏的血管内存在浸润现象，故无法确认炎症反应中 Actin 蛋白的具体来源。但至少这一结果进一步证实在宿主体内的炎症反应过程中，Actin 与 TREM-1 同样存在相互作用，暗示在体内炎症应答过程中 TREM-1 也是通过与 Actin 的互作放大病原菌引起的炎症反应。

综上所述，我们鉴定到了一个 PLT 上的 TREM-1 互作蛋白 Actin，它与 TREM-1 的互作能够增强 LPS 诱导的由免疫细胞产生的炎症反应，因此我们认为 Actin 为 TREM-1 的天然功能配体。

第三节　*S. suis* 诱导中性粒细胞胞外诱捕网形成和逃避杀菌效应及其机制的研究

中性粒细胞是血液白细胞中数量最多的一类免疫细胞，它通常在病原菌感染早期即被激活，因此在控制猪链球菌侵入宿主并致病的过程中起着重要的作用。近年来，对中性粒细胞杀菌机制的研究开始围绕着其胞外诱捕网（neutrophil extracellular traps，NETs）来展开。NETs 是指中性粒细胞在病原菌侵入或特殊刺激物刺激的条件下，会将自身细胞核内的 DNA 向外界释放形成网状结构，以此来捕获病原菌并通过其中的杀菌物质（组蛋白、组织蛋白酶 G、抗菌肽 LL-37 等）杀灭病原菌，这是一种新型的天然免疫机制（Brinkmann and Zychlinsky，2012；Richards et al.，2001；Lappann et al.，2013）。然而这一机制在 *S. suis* 感染过程中所起的作用鲜有报道，因此，我们希望通过研究 NETs 对 *S. suis* 的捕杀、*S. suis* 的逃避机制及 *S. suis* 诱导 NETs 形成的分子机制，为揭示 *S. suis* 的致病机理和对 *S. suis* 的防控提供理论依据。

一、NETs 在 *S. suis* 感染中的功能研究

由于 NETs 在 *S. suis* 感染中是否发挥功能未见前人报道，因此首先通过外源加入核酸酶降解 NETs 的 DNA 网状结构来探讨 NETs 在感染过程中所发挥的作用（Meng et al.，2012）。

腹腔注射 *S. suis* 菌株 05ZY 感染小鼠，取感染部位（腹膜）并用 DAPI 对 DNA 荧光染色。结果显示，*S. suis* 感染后小鼠腹膜处可以观察到明显的 NETs 结构，而 PBS 组与 DNase 处理组中未发现 NETs 结构，在感染 *S. suis* 的同时注射 DNase，NETs 结构也消失了（图 5-8A～D）。同时通过 Qubit^{TM} dsDNA HS assay Kit 对腹腔中的 DNA 浓度也进行了测定，结果显示，两个感染组小鼠的腹腔内 DNA 浓度均明显高于对照组，但比较两个感染组可以发现加入 DNase 的感染组其腹腔内的 DNA 浓度显著降低（$P<0.05$）（图 5-8E）。

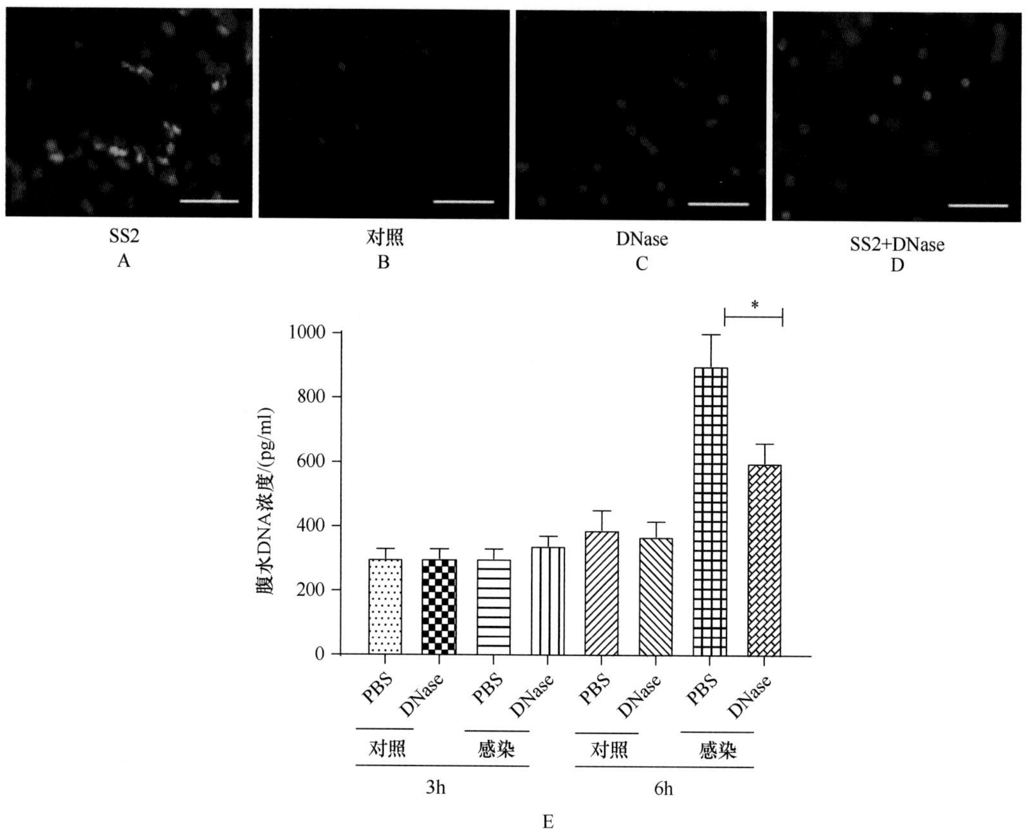

图 5-8 SS2 菌株 05ZY 感染小鼠体内可以形成 NETs

A. SS2 感染小鼠；B. 模拟感染小鼠；C. 模拟感染小鼠注射 DNase；D. SS2 感染小鼠注射 DNase（图中标尺代表实际尺寸为 40μm）；E. 不同时间点小鼠腹腔 DNA 浓度；$^{*}P<0.05$

上述结果表明，在 *S. suis* 感染小鼠后机体中的中性粒细胞会形成 NETs 结构，而人为添加 DNase 能够破坏这个结构，因此通过人为加入外源 DNase 来评价 NETs 在 *S. suis* 感染小鼠中所起的作用是可行的。

于是通过小鼠模型外源注射 DNase 来初步评价 NETs 对 *S. suis* 感染的影响。*S. suis* 感染会引起中毒性休克样综合征（STSLS），主要特征为体内的高菌量和高炎性因子水平（Ye et al.，2009）。因此，我们对感染后 3h 和 6h 的小鼠血中含菌量进行了检测，同时以 TNF-α 为炎性因子代表，评价 NETs 对 *S. suis* 感染引起的炎症因子水平的影响。结果显示，感染 3h 后 DNase 组与 PBS 组无明显差别，但 DNase 组呈现出高于 PBS 组的趋势；而感染 6h 后，DNase 组小鼠血液中的载菌量明显上升，高于 PBS 组（$P<0.001$）（图 5-9A）。这表明 NETs 在小鼠模型中能增强机体对 *S. suis* 的清除作用。TNF-α 的检测结果显示，DNase 组小鼠在感染后 6h 血浆中的 TNF-α 水平显著高于 PBS 组的小鼠（$P<0.05$）。而模拟感染组注射 DNase 的小鼠 TNF-α 的产生无明显变化（图 5-9B）。上述结果表明，NETs 的形成有助于机体在感染 *S. suis* 后对 TNF-α 过度释放的控制，暗示其对机体控制 *S. suis* 感染引起的超高炎症因子水平起着重要作用。

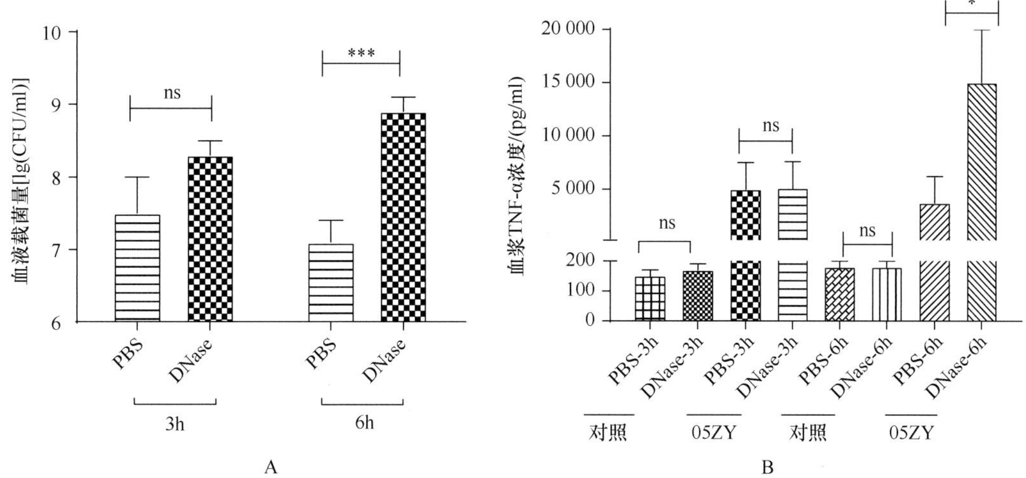

图 5-9　NETs 有助于机体对 *S. suis* 的清除和 TNF-α 水平的控制

A. 小鼠血中含菌量的检测；B. 小鼠血中 TNF-α 含量的检测。*P<0.05；***P<0.001；ns. 差异不显著

既然 NETs 能够协助宿主控制血中的载菌量及炎症因子含量，那么其对改善小鼠感染 *S. suis* 后的发病情况及存活率是否有着重要影响呢？本研究针对这个问题进行了深入探讨。在腹腔注射 0.5ml 含有（或不含）核酸酶的细菌悬液后，每天对小鼠临床症状观察 2 次并打分，直至 7 天后小鼠康复。其中打分标准如下：0=对于刺激做出正常反应；1=被毛粗乱，对刺激反应迟钝；2=多次刺激后才做出反应；3=刺激后无明显反应或是出现转圈运动；4=死亡。结果显示 DNase 处理组表现出更加严重的临床症状，且伴随高死亡率，表明 NETs 有利于改善感染 *S. suis* 小鼠的临床症状，同时能够显著提高小鼠存活率。

二、*S. suis* 逃避 NETs 杀菌效应的机制研究

通过分离小鼠股骨、胫骨获得其内部的骨髓，并进一步借助 percoll 密度梯度离心纯化得到小鼠骨髓中性粒细胞。分离的细胞使用 Hoechst 33258 染色，在显微镜下可见几乎所有细胞均有明显分叶的核结构，证明中性粒细胞纯度高，可用于后续的研究使用。

我们选用了 3 种致病力不同的临床 *S. suis* 2 型菌株对其逃避 NETs 杀菌效应现象进行研究。这 3 种菌分别是金梅林课题组于 2005 年四川资阳猪链球菌感染大暴发时分离得到的猪源高致病性菌株 05ZY，对猪和小鼠都具有高致病性的欧洲菌株 P1/7 及对猪和小鼠都具有低致病性的中国分离株 A7。各菌株按照 MOI=100 感染中性粒细胞，通过 DNA 胞外荧光染料 Sytox Green 标记 NETs 来观察各菌株对 NETs 的诱导能力。如图 5-10 所示，尽管致病力存在差异，但各菌株均能诱导 NETs 形成，且诱导程度存在时间依赖性。同时在诱导 1h 后即取各组培养基样品检测胞外 DNA 浓度，结果显示在各菌株加入 1h 后，胞外 DNA 浓度已有明显升高，表明在诱导 1h 后 NETs 已经开始形成。

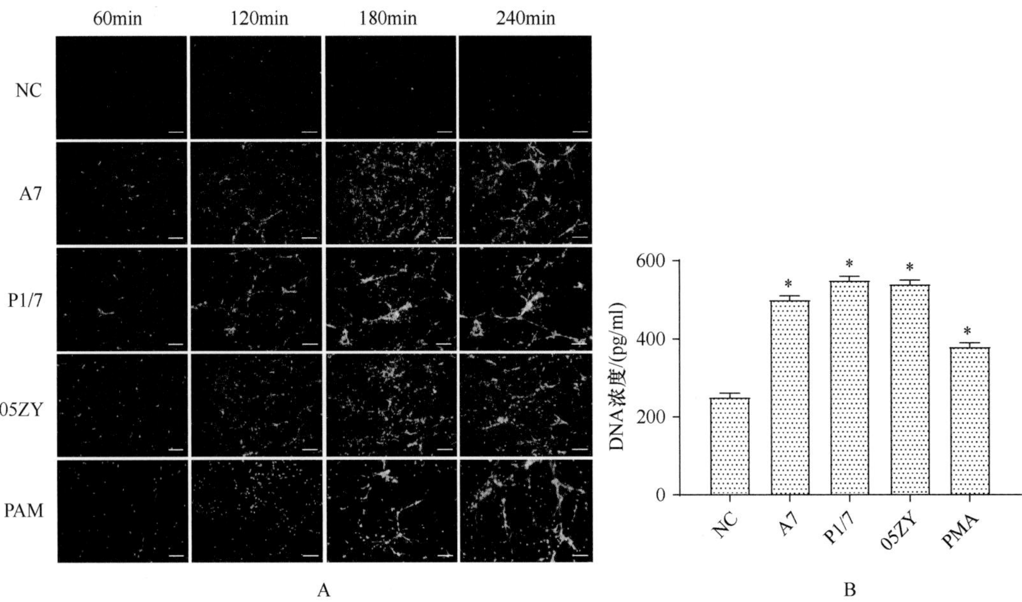

图 5-10 *S. suis* 可以诱导中性粒细胞胞外诱捕网形成

A. *S. suis* 诱导 NETs 形成的荧光检测（图中标尺代表实际尺寸 50μm）；B. *S. suis* 体外感染中性粒细胞 1h 后胞外 DNA 浓度定量检测。NC. 阴性对照；$^*P<0.05$

既然各菌株均能诱导 NETs 形成，那么 NETs 对它们的杀伤作用是否存在差别呢？为了避免不同菌株诱导产生的 NETs 程度差异，我们先用 PMA 诱导中性粒细胞形成 NETs，再将 A7、P1/7、05ZY 菌株按 MOI=0.01 加入细胞孔中孵育，并通过加入细胞松弛素 B 抑制吞噬作用来评价 NETs 通过非吞噬作用介导的杀菌作用。结果显示，05ZY 和 P1/7 菌株均未被 NETs 不依赖于吞噬的杀菌作用所杀伤，A7 菌株仅有 3.1%±3.1%被检测到受 NETs 不依赖于吞噬的杀菌作用杀伤。上述结果表明，在体外细胞水平，NETs 不能有效杀伤猪链球菌 2 型菌株。同时评价了中性粒细胞对上述 3 种菌株总体的杀菌效果。结果显示，05ZY 和 P1/7 菌株被吞噬杀伤的数量几乎可以忽略，而 A7 菌株则相对被吞噬杀伤较多（15.5%±0.9%）。借助荧光共聚焦显微镜我们也观察到了相似的结果（图 5-11）。

同时，有研究表明猪链球菌的荚膜多糖（CPS）结构是其抗吞噬的重要元件，对中性粒细胞对 CPS 缺失突变株的杀伤作用也进行了研究。结果显示，缺失 CPS 菌株相比较亲本株 05ZY 更易被非吞噬及吞噬介导的杀菌作用所清除（图 5-11）。这暗示，CPS 结构不仅有助于 *S. suis* 抗吞噬作用，还能帮助 *S. suis* 逃避 NETs 介导的杀菌效应。

既然 *S. suis* 能够诱导 NETs 形成且与感染时间呈正相关，那么其并非是像其他病原菌那样通过抑制 NETs 形成或者分泌相应的核酸酶分解 NETs 来逃避 NETs 的捕获的。因此猜测，*S. suis* 可能是靠修饰菌体表面结构来逃避这一捕获过程。为了验证这一猜测，我们将 CFDA 绿色荧光染料标记后的菌株与 PMA 诱导后的中性粒细胞按 MOI=10 进行孵育，通过 Sytox Orange 红色荧光染料标记胞外的 DNA，之后通过单光子荧光显微镜观察捕获结果，通过统计 20 个随机视野中 NETs 对细菌的捕获数量来进行定量分析。结果显示，不同致病力的菌株均能够逃避 NETs 的捕获，而缺失 CPS 的突变株被捕获菌量相较其余菌株存在极显著差异。因此，荚膜结构不仅能够帮助猪链球菌抵抗吞噬作用，还能帮助它逃避 NETs 捕获进而躲避随后的清除（图 5-12）。

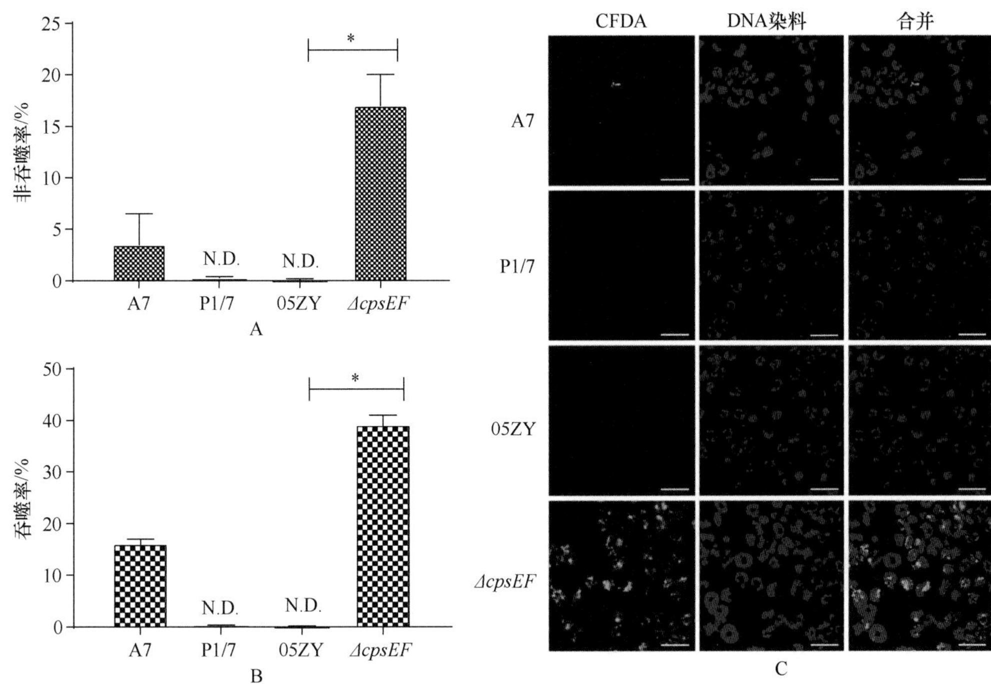

图 5-11　*S. suis* 可以抵抗 NETs 介导的杀菌和吞噬杀菌

A. 中性粒细胞不依赖于吞噬作用的杀菌定量实验；B. 中性粒细胞吞噬杀菌定量实验（N.D.= 未检测到）；C. 中性粒细胞吞噬 *S. suis* 菌株的荧光共聚焦观察（图中标尺代表实际尺寸 15μm）；*ΔcpsEF*. *cps* 缺失株；*$P<0.05$

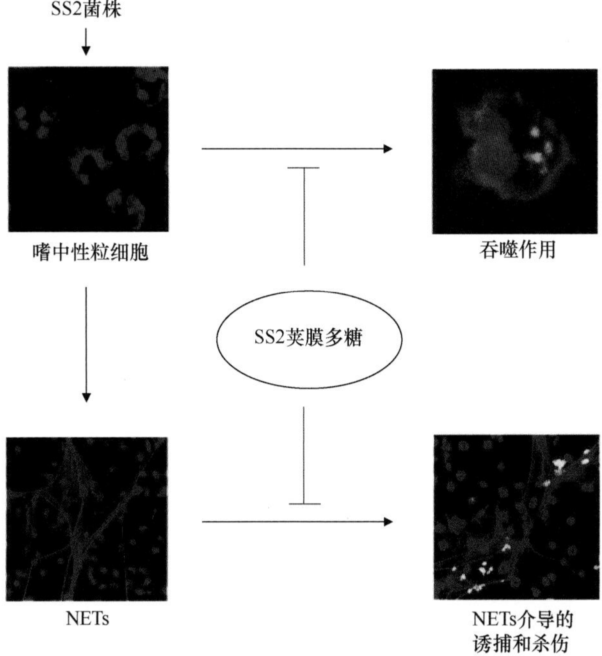

图 5-12　中性粒细胞在体外条件下与 SS2 的相互作用

三、*S. suis* 诱导 NETs 形成机制的初步研究

上文结果提示 NETs 在 *S. suis* 感染小鼠模型中对改善小鼠发病情况并提升存活率发挥着重要作用，而 *S. suis* 在体外能够抵抗 NETs 的杀伤作用。那么研究 NETs 受 *S. suis* 诱导及 *S. suis* 逃避杀伤的机制对于进一步揭示 *S. suis* 免疫逃避作用具有重要的意义。因此希望通过差异蛋白质组学来寻找 *S. suis* 诱导 NETs 形成的信号通路，从而为 SS2 免疫逃避及致病机制的阐明提供理论基础。

以 NETs 激活物 PMA 作为阳性对照，对形成 NETs 时的中性粒细胞进行差异蛋白质组学研究。将分离纯化的小鼠骨髓中性粒细胞按比例加入 10cm 细胞培养皿和 24 孔细胞培养板中，待其贴壁后分别用生长至对数期的 *S. suis* 菌株 05ZY（MOI=2）或 PMA（200 nmol/L）进行刺激，同时设置阴性对照。在 24 孔板中加入胞外 DNA 染料 Sytox Green，在刺激后 1h、2h、3h 和 4h 观察形成情况。通过观察发现，在刺激 4h 后，PMA 组已形成了较明显的 NETs，而 05ZY 组的 NETs 也已达到一定程度。弃去培养皿中的细胞培养上清，用 SDT 裂解液裂解细胞，再通过超声裂解并煮沸后离心取上清，作为后续蛋白质组学研究的样品。

对上述样品进行质谱定量分析，以 fold change＞2.0，P＜0.05 作为差异表达蛋白标准，05ZY 组与阴性对照组相比共鉴定到特异性肽段 2416 个，分别对应 339 个蛋白质，其中包含下调表达蛋白 20 个，上调表达蛋白 319 个；而 PMA 组与阴性对照组相比，共鉴定到特异性肽段 2148 个，分别对应 307 个蛋白，包含下调蛋白 21 个，上调蛋白 286 个；PMA 组与 05ZY 组相比对照组，共存在 461 个差异蛋白，约有 75%的差异蛋白在两组中同时出现。从上述结果中选取差异表达蛋白进行 Western-blot 验证。在质谱结果中，PGRP-S 在 PMA 组中表达量为对照组的 0.02 倍，而在 05ZY 组中无明显变化；溶菌酶 lysozyme 在 PMA 组中表达量为对照组的 0.4 倍，在 05ZY 组中为对照组的 2.1 倍；钙蛋白酶 calpain 在 PMA 组中表达量为对照组的 2.5 倍，在 05ZY 组中为对照组的 2.6 倍；WDR5 在 PMA 组中表达量为对照组的 3.4 倍，在 05ZY 组中无明显差别（图 5-13）；Western-blot 检测结果与上述质谱结果中的表达变化情况基本一致，证实质谱定量结果可靠。

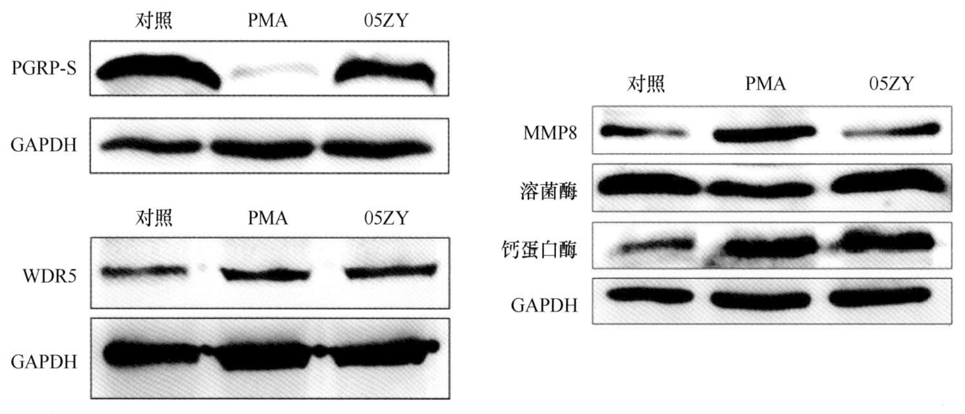

图 5-13　Western-blot 验证质谱定量结果

有研究指出，PMA 诱导的 NETs 形成依赖于 ROS 与 PKC 的激活，上文差异蛋白质组学结果显示，05ZY 组与 PMA 组鉴定到的大部分差异蛋白重合，这提示我们两者刺激 NETs 形成可能是通过相似的通路来实现的。为了验证这一猜测，我们使用相应的抑制剂检测了上述信号对 NETs 形成的影响。如图 5-14 所示，分别使用抑制剂 ABAH、DPI、Ro 31-8220（Ro）、LY-333531（LY）与中性粒细胞共孵育，对 MPO、ROS、总 PKC、PKCβ 通路进行抑制。发现加入 ABAH、DPI 或 Ro 31-8220 的细胞其在 PMA 和 05ZY 的刺激下形成的 NETs 水平显著下降，而加入 LY-333531 的细胞其 PMA 诱导的 NETs 形成水平下降，但对 05ZY 诱导的 NETs 形成无显著影响。上述结果表明 MPO 活性、ROS 释放、PKC 通路的激活都与 PMA 刺激及 05ZY 感染形成 NETs 的过程相关，PMA 通过 PKCβ 来激活 PKC 通路，而 05ZY 通过其他 PKC 通路的激活来诱导形成 NETs。

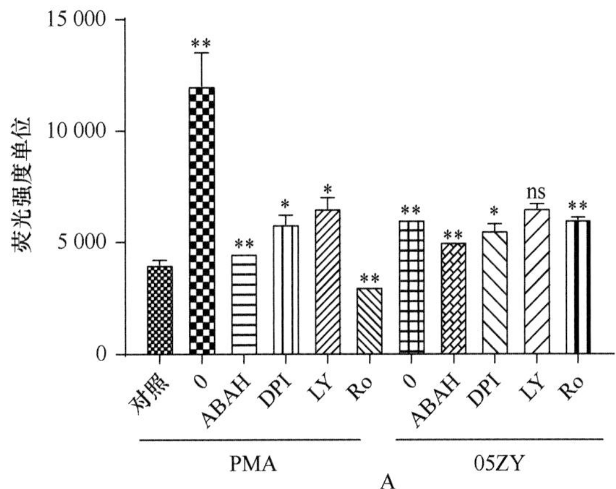

A

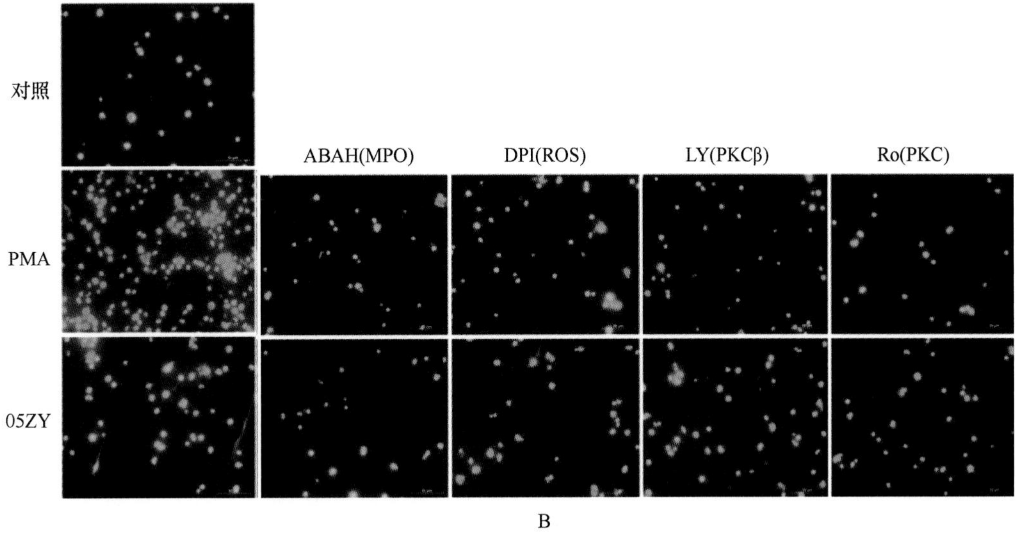

B

图 5-14　PMA 及 05ZY 刺激中性粒细胞形成 NETs 依赖于 MPO、ROS 产生及 PKC 通路

A. 定量分析各通路抑制剂对 PMA、05ZY 诱导 NETs 形成的作用；B. 荧光显微镜观察各通路抑制剂对 PMA、05ZY 诱导 NET 形成的作用；$^{*}P<0.05$；$^{**}P<0.01$；ns. 差异不显著

将上文蛋白质组学结果通过 DAVID 进行分析，发现这些差异蛋白涉及了多种生物进程，包括 mRNA 代谢与剪接、核质转运、肌动蛋白细胞骨架组织调控、翻译等。而对其进行细胞组分分析，发现这些差异蛋白分布于细胞质、核蛋白复合物、线粒体、剪切复合体、核糖体及其他细胞成分中，它们具体参与了核苷酸结合、核糖核酸结合、ATP 结合等过程。结果表明，在 PMA 或 05ZY 对中性粒细胞刺激后会产生后续复杂的变化与响应。

由于 05ZY 和 PMA 具有刺激诱导 NETs 形成的共性，因此选择两组中共有的差异蛋白进行分析将有利于筛选与发现参与 NETs 形成过程的相关蛋白。对其进行功能分析，发现 05ZY 组和 PMA 组均有相似的蛋白质数目参与核苷酸结合、铁离子结合、RNA 结合、ATP 结合和翻译起始因子活性等过程，并且两组中都有大量差异蛋白参与了肌动蛋白的重排，但是两组中参与内肽酶活性的差异蛋白数目差异较大。根据上述结果选择肌动蛋白 Actin 和内肽酶作为研究对象进一步对 NETs 的形成机制进行研究。

通过在实验中加入肌动蛋白 Actin 的抑制剂细胞松弛素 B（CB）来评价 Actin 在 NETs 形成中的作用。结果显示 CB 能够显著抑制 PMA 诱导的 NETs 形成，但 05ZY 诱导的 NETs 并不受其影响（图 5-15）。有报道指出形成 NETs 需要 tubulin 和肌动蛋白微丝及 Mac-1 整合素的结合，因此抑制激动蛋白微丝聚合就会阻碍 NETs 形成（Neeli et al., 2009）。此外激动蛋白还是一种天然的 DNase 抑制剂，可能与保护 NETs 结构上的 DNA 相关。因此 Actin 对 NETs 形成产生影响的具体机制值得进一步研究，而细胞松弛素 B 对 PMA 和 05ZY 诱导 NETs 形成抑制的差异也有待于深入研究。

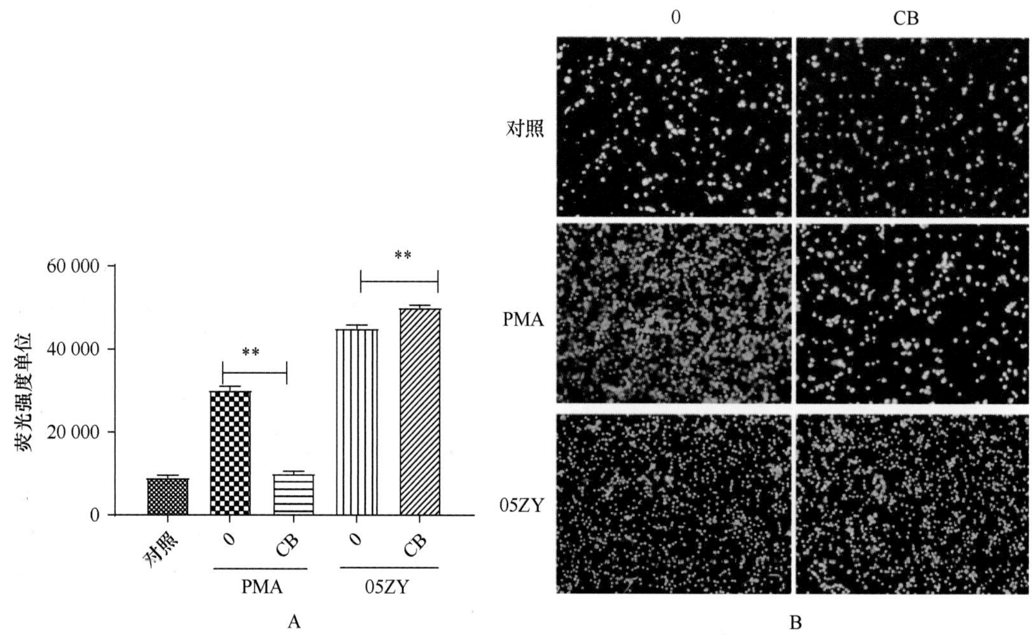

图 5-15　肌动蛋白聚合有助于 PMA 诱导 NETs 形成

A. 定量分析肌动蛋白聚合对 PMA、05ZY 诱导 NETs 形成的作用；B. 荧光显微镜观察肌动蛋白聚合对 PMA、05ZY 诱导 NETs 形成的作用；$**P<0.01$

对差异蛋白中具有内肽酶活性的蛋白质进行了分析，PMA 组共 14 个具内肽酶活性的差异蛋白，而 05ZY 组只鉴定到 3 个差异蛋白。其中，lonp1、Capn1 和 Psmb1 三个蛋白在 05ZY 组和 PMA 组均显示上调表达；而 Ctse、Haptoglobin、Mcpt8、MMP8、MMP9、Prss34、Nsf、Asprv1、Ctsc、Nrd1 和 Gm5356 仅在 PMA 组存在差异变化。同时，在结构分子活性上，05ZY 感染组结果与对照组比较，共鉴定到 16 个差异表达蛋白，而在 PMA 刺激组有 7 个。因此我们选择其中的金属基质蛋白酶 MMP8 作为代表进行后续的研究。在上文中已经通过 Western-blot 检测到在 PMA 刺激后 MMP8 表达量会显著提高，于是进一步利用间接免疫荧光的方法检测其表达量，发现在未激活的中性粒细胞中 MMP8 表达水平很低，而经过 PMA 刺激后 MMP8 表达量显著提高，且与 NETs 结构存在共定位现象。上述结果表明，MMP8 可能参与了 PMA 诱导 NETs 形成的过程。

为了进一步研究 MMP8 与 NETs 形成之间的关系，在加入 PMA 或 05ZY 菌株（MOI=100）刺激中性粒细胞之前，预先加入 MMP8 的抑制剂 MMP-8 inhibitor I 与细胞孵育 1h，在刺激 4h 后检测 NETs 的形成情况。结果显示，抑制 MMP8 会使两种刺激源诱导形成的 NETs 更明显。考虑到 MMP8 为基质金属蛋白酶，它能够水解细胞基质蛋白，而这些蛋白质也是 NETs 结构的重要组成成分，因此猜测，可能由于 MMP8 水解了某些蛋白质，导致 NETs 结构中的 DNA 暴露出来，使机体自身分泌的 DNase 更容易与 DNA 接触从而降解 NETs 结构。有报道指出 DTT 可以通过其螯合金属阳离子的能力抑制 DNase 活性，因此我们检测了不同浓度的 DTT 对 DNase 活性的影响，确定了合适的 DTT 浓度。对照组（NC）的 DNA 跑胶后多分布在大分子质量区域，在加入 0.5 个单位（U）的 DNase 处理后，DNA 被降解为小片段，而加入 10mmol/L 的 DTT 后可以明显抑制 DNase 的这一水解活性，因此在后续研究中使用 10mmol/L 作为 DNase 的抑制剂。通过荧光显微镜发现，当使用 DTT 抑制 DNase 活性时，MMP8 抑制剂对诱导形成 NETs 没有明显影响，我们的猜测即 MMP8 抑制剂通过阻止 NETs 结构上 DNA 的降解使得 NETs 形成更为明显。当然，DTT 不是针对 DNase 的特异性抑制剂，要证实 MMP8 在 NETs 形成过程中发挥的作用，仍有待我们进一步发掘。

第四节　表皮生长因子受体在猪链球菌 2 型致脑膜炎过程中的作用及机制研究

脑膜炎是猪链球菌感染导致宿主产生的重要临床症状，然而对猪链球菌导致脑膜炎的具体机制研究仍然有限，集中在 *S. suis* 的毒力相关因子 SLY 等协助 *S. suis* 突破血脑屏障的研究中（Zhang et al.，2000；Seele et al.，2015）。而我们希望尝试通过从宿主角度解释这一症状的分子机制，为防治 *S. suis* 提供一定的理论依据。

人脑微血管内皮细胞（hBMEC）是研究 *S. suis* 致脑膜炎的主要细胞模型（Charland et al.，2000）。首先检测了实验室临床分离菌株 SC19 对 hBMEC 细胞的黏附情况，发现 SC19 能够与 hBMEC 细胞发生互作，且黏附的菌量随着感染时间增加而显著增加，因此 SC19 菌株可以作为 *S. suis* 致脑膜炎的研究对象。

将 5 周龄的 CD1 小鼠随机分为两组，分别通过尾静脉注射 PBS 和 SC19 菌液，在实验组出现神经症状后立即剖检脑组织。对脑组织切片进行 HE 染色后，通过显微镜观察实验组的病理变化。如图 5-16 所示，感染 SC19 的小鼠，其脑膜出现明显增厚充血症状，在脑实质中也发现了血管周的炎性浸润及噬神经元现象。这表明 SC19 感染小鼠后确实能够引起小鼠脑组织的病理学损伤。

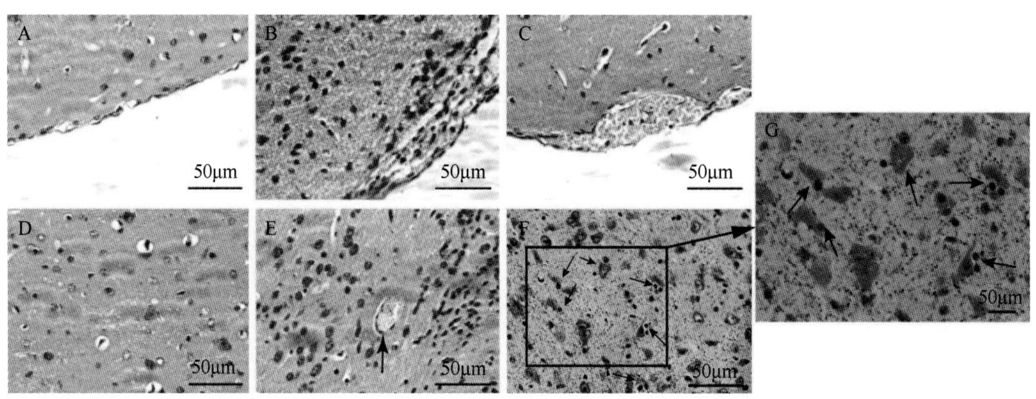

图 5-16　SC19 感染小鼠脑部病理变化图

A、D. 正常小鼠脑膜和脑组织；B. 脑膜增厚；C. 脑膜充血；E. 血管周炎性浸润；F、G. 噬神经元现象

同时对感染后 CD1 小鼠体内炎症反应进行了研究。在小鼠感染后 2h、4h、6h、8h、12h 和 18h 这 6 个时间点分别随机选取 3 只小鼠，检测其血清中和脑组织中的炎性因子表达水平。结果显示，在尾静脉注射 SC19 菌悬液 2h 后血清中 IL-6、IL-1α、MCP-1、MIP-2 和 GRO-α 的表达量显著上调，并维持该表达水平至 12h，而其他细胞因子 IL-1β、IL-10、IL-17、TNF-α、IFN-γ、RANTES 及 EOTAXIN 也在感染后出现表达量上调现象。同样在脑组织中 IL-6、IL-1α、MCP-1、MIP-2 和 GRO-α 的表达量也有显著上升，尤其是 MCP-1、MIP-2 和 GRO-α 三个炎性因子的表达量在感染 6h 后均显著上升。上述结果表明，在感染 SC19 后，体内炎性因子表达量会显著上调，这可能是脑组织炎症发生的原因之一。

由于小鼠脑膜体积有限，提取困难，不利于后续研究的进行，因此选择 hBMEC 细胞作为研究模型。通过 qPCR 对 SC19 感染后 hBMEC 中细胞炎性因子转录水平的改变进行了检测。结果表明，随着 SC19 感染时间的增加，IL-6、IL-8、TNF-α、MCP-1、MIP-2 和 GRO-α 等多个炎性因子转录水平均存在显著上调，这说明 SC19 在感染致脑膜炎的过程中，与 hBMEC 发生了互作，且能够导致 hBMEC 产生大量的炎性因子。

宿主细胞内蛋白质的酪氨酸磷酸化在防御病原菌侵入的过程中起着重要作用，感染后宿主蛋白酪氨酸磷酸化与细胞内信号转导及细胞骨架重排相关，同时能够激活 Ser/Thr 激酶。借助酪氨酸磷酸化抗体，我们检测了 SC19 感染后 hBMEC 细胞内酪氨酸磷酸化情况，结果表明在感染 2h 后，在约 180kDa、100kDa 和 60kDa 处存在酪氨酸磷酸化现象。结合文献查阅，推测 180kDa 处的蛋白质可能为表皮生长因子受体（EGFR/ErbB1）。因此我们选用 EGFR 的酪氨酸激酶活性抑制剂 AG1478 对细胞进行处理，发现 180kDa 处蛋白质的酪氨酸磷酸化有所减弱。为了进一步确认该处的条带为 EGFR，使用 EGFR

单克隆抗体从感染或不感染的细胞总蛋白质中将 EGFR 沉淀下来，并对该蛋白质样品使用酪氨酸磷酸化抗体检测，结果显示感染后的细胞 EGFR 出现酪氨酸磷酸化，而未感染组未发现这一现象；同时，用 AG1478 预处理后的细胞感染 SC19 后，EGFR 的酪氨酸磷酸化有显著下调（图 5-17）。上述结果证实了 SC19 感染 hBMEC 细胞后，EGFR 会发生酪氨酸磷酸化。

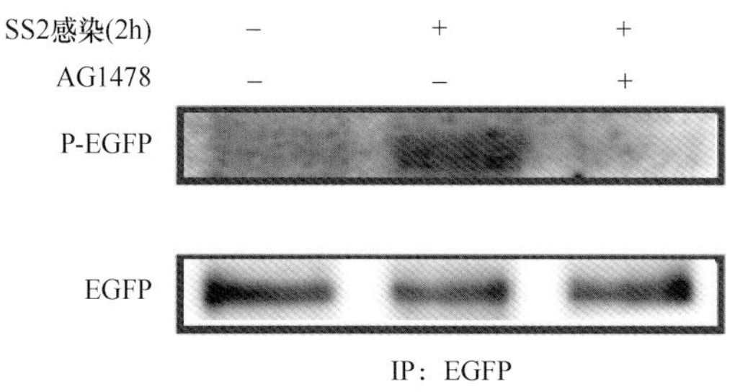

图 5-17　SC19 菌株感染 hBMEC 后 EGFR 的激活

在上述实验过程中，AG1478 对 hBMEC 细胞预处理对其余两条位于约 100kDa 和 60kDa 的酪氨酸磷酸化条带同样有着抑制作用，这暗示着这两处可能为 EGFR 下游信号分子，在 EGFR 发挥功能的过程中起着重要作用。因此，我们重复了上述实验，取 70μg 总蛋白质进行 SDS-PAGE 电泳，对比上述结果，切取 100kDa 和 60kDa 左右两条带进行蛋白质谱分析，检测结果显示，100kDa 左右条带为 ACTN4，60kDa 左右条带为 COR1C。后续实验中主要针对 EGFR、ACTN4 和 COR1C 这三个蛋白质进行验证。

根据上文结果，AG1478 作为 EGFR 的特异性抑制剂能有效抑制细胞内的部分蛋白质发生酪氨酸磷酸化，表明 EGFR 在其中起到了主导作用，因此我们重点关注了 hBMEC 细胞受 SC19 刺激后细胞内 ErbB 家族蛋白的变化。

使 SC19 菌株与 hBMEC 细胞分别互作不同时间（MOI=10），通过荧光定量检测细胞中 ErbB 家族成员的转录水平。结果显示，随着细菌刺激细胞时间的延长，ErbB3 的转录水平显著降低，而 EGFR、ErbB2 和 ErbB4 的转录水平则没有发生显著性变化。重复上述实验并收取蛋白质样品，通过特异性抗体检测 ErbB 家族蛋白，发现在蛋白质水平上与转录组水平结果一致，EGFR、ErbB2 和 ErbB4 的表达量没有发现显著变化，而 ErbB3 的表达量显著降低。

由于 ErbB 家族往往会形成同源或异源二聚体来行使功能（Taylor et al.，2014），用 EGFR 抗体免疫共沉淀被刺激后的 hBMEC 细胞裂解上清液，并用酪氨酸磷酸化抗体检测；检测后，通过 stripping buffer 洗去结合的抗体，再次用 EGFR 抗体孵育，以 EGFR 蛋白量作为内参；再次洗去抗体，分别用 ErbB2、ErbB3 和 ErbB4 抗体孵育，检测 EGFR 是否与它们发生结合；用同样的方法我们也检测了 ErbB2、ErbB3 和 ErbB4 的磷酸化情况。结果显示，所检测的蛋白质中，仅 EGFR 和 ErbB3 发生了酪氨酸磷酸化，EGFR 在发生酪氨酸磷酸化时检测到与 ErbB3 存在结合，而 ErbB3 在发生酪氨酸磷酸化时也检测到与 EGFR 有结合，这提示我们 ErbB3 可能被激活的 EGFR 招募，形成了异源二聚体。为了验证这一结果，利用 sh-ErbB3 干扰质粒转染 hBMEC 细胞，检测对细胞感染细菌后

EGFR 激活情况的影响。通过荧光定量和 Western-blot 的方法检测了 sh-ErbB3 干扰质粒对 ErbB3 的转录和表达的改变，证实转入干扰质粒后 ErbB3 的转录和翻译都显著下调，该细胞可以用于后续实验。

用转染干扰质粒的细胞与转染对照质粒的细胞重复上述实验，检测 EGFR 的酪氨酸磷酸化。结果如图 5-18 所示，转染了干扰质粒的细胞中 EGFR 磷酸化水平存在明显下降。而当我们用 AG1478 抑制 EGFR 激活时，同样发现 ErbB3 的激活受到了影响。通过这两组实验证实了在 SC19 刺激 hBMEC 细胞后 EGFR 与 ErbB3 形成了异源二聚体。

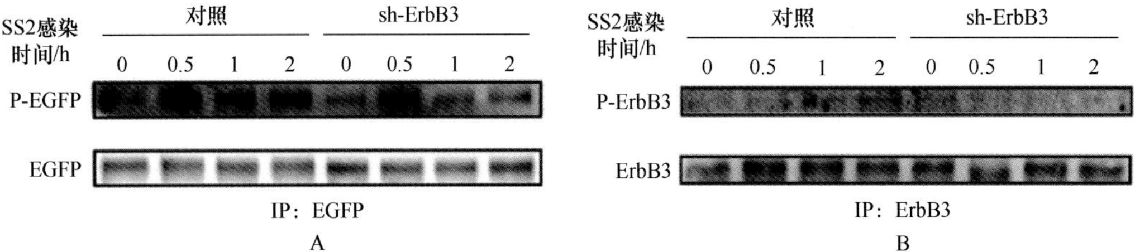

图 5-18 验证 SC19 菌株感染 hBMEC 细胞后 EGFR/ErbB3 二聚体的形成

A. sh-ErbB3 导致 SC19 感染介导的 EGFR 激活减弱；B. AG1478 抑制 SC19 感染的 ErbB3 激活

EGFR 的激活通常有两种途径，一种是被特定的激酶激活，另一种是通过配体结合的反式激活（Wang et al.，2016）。为了验证 EGFR 是否通过激酶激活，我们选择通过比较正常菌株和热灭活菌株刺激 hBMEC 细胞后，EGFR 的激活情况来判断。结果显示，热灭活后的细菌刺激细胞后，并未出现 EGFR 的磷酸化，说明热灭活后的细菌无法诱导 EGFR 的激活，EGFR 可能不是通过激酶来激活的。我们推测 SC19 菌株是通过配体依赖的途径激活 EGFR 的，而它的配体主要有 EGF、HB-EGF、AREG、BTC、EREG 和 TGF-α，通过荧光定量实验进行评价。结果显示，活菌刺激 hBMEC 细胞后，配体 AREG、EREG 和 HB-EGF 在转录水平上显著上调，而热灭活菌株组则没有发现该现象。此外，有报道指出 MMPs 抑制剂可以通过抑制 MMPs 的活性来阻碍 EGFR 的配体的有效切割，干扰配体与 EGFR 的结合，使得 EGFR 通过配体途径的激活减弱。因此在细胞中加入 MMPs 抑制剂巴马司他预处理，之后重复上述实验，检测 EGFR 的酪氨酸磷酸化，发现随着抑制剂浓度的增加，EGFR 的酪氨酸磷酸化水平逐渐降低（图 5-19）。结果表明，SC19 刺激 hBMEC 细胞后能通过配体途径激活 EGFR。

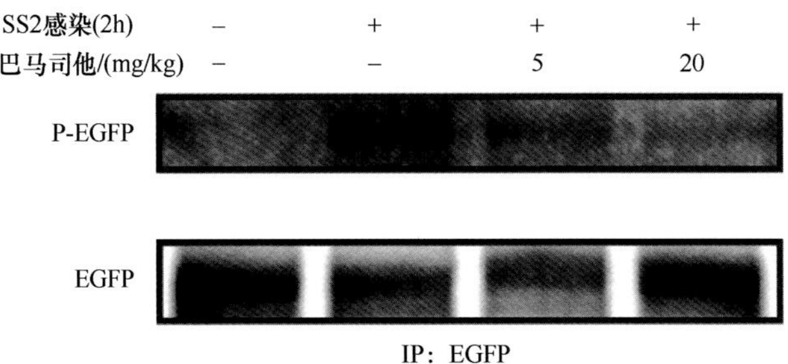

图 5-19 加入 MMPs 抑制剂后 SC19 感染介导的 EGFR 激活减弱

那么 EGFR 的激活在 SC19 感染引起的脑膜炎过程中起着什么作用呢？我们首先检测了 AG1478 对 SC19 黏附 hBMEC 的影响。结果显示，尽管 EGFR 的激活被抑制了，但细菌对细胞的黏附量并没有随之下降。因此，EGFR 的激活不涉及 SC19 对 hBMEC 细胞的黏附过程。随后检测了 EGFR 激活的抑制对 SC19 在小鼠体内定殖的影响。我们以血液中的载菌量作为判断全身感染的依据，以脑组织内载菌量来评价 SC19 在小鼠脑部定殖的情况，同时还选取了肺脏组织作为其他组织的代表，来检测细菌在体内其他部位的定殖情况。结果显示，EGFR 的激活被抑制后，并不会影响 SC19 在小鼠脑组织的定殖能力。

既然 EGFR 的激活对 SC19 菌株黏附脑膜及脑部定殖能力均没有影响，那么它是否会影响随后的过度炎症反应呢？检测了在添加或不添加 EGFR 抑制剂预处理的情况下 SC19 菌株刺激 hBMEC 细胞，两组之间细胞因子转录水平的差异。结果表明，添加抑制剂 AG1478 的组，其 IL-6、IL-8、MCP-1、MIP-2、TNF-α 和 GRO-α 的转录水平显著下降。随后我们又在小鼠模型中重复了这一实验，结果如图 5-20 所示，尽管 AG1478 组血清中的炎性因子表达并没有下降，但是脑组织中 IL-6 和 MCP-1 的表达量被明显抑制。表明 AG1478 能够特异性减轻 SC19 感染导致的小鼠脑组织中神经炎症的反应。

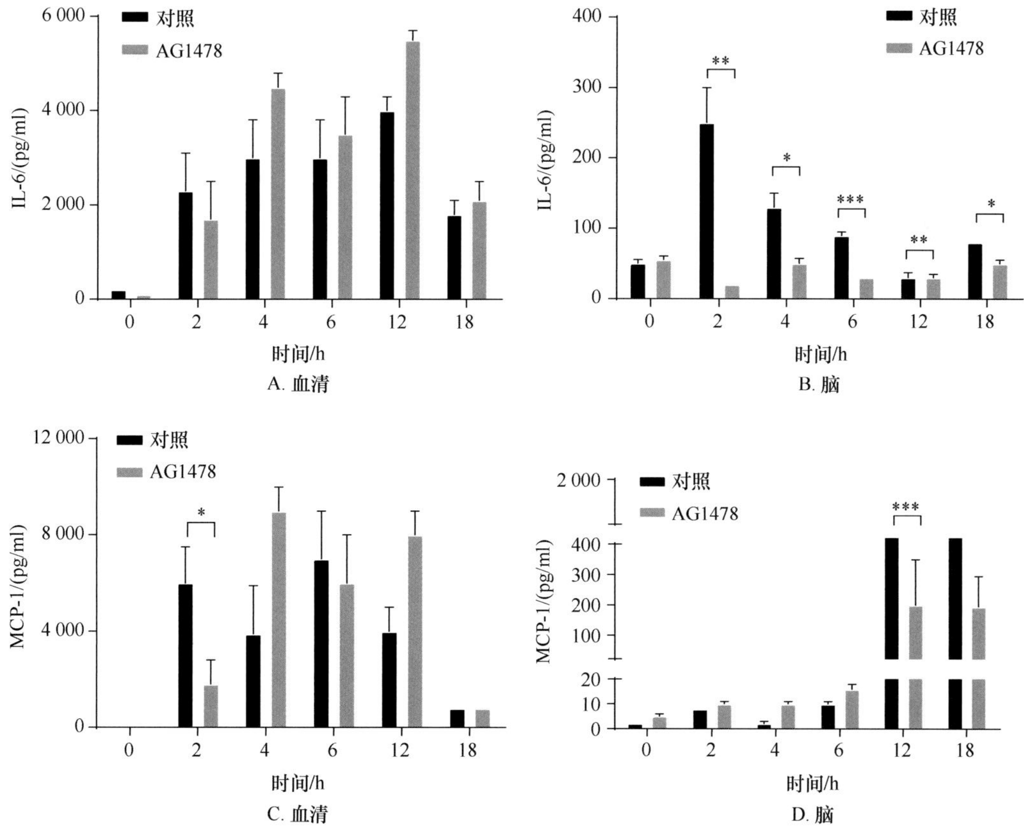

图 5-20　AG1478 处理减弱 SC19 感染导致的 CD1 小鼠脑内炎症反应

*$P<0.05$；**$P<0.01$；***$P<0.001$

既然 EGFR 的激活能介导中枢神经炎症反应，那么我们就尝试寻找 EGFR 的激活引起炎症反应所依赖的信号通路。有报道指出，NF-κB 信号通路是介导炎症反应的重要通路，而 MAPK-ERK1/2 是 EGFR 常见的下游信号分子。因此我们选取了 NF-κB 和 MAPK-ERK1/2 通路作为后续实验的研究对象。

在SC19感染hBMEC细胞后，分别加入NF-κB通路抑制剂BAY11-7082和CAY10657或 MAPK-ERK1/2 通路抑制剂 U0126，检测它们对细胞产生细胞因子的影响。结果显示，上述 3 种抑制剂均能够抑制细胞炎性因子的表达，且与加入剂量呈负相关。随后，检测了 SC19 感染 hBMEC 细胞后 NF-κB 和 MAPK-ERK1/2 两者各自的激活情况。结果显示，随着感染时间的增长，p65 的磷酸化、IκBα 的降解及 MAPK-ERK1/2 的磷酸化情况均出现了显著改变（图 5-21）。上述结果表明，SC19 感染 hBMEC 细胞后会激活 NF-κB 和 MAPK-ERK1/2 通路，从而导致细胞大量炎性因子的表达。

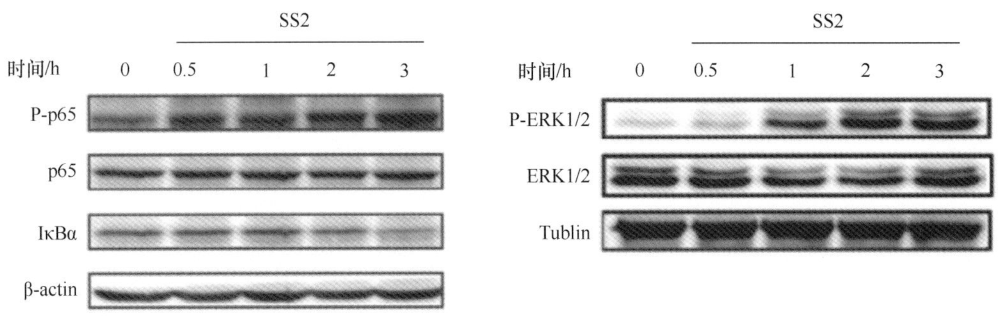

图 5-21　SC19 感染后 NF-κB 和 MAPK-ERK1/2 的激活

那么 EGFR 的激活与 NF-κB 和 MAPK-ERK1/2 通路的激活是否存在联系呢？hBMEC 细胞被分为 AG1478 预处理组与未加抑制剂处理组两组，感染 SC19 后，通过 Western-blot 检测 NF-κB 通路中 p65 的磷酸化和 IκBα 的表达及 MAPK-ERK1/2 的磷酸化情况。结果显示，虽然添加抑制剂组的细胞 NF-κB 通路仍然被激活，但与未添加组相比，其激活程度显著减弱；而抑制剂组 MAPK-ERK1/2 通路同样被显著抑制（图 5-22）。所以，抑制 EGFR 的激活能够对 NF-κB 和 MAPK-ERK1/2 通路的激活产生影响。这表明 EGFR 是 SC19 刺激 hBMEC 细胞过程中 NF-κB 和 MAPK-ERK1/2 的上游信号分子。

那么 NF-κB 和 MAPK-ERK1/2 两个通路间是否存在联系呢？我们使用 U0126 预处理细胞抑制MAPK-ERK1/2通路的激活，通过Western-blot实验检测p65的磷酸化和IκBα的表达，发现正常感染组与添加抑制剂组相比，p65 的磷酸化与 IκBα 的表达没有显著性变化。上述结果表明 SC19 刺激导致的 NF-κB 和 MAPK-ERK1/2 两条通路激活不存在上下游关系。

上文提到，抑制 EGFR 酪氨酸磷酸化后会影响 ACTN4 和 COR1C 的磷酸化，其中位于 100kDa 的 ACTN4 磷酸化程度会随着 EGFR 酪氨酸磷酸化程度的加深而增强。同时，通过 IP 证实，随着感染时间的增加，ACTN4 蛋白与 EGFR 的结合量也增加。这一

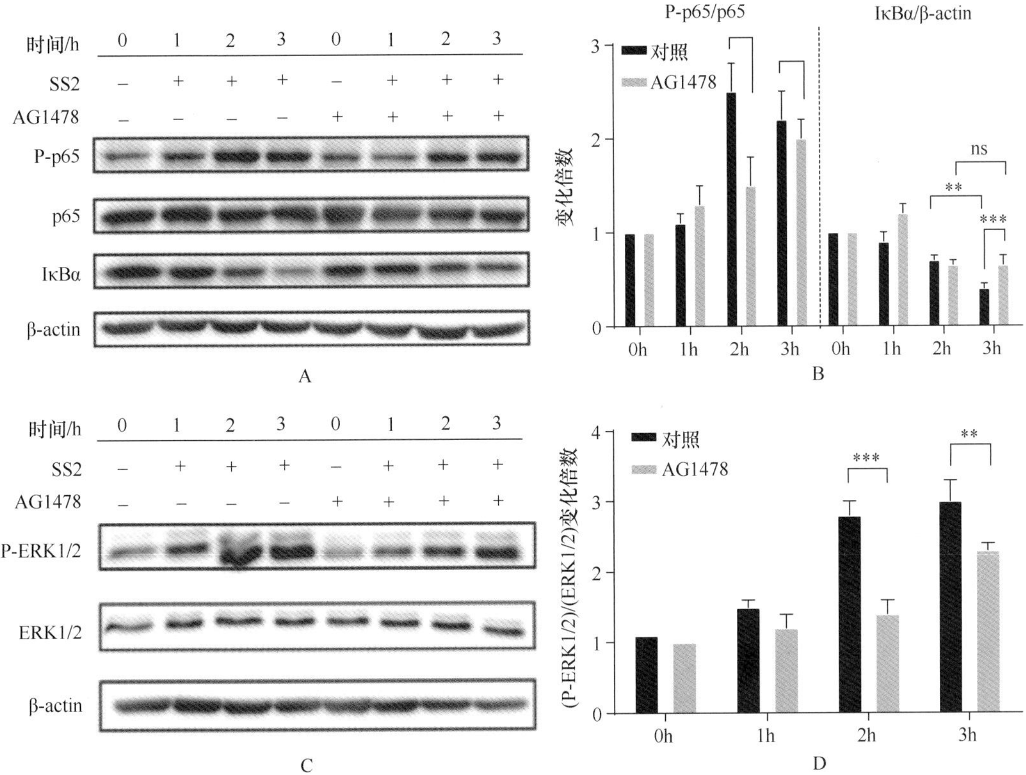

图 5-22　抑制 EGFR 激活对 NF-κB 通路和 MAPK-ERK1/2 通路的影响

$^{**}P<0.01$；$^{***}P<0.001$；ns. 差异不显著

现象的出现存在两种可能，一种是因为随着感染时间的增加 ACTN4 的表达量也增加，另一种可能是随着 EGFR 磷酸化的增强两者的结合能力增加。通过 qPCR 和 WB 从转录水平和蛋白质水平检测了 ACTN4 的表达量，结果显示感染前后 ACTN4 转录和翻译的量均未发生显著性变化。所以，EGFR 的酪氨酸磷酸化程度是影响 EGFR 与 ACTN4 的结合能力的重要因素。

有研究表明，在 hBMEC 细胞感染 *S. suis* 后，其细胞骨架会出现重排（Finlay and Cossart，1997），而 ACTN4 作为细胞骨架结合蛋白可能在这一过程中发挥了重要作用。我们推测，由于 ACTN4 的表达量在感染前后并没有出现变化，那么随着 ACTN4 与 EGFR 结合量的增多，其与 F-actin 的结合也会相应减少。用 ACTN4 的抗体与细胞总蛋白免疫共沉淀，检测前后 ACTN4 结合 EGFR 或 Actin 量的变化情况。结果显示，感染后的 ACTN4 与 EGFR 的结合明显增多，而相应地与 Actin 的结合量显著下降。

同时通过 cy3 荧光标记 ACTN4，Dylight 405 标记 EGFR 及通过 FITC 标记的鬼笔环肽对 F-actin 染色，利用激光共聚焦显微镜观察 hBMEC 细胞感染前后 3 个蛋白质的共定位情况。结果如图 5-23 所示，未感染组 ACTN4 与 F-actin 结合，两者共定位呈黄色；感染组 ACTN4 与 EGFR 发生共定位，呈紫色；抑制剂处理组，ACTN4 与 EGFR、F-actin 均有结合。同时观察 F-actin 在细胞内的排布可以发现，感染后细胞骨架出现了重排，而使用抑制剂 AG1478 预处理的感染组，骨架重排现象介于感染组与未感染组之间。因此我们确定 EGFR 的激活是 SC19 感染所导致的细胞骨架重排的重要原因。

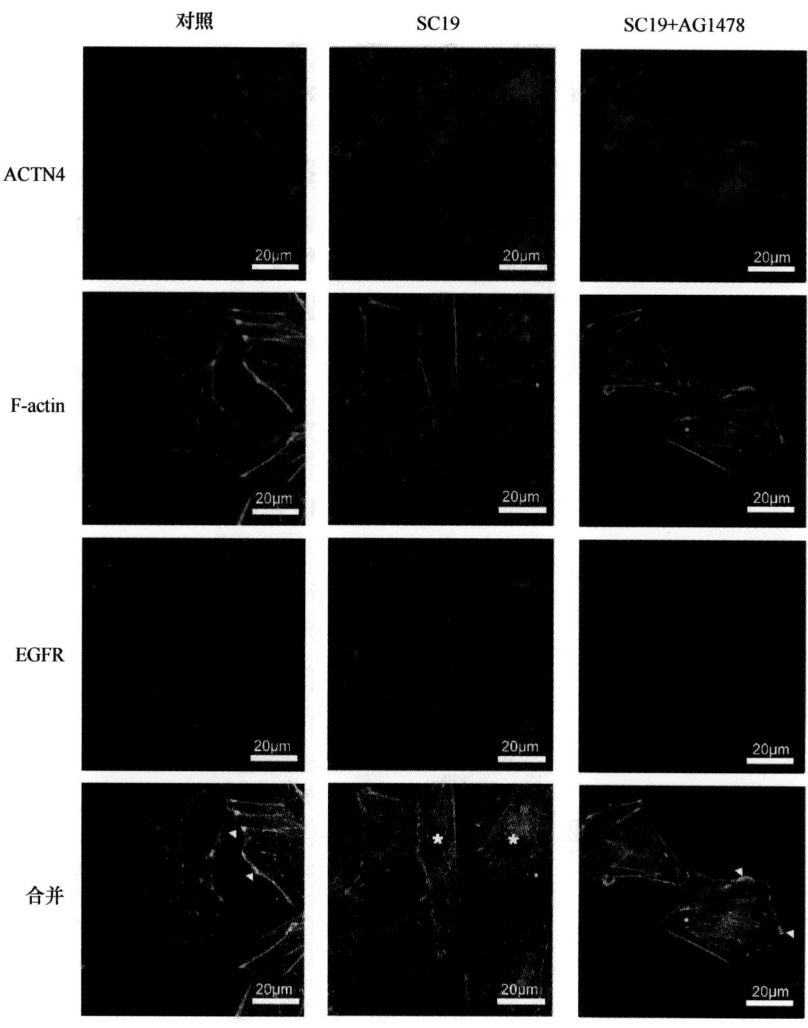

图 5-23　AG1478 对细胞感染 SC19 后 ACTN4、F-actin 和 EGFR 共定位的影响

综上所述，研究发现了感染 *S. suis* 后宿主细胞内发生酪氨酸磷酸化的一个蛋白 EGFR 在致神经炎症中起着重要作用。SC19 感染 hBMEC 细胞后，细胞中 EGFR 的配体分子 AREG、EREG 和 HB-EGF 前体的转录水平增强，随后表达的配体的前体分子通过 MMP 剪切形成成熟的配体分子，并与 ErbB 家族受体结合，成熟的配体介导 EGFR 的激活及 EGFR/ErbB3 异源二聚体或 EGFR 同源二聚体的形成。而 EGFR 的激活能够通过 MAPK-ERK1/2 和 NF-κB 通路引起 hBMEC 及脑组织中细胞因子的产生和释放，导致后续神经炎症反应。此外，SC19 诱导 EGFR 激活后能够竞争性结合 ACTN4，从而破坏由 ACTN4 维持的细胞骨架的稳定，使细胞骨架出现重排（图 5-24）。

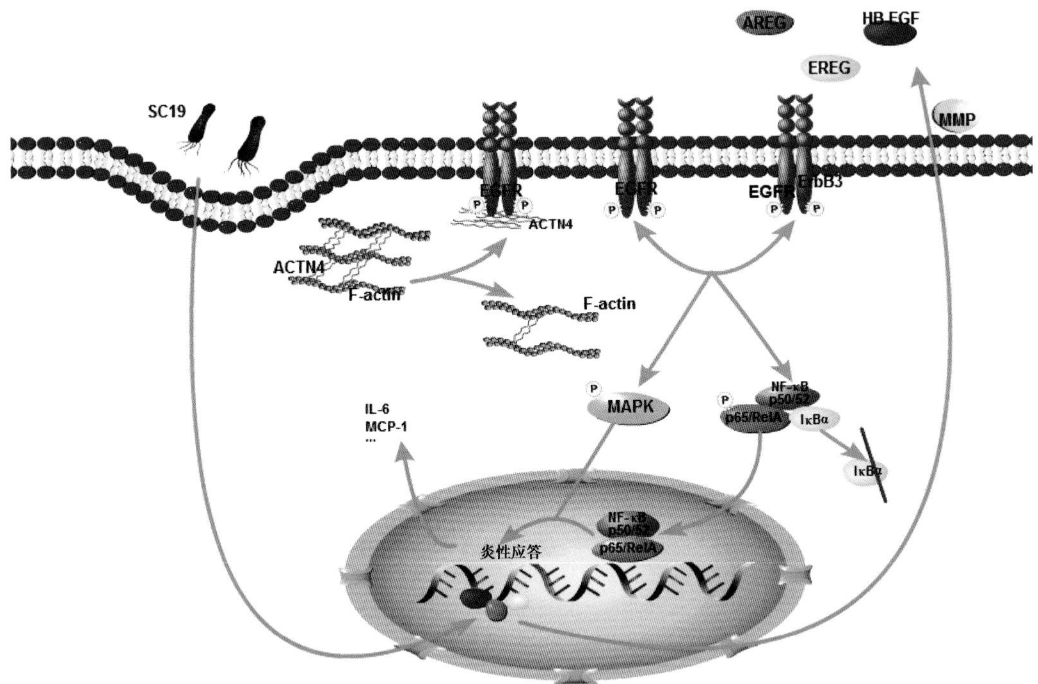

图 5-24　EGFR 在 SC19 致脑膜炎过程中的作用示意图

参 考 文 献

Al-Numani D, Segura M, Doré M, et al. 2003. Up-regulation of ICAM-1, CD11a/CD18 and CD11c/CD18 on human THP-1 monocytes stimulated by *Streptococcus suis* serotype 2. Clin Exp Immunol, 133(1): 67-77.

Bokarewa M, Nagaev I, Dahlberg L, et al. 2005. Resistin, an adipokine with potent proinflammatory properties. J Immunol, 174(9): 5789-5795.

Bouchon A, Dietrich J, Colonna M. 2000. Cutting edge: inflammatory responses can be triggered by TREM-1, a novel receptor expressed on neutrophils and monocytes. J Immunol, 164(10): 4991-4995.

Brinkmann V, Zychlinsky A. 2012. Neutrophil extracellular traps: is immunity the second function of chromatin? J Cell Biol, 198(5): 773-783.

Capparelli R, Alfano F, Amoroso M G, et al. 2007. Protective effect of the Nramp1 BB genotype against Brucella abortus in the water buffalo(*Bubalus bubalis*). Infect Immun, 75(2): 988-996.

Charland N, Nizet V, Rubens C E, et al. 2000. *Streptococcus suis* serotype 2 interactions with human brain microvascular endothelial cells. Infect Immun, 68(2): 637-643.

Chiang C, Price V, Mirmirani P. 2008. Central centrifugal cicatricial alopecia: superimposed tinea capitis as the etiology of chronic scalp pruritus. Dermatol Online J, 14(11): 3.

de Greeff A, Benga L, Wichgers Schreur P J, et al. 2010. Involvement of NF-kappaB and MAP-kinases in the transcriptional response of alveolar macrophages to *Streptococcus suis*. Vet Microbiol, 141(1-2): 59-67.

Domínguez-Punaro M C, Segura M, Plante M M, et al. 2007. *Streptococcus suis* serotype 2, an important swine and human pathogen, induces strong systemic and cerebral inflammatory responses in a mouse model of infection. J Immunol, 179(3): 1842-1854.

Fabriek B O, van Bruggen R, Deng D M, et al. 2009. The macrophage scavenger receptor CD163 functions as an innate immune sensor for bacteria. Blood, 113(4): 887-892.

Finlay B B, Cossart P. 1997. Exploitation of mammalian host cell functions by bacterial pathogens. Science, 276(5313): 718-725.

Foell D, Wittkowski H, Vog T, et al. 2007a. S100 proteins expressed in phagocytes: a novel group of damage-associated molecular pattern molecules. J Leukoc Biol, 81(1): 28-37.

Foell D, Wittkowski H, Roth J. 2007b. Mechanisms of disease: a 'DAMP' view of inflammatory arthritis. Nat Clin Pract Rheumatol, 3(7): 382-390.

Graversen J H, Madsen M, Moestrup S K. 2002. CD163: a signal receptor scavenging haptoglobin-hemoglobin complexes from plasma. Int J Biochem Cell Biol, 34(4): 309-314.

Gruenheid S, Pinner E, Desjardins M, et al. 1997. Natural resistance to infection with intracellular pathogens: the Nramp1 protein is recruited to the membrane of the phagosome. J Exp Med, 185(4): 717-730.

Haselmayer P, Grosse-Hovest L, von Landenberg P, et al. 2007. TREM-1 ligand expression on platelets enhances neutrophil activation. Blood, 110(3): 1029-1035.

Hojo K, Tamura A, Mizoguchi C, et al. 2008. Predominant bacteria recovered from a periodontitis site in a hamster model raised by silk-ligature with *Porphyromonas gingivalis* infection. Biosci Biotechnol Biochem, 72(5): 1348-1351.

Jobin M C, Gottschalk M, Grenier D. 2006. Upregulation of prostaglandin E2 and matrix metalloproteinase 9 production by human macrophage-like cells: synergistic effect of capsular material and cell wall from *Streptococcus suis*. Microb Pathog, 40(1): 29-34.

Lappann M, Danhof S, Guenther F, et al. 2013. *In vitro* resistance mechanisms of *Neisseria meningitidis* against neutrophil extracellular traps. Mol Microbiol, 89(3): 433-449.

Lawler J, Sunday M, Thibert V, et al. 1998. Thrombospondin-1 is required for normal murine pulmonary homeostasis and its absence causes pneumonia. J Clin Invest, 101(5): 982-992.

Li Z, Calzada M J, Sipes J M, et al. 2002. Interactions of thrombospondins with alpha4beta1 integrin and CD47 differentially modulate T cell behavior. J Cell Biol, 157(3): 509-519.

Majewska M, Szczepanik M. 2006. The role of Toll-like receptors(TLR)in innate and adaptive immune responses and their function in immune response regulation. Postepy Hig Med Dosw, 60: 52-63.

Meng W, Paunel-Görgülü A, Flohé S, et al. 2012. Depletion of neutrophil extracellular traps *in vivo* results in hypersusceptibility to polymicrobial sepsis in mice. Crit Care, 16(4): R137.

Milan G, Granzotto M, Scarda A, et al. 2002. Resistin and adiponectin expression in visceral fat of obese rats: effect of weight loss. Obes Res, 10(11): 1095-1103.

Moestrup S K, Moller H J. 2004. CD163: a regulated hemoglobin scavenger receptor with a role in the anti-inflammatory response. Ann Med, 36(5): 347-354.

Neeli I, Dwivedi N, Khan S, et al. 2009. Regulation of extracellular chromatin release from neutrophils. J Innate Immun, 1(3): 194-201.

Niewold T A, Veldhuizen E J, van der Meulen J, et al. 2007. The early transcriptional response of pig small intestinal mucosa to invasion by Salmonella enterica serovar typhimurium DT104. Mol Immunol, 44(6): 1316-1322.

Norrby-Teglund A, Pauksens K, Norgren M, et al. 1995. Correlation between serum TNF alpha and IL6 levels and severity of group A streptococcal infections. Scand J Infect Dis, 27(2): 125-130.

Patel L, Buckels A C, Kinghorn I J, et al. 2003. Resistin is expressed in human macrophages and directly regulated by PPAR gamma activators. Biochem Biophys Res Commun, 300(2): 472-476.

Polfliet M M, Fabriek B O, Daniëls W P, et al. 2006. The rat macrophage scavenger receptor CD163: expression, regulation and role in inflammatory mediator production. Immunobiology, 211(6-8): 419-425.

Richards R C, O'Neil D B, Thibault P, et al. 2001. Histone H1: an antimicrobial protein of Atlantic salmon(Salmo salar). Biochem Biophys Res Commun, 284(3): 549-555.

Seele J, Beineke A, Hillermann L M, et al. 2015. The immunoglobulin M-degrading enzyme of *Streptococcus suis*, IdeSsuis, is involved in complement evasion. Vet Res, 46: 45.

Silswal N, Singh A K, Aruna B, et al. 2005. Human resistin stimulates the pro-inflammatory cytokines TNF-alpha and IL-12 in macrophages by NF-kappaB-dependent pathway. Biochem Biophys Res Commun, 334(4): 1092-1101.

Tang J, Wang C, Feng Y, et al. 2006. Streptococcal toxic shock syndrome caused by *Streptococcus suis* serotype 2. PLoS Med, 3(5): e151.

Taylor S R, Markesbery M G, Harding P A. 2014. Heparin-binding epidermal growth factor-like growth factor(HB-EGF)and proteolytic processing by a disintegrin and metalloproteinases(ADAM): a regulator of several pathways. Semin Cell Dev Biol, 28: 22-30.

Tilley S L, Coffman T M, Koller B H. 2001. Mixed messages: modulation of inflammation and immune responses by prostaglandins and thromboxanes. J Clin Invest, 108(1): 15-23.

Vallejo A N, Mügge L O, Klimiuk P A, et al. 2000. Central role of thrombospondin-1 in the activation and clonal expansion of inflammatory T cells. J Immunol, 164(6): 2947-2954.

Van den Heuvel M M, Tensen C P, van As J H, et al. 1999. Regulation of CD 163 on human macrophages: cross-linking of CD163 induces signaling and activation. J Leukoc Biol, 66(5): 858-866.

Vander Poll T, Keogh C V, Guirao X, et al. 1997. Interleukin-6 gene-deficient mice show impaired defense against pneumococcal pneumonia. J Infect Dis, 176(2): 439-444.

Vanier G, Segura M, Lecours M P, et al. 2009. Porcine brain microvascular endothelial cell-derived interleukin-8 is first induced and then degraded by *Streptococcus suis*. Microb Pathog, 46(3): 135-143.

Verma S, Li S H, Wang C H, et al. 2003. Resistin promotes endothelial cell activation: further evidence of adipokine-endothelial interaction. Circulation, 108(6): 736-740.

Wang W, Xu G L, Jia W D, et al. 2009. Ligation of TLR2 by versican: a link between inflammation and metastasis. Arch Med Res, 40(4): 321-323.

Wang X, Maruvada R, Morris A J, et al. 2016. Sphingosine 1-Phosphate activation of EGFR as a novel target for Meningitic *Escherichia coli* penetration of the Blood-Brain Barrier. PLoS Pathog, 12(10): e1005926.

Wichgers Schreur P J, Rebel J M, Smits M A, et al. 2010. Differential activation of the Toll-like receptor 2/6 complex by lipoproteins of *Streptococcus suis* serotypes 2 and 9. Vet Microbiol, 143(2-4): 363-370.

Wight T N. 2002. Versican: a versatile extracellular matrix proteoglycan in cell biology. Curr Opin Cell Biol, 14(5): 617-523.

Wilson S M, Norton P, Haverson K, et al. 2007. Interactions between *Streptococcus suis* serotype 2 and cells of the myeloid lineage in the palatine tonsil of the pig. Vet Immunol Immunopathol, 117(1-2): 116-123.

Ye C, Zheng H, Zhang J, et al. 2009. Clinical, experimental, and genomic differences between intermediately pathogenic, highly pathogenic, and epidemic *Streptococcus suis*. J Infect Dis, 199(1): 97-107.

Zhang A, Mu X, Chen B, et al. 2010. Identification and characterization of IgA1 protease from *Streptococcus suis*. Vet Microbiol, 140(1-2): 171-175.

第六章 猪链球菌分子靶标的鉴定

内容提要 猪链球菌病流行病学研究提示，猪链球菌2型（SS2）在引起猪链球菌病病原中所占比例最高，临床分离株中耐多种抗生素的菌株不断涌现。因此，筛选分子靶标用于研发临床快速诊断技术与高效疫苗是防控SS2的必要手段。本研究通过免疫蛋白质组学、比较蛋白质组学及反向疫苗学鉴定了HP0197、HP1036、HP0272等一系列SS2免疫原性蛋白，为后续诊断新技术及新型疫苗的研发奠定了良好的基础。

猪链球菌2型严重危害养猪业，同时给人类健康造成极大威胁，疫苗免疫是控制该病最为有效的策略之一。灭活疫苗虽然可以有效地控制同源菌株的感染，但由于存在抗原成分复杂、流行菌株血清型之间存在差异等问题，疫苗效果评价不一。因此新型疫苗的研制是当前猪链球菌防控研究的重点。抗原分子靶标的鉴定是迫切需要解决的关键问题。SS2毒力相关因子溶血素（Jacobs et al.，1996）及溶菌酶释放蛋白MRP和胞外因子EF（Wisselink et al.，2001）曾先后被用于研制亚单位疫苗，虽然对这些毒力因子为阳性的菌株具有一定的免疫效果，但许多致病菌株并不表达这些毒力相关因子，导致这些亚单位疫苗具有很大的局限性。38kDa蛋白（Okwumabua and Chinnapapakkagari，2005）和SAO蛋白（Li et al.，2007，2006）先后被鉴定为保护性抗原，但系统地鉴定猪链球菌2型的免疫原性蛋白无疑是开发猪链球菌新型疫苗的重要手段。因此，应用免疫蛋白质组学、比较蛋白质组学、反向疫苗学等方法系统地鉴定猪链球菌2型的免疫原性蛋白，系统评价其免疫保护效力，将为猪链球菌2型新型疫苗开发及致病机理的研究奠定重要基础。

第一节 猪链球菌2型免疫原性蛋白的筛选和鉴定

一、免疫蛋白质组学简介

“蛋白质组”的概念是1994年由Wilkins和Willian提出，是指一种细胞或一个组织内所存在的全部蛋白质。蛋白质组学通常是指用生物化学等方法对不同条件和不同生物学过程中的蛋白质组进行定性和定量的比较研究，以及与传统免疫印迹技术相结合产生的免疫蛋白质组学研究。

目前蛋白质组学的研究，包括微生物蛋白质组学研究进展很快。很多病原微生物的基因组已完成测序工作，这些基因组信息为进一步开展微生物蛋白质组学的研究奠定了重要基础。病原微生物蛋白质组学研究主要集中在以下几个方面（赵蔚，2004；赵辉和乐军，2004）：①确定致病菌毒力蛋白；②寻找新的诊断标记物；③为疫苗的研制寻找新的候选抗原；④阐明药物抗菌作用机制与病菌耐药性发生机理，为新型药物的研制寻找新药靶。

免疫蛋白质组学是以双向电泳、生物质谱及生物信息学为主要技术支撑的蛋白质组学与传统免疫印迹技术相结合而产生的一门应用科学。免疫蛋白质组学研究主要分为三部分：①通过免疫蛋白质组学筛选具有免疫原性的蛋白质；②重组表达蛋白质并进行免疫学评价，从而鉴定保护性抗原；③通过比较免疫保护效力来确定疫苗候选抗原成分。免疫蛋白质组学方法现已广泛用于多种病原菌疫苗候选抗原及诊断标识的研究中，如金色葡萄球菌、化脓链球菌、弗氏志贺氏菌等病原菌均应用免疫蛋白质组学的方法成功筛选到有望发展为疫苗的新抗原。

对于许多革兰氏阳性细菌而言，其外部结构，尤其是细胞壁相关蛋白在细菌的黏附、侵入等致病过程中发挥重要作用，也是细菌许多重要的保护性抗原所在的关键部位（Stranger-Jones et al.，2006），因此本研究以细胞壁相关蛋白（WAP）作为研究对象筛选重要的免疫原性蛋白。Andresen 和 Tegtmeier（2001）的试验结果表明使用猪链球菌的抗血清被动免疫猪可抵抗猪链球菌的攻击，表明被动免疫在猪链球菌的保护性应答方面具有重要意义。因此使用抗血清与 WAP 进行杂交可系统地发掘重要的免疫原。尽管 Benga 等（2004）做了相似的研究，但遗憾的是他们只是分析了 WAP 的免疫原性而未能系统地鉴定免疫原性蛋白。基于双向电泳和质谱的免疫蛋白质组学方法是近年来发展的高通量筛选鉴定免疫原性蛋白的方法，已成功应用于金色葡萄球菌、志贺氏菌、化脓链球菌等多种细菌免疫原性蛋白的系统性发掘。本研究利用免疫蛋白质组学的方法从猪链球菌 2 型的细胞壁相关蛋白中筛选鉴定免疫原性蛋白，从而为新型疫苗的研制提供候选抗原，同时对 SS2 免疫机理的研究也具有重要意义。

二、猪链球菌免疫原性蛋白鉴定

将抽提的猪链球菌 2 型细胞壁相关蛋白使用 13cm pH 4～7 的胶条进行双向电泳分离后，进行考马斯亮蓝 R-350 染色。发现大部分蛋白质点均得到了较好的分离，共发现了约 140 个蛋白质点，其中大部分蛋白质的分子质量为 15～100kDa。将分离的猪链球菌 2 型细胞壁相关蛋白电转 PVDF 膜后，分别使用高免血清、自制康复期血清、临床康复期血清做杂交，并同时设置阴性血清作对照。阴性对照血清杂交后未发现有特异免疫反应的蛋白质点，高免血清、自制康复期血清、临床康复期血清杂交试验后分别发现了 24 个、30 个、29 个特异反应的蛋白质点，所用血清杂交后共发现了 41 个具有免疫反应的蛋白质点，其中 14 个蛋白质点可以为所有的免疫和康复血清所识别。

将免疫反应蛋白质点能良好分离的，使用 MALDI-TOF 进行质谱分析。通过 MALDI-TOF 分析，共鉴定出 29 种不同的免疫原性蛋白。其中包括已报道的免疫原性蛋白 GapdH。对鉴定的蛋白质使用在线软件 PSORTb v2.0.4 进行了蛋白质细胞定位预测，发现大部分蛋白质均分布于细菌表面。质谱鉴定结果如表 6-1 所示。

对于免疫反应阳性蛋白质点分离不清，明显是多个蛋白质点混合的，使用 LC-MS/MS 进行质谱分析，并使用在线软件 PSORTb v2.0.4 进行蛋白质细胞定位预测。

通过 LC-MS/MS 分析（表 6-2），共成功鉴定出 9 种不同的免疫原性蛋白。其中包括了在 SS2 中高丰度表达的 MRP，以及已经鉴定的具有很好免疫保护力的蛋白 SAO。另外通过 LC-MS/MS，也鉴定出了 ribonucleases G and E（RiGE）和 cell wall hydrolase/autolysin（autolysin），这两个蛋白质与 MALDI-TOF 鉴定的蛋白质相同。因其混合蛋白质点特性，所以其免疫反应信号并不能确定是否来自于每一个鉴定的蛋白质，即某些蛋白质可能并不是免疫原性蛋白但由于和免疫原性蛋白（如 MRP）混合在一起未能有效分离从而将其误认为是免疫原性蛋白。

表 6-1　MALDI-TOF 质谱分析鉴定的 SS2 免疫原性蛋白

蛋白质点	鉴定的蛋白质	NCBI 登录号	理论分子质量/(kDa)/等电点	MOWSE 分值	匹配的多肽数目	匹配率/%	PSORTb 预测的亚细胞分布	PSORTb 预测的分值[a]	蛋白质点的识别情况[b]		
									A	B	C
5	putative 5'-nucleotidase	18253173	77/4.54	72	23	39%	细胞壁	10.00	+	+	+
6	molecular chaperone	146317956	65/4.62	100	32	45%	细胞质	9.98	+	+	+
7	amylase-binding protein B	146319041	65/5.17	73	19	38%	细胞壁	9.97	+	+	+
8	SecA protein	81097175	96/5.24	74	24	32%	细胞质	8.87	–	+	+
9	SecA protein	81097175	96/5.24	74	34	27%	细胞质	8.87	–	+	+
10	cell wall hydrolase/autolysin	146743259	113/6.99	99	15	27%	未知		–	+	+
11	cell wall hydrolase/autolysin	146743259	113/6.99	133	25	28%	未知		–	+	+
12	translation elongation factor EF-Tu	146318184	45/4.87	77	20	52%	细胞质	9.98	+	+	+
13	endothelin-converting enzyme 1	81177224	75/5.17	50	15	30%	未知		+	+	+
14	ABC transporter substrate-binding protein - maltose/ maltodextrin	146319787	44/4.63	88	19	52%	细胞质膜	9.49	+	+	+
15	basic membrane lipoprotein	81096738	36/ 4.76	99	146	52%	未知		+	+	+
16	putative enolase	146319156	47/5.16	107	23	48%	细胞质	9.98	+	–	–
17	putative enolase	146321359	47/4.66	145	27	66%	细胞质	9.98	+	–	+
18	translation elongation factor EF-Tu	146318184	45/ 4.87	203	31	56%	细胞质	9.98	+	+	–
19	F0F1-type ATP synthase, beta subunit	146318826	52/4.96	141	20	63%	细胞质	8.87	+	+	–
20	SecA protein	81097175	96/5.24	130	44	59%	细胞质	8.87	–	+	+
21	inosine-5'-monophosphate dehydrogenase	146319837	53/5.61	97	23	43%	细胞质	8.87	–	+	+
22	ABC transporter	81096739	55/5.64	146	36	62%	细胞质膜	9.49	–	–	+
23	ABC transporter	81096739	55/5.64	99	18	54%	细胞质膜	9.49	–	+	+
24	ABC transporter	81096739	55/5.64	146	36	62%	细胞质膜	9.49	–	+	–
25	glycine/serine hydroxymethyltransferase	146318506	46/5.65	84	21	57%	细胞质	9.98	–	–	+
26	adenylosuccinate synthase	146319620	47/5.88	95	22	61%	细胞质	8.87	–	–	+
27	homologous recombination factor RecA	9309338	36/4.92	82	20	57%	细胞质	8.87	+	–	–
28	SSU ribosomal protein S1P	146320618	38/4.93	73	19	46%	细胞质	9.98	–	–	+
29	beta-ketoacyl synthase	81097245	44/5.13	90	16	53%	细胞质	9.98	+	–	+

续表

蛋白质点	鉴定的蛋白质	NCBI 登录号	理论分子质量/（kDa）/等电点	MOWSE 分值	匹配的多肽数目	匹配率/%	PSORTb 预测的亚细胞分布	PSORTb 预测的分值[a]	蛋白质点的识别情况[b]		
									A	B	C
30	glyceraldehyde-3-phosphate dehydrogenase	73612168	36/5.35	87	14	48%	细胞质	9.98	+	+	+
31	ABC-type phosphate transport system，ATPase component	146320958	30/6.18	34	7	16%	细胞质膜	9.49	+	+	+
32	*L*-lactate dehydrogenase	81096123	35/5.05	74	12	25%	细胞质	9.98	+	–	–
33	high-affinity zinc uptake system protein ZnuA precursor	146319740	36/5.23	68	9	40%	未知		–	+	+
34	Transcriptional regulator，contains sigma factor-related N-terminal domain	146320556	37/5.50	37	6	23%	细胞质	8.87	+	–	–
35	ribonucleases G and E	146319025	67/4.98	61	22	31%	细胞壁	8.99	+	+	+
36	elongation factor Tu	11612452	30/4.54	73	15	45%	细胞质		–	+	–
37	pyruvate-formate lyase-activating enzyme	146320554	30/5.87	40	8	27%	细胞质	9.98	+	+	–
38	translation elongation factor EF-Tu	146318184	45/4.87	87	16	36%	细胞质	9.98	+	–	–
39	amino acid transport ATP-binding protein	146321732	30/6.47	55	12	41%	细胞质膜	9.49	–	+	–
40	ABC-type branched-chain amino acid transport system，ATPase component	146319197	26/5.59	84	14	58%	细胞质膜	9.49	–	+	–
41	ABC transporter	81177435	30/8.48	106	19	64%	细胞质膜	9.49	–	+	+

注：a. 使用 PSORTb 在线工具对蛋白质的亚细胞定位进行预测，分值从 0 到 10 代表预测结果的可信度；

b. 蛋白质点分别为不同血清识别的情况：A. 高免血清；B. 自制康复期血清；C. 临床康复期血清。“+”和“–”表示蛋白质点是否为相应的血清所识别

表 6-2　LC-MS/MS 质谱分析鉴定的 SS2 免疫原性蛋白

鉴定蛋白质的蛋白质点[a]	鉴定的蛋白质	NCBI 登录号	理论分子质量/（kDa）/等电点	鉴定的多肽数目	鉴定的多肽种类	覆盖率/%	PSORTb 预测的亚细胞定位	PSORTb 预测的得分值[b]
1，2，3，4	muramidase-released protein	126153695	136/4.87	177	79	60.27%	细胞壁	10.00
1，2，3，4	hypothetical protein SSU98_0197	146320044	61/4.85	39	22	37.25%	细胞壁	9.94
1，2，3，4	translation initiation factor 2（TIF2；GTPase）[c]	146320114	77/4.66	41	16	32.81%	细胞壁	10.00
1，3，4	hypothetical protein SSU98_1675	146321522	81/4.79	20	13	23.03%	细胞壁	9.98
1，3，4	surface antigen SP1	61969364	75/4.79	53	20	39.70%	细胞壁	8.99
1，4	ribonucleases G and E	146319025	67/4.98	53	19	25.29%	细胞壁	8.99
1	putative cyclo-nucleotide phosphodiesterase	18253159	88/4.65	1	1	1.35%	细胞壁	10.00
1	cell wall hydrolase/autolysin	146743259	113/6.99	1	1	1.06%	未知	
2	hypothetical protein SSU98_1036	146320883	177/4.74	1	1	1.18%	细胞壁	10.00

注：a. 蛋白质点 1～4 用于 LC-MS/MS 时，一些蛋白质可从多个蛋白质点中鉴定；

b. 使用 PSORTb 在线工具对蛋白质的亚细胞定位进行预测，分值从 0 到 10 代表预测结果的可信度；

c.“translation initiation factor 2”具有典型的 LPXTG 细胞壁锚定域，且与已知的“translation initiation factor”蛋白质无显著的序列同源性，该蛋白质的注释名称应该有误

三、免疫原性蛋白的表面定位

提取细菌的细胞壁相关蛋白时不可避免地会引入其他蛋白质，本研究所鉴定的大量胞质蛋白也可以证明这一点。但使用高免血清和康复血清分析后，对 15 个所有阳性血清识别的免疫原性蛋白进行 PSORTb 细胞定位预测，发现 8 个蛋白质分布于细胞壁，3 个蛋白质分布于细胞膜，1 个蛋白质定位不明，但分布于细菌表面，另有 3 个蛋白质分布于细胞质。进一步对 3 个预测定位于细胞质的蛋白质进行分析，发现 Gapdh 可分布于细菌表面，EF-Tu 在多个细菌表面蛋白的免疫蛋白质组学研究中均被鉴定，有人认为其是一个高丰度蛋白污染，也有人认为这个蛋白质是多部位分布的。因此本研究所鉴定的为所有阳性血清识别的蛋白质中有 13/15 个可分布于细菌表面。因此利用免疫蛋白质组学方法分析细胞壁相关蛋白时可有效地鉴定细菌表面的免疫原性蛋白。

四、免疫原性蛋白的体内表达

分别使用纯化的重组蛋白 HP0197、TIF2 和 PcnP 作为抗原，包被 ELISA 板检测猪链球菌 2 型临床康复期血清和健康猪血清，发现猪链球菌 2 型阳性血清的 OD 值显著高于阴性血清。这说明这几个蛋白质在猪体内是表达的，且猪体可诱导产生这些蛋白质的抗体（图 6-1）。

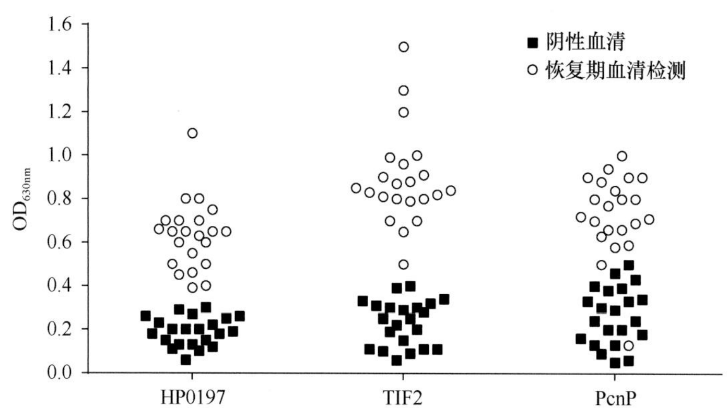

图 6-1　新鉴定免疫原性蛋白的体内表达特性分析

第二节　应用比较蛋白质组学鉴定体内诱导抗原

一、体内诱导抗原的鉴定

对猪链球菌 2 型的细胞壁相关蛋白进行免疫蛋白质组学分析时共成功筛选到 34 种免疫原性蛋白。其中 3 种蛋白质（ZnuA、Autolysin、SecA）只与康复血清反应而不与高免血清反应，是基于免疫蛋白质组学方法鉴定的体内诱导抗原。

二、体内诱导抗原表达的验证

为了验证体内诱导抗原能增强表达的特性，首先，体内感染细菌的 RNA 和体外培养细菌的 RNA 被抽提出来用于比较 3 个体内诱导抗原感染动物后其 RNA 含量是否显著增高。使用荧光定量分析体内诱导抗原，结果表明，相对于体外培养的细菌而言，猪链球菌感染小鼠后，脾脏富集细菌的 Autolysin、ZnuA 和 SecA 均诱导增强表达（图 6-2）。

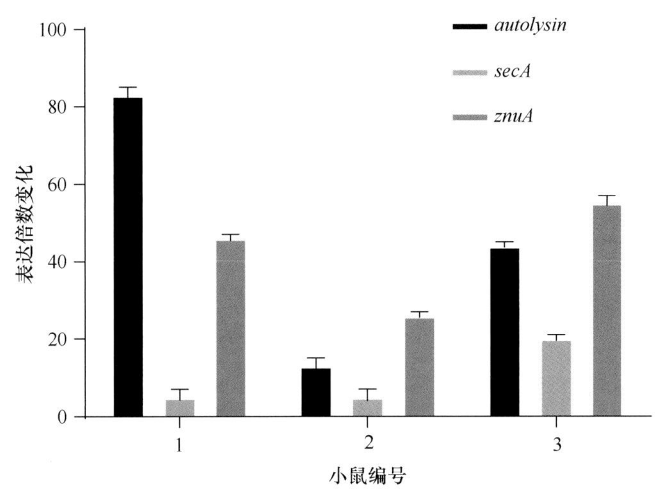

图 6-2　荧光定量 PCR 分析 *autolysin*、*znuA* 和 *secA* 体内诱导表达

相对于体外培养的细菌而言，感染小鼠脾脏富集的细菌 *autolysin*、*znuA* 和 *secA* 体内诱导增强表达

为了进一步验证体内诱导抗原增强表达的特性，将 ZnuA 重组表达并纯化，分别使用高免血清和康复血清进行杂交，结果表明重组表达的 ZnuA 只为康复血清识别而不为高免血清识别，ZnuA 在体外培养的细菌中表达量较低不能诱导高滴度的抗体，但在感染动物后其表达量显著增高才导致高水平的抗体，因此重组蛋白的 Western-blot 试验进一步验证了抗原的体内诱导表达的特性（图 6-3）。

目前许多方法已被用于鉴定细菌的体内诱导抗原，其中体内诱导抗原技术（IVIAT）是最为有效的方法（Rollins et al.，2005）。其原理是构建表达文库后使用体外培养细菌吸附后的康复血清去筛选阳性克隆后测序，从而鉴定体内诱导抗原。该方法难免受表达文库的通量、蛋白质的表达条件（细胞壁蛋白及膜蛋白通常需要去除跨膜区和信号肽才易于表达）等的限制，但该技术无疑是系统发掘体内诱导抗原最有力的技术。

总体而言，免疫蛋白质组学方法鉴定免疫原性蛋白的同时，可通过比较高免血清和康复血清所识别的免疫原性蛋白的差异从而鉴定体内诱导抗原。该方法会受到蛋白质的疏水性（双向电泳不适合分析溶解性差的疏水性蛋白）、分子质量（双向电泳不适合分析分子质量太大或太小的蛋白质）、蛋白质变性（双向电泳的第二相为 SDS-PAGE）等条件的限制，因此并不适合系统地发掘体内诱导抗原。但该方法可在免疫蛋白质组学分析的同时发掘体内诱导抗原（Zhang et al.，2008）。

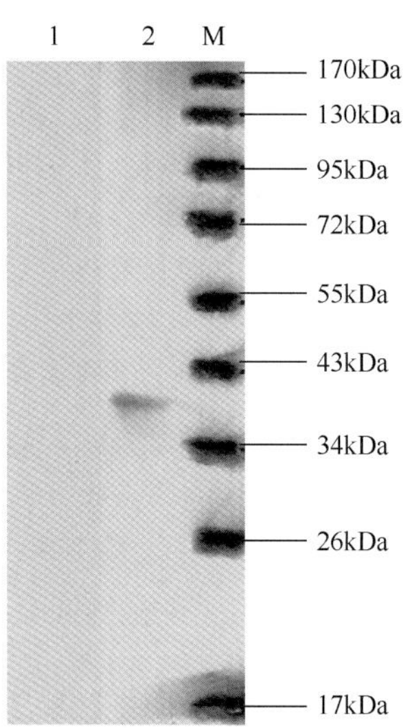

图 6-3 Western-blot 分析重组表达的 ZnuA

重组表达的 ZnuA 与高免血清（泳道 1）和康复血清（泳道 2）的免疫反应性分析；M. marker

第三节 利用反向疫苗学发掘保护性抗原

一、反向疫苗学研究策略

传统的疫苗研制方法，通常需要动用完整病原体，并在体外大量培养以获得足够量的免疫原。在当前后基因组时代，疫苗研究策略也已发生巨大改变，反向疫苗学（reverse vaccinology）研究策略是当前疫苗研制所采用的主要研究方法（Serruto and Rappuoli，2006）。反向疫苗学是：以微生物基因组为平台，应用生物信息学技术预测毒力因子、分泌及表面相关蛋白质；应用蛋白质组学技术寻找表面抗原；应用体内表达技术（*in vivo* expression technology，IVET）、信号标签突变（signature mutagenesis，STM）、DNA 芯片等寻找侵袭及毒力相关抗原。对编码上述蛋白质的基因进行高通量克隆、表达、纯化。然后，再对纯化后的抗原进行体内、体外评价，筛选出保护性抗原，进行疫苗研制的研究。反向疫苗学研究基本上可以分为基于基因组和蛋白质组学的分析、高通量的蛋白质表达和免疫学检测三大部分。

基于基因组和蛋白质组学的分析，毒力因子、分泌性蛋白或胞外蛋白更易刺激机体产生抗体，这类蛋白质是理想的疫苗候选抗原。基于全基因组序列的生物信息学方法可用于筛选这类蛋白质，但是关于蛋白质表达的时序、空间及不同培养条件表达差异等动态信息是缺乏的。基于蛋白质分离技术和蛋白质鉴定技术的蛋白质组学方法可以有效地分析某一特定条件下的所有蛋白质，而结合免疫学和蛋白质组学的免疫蛋白质组学方法可以系统地鉴定免疫原性蛋白。

高通量表达：扩增候选抗原基因并构建到表达系统中进行表达。

免疫原性试验：纯化重组蛋白免疫动物，对免疫血清进行分析，确定多肽的表面定位及它们释放出来的定性和定量免疫反应能力，分析抗原的保护效力。

相对于传统的疫苗开发，反向疫苗学具有如下特点：不需要培养微生物，整个过程从基因组序列分析和蛋白质组学研究开始，适用于可培养或不可培养的微生物；对一些危险的病原，特别是人畜共患病病原，也可对其进行操作；病原体在任何时刻表达的蛋白质抗原，无论在体内或体外表达，都可用来分析，即使对微生物的致病机理和感染后的免疫应答了解不多的情况下也可运用。目前，反向疫苗学已成为疫苗学研究领域最为重要的研究技术。

二、反向疫苗学方法鉴定抗原保护效力

虽然使用免疫蛋白质组学方法从细菌的细胞壁相关蛋白中系统地发掘了免疫原性蛋白，但免疫原性蛋白的鉴定只是新型疫苗研制的第一步。因此系统性地评价免疫原性蛋白的免疫效力，并从中发掘保护性抗原，对于新型疫苗的研制是极为重要的。

以 SS2 ZYS 分离株的基因组作为 PCR 模板，构建免疫原性原核表达重组质粒，并进行表达纯化。将纯化的重组表达蛋白分别使用 SS2 阳性血清做 Western-blot 分析，结果表明重组纯化的细胞壁蛋白 BML、RiGE、AbpB、AATS、SecA、Enolase、HP0197、TIF2、PcnP、HP1036C、SAO、molecular chaperone、putative 5'-nucleotidase、predicted metalloendopeptidase、IMPDH、MRP 共 16 种均具有较强的免疫反应性（图 6-4）。

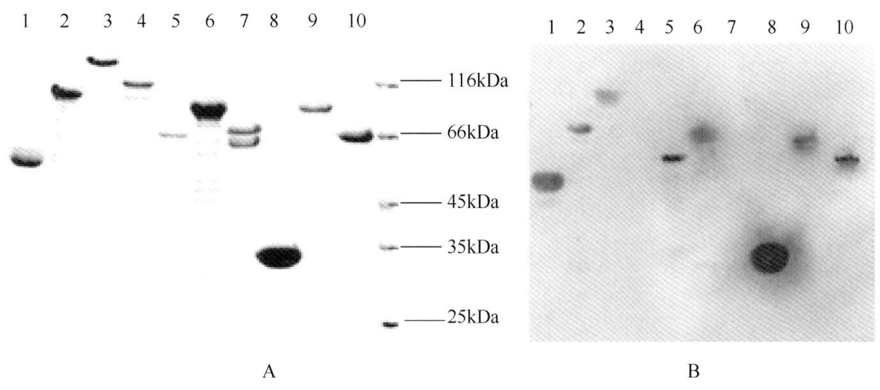

图 6-4　纯化重组表达蛋白的 SDS-PAGE（A）和 Western-blot（B）分析

泳道 1～10 分别为 MRP、HP0197、TIF2、HP1675、RiGE、PcnP、HP1036N、BML、SAO、AbpB，其中 HP1675 和 HP1036N 作为阴性对照

将纯化的重组蛋白免疫小鼠，二免后第 10 天采血测试效价，结果表明所有重组抗原均可诱导较高水平的 IgG 抗体（图 6-5）。

为了评价抗原的保护效力，二免后第 10 天攻毒（2×10^9CFU）评价重组蛋白的免疫保护力。除空白对照组和 SecA 外，其余组的小鼠均有较高的保护力。为了进一步筛选免疫效果好的保护性抗原，使用高剂量（8×10^9CFU）的 SS2 ZYS 进行攻毒，发现大部分抗原免疫组的小鼠均出现死亡，即使已报道可以作为疫苗候选的 SAO 免疫组的小鼠也无法耐受 8×10^9CFU 攻击。但 HP0197、HP1036C、Enolase 的攻毒保护效果较好，分别可以提供 75%、62.5%、37.5%的攻毒保护力。

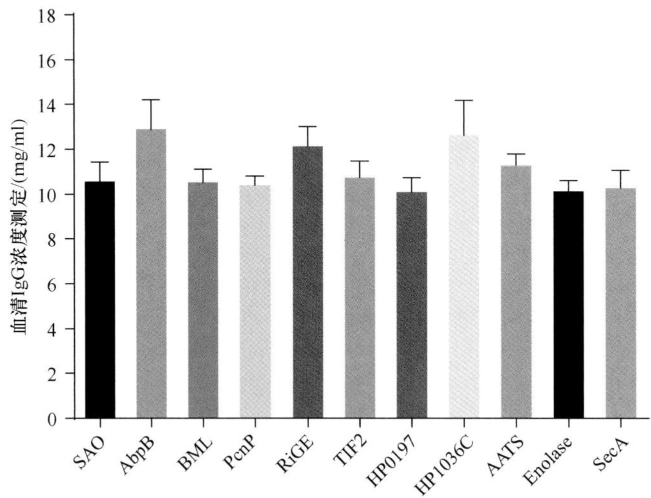

图 6-5　重组免疫原性蛋白免疫小鼠后的抗体水平

为了评价保护性抗原所诱导的抗体是否可以提供足够的保护效力，取新保护性抗原 HP0197、HP1036C、Enolase 免疫小鼠后的抗血清被动免疫小鼠以检测保护性抗原所诱导抗体的被动保护效力。结果显示，被动免疫对照血清的小鼠（阴性对照）及被动免疫 HP1036C 和 Enolase 抗血清的小鼠攻毒后 24h 内全部死亡，而被动免疫灭活疫苗血清的小鼠（阳性对照）及被动免疫 HP0197 抗血清的小鼠攻毒后则全部存活，只是在攻毒的前 3 天被动免疫 HP0197 抗血清的小鼠表现出更为明显的精神不振等临床表现。研究结果表明保护性抗原 HP0197 的抗血清可提供较高水平的被动免疫效力，暗示 HP0197 的抗体在猪链球菌感染急性期的治疗中具有一定的防治效果。

为了探究保护性抗原提供较高保护效力的原因，对保护性抗原所诱导抗体的调理吞噬作用进行分析。结果如图 6-6 所示，在调理吞噬实验中，93.3%±14.0%的细菌在康复血清（阳性对照）存在时可以被杀死，而无特异性抗体（阴性对照）时仅有 5.45%±2.01%

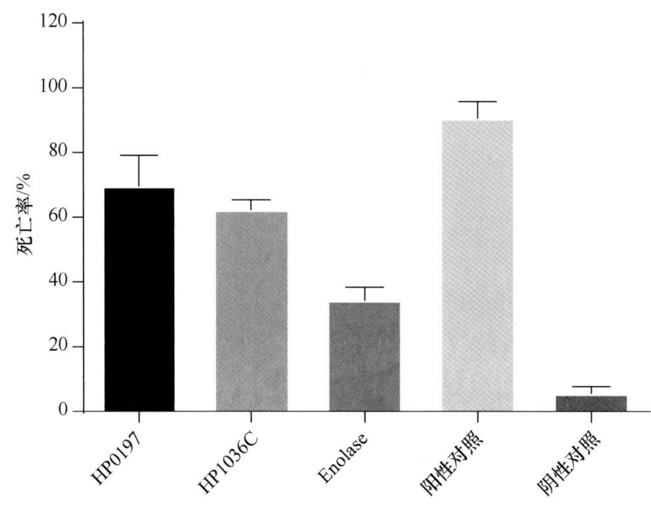

图 6-6　新保护性抗原（HP0197、HP1036C、Enolase）抗体的调理吞噬作用

被杀死。证实猪链球菌 SS2 ZYS 菌株也具有很强的抗吞杀能力，但在康复血清存在时其抗吞杀能力显著下降，这与 Chabot-Roy 等（2006）的研究结果相一致。而在 HP0197、HP1036C 和 Enolase 特异性抗体存在时，则分别有 72.3%±8.5%、62.0%±3.6%、35.6%±2.5% 的细菌被吞杀，表明新保护性抗原可诱导产生较高水平的调理吞噬抗体。

第四节　保护性抗原的特性分析

对于病原菌来说，其表面的一些抗原通常是有效的疫苗候选分子。许多 SS2 表面蛋白都被鉴定为免疫原性蛋白（Geng et al.，2008；Zhang et al.，2008）。在这些蛋白质中，一个被错误注释为翻译起始因子 2（SSU05_0272；hypothetical protein 0272；HP0272）的蛋白质显得格外引人注目。该蛋白质是 SS2 的一个体内诱导抗原，并且能够与所有被检测的猪康复血清反应。体外重组表达纯化 HP0272，在小鼠实验中，重组的 HP0272 能够诱导很高的抗体水平，并且其抗体能够提供很好的保护效力以抵抗致病性 SS2 的人工感染（Chen et al.，2010）。

一、保护性抗原 HP0197 特性分析

新保护性抗原 HP0197 在所有鉴定的抗原中保护效力最高，且抗体也具有较好的被动免疫效果。因此 HP0197 可以作为新型疫苗的重要抗原成分。而且 HP0197 与目前报道的任何蛋白均没有很高的序列同源性，也不能有效地通过生物信息学等工具来预测其功能。因此蛋白免疫机制的研究对于阐明该蛋白质的功能具有重要意义。

二、保护性抗原 HP1036 特性分析

保护性抗原 HP1036 与 IgA1 蛋白酶具有一定的序列同源性（41%）。通过对 HP1036 蛋白序列进行分析，发现 HP1036 与肺炎链球菌的 IgA1 蛋白酶具有相似的结构域。基于结构域分析（Romanello et al.，2006），HP1036 的前 43 个氨基酸为信号肽，紧跟着为 LPNTG 细胞壁定位序列，后为两个跨膜区及三个 G5 结构域。HP1036 的 C 端为 Peptidase_M26 结构域，包含有锌结合的 HEMTH 基序及活性位点谷氨酸（位于组氨酸残基下游的第 20 个氨基酸残基处）。相似的结构表明保护性抗原 HP1036 是猪链球菌 2 型的 IgA1 蛋白酶。

毫无疑问 IgA 是宿主黏膜免疫的重要分子（Monteiro and Van De Winkel，2003），而且呼吸道黏膜表面 90%的 IgA 是 IgA1。水解 IgA1 是许多病原菌对抗宿主的黏膜免疫系统的机制（Diebel et al.，2004），因此 IgA 蛋白酶被认为是革兰氏阴性细菌（Diebel et al.，2004）和一些革兰氏阳性细菌的毒力因子。鉴于 IgA1 蛋白酶在对抗宿主黏膜免疫中的重要功能，猪链球菌的 HP1036 可能在其致病机制方面也具有重要意义。

在前期研究中发现重组表达的 HP1036 的 N 端结构域并不能与康复血清反应，因此错误地认为其不是免疫原性蛋白。通过对 HP1036 结构域的分析，表明 HP1036 是猪链球菌的 IgA1 蛋白酶（Zhang et al.，2010），以表达其 N 端结构域的方式来分析其免疫反

应性是不合理的。因此本研究重新重组表达了 HP1036 的 C 端结构域，通过免疫反应性分析，表明 HP1036 是猪链球菌的免疫原性蛋白，感染后可产生 HP1036 的抗体。

三、保护性抗原 Enolase 特性分析

Enolase 是一种糖酵解酶，可催化磷酸甘油酸转化为磷酸烯醇式丙酮酸，被认为是多个血清群链球菌表面的多功能蛋白（Bergmann et al.，2001）。Enolase 可以与感染宿主的纤维蛋白酶原结合并将其激活为纤维酶（Jones and Holt，2007），从而帮助细菌突破胞外基质（Bergmann et al.，2001；Pancholi，2001）。鉴于 Enolase 在激活纤维蛋白酶原及突破宿主的组织屏障方面的重要作用，Enolase 的抗体被认为是一种重要的辅助疫苗（Whiting et al.，2002）。猪链球菌的 Enolase 与 A 群链球菌的序列同源性高达 93%，表明 Enolase 可能在猪链球菌的致病过程中发挥同样重要的作用，是一种重要的功能蛋白。

四、保护性抗原 HP0272 特性分析

预测分析 HP0272 的氨基酸序列发现其 C 端包含一个 LPNTG 的典型革兰氏阳性菌表面蛋白锚定序列，N 端第 44 位丙氨酸和第 45 位谷氨酸之间是一个潜在的信号肽切割位点。在这个蛋白质的 C 端还发现了两个长度为 88 个氨基酸的重复序列，并且两个重复序列之间重叠了 28 个氨基酸。进一步的序列分析发现，其 500 位苏氨酸和 655 位甲硫氨酸之间是一个脂蛋白的保守结构域，该结构域与胸膜炎肺炎放线杆菌的外膜脂蛋白 A 之间有 36%的同源性。此外，*hp0272* 基因存在于大多数 SS2 致病性菌株及一半的参考血清型菌株中。至今，HP0272 的具体功能尚未被阐明。

五、细胞膜相关蛋白 SSU0434 特性分析

SSU0434（cell division protein，FtsZ）一个微管蛋白样的鸟苷酸三磷酸酶，位于细菌细胞中部，在细菌的细胞分化中发挥重要作用，介导细胞质分裂。它的同源染色体几乎存在于所有的真细菌和古细菌中。在细胞分化过程中，GTP 存在时 FtsZ 形成多聚物，GTP 可以添补其他的分化蛋白组成细胞分化器官。因此，FtsZ 聚合作用的抑制会阻止细胞分化，导致细胞死亡。在体外 FtsZ 通过纵向的相互作用，聚合和诱导 GTPase 活性，形成原丝，同时横向的相互作用产生束，原丝的作用与它的真核同源微管蛋白相似。在体外，FtsZ 是形成双倍体的原丝，但是原丝表面的主要成分及涉及体内外横向分裂的机制还不清楚。将 SSU0434 表达纯化后免疫小鼠，二免 14 天后以 2×10^9CFU 攻毒，能提供 83.3%的保护效力。

六、细胞膜相关蛋白 SSU0482 特性分析

SSU0482（elongation factor Tu，EF-Tu）延伸因子是执行不同细胞功能的调节性 GTP 水解酶（G 蛋白）超家族的一个成员，G 蛋白与跨膜信号的排序和扩增、合成方向及蛋

白翻译有关。EF-Tu 除了在翻译中起作用，还有伴侣性质，可能参与的不仅仅是翻译过程，还包括细胞质蛋白折叠和复性。在核糖体的蛋白质合成中参与延伸循环，也参与细胞支架的体系构建，组成有丝分裂装置、细胞增殖和信号转导。EF-Tu 是其中一个磷脂酰肌醇-4-激酶的肌动蛋白相关的活化剂，调节 4-磷酸盐磷脂酰肌醇和 4,5-二磷酸磷脂酰肌醇的水平，也可能通过这些过程调节肿瘤的发生。枯草芽孢杆菌中，翻译起始因子 EF-Tu 在细胞形状的保持中起重要作用。EF-Tu 是翻译系统中把 aa-tRNA 传递给核糖体的一种蛋白质。野生型 EF-Tu 有效地结合于携带氨基酸的 aa-tRNA，但是不能结合于携带某些非天然氨基酸的 aa-tRNA。EF-Tu 突变株是 tRNA 氨酰化的有效工具，尤其是氨酰化非天然的氨基酸，这与野生型 EF-Tu 是矛盾的。尽管野生型 EF-Tu 可以用来评价氨酰化效率，但是它不能定量地结合在携带体积庞大的非天然氨基酸的 aa-tRNA 上，如 2acAla 和 BFLAF。细菌的延伸因子（EF-Tu）作为疫苗免疫原，在免疫的小鼠体内能引起抗体反应和 CMI（type 1 cellular-mediated immune）反应。已知 EF-Tu 在细菌的蛋白质合成中起作用，作为 GTP 酶催化氨酰基-tRNA 向核糖体转运。有证据证明 EF-Tu 还有其他的功能，包括细菌黏附和侵入。EF-Tu 位于类鼻疽伯克氏菌等致病菌的表面。EF-Tu 缺乏可识别的信号序列，并且 EF-Tu 被转运到细菌表面的机制也不清楚。免疫蛋白质组学的方法已经鉴定在胞内致病菌中，EF-Tu 是一个免疫原性蛋白。

将 SSU0482 表达纯化后免疫小鼠，二免 14 天后以 2×10^9CFU 攻毒，能提供 83.3% 的保护效力。

七、细胞膜相关蛋白 SSU1853 特性分析

SSU1853（amino-acid ABC transporter extracellular-binding protein）ABC 转运蛋白是在所有生物中发现的流出转运蛋白。这些蛋白质与通过特别的胞内膜输送异生素和内源代谢物有关，因此减轻了有毒复合物的细胞浓缩。与几种线虫和寄生的节肢动物的药物抵抗性有关，与葡萄糖和脂质的内环境稳定也有关，它们可以调节胰岛素分泌，消除身体内过量的胆固醇。ABC 转运蛋白基因编码跨膜蛋白最大的家族，改变很多跨膜底物的位置，但是它们的生理功能没有被完全了解。血脑屏障中的 ABC 转运蛋白在中枢神经系统疾病的治疗和发病机制中越来越重要。有多个跨膜区的膜蛋白，利用 ATP 转运一系列的底物穿过细胞膜。ABC 转运蛋白与一些人类疾病有关。转运蛋白底物的过度表达与癌症中细菌和病毒的多药抗性有密切关系。ABC 转运蛋白的一个重要方面，并且很少被认识的是它调节转运蛋白的磷酰化机制。个别的激酶可以调节转运蛋白的功能。细菌的 ABC 转运蛋白是跨膜转运蛋白（拥有一个广泛种类的底物）中一个重要的种类，并且对于几种细菌（包括肺炎链球菌）的病原体的毒力非常重要。目前已经研究出了很多肺炎链球菌的 ABC 转运蛋白在毒力上的作用。

将 SSU1853 表达纯化后免疫小鼠，二免 14 天后以 2×10^9CFU 攻毒，能提供 83.3% 的保护效力。

八、细菌保守性抗原 6-磷酸葡萄糖脱氢酶（6PGD）的特性分析

6-磷酸葡萄糖脱氢酶（6PGD）是一种存在于原核生物和真核生物中，具有重要的生理学功能的酶。6PGD 参与戊糖磷酸代谢途径，把 6-磷酸葡萄糖转化为 5-核糖磷酸，同时能生成还原型辅酶Ⅱ（NADPH）。此途径是生物体中 NADPH 的主要来源，而生成的 5-核糖磷酸是核酸合成的原料。许多物种中都有该基因的存在，原核生物和真核生物中的该蛋白质一般都由约 470 个氨基酸组成，具有一些保守的功能域。人类也含有该基因，并且与多种疾病相关。

猪链球菌 2 型 6-磷酸葡萄糖脱氢酶基因（*6pgd*）编码 475aa，经过 BLAST 比较分析发现猪链球菌 2 型的 *6pgd* 基因编码的蛋白质与其他细菌的 6PGD 同源性很高。用大肠杆菌重组的蛋白免疫兔后，得到了高滴度的抗体。运用此兔抗血清，经 Western-blot 证实猪链球菌 2 型的 6PGD 蛋白也定位在细胞表面。进一步通过小鼠和猪体内试验开展其免疫原性研究，发现 6PGD 免疫在小鼠和猪中分别能提供 80%和 50%的保护。而且此重组蛋白处理细胞后能大幅度地抑制猪链球菌 2 型对宿主细胞的黏附。由于 6PGD 蛋白非常保守，各血清型都含有该基因，所以有可能对异源菌的攻击也能提供保护。

九、保护性抗原提供高效保护效力的机制分析

保护性抗原 HP0197、HP1036 及 Enolase 免疫后可以提供较高的保护效力。本研究对其机制进行了系统分析，研究结果表明，3 种保护性抗原均可以诱导很高的抗体水平，通过检测 IgG1 和 IgG2a 来评价其诱导的免疫类型发现，所有蛋白质均可诱导高滴度的 IgG2a 抗体，即诱导高水平的 Th1 型免疫应答。而宿主清除链球菌感染主要依靠调理吞噬作用，而调理吞噬作用主要与 Th1 型免疫应答相关（Brazeau et al.，1996），因此 HP0197、HP1036、Enolase 可以诱导高水平的 Th1 型免疫应答是其提供较高保护效力的机制。

为了进一步证实保护性抗原免疫后可以产生较高水平的调理吞噬抗体，对 HP0197、HP1036、Enolase 所诱导产生抗体的调理吞噬作用进行了分析，与诱导的免疫类型相一致，HP0197、HP1036、Enolase 抗体具有较高的调理吞噬作用，且 HP0197 可以诱导最高水平的调理吞噬抗体。被动免疫试验进一步说明 HP0197 的抗体可以提供高水平的保护效力。

病原菌感染宿主时，面对宿主体内的“恶劣”环境，常常会上调表达某些毒力相关蛋白。因此感染后上调表达可能是某些毒力因子的“特性”之一。本研究使用实时定量 PCR 初步评价了 3 种新的保护性抗原在体内诱导表达的特性，发现所筛选的保护性抗原均体内增强表达，暗示这些蛋白质在细菌感染宿主过程中可能发挥一定作用。因此，诱导高水平 Th1 型免疫应答或诱导高水平的调理吞噬抗体应该是新的保护性抗原产生较高保护效力的机制。其体内感染后上调表达的特性可能与其致病机制相关。

总之，由于保护性抗原通常在细菌的致病过程中发挥重要作用，因此保护性抗原的发掘不仅对新型疫苗的研制意义重大，其鉴定对阐明细菌的分子致病机制及分子免疫机制也具有重要意义。

参 考 文 献

赵辉, 乐军. 2004. 比较蛋白质组学在病原菌研究中的应用价值. 国际检验医学杂志, 25(4): 352-353.

赵蔚. 2004. 病原微生物蛋白质组研究. 微生物学免疫学进展, 32(1): 30-34.

Andresen L O, Tegtmeier C. 2001. Passive immunization of pigs against experimental infection with *Streptococcus suis* serotype 2. Vet Microbiol, 81(4): 331-344.

Benga L, Goethe R, Grosse Beilage E, et al. 2004. Immunogenicity of murein-associated proteins from temperature-stressed *Streptococcus suis* cultures. J Vet Med B Infect Dis Vet Public Health, 51(6): 272-277.

Bergmann S, Rohde M, Chhatwal G S, et al. 2001. Alpha-Enolase of *Streptococcus pneumoniae* is a plasmin(ogen)-binding protein displayed on the bacterial cell surface. Mol Microbiol, 40(6): 1273-1287.

Brazeau C, Gottschalk M, Vincelette S, et al. 1996. *In vitro* phagocytosis and survival of *Streptococcus suis* capsular type 2 inside murine macrophages. Microbiology, 142(Pt 5): 1231-1237.

Chen B, Zhang A, Li R, et al. 2010. Evaluation of the protective efficacy of a newly identified immunogenic protein, HP0272, of *Streptococcus suis*. FEMS Microbiol Lett, 307(1): 12-18.

Diebel L N, Liberati D M, Baylor A E, et al. 2004. Immunoglobulin a protease is a virulence factor for gram-negative pneumonia. Surgery, 136(4): 937-943.

Geng H, Zhu L, Yuan Y, et al. 2008. Identification and characterization of novel immunogenic proteins of *Streptococcus suis* serotype 2. J Proteome Res, 7(9): 4132-4142.

Jacobs A A, van den Berg A J, Loeffen P L. 1996. Protection of experimentally infected pigs by suilysin, the thiol-activated haemolysin of *Streptococcus suis*. Vet Rec, 139(10): 225-228.

Jones M N, Holt R G. 2007. Cloning and characterization of an alpha-enolase of the oral pathogen *Streptococcus mutans* that binds human plasminogen. Biochem Biophys Res Commun, 364(4): 924-929.

Li Y, Gottschalk M, Esgleas M, et al. 2007. Immunization with recombinant Sao protein confers protection against *Streptococcus suis* infection. Clin Vaccine Immunol, 14(8): 937-943.

Li Y, Martinez G, Gottschalk M, et al. 2006. Identification of a surface protein of *Streptococcus suis* and evaluation of its immunogenic and protective capacity in pigs. Infect Immun, 74(1): 305-312.

Monteiro R C, Van De Winkel J G. 2003. IgA Fc receptors. Annu Rev Immunol, 21: 1784.

Okwumabua O, Chinnapapakkagari S. 2005. Identification of the gene encoding a 38-kilodalton immunogenic and protective antigen of *Streptococcus suis*. Clin Diagn Lab Immunol, 12(4): 484-490.

Pancholi V. 2001. Multifunctional alpha-enolase: its role in diseases. Cell Mol Life Sci, 58(7): 902-920.

Rollins S M, Peppercorn A, Hang L, et al. 2005. *In vivo* induced antigen technology(IVIAT). Cell Microbiol, 7(1): 1-9.

Romanello V, Marcacci M, Dal Molin F, et al. 2006. Cloning, expression, purification, and characterization of *Streptococcus pneumoniae* IgA1 protease. Protein Expr Purif, 45(1): 142-149.

Serruto D, Rappuoli R. 2006. Post-genomic vaccine development. FEBS Lett, 580(12): 2985-2992.

Stranger-Jones Y K, Bae T, Schneewind O. 2006. Vaccine assembly from surface proteins of *Staphylococcus aureus*. Proc Natl Acad Sci USA, 103(45): 16942-16947.

Whiting G C, Evans J T, Patel S, et al. 2002. Purification of native alpha-enolase from *Streptococcus pneumoniae* that binds plasminogen and is immunogenic. J Med Microbiol, 51(10): 837-843.

Wisselink H J, Vecht U, Stockhofe-Zurwieden N, et al. 2001. Protection of pigs against challenge with virulent *Streptococcus suis* serotype 2 strains by a muramidase-released protein and extracellular factor vaccine. Vet Rec, 148(15): 473-477.

Zhang A, Mu X, Chen B, et al. 2010. Identification and characterization of IgA1 protease from *Streptococcus suis*. Vet Microbiol, 140(1-2): 171-175.

Zhang A, Xie C, Chen H, et al. 2008. Identification of immunogenic cell wall-associated proteins of *Streptococcus suis* serotype 2. Proteomics, 8(17): 3506-3515.

第七章　猪链球菌病诊断新技术

内容提要　猪链球菌鉴定方法主要包括生化鉴定、血清学鉴定及基于细菌内核酸和蛋白质的分子鉴定法。为了临床快速诊断猪链球菌病及猪场展开猪链球菌防控工作，金梅林及其团队分别以猪链球菌2型的荚膜合成相关基因、表面荚膜多糖抗原及体内诱导表达的表面膜蛋白SsnA作为诊断靶标，建立了PCR、胶体金、ELISA等技术手段，研发了一批临床猪链球菌诊断新技术，为猪链球菌病防控检测提供了重要的工具。

猪链球菌是一种条件致病性病原菌，成年猪感染后一般不表现任何临床症状。但是，受到应激因素的刺激，往往会加剧发病率和死亡率。血清学调查或抗体水平检测有助于了解猪群中链球菌感染状况，为控制猪链球菌病提供科学的依据。猪链球菌的诊断可以分为抗体和抗原两部分。抗原的方法研究较多，而抗体的方法研究较少。

第一节　猪链球菌2型抗体胶体金检测方法

猪链球菌是以荚膜多糖（capsular polysaccharides，CPS）作为分型基础，因此，目前抗体检测的方法主要是检测抗CPS抗体。目前对猪链球菌2型抗体检测的方法可以采用ELISA、琼脂扩散等，但是这些方法都不能做到快速检测抗体。基于胶体金的优点，将猪链球菌2型CPS与胶体金技术相结合，根据免疫层析原理，以胶体金标记的SPA作为探针，以纯化的SS2 CPS和健康猪IgG分别作为检测线和对照线捕获试剂，成功研制了一种SS2抗体快速检测试纸条，该试纸条具有检测快速和使用方便等优点。检测时不需要专门的实验室设备和专业技术人员，可以用于临床检测和现场检测；检测时间短，一般只需要10min左右；根据试纸条上检测线和对照线显色情况，很容易进行结果判定。目前已开发出能快速检测猪链球菌2型ELISA抗体胶体金的检测方法。

一、荚膜多糖抗原的制备

猪链球菌2型抗体胶体金是以荚膜多糖作为抗原进行制备的。以四川05ZY菌株作为荚膜多糖提取菌株，接种于2L THB培养基中，37℃振荡（200r/min）培养8h，加入终浓度为0.5%（*V*/*V*）的甲醛溶液，室温放置16h灭活细菌。于4℃ 6000*g*离心5min。收集菌体并用生理盐水洗2次。用50ml 100mmol/L含5mg溶菌酶的甘氨酸缓冲液（pH 9.2）重悬沉淀。37℃放置8h，每隔1h振荡一次。10 000*g*离心30min，将上清转移至另一离心管中。煮沸10min，于15 000*g*离心30min，将上清转移至另一离心管中，加入4倍体积的无水乙醇，室温放置30min，于15 000*g*离心30min，用50ml PBS（pH值

7.2）溶解沉淀，并于去离子水中透析 24h，每 4～6h，更换透析液一次，得到粗提荚膜多糖。用 Sepharose CL-6B 凝胶对粗提的荚膜多糖进行纯化。经过反复验证，2.0mg/ml 纯化的荚膜多糖可以作为抗原。

二、胶体金的制备与试纸条组装

采用柠檬酸三钠还原法制备胶体金溶液：向 99ml 三蒸水中加入 1ml 1%氯金酸溶液，加热至沸腾，迅速加入 2.4ml 新鲜配制的 1.05%（*m*/*V*）柠檬酸三钠溶液，并充分混匀，继续加热 5～10min，溶液颜色由蓝色变为红色即可。冷却至室温后，用 0.22μm 滤膜过滤，分装后 4℃避光保存备用。用柠檬酸三钠还原法成功制备颗粒大小形状均一、直径约为 15nm 的胶体金溶液。扫描电镜观察胶体金颗粒照片如图 7-1 所示。

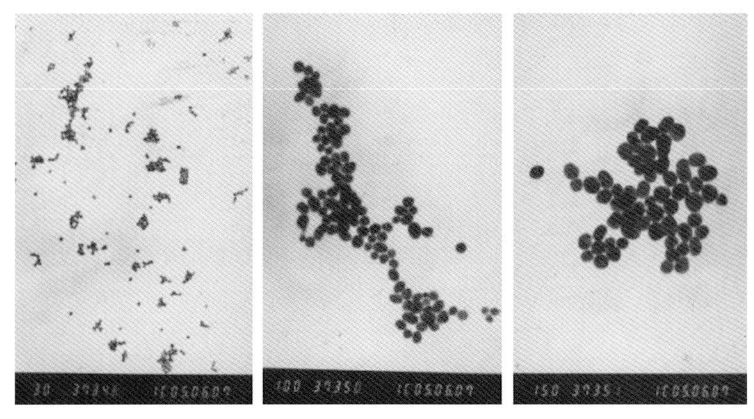

图 7-1　胶体金颗粒

将制备好的胶体金进行 SPA 最佳蛋白浓度的标记，一般用固定胶体金溶液体积（1ml）、改变蛋白质用量（体积）的方法进行。在 10 支洁净玻璃管中，加入 1ml 胶体金溶液（pH 6.5），然后分别加入不同体积的 SPA 溶液（1mg/ml）。振荡混匀，室温放置 30min，然后向各管中加入 200μl 10%（*m*/*V*）的氯化钠溶液，混匀，室温放置 2h，观察每管中液体颜色变化情况。如果没有 SPA 或者 SPA 量不足，反应物会变为蓝色，如果 SPA 是适量或过量的，溶液则会呈红色，即保持胶体金的颜色不变。我们采用胶体金 SPA 标记物点样时，以 50μl/cm 为宜。最终胶体金组装图如图 7-2 所示。

血清样品中的 IgG 首先与金标 SPA 发生反应，形成复合物，在毛细作用下，复合物向前移动，如果样品中含有特异性抗体，则会被硝酸纤维素膜上的荚膜多糖结合，形成一条红色的条带（检测线）。过量的金标 SPA 会继续前移，与硝酸纤维素膜上的 IgG 结合形成另一条红色条带（对照线）。如果样品中不含特异性抗体，只会形成一条对照线。检测时，将试纸条平放，向加样孔中加入约 120μl 40 倍稀释的血清，15min 内观察结果。出现两条线的为阳性（图 7-2A），只有对照线显色的为阴性（图 7-2B），对照线不显色表明检测无效（图 7-2 C、D）。

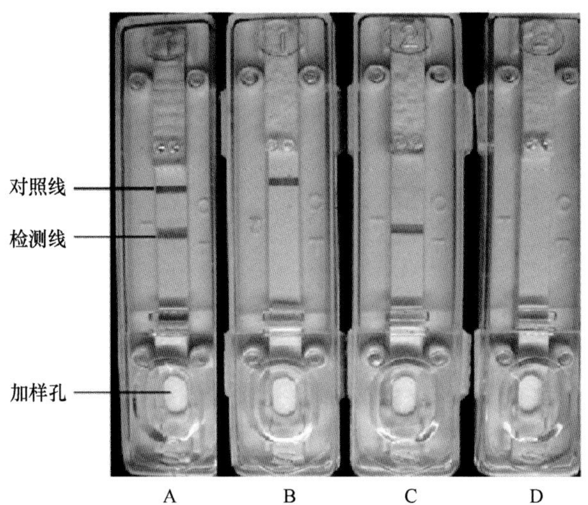

图 7-2　试纸条检测结果判定示意图

A. 阳性；B. 阴性；C、D. 无效

三、胶体金试纸条效果的检测

将制备的猪链球菌 2 型抗体胶体金检测试纸条对猪链球菌 2 型的康复血清进行了检测，结果如下所述。

用试纸条检测 4 头 SS2 实验感染猪康复血清，共 16 份。试纸条检测结果均为阳性，与 ELISA 检测结果完全一致。ELISA 检测结果显示，在感染后第 3、第 4 周抗体滴度达到高峰，第 5 周后，抗体滴度开始下降，检测结果如表 7-1 所示。

表 7-1　检测康复血清结果

编号	感染后时间/周				
	2	3	4	5	6
1	+ /0.453†	+ /0.602	+ /0.661	+ /0.334	NT‡
2	+ /0.602	+ /0.591	+ /0.488	+ /0.501	+ /0.285
3	+/0.565	+ /0.713	+ /0.533	+ /0.390	NT
4	+ /0.402	NT	+ /0.511	+ /0.508	NT

"+"表示试纸条检测为阳性；"†"表示 ELISA 检测 OD_{630nm} 值（试验中结果判定阳性与阴性样品临界值为 0.157；OD_{630nm} ＞0.157 时为阳性；OD_{630nm}＜0.157 为阴性）；"‡" 表示没有检测

同时也检测了 24 份 SS2 猪高免血清，并与 ELISA 结果比较，结果均为阳性，与 ELISA 检测结果完全一致。检测 68 份其他细菌高免血清及健康猪血清，除 1 份 SS1 猪高免血清为阳性外，其余均为阴性，与 ELISA 检测结果一致。健康猪血清和 PBS 对照样品均为阴性。详细结果如表 7-2 所示。

表 7-2　检测 SS2 高免血清和其他血清结果

免疫原	总数	ICS		ELISA
		阳/阴	阳/阴	OD_{630nm}
S. suis SCZY05	8	8/0	8/0	1.190±0.132
S. suis 2 LT01	8	8/0	8/0	1.121±0.149
S. suis 2 LT02	8	8/0	8/0	1.150±0.202
S. suis 1 050412	8	1/7*	1/7	0.140±0.435†
S. suis C55138	8	0/8	0/8	0.121±0.021
S. suis C55162	8	0/8	0/8	0.111±0.018
E. coli	7	0/7	0/7	0.137±0.029
P. multocida	9	0/9	0/9	0.116±0.015
H. parasuis	11	0/11	0/11	0.124±0.043
S. typhi	4	0/4	0/4	0.098±0.023
健康对照	8	0/8	0/8	0.118±0.013
PBS	5	0/5	0/5	0.068±0.015

*. 试纸条检测编号为 G4-3 样品结果为阳性；†. ELISA 检测编号为 G4-3 样品结果为弱阳性（OD_{630nm}=0.243）

随后将胶体金试纸条应用于临床血清检测。用试纸条和 ELISA 两种方法对 486 份临床血清样品进行抗体定性检测。其中，试纸条检测结果，有 223 份阳性和 263 份阴性，阳性率为 45.9%。ELISA 检测结果是 228 份阳性和 258 份阴性，阳性率为 46.9%。另外，209 份样品试纸条和 ELISA 检测结果均为阳性，244 份样品试纸条和 ELISA 检测结果均为阴性。有 14 份试纸条检测为阳性的样品，ELISA 检测时为阴性，19 份 ELISA 检测时为阳性的样品，试纸条检测为阴性。相对于 ELISA，试纸条法的特异性和敏感性分别为 94.6%（244/258）和 91.7%（209/228）。用 Kappa 统计方法分析，试纸条法和 ELISA 法检测结果之间的符合度非常高（Kappa=0.863）（Kappa＞0.800 时，表示两种方法符合度非常高，并且两种方法可以互相取代）。详细结果见表 7-3。

表 7-3　临床样品抗体检测结果

组别		ELISA		
		阳性	阴性	总数
试纸条	阳性	209	14	223
	阴性	19	244	263
	总数	228	258	486

注：特异性为 244/258=94.6%；敏感性为 209/228=91.7%；

Po=（209+244）/486=93.2%；Pe=［（226/486）×（223/486）+（258/486）×（263/486）］=0.502，Kappa=（Po–Pe）/（1–Pe）=0.430/0.498=0.863

用试纸条和 ELISA 两种方法检测 20 份阳性血清（SS2 高免血清）抗体滴度，试纸条检测血清抗体滴度范围在（1∶2560）～（1∶160）。试纸条检测结果有 12 份与 ELISA 完全一致，5 份比 ELISA 检测低 1 个滴度，3 份比 ELISA 检测高 1 个滴度。

此外还对试纸条的保质期进行了试验。将试纸条在 4℃保存不同时间（月）：1、2、

3、4、5、6、7、8、9，然后检测30份SS2阳性血清及10份健康对照猪血清结果表明，在4℃保存7个月内，试纸条检测结果没有任何变化，用在4℃保存8个月和9个月的试纸条检测时，均有2份为假阳性（2/30）。检测10份阴性样品均为阴性。详细结果如表7-4所示。初步表明，试纸条在4℃保存7个月，敏感性和特异性均不受影响。

表 7-4　试纸条保质期试验

检测样品/份	4℃保存不同时间/月								
	1	2	3	4	5	6	7	8	9
阳性样品（30）	30/0	30/0	30/0	30/0	30/0	30/0	30/0	28/2	28/2
阴性样品（10）	0/10	0/10	0/10	0/10	0/10	0/10	0/10	0/10	0/10

注：*n*/*m*. 表示阳性样品数量/阴性样品数量

综上所述，该试纸条具有检测快速和使用方便等优点。检测时不需要专门的实验室设备和专业技术人员，可以用于临床检测和现场检测；检测时间短，只需要10min即可对结果进行判定。

第二节　猪链球菌PCR检测方法

PCR是一种快速而特异的检测方法，具有敏感性高、特异性强、操作简单、成本低等特点。根据已知的荚膜多糖抗原基因特异性序列，针对猪链球菌2型建立了相应的PCR方法，该方法敏感性极高，可直接从扁桃体的混合细菌分离物中提取核酸进行检测，无须进行细菌纯分离培养。整个过程耗时不超过7h左右，而传统方法至少需要两天至一周的时间。PCR诊断方法对疾病发生时的快速诊断和流行病学调查有重要的意义，适合在实验室中对大批量样品的诊断（Smith et al.，1997）。金梅林团队根据已报道的猪链球菌荚膜多糖的特异性基因（*cps2J*）序列设计引物，建立了快速、方便、准确的猪链球菌2型PCR检测方法，并且研制成PCR试剂盒。

选择猪链球菌2型阳性参考株SC-1、SC-2、SC-3、HB-LT、S-0006、S-0138、S-0198、S-0333、S-0526，阴性参考菌株猪链球菌7型HB-7、葡萄球菌、产志贺毒素大肠杆菌、猪霍乱沙门氏菌、副猪嗜血杆菌、猪胸膜肺炎放线杆菌、猪产毒多杀性巴氏杆菌和猪支气管败血波氏杆菌。

根据GenBank中报道的*cps2J*基因，自行设计了扩增引物，其扩增产物片段大小为830bp，并对扩增条件进行了进一步优化。

一、PCR扩增条件的优化

（一）最佳DNA聚合酶使用浓度的确定

在体系中其余成分一致的情况下，在各体系中加入不同量的DNA聚合酶。从跑胶结果中我们可以发现，使用1.25U或更少的聚合酶，其扩增条带较淡，而聚合酶多于5U的体系反而会出现非特异性条带。根据以上的实验结果我们决定选择2.5U的酶作为一次反应的使用量（图 7-3）。

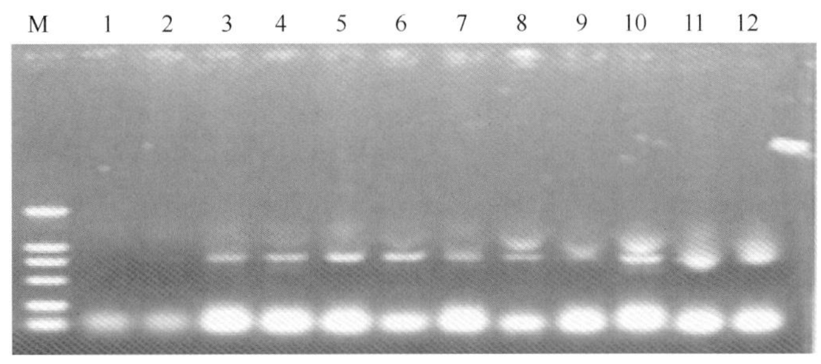

图 7-3　含有不同 DNA 聚合酶浓度反应体系的 PCR 结果

M. DNA marker；1、2. 0.5U r*Taq* 酶的 PCR 体系；3、4. 1.25U r*Taq* 酶的 PCR 体系；5、6. 2.5U r*Taq* 酶的 PCR 体系；7、8. 5U r*Taq* 酶的 PCR 体系；9、10. 10U r*Taq* 酶的 PCR 体系；11、12. 15U r*Taq* 酶的 PCR 体系

（二）最佳 dNTP 工作浓度的确定

以 dNTP 为变量进行 PCR 扩增并跑胶鉴定，dNTP 在 0.02mmol/L 以上时扩增效果无明显差别（图 7-4），综合考虑成本与扩增效果，我们选择 0.08mmol/L 的终浓度作为 PCR 体系中 dNTP 的工作浓度。

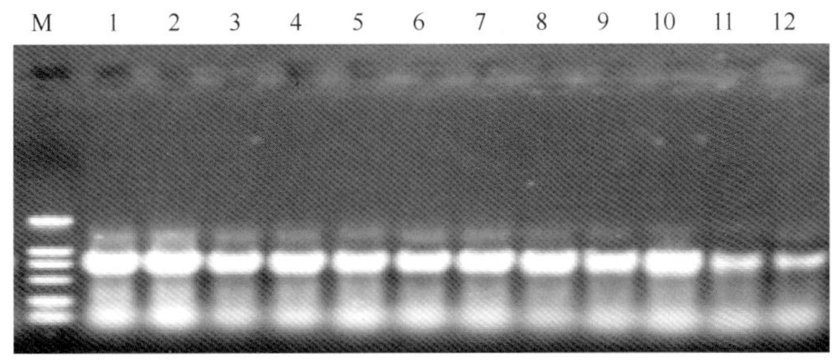

图 7-4　不同 dNTP 浓度反应体系 PCR 结果

M. DNA marker；1、2. dNTP 浓度 0.32mmol/L；3、4. dNTP 浓度 0.16mmol/L；5、6. dNTP 浓度 0.08mmol/L；7、8. dNTP 浓度 0.04mmol/L；9、10. dNTP 浓度 0.02mmol/L；11、12. dNTP 浓度 0.01mmol/L

（三）最佳引物工作浓度的确定

以引物浓度为变量进行扩增，我们发现引物的浓度对阳性模板的扩增无显著性影响（图 7-5），所以综合考虑到成本与体系配制的便利，我们选择 0.4mmol/L 的引物终浓度作为最佳的引物工作浓度。

（四）最佳退火温度

根据跑胶结果，我们选择 55.2℃作为最佳退火温度（图 7-6）。由于实际操作中 PCR 仪一般不能精确到小数点后一位，所以我们选择 56℃。

（五）最佳延伸时间的确定

根据电泳图片，我们可以清晰地发现延伸时间小于 60s 时扩增片段的长度偏小，所以 60s 是最合适的延伸时间（图 7-7）。

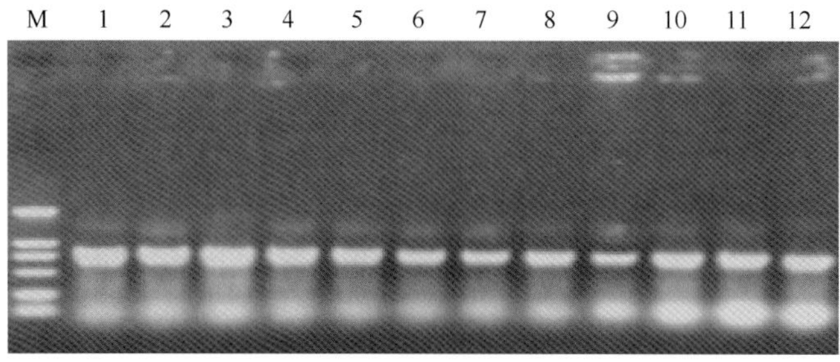

图 7-5　含有不同引物浓度反应体系的 PCR 结果

M. DNA marker；1、2. 引物浓度 0.05mmol/L；3、4. 引物浓度 0.1mmol/L；5、6. 引物浓度 0.2mmol/L；7、8. 引物浓度 0.4mmol/L；9、10. 引物浓度 0.8mmol/L；11、12. 引物浓度为 0.16mmol/L

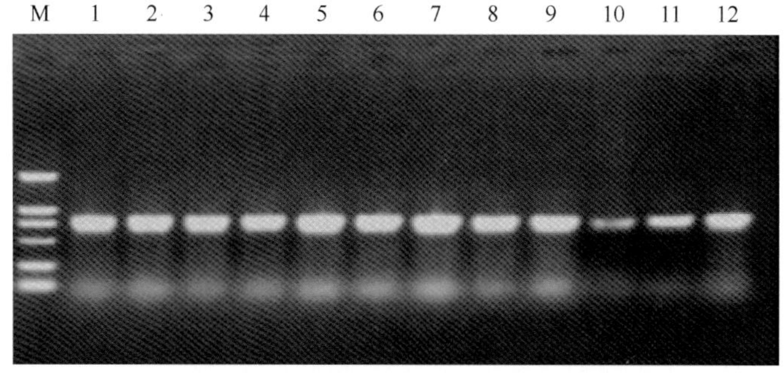

图 7-6　不同退火温度的 PCR 结果

1～12 泳道依次退火温度为 59.2℃、59.2℃、58.3℃、57.2℃、56.6℃、55.2℃、54.6℃、53.8℃、53.1℃、52.1℃、51.3℃、50.8℃；M. DNA marker

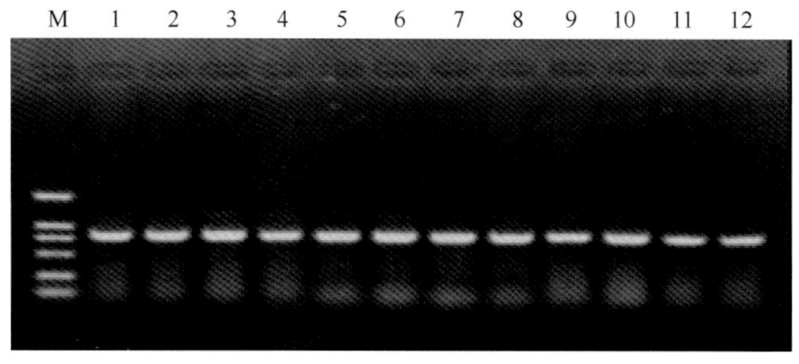

图 7-7　不同延伸时间的 PCR 结果

M. DNA marker；1、2. 延伸时间 2min；3、4. 延伸时间 90s；5、6. 延伸时间 60s；7、8. 延伸时间 50s；9、10. 延伸时间为 40s；11、12. 延伸时间为 30s

二、PCR 检测方法敏感性与可靠性的验证

对建立的 PCR 方法进行了敏感性试验，用猪链球菌 2 型 SC-1 菌株的培养液作模板，并按 10^{-8}～1 稀释后取适量进行 PCR 扩增，以此测定试剂盒的敏感性。结果如图 7-8 所示，建立的 PCR 方法可以检测出含量在 600CFU 以上的猪链球菌 2 型的样本，而且结果十分稳定。

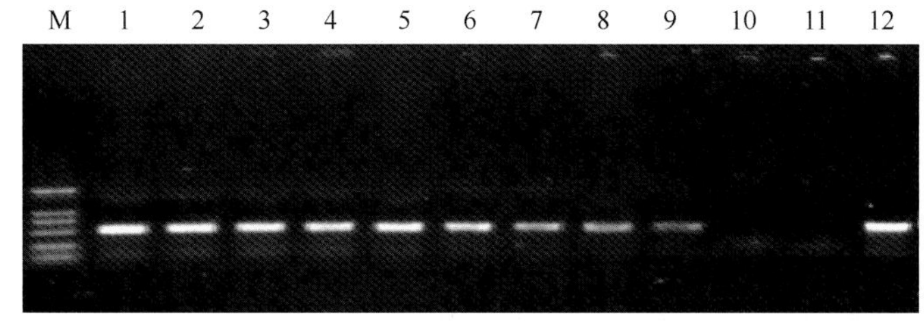

图 7-8　PCR 试剂盒的敏感性试验结果

1～7. 6.0×10^3～6.0×10^9CFU；8. 3000CFU；9. 600CFU；10. 60CFU；11. 阴性对照（无菌）；12. 阳性对照 LT-1；M. DNA marker

猪链球菌 2 型 PCR 特异性试验，我们分别用猪链球菌 1～34 血清型标准菌株阳性模板各一份，猪伪狂犬病毒（PRV）阳性模板 1 份，猪细小病毒（PPV）阳性模板 1 份，猪繁殖与呼吸综合征病毒（PRRSV）阳性模板 1 份，猪瘟病毒（HCV）阳性模板 1 份，猪口蹄疫病毒（FMDV）阳性模板 1 份，猪沙门氏菌（*S.tm*）阳性模板 1 份，猪胸膜肺炎放线杆菌（APP）1 型、3 型和 7 型阳性模板 7 份，猪副嗜血杆菌（HPS）阳性模板 12 份，猪气喘病（Mhp）阳性模板 1 份，猪大肠杆菌 O8、O138、O139、O141、O157 阳性模板 5 份，C 群链球菌病阳性模板 15 份，猪链球菌 2 型菌株阳性模板 10 份，猪链球菌 2 型阴性参考模板 30 份作为模板检测试剂盒的特异性。

猪链球菌所有血清型的标准菌株的阳性模板用猪链球菌 2 型 PCR 检测试剂盒检测，结果只有 2 型和 1/2 型为阳性（表 7-5）。将我国猪主要病毒病阳性模板和主要病原菌阳性模板用猪链球菌 2 型 PCR 检测试剂盒检测结果均为阴性；而且 5 种常见病毒和 5 种细菌阳性模板检测结果全部为阴性（表 7-6 和表 7-7）；30 份猪链球菌 2 型参考阴性模板检测结果则全部为阴性，说明猪链球菌 2 型 PCR 检测试剂盒特异性良好。

表 7-5　PCR 试剂盒检测猪链球菌所有血清型的标准菌株的 PCR 检测结果

血清型	PCR 结果	血清型	PCR 结果	血清型	PCR 结果	血清型	PCR 结果	血清型	PCR 结果
1/2	+	7	–	14	–	21	–	28	–
1	–	8	–	15	–	22	–	29	–
2	+	9	–	16	–	23	–	30	–
3	–	10	–	17	–	24	–	31	–
4	–	11	–	18	–	25	–	32	–
5	–	12	–	19	–	26	–	33	–
6	–	13	–	20	–	27	–	34	–

表 7-6　我国猪主要病毒病阳性模板的检测结果

猪病毒病阳性模板		PRV	PPV	HCV	PRRSV	FMDV	阳性对照	阴性对照
结果	1 批	–	–	–	–	–	+	–
	2 批	–	–	–	–	–	+	–
	3 批	–	–	–	–	–	+	–

表 7-7 我国猪主要病原菌阳性模板的检测结果

阳性模板	编号											
APP 阳性模板	1	2	3	4	5	6	7					
结果	–	–	–	–	–	–	–					
S.tm 阳性模板	1											
结果	–											
HPS 阳性模板	1	2	3	4	5	6	7	8	9	10	11	12
结果	–	–	–	–	–	–	–	–	–	–	–	–
E. coli 阳性模板	O8	O138	O139	O141	O157							
结果	–	–	–	–	–							
C 群链球菌阳性模板	1	2	3	4	5	6	7	8	9	10	11	12
结果	–	–	–	–	–	–	–	–	–	–	–	–

用实验室建立的猪链球菌 2 型 PCR 检测方法与国外已经报道的检测猪链球菌 2 型的 PCR 方法（Wisselink et al.，1999）同时检测 24 份已知背景的模板，对比两种方法的符合率。用实验室试制的猪链球菌 2 型 PCR 检测试剂盒与国外的猪链球菌 2 型 PCR 检测 80 份临床分离菌株的模板，对比两种方法的符合率。

使用猪链球菌 2 型 PCR 检测试剂盒检测已知背景的菌株 24 株，检测结果为阳性样品 12 份，阳性率为 50%。使用国外报道的猪链球菌 2 型 PCR 检测方法检测已知背景的菌株 24 株，检测结果为阳性样品 12 份，阳性率为 50%。符合率达到 100%。使用猪链球菌 2 型 PCR 检测试剂盒检测待检的临床分离菌株模板 80 份，检测结果为阳性样品 21 份，阳性率达 26.25%。使用国外报道的猪链球菌 2 型 PCR 检测方法检测待检的模板 80 份，检测结果为阳性样品 22 份，阳性率达 27.5%。符合率达到 98.75%。

根据上述的实验结果，我们组装了猪链球菌 2 型 PCR 的试剂盒，试剂盒包括试剂 A 管（反应管）、B 管（阳性对照管）和说明书。A 管含有 *Taq*DNA 聚合酶、buffer、dNTPs、引物、超纯水等；B 管为含有 *cps2J* 基因片段的质粒溶液。试剂盒使用时分别加入检测模板和 B 管溶液 4μl 进行 PCR。首先配制经过优化的猪链球菌 2 型 PCR 反应体系（引物终浓度 0.4mmol/L）。根据 PCR 试剂盒的规格（目前的规格是 36 次反应，在组装试剂盒的时候配制 40 次反应的总体系）决定配制反应体系的体积。同时在 PCR 管中加入反应时所需的 *Taq* 酶（2.5U），如果试剂盒提供 36 次反应则提供 36 个这样的 PCR 管。

本研究根据已报道的该特异性基因（*cps2J*）序列设计引物，旨在建立更快速、方便、准确的猪链球菌 2 型 PCR 检测方法，并且将其研制成 PCR 试剂盒，为临床上猪链球菌的快速诊断打下基础。

第三节　猪链球菌 2 型分泌核酸酶 A（SsnA）的鉴别诊断方法

Fontaine 等（2004）在致病的 2 型菌株 SX332 和后来的血清 1～9 型中，发现了一种分泌型核酸酶 SsnA。研究表明该因子锚定在细胞壁上，并在宿主体内表达。SsnA 基因大小为 3126bp，通过软件分析预测，包括 35 个氨基酸为分泌信号肽序列，22 个氨基酸为 DNA 结合区域和典型的 G^+细胞壁基序。此核酸酶的底物为单链和双链 DNA，Ca^{2+}

和 Mg^{2+}为 SsnA 的活性必需因子。反转录 PCR 表明 SsnA 在整个猪链球菌的生长过程中都表达。用猪的抗猪链球菌抗体做免疫转印发现 SsnA 在体内也表达。用去顶端的 SsnA 衍生物制备的抗血清能中和 SsnA 的活性。利用核酸电泳和免疫转印分析菌株 SX332 和它的缺失株的亚细胞成分，表明 SsnA 存在于细胞壁上。研究分析了 258 株分离于猪表面（鼻拭子或上颌棉拭子）和猪的内部（关节、脑、其他内部器官）的猪链球菌，发现核酸酶的表达水平与分离的位置有密切的关系（$P<0.001$），即 SsnA 表型在猪深层组织和浅层组织分离的细菌中具有显著差异——深层组织分离的细菌大部分表现为 SsnA 阳性，而浅层组织分离菌则表现为阴性，提示这可能是一种新型的毒力因子。

一、SsnA 重组蛋白的表达纯化

提取 05ZY 基因组作为模板，根据 SsnA 序列，设计两对引物分别扩增左臂（Pleft-1 和 Pleft-2）和右臂（Pright-1 和 Pright-2）用于扩增 SsnA。将 PCR 回收产物与 pET-28a 载体连接后，转化 DH5α，挑取白色菌落小量提取重组质粒，用 *Bam*H I 和 *Xho* I 酶切，得到 5.3kb 和 1131bp 两条带与预期结果一致，表明目的基因已成功地克隆到 pET-28a 载体中，命名为 pET28a-SsnA。

将重组质粒转化到 BL21（DE3）中进行原核表达，SDS-PAGE 检测结果显示，在 46kDa 处存在明显蛋白质表达带，并且表达产物主要为上清蛋白。SsnA 蛋白约 43kDa，与载体上一段氨基酸表达的蛋白质融合后约为 46kDa，并且表达蛋白最佳诱导时间为 6h。制备的兔抗 SsnA 多抗血清在最后一次加强免疫后 ELISA 检测结果 OD 值可达 2.1，符合作为一抗的要求。经 Western-blot 分析确证表达产物有良好的免疫学活性。

利用已知背景的猪链球菌 2 型感染血清和免疫血清，代替上述中的兔抗 SsnA 多抗血清作为一抗，分别做 Western-blot 分析。结果显示，感染血清具有较好的免疫原性（图 7-9），免疫血清无任何结果。

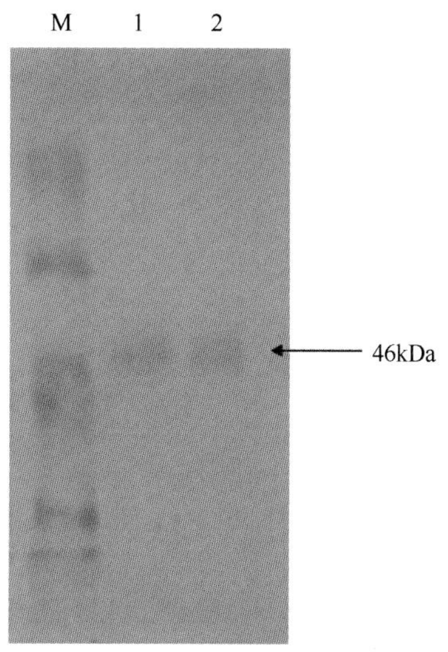

图 7-9　感染血清的 Western-blot 分析

M. 蛋白质 marker；1、2. Bl21/pET28a-SsnA 以康复血清为一抗进行 Western-blot 检测

将表达的目的蛋白纯化：利用快速蛋白液相色谱法（FPLC）按照上述步骤对提取的上清蛋白进行纯化，透析复性，蛋白质纯度可达 90%以上，同时利用考马斯亮蓝染色液和银染染色液进行染色，如图 7-10A 和图 7-10B 所示。

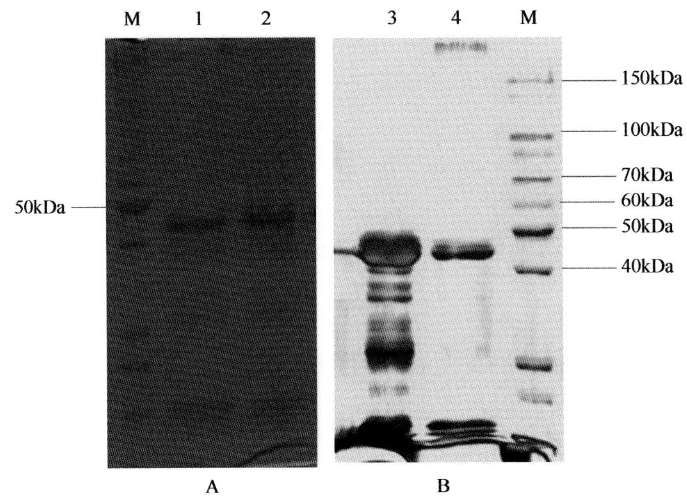

图 7-10 BL21/pET28a-SsnA 表达产物用镍亲和层析纯化的蛋白质 SDS-PAGE 分析

1、2. BL21/pET-28a-SsnA 表达纯化产物 PAGE 胶考马斯亮蓝染色结果；3、4. BL21/pET-28a-SsnA 表达纯化产物 PAGE 胶银染结果；M. 蛋白质 marker；1、2、3 和 4 均通过镍亲和层析纯化

从考马斯亮蓝染色和银染结果判断，经过纯化后大分子蛋白质基本除去，但是仍有部分小分子蛋白质存在。银染结果表明，蛋白质纯度达到 90%以上。

二、SsnA 蛋白 ELISA 方法的初步建立

（一）ELISA 方法抗原最佳包被浓度和血清稀释浓度的确定

使用纯化后的蛋白质倍比稀释包被 ELISA 板进行方阵滴定检测，反复实验结果显示，抗原最佳包被浓度为 3μg/ml，血清最佳稀释浓度为 1∶40。

（二）ELISA 方法最佳阴阳界定值的确立

选择 50 份用 CPS 检测全部为阳性的血清进行实验。经 SsnA 蛋白包被的 ELISA 板检测均为阴性，平均值为 0.207，标准偏差为 0.0934。因此 0.4 即为阴阳性界定值，即 OD_{630nm} 大于 0.4 即可判定为阳性，OD_{630nm} 小于或等于 0.4 时即判定为阴性。

（三）分析特异性实验

检测猪繁殖与呼吸道综合征、大肠杆菌、C 群链球菌、猪传染性胸膜肺炎、副猪嗜血杆菌阳性血清，均无交叉反应。说明该方法具有良好的特异性，结果见表 7-8。

（四）ELISA 方法检测感染血清与免疫血清

利用包被好的 ELISA 板，分别检测已知血清背景的猪链球菌 2 型的感染血清和免

表 7-8 ELISA 检测特异性结果

检测值	血清				
	PRRS	*E. coli*	*S. equi*	APP	HPS
OD_{630nm}	0.158	0.231	0.113	0.101	0.126

疫血清，共检测 449 份猪链球菌 2 型免疫血清，37 份猪链球菌 2 型感染血清，98 份空白猪血清。

449 份猪链球菌 2 型免疫血清中，用荚膜多糖（CPS）包被的 ELISA 板（CPS-ELISA）检测，阳性（OD_{630nm}>0.4）共有 384 份，将这 384 份血清用 SsnA 包被的 ELISA 板（SsnA-ELISA）检测，共有 88 份血清 OD_{630nm}>0.4，即为阳性，特异性为 80.4%，余下的 61 份血清 CPS-ELISA 和 SsnA-ELISA 均为阴性。在检测的 37 份感染血清中，用荚膜多糖（CPS）检测均为阳性。用 SsnA 包被的 ELISA 检测，有 30 份血清 OD_{630nm}>0.4，敏感性为 81.1%（表 7-9）。384 份 SsnA-ELISA 检测平均 OD_{630nm} 值为 0.297，37 份感染血清 SsnA-ELISA 检测平均 OD_{630nm} 值为 0.709，98 份空白血清 SsnA-ELISA 检测平均 OD_{630nm} 值为 0.122。*t* 检验比较感染血清和免疫血清（$P<0.05$=，两者具有显著的差异。

表 7-9 CPS-ELISA 和 SsnA-ELISA 检测结果

血清份数/份	CPS 阳性/份	SsnA 阳性/份	SsnA-ELISA 特异性/%	SsnA-ELISA 敏感性/%
免疫血清（449）	384	88	80.4	—
感染血清（37）	37	30	—	81.1

通过检测已知背景的 449 份免疫血清，有 80.4%的血清显示为阴性，而在检测的 37 份感染血清中，30 份（81.1%）血清显示为阳性，而且敏感性和特异性良好。结果表明猪链球菌 2 型感染血清阳性率明显高于免疫血清，这与 Fontaine 等（2004）的研究，深层组织与浅层组织中分泌核酸酶 A 的检测结果相符合。这个发现说明，分泌核酸酶蛋白 SsnA 可以作为检测猪链球菌 2 型感染与免疫的一个指标。

第四节 猪链球菌 2 型基因缺失疫苗 *ΔGlnA/ECE1* 开发及其鉴别诊断分子标识的研制

在前期研究中发现了一个毒力相关基因内皮素转化酶 1（ECE1），它是猪链球菌的一种分泌性蛋白，由 609 个氨基酸组成，同源比对发现其属于 M13 金属多肽酶家族。通过 BLAST 分析比较，猪链球菌 2 型内皮素转化酶基因与真核生物的内皮素转化酶同源性比较高（谭臣，2010）。内皮素转化酶是生物体内内皮素生物合成的一个关键酶，参与调节生物体内皮素的生物学活性（狄晴等，2007；Vatter et al.，2002）。将该基因缺失后猪链球菌 2 型致病力会大幅下降，并且其体外增殖能力没有明显影响，因此制备 *ECE1* 基因缺失弱毒疫苗菌株并搭配 ECE1 单克隆抗体可用于临床免疫及野毒菌株的检测。

为了确保弱毒疫苗菌株临床使用中的安全性，我们选择了在基因缺失菌株 *ΔGlnA* 基础上进一步缺失 *ECE1* 基因，以期获得致病力消失或进一步降低的弱毒菌株。通过同源重组的方法，获得了 *ΔGlnA/ECE1* 菌株，并在细胞与小鼠水平评价了其毒力变化。细胞受细菌损伤后，其细胞内的乳酸脱氢酶含量会随之增加，并最终释放到胞外环境中，据此可以评价细胞受损的程度。借助 ELISA 检测感染各菌株后细胞释放至细胞外培养液中乳酸脱氢酶含量的变化，发现与野毒株相比，基因缺失株对细胞的毒性显著降低。在细胞水平，*ΔGlnA/ECE1* 双缺失株的细胞毒性与 *ΔGlnA* 菌株相比略有降低，但无显著变化。但在随后的小鼠实验中，*ΔGlnA/ECE1* 双缺失株与野毒菌株或 *ΔGlnA* 缺失菌株相比，毒力大幅下降，无小鼠死亡，且基本无发病现象发生。考虑到作为疫苗菌株，其在宿主体内存活时间不能过低，因此对感染各菌株后小鼠体内组织载菌量也进行了评价，结果显示 *ΔGlnA/ECE1* 组载菌量明显低于野毒菌株，但与其亲本株 *ΔGlnA* 无明显变化，并在 3 天后仍然能够检测到其存在，双基因的缺失并没有使其完全丧失在宿主体内驻留的能力。因此 *ΔGlnA/ECE1* 双缺失株能够作为猪链球菌基因工程弱毒疫苗的候选菌株，也可以在其基础上进行进一步改造。

同时，根据 GenBank 上 SSU05_0153 序列设计了其全长的引物序列并构建相应的表达载体 pET-28a-ECE1。将构建的 pET-28a-ECE1 载体转入 BL-21 大肠杆菌菌株中并进行表达条件的摸索，最终选取 IPTG 浓度为 0.4mmol/ml 在 37℃摇床 185r/min 培养 4h 的条件为 ECE1 的表达条件（图 7-11）。

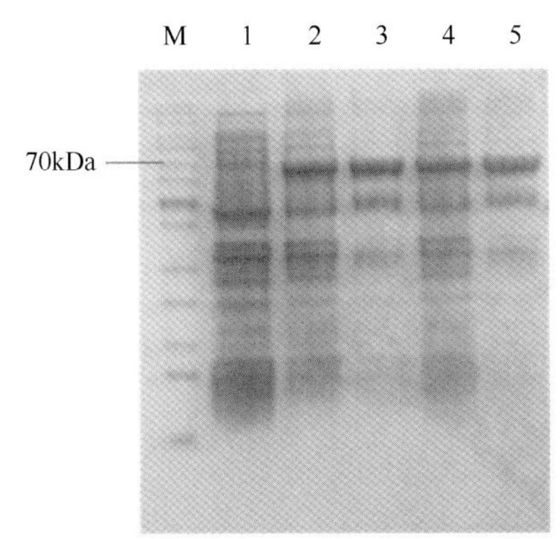

图 7-11　ECE1 在 37℃诱导表达

M. 蛋白非预染 marker；1. 阴性对照；2. 0.4mmol/L IPTG 诱导上清样品；3. 0.4mmol/L IPTG 诱导沉淀样品；4. 0.8mmol/L IPTG 诱导上清样品；5. 0.8mmol/L IPTG 诱导沉淀样品

通过高效重组表达纯化 ECE1 作为抗原免疫小鼠，用细胞融合技术制备杂交瘤细胞株，最后经过 Western-blot 验证得到两株细胞株分泌的单抗可以与 SC19 的 ECE1 特异性反应。实验结果表明制备的单抗不仅可以用来鉴别野毒菌株和 ECE1 缺失菌株，而且还可以为 SC19 抗原诊断检测方法的建立提供参考。

上述双基因缺失弱毒菌株的研制及所缺失基因单克隆抗体的制备为猪链球菌基因工程弱毒疫苗的研制和猪链球菌病诊断方法的建立提供了参考基础和技术储备。

第五节 猪链球菌 2 型 ELISA 抗体检测试剂盒

猪链球菌 2 型能产生多种毒力因子，常见的有荚膜多糖（CPS）、溶菌酶释放蛋白（muramidase-released protein，MRP）、胞外因子（extracellular factor，EF）、溶血素（suilysin，SLY）等，其中 CPS 是最早被证实的猪链球菌 2 型毒力因子，也是血清学分型的依据。提取猪链球菌的荚膜多糖，建立了猪链球菌 2 型 ELISA 抗体检测方法，并于 2012 年获得了国家新兽药注册证书。试剂盒具体的制备过程如下所述。

一、荚膜多糖抗原的制备及检测

（一）荚膜多糖抗原的制备

将灭活的猪链球菌 2 型清洗并重悬于 PBS 中，加入 0.1mol/L 的甘氨酸，用溶菌酶 37℃处理过夜（8～10h）。通过高速离心去除沉淀获得上清，再加入 25%的无水乙醇和 $CaCl_2$，在 2～8℃环境下孵育 2h，再次通过离心获得上清，随后加入 80%的无水乙醇在 2～8℃下作用 12h，离心得到的沉淀即为粗制荚膜多糖。随后用冷酚处理法，将粗制多糖进行纯化。通过饱和乙酸钠和苯酚的混合处理，并采用 NaCl 溶液透析后，最终通过 55%的无水乙醇沉淀，得到的沉淀干燥后溶解，即为精制荚膜多糖。

（二）荚膜多糖抗原纯度及浓度测定

用紫外光谱测定抗原纯度：将纯化后荚膜多糖用紫外分光光度仪在 190nm 和 400nm 之间进行光谱扫描，在 260nm 和 280nm 之间应无明显的吸收峰，在 200nm 左右应有很高的吸收峰，表明获得的 CPS 抗原中，杂蛋白和残留的核酸浓度很低，荚膜多糖抗原纯度较高。

荚膜多糖浓度的测定采用苯酚-硫酸法。用 Excel 统计软件绘制光吸收值与荚膜多糖的回归方程（要求相关系数 $R^2 \geqslant 0.985$）。依据所测得的荚膜多糖样品的吸光值，应用已知浓度的葡萄糖所绘制的回归曲线计算荚膜多糖的浓度。

二、ELISA 反应条件的摸索

ELISA 方法的建立，抗原是关键核心之一，然而，ELISA 反应条件的确定对结果有着重要的影响。本实验从抗原包被浓度、封闭液、底物反应时间和浓度等多个方面，对 ELISA 反应条件进行摸索，以期使试剂盒获得最准确的检测结果。

（一）抗原最佳包被浓度和血清最佳稀释度的确定

通过方阵滴定的方法检测了不同包被浓度和稀释浓度，结果如表 7-10 和表 7-11 所示。结果表明抗原最佳包被浓度为 1∶80，血清最佳稀释度为 1∶40。

表 7-10　方阵滴定阳性血清的结果

血清稀释度	抗原包被浓度							
	1∶10	1∶20	1∶40	1∶80	1∶160	1∶320	1∶640	1∶1280
1∶10	1.389	1.450	1.355	1.414	1.289	1.097	1.013	0.871
1∶20	1.400	1.387	1.347	1.291	1.085	1.017	0.893	0.763
1∶40	1.315	1.282	1.237	1.185	0.931	0.875	0.641	0.619
1∶80	1.176	0.963	0.812	0.871	0.699	0.610	0.541	0.500
1∶160	1.010	0.867	0.683	0.541	0.554	0.467	0.495	0.410
1∶320	0.861	0.697	0.612	0.508	0.401	0.339	0.307	0.316

表 7-11　方阵滴定阴性血清的结果

血清稀释度	抗原包被浓度							
	1∶10	1∶20	1∶40	1∶80	1∶160	1∶320	1∶640	1∶1280
1∶10	0.282	0.222	0.215	0.207	0.195	0.148	0.149	0.111
1∶20	0.228	0.168	0.171	0.157	0.157	0.129	0.121	0.105
1∶40	0.220	0.141	0.110	0.106	0.109	0.106	0.105	0.101
1∶80	0.155	0.126	0.116	0.110	0.102	0.099	0.101	0.096
1∶160	0.156	0.125	0.124	0.107	0.109	0.100	0.090	0.096
1∶320	0.155	0.117	0.102	0.111	0.102	0.090	0.078	0.099

（二）封闭液的确定

分别用含 0.1%、0.5%、1%和 5%脱脂乳的磷酸盐缓冲液作为封闭液，进行 ELISA 检测，确定最适合的封闭剂为 5%脱脂乳的磷酸盐缓冲液（表 7-12）。

表 7-12　不同封闭液对检测标准阴、阳性血清结果的影响

封闭液	阳性值	阴性值	阳性/阴性
含 0.1%脱脂乳的磷酸盐缓冲液	1.296	0.223	5.81
含 0.5%脱脂乳的磷酸盐缓冲液	1.181	0.214	5.52
含 1.0%脱脂乳的磷酸盐缓冲液	1.098	0.155	7.08
含 5%脱脂乳的磷酸盐缓冲液	1.110	0.106	10.47

（三）血清稀释液的确定

分别使用①含 0.1%BSA、0.5%Tween-20 的磷酸盐缓冲液，②含 0.5%BSA、0.5%Tween-20 的磷酸盐缓冲液，③含 5%脱脂乳、0.5%Tween-20 的磷酸盐缓冲液作为血清稀释液，进行 ELISA 检测，确定最适合的血清稀释液为含 5%脱脂乳、0.5%Tween-20 的磷酸盐缓冲液（表 7-13）。

表 7-13　不同血清稀释液对检测标准阴、阳性血清结果的影响

血清稀释液	阳性值	阴性值	阳性/阴性
含 0.1%BSA 的缓冲液	1.386	0.228	6.1
含 0.5%BSA 的缓冲液	1.198	0.155	7.7
含 5%脱脂乳的缓冲液	1.110	0.103	10.8

（四）血清最佳反应条件的确定

加入待检血清后，分别于 37℃作用 15min、30min、45min 和 60min，进行 ELISA 检测，最终确定血清的最佳反应条件为 37℃，30min。

（五）酶标抗体反应条件的确定

将酶标抗体进行 1∶5000 稀释后，37℃分别作用 15min、30min、45min 和 60min，进行 ELISA 检测，确定酶标抗体的最佳反应条件为 37℃，30min（图 7-12）。

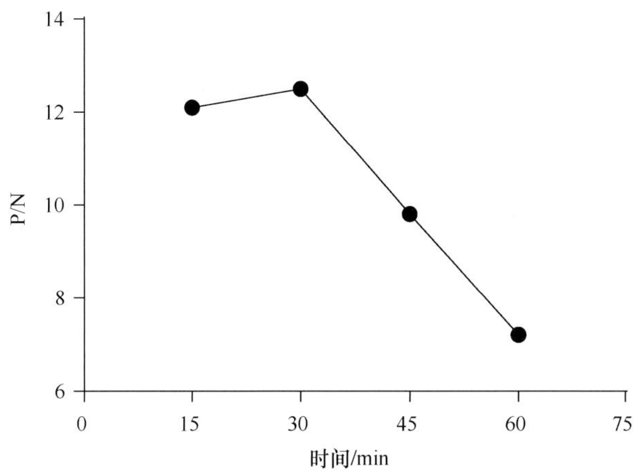

图 7-12　血清最佳反应时间的确定

P/N. 阳性血清与阴性血清 ELISA 值的比值

（六）底物的最佳反应条件的确定

加入底物后在 37℃温箱中分别反应 5min、10min、15min 及 30min，进行后续 ELISA 检测，结果如图 7-13 确定底物的最佳反应条件为 37℃，10min。

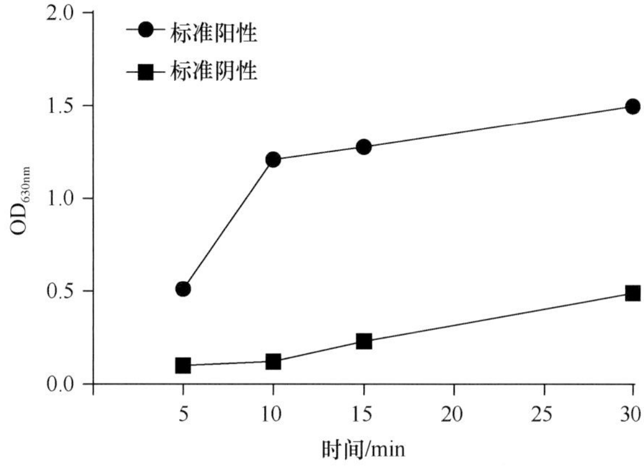

图 7-13　底物的最佳反应时间

三、试剂盒其他试剂的制备及半成品检验

（一）抗原包被板的制备

用包被液（pH 9.6 的 0.05mol/L 碳酸盐缓冲液）将抗原 1∶80 稀释后包被酶标板，每孔 100μl，在 2～8℃包被过夜（14～18h），取出，弃去孔中的抗原包被液。随后每孔加入 120μl 含 5%脱脂乳的磷酸盐缓冲液封闭，于 37℃作用 1h，弃去孔中封闭液后，再加入 120μl 抗原保护剂 37℃作用 1h，弃去孔中保护剂后，拍干，并于 37℃干燥 2h，用封口膜密封保存于 2～8℃中。

（二）抗原包被板的检验

1. 敏感性检验

将阳性参考样品 1∶5、1∶10、1∶20、1∶40、1∶80、1∶160、1∶320、1∶640 倍比稀释后，分别取 100μl 加入到抗原包被板中检测，同时设阳性对照和阴性对照，其余操作方法按 ELISA 常规操作进行，阳性参考血清的 OD_{630nm} 值高于阳性判定标准时的最高稀释倍数作为阳性参考血清效价，其效价应不小于 1∶640。阳性对照孔 OD_{630nm} 值应≥0.8，且＜2.0；阴性对照孔 OD_{630nm} 值应＜0.3。阳性参考血清应符合表 7-14 标准。

表 7-14　阳性参考血清标准

阳性参考血清稀释倍数	OD_{630nm} 值
1∶5	≥1.50
1∶10	≥1.30
1∶20	≥1.10
1∶40	≥0.90
1∶80	≥0.80
1∶160	≥0.70
1∶320	≥0.60
1∶640	≥0.40

2. 特异性检验

通过检测 30 份阴性参考血清来检测试剂盒特异性情况。合格标准为每份阴性血清的 OD_{630nm} 值均应＜0.35；阳性对照 OD_{630nm} 值均应≥0.8，且＜2.0；阴性对照 OD_{630nm} 值均应＜0.3。

（三）阳性血清的制备

将猪链球菌 2 型菌液灭活后浓缩至 3×10^9CFU/ml，加入等量完全弗氏佐剂乳化为免疫原，对猪链球菌 2 型血清抗体为阴性的 4 周龄健康仔猪进行第一次免疫，在颈部肌肉注射 3 次，分别注射 2ml、4ml 和 6ml，再静脉注射 3ml；第二次和第三次免疫抗

原加入等量不完全弗氏佐剂乳化，在同样的部位注射相同剂量，每次免疫间隔 2 周；第四次免疫不加佐剂，直接用浓缩的灭活菌液为免疫原进行免疫。在免疫后 10 日采血，用琼脂扩散试验评价抗体效价，≥1∶16 即可采血。从颈动脉无菌采集血液，分离血清，并经 0.22μm 滤膜过滤除菌，随后在血清中加入 0.01%柳硫汞防腐，无菌分装，每管 1ml。

（四）阴性血清的制备

在无菌条件下，采集猪链球菌 2 型血清抗体阴性的健康仔猪血清，分离血清，0.22μm 滤膜过滤除菌，在血清中加入 0.01%柳硫汞防腐。无菌分装，每管 1ml。

（五）羊抗猪酶标二抗的制备及检验

本试剂盒所用羊抗猪酶标二抗为 Southern Biotechnology Associates（SBA）公司产品，用抗体保护剂按 1∶5000 稀释成工作浓度制成。无菌分装，20ml/瓶。

羊抗猪酶标二抗应为无色透明液体，无臭、无味，无沉淀物，按现行《中国兽药典》进行检测应无菌生长。分装后的酶标二抗可于 2～8℃保存，有效期 9 个月。

（六）样品稀释液的制备

样品稀释液由稀释液 A 和脱脂奶粉组成。稀释液 A 为 pH 7.4 的 PBS 溶液，含 0.5%Tween-20，加入 0.01%柳硫汞防腐，无菌分装成 50ml/瓶。脱脂奶粉为市售脱脂奶粉分装，淡黄色均匀粉末，2.5g/管。

（七）20 倍浓缩洗涤液的制备

每升 20 倍浓缩洗涤液含 NaCl 160g、KCl 4g、$Na_2HPO_4 \cdot 12H_2O$ 58g、KH_2PO_4 4g，Tween-20 10ml。通过 0.22μm 滤膜过滤除菌，无菌分装，30ml/瓶。应为澄清透明的无色液体，无臭、无味，无沉淀物。

（八）底物液 A 和 B 的制备

底物液 A 每升含 $Na_2HPO_4$14.6g、柠檬酸 9.33g、过氧化氢脲 0.52g，pH 为 5.0～5.4，无菌分装，10ml/瓶。其性状为无色透明液体，无臭、无味，无沉淀物。每升底物液 B 含 TMB 20mg、无水乙醇 10ml，加纯化水定容至 1000ml。无菌分装，10ml/瓶。性状为无色透明液体，无臭、无味，无沉淀物，10ml/瓶。

（九）终止液的制备

终止液为 0.25%氢氟酸（HF）溶液，无菌分装，10ml/瓶。其性状为澄清透明的无色液体，无臭、无味，无沉淀物。

综上所述，研制的试剂盒具有很好的特异性和敏感性，与国外同类诊断产品的符合率较高，适用于猪链球菌 2 型抗体的诊断。猪链球菌 2 型 ELISA 抗体检测试剂盒的成功研制，为我国猪链球菌 2 型病的防控提供了简便有效的诊断和监测工具。

参 考 文 献

狄晴, 许利刚, 张颖冬, 等. 2007. 内皮素转换酶基因在急性脑梗死患者外周血中的表达及其临床意义. 临床神经病学杂志. 20: 92-94.

谭臣. 2010. 2 型猪链球菌 ECE1 的致病性及 6PGD 蛋白的免疫原性研究. 华中农业大学博士学位论文.

Fontaine M C, Perez-Casal J, Willson P J. 2004. Investigation of a novel DNase of *Streptococcus suis* serotype 2. Infect Immun, 72(2): 774-781.

Smith H E, Rijnsburger M, Stockhofe-Zurwieden N, et al. 1997. Virulent strains of *Streptococcus suis* serotype 2 and highly virulent strains of Streptococcus suis serotype 1 can be recognized by a unique ribotype profile. J Clin Microbiol, 35(5): 1049-1053.

Vatter H, Mursch K, Zimmermann M, et al. 2002. Endothelin-converting enzyme activity in human cerebral circulation. Neurosurgery, 51(2): 445-451; discussion 451-452.

Wisselink H J, Reek F H, Vecht U, et al. 1999. Detection of virulent strains of *Streptococcus suis* type 2 and highly virulent strains of *Streptococcus suis* type 1 in tonsillar specimens of pigs by PCR. Vet Microbiol, 67(2): 143-157.

第八章 猪链球菌病新型疫苗及免疫预防

内容提要 猪链球菌疫苗能够有效提高机体对病原菌的抵抗力，对于防控猪链球菌病有着重要作用。金梅林及其团队十多年来针对猪链球菌疫苗不断创新，结合前期基础研究工作与临床现状，研发了基于经典灭活疫苗或减毒活疫苗的猪链球菌血清 2 型、血清 7 型及马链球菌兽疫亚种三价灭活苗，猪链球菌 2 型减毒活疫苗；基于蛋白质的组分疫苗，包括猪链球菌病-副猪嗜血杆菌病二联亚单位疫苗、猪霍乱沙门氏菌-猪链球菌三联基因工程疫苗 4 种新型疫苗并获得国家专利，其中猪链球菌病三价灭活疫苗获批国家新兽药证书，在临床使用中起到了良好的防控效果。

猪链球菌病一直是困扰我国养猪业的第一大细菌病。该病属于条件性致病菌，常潜伏于健康猪体内扁桃体中。猪免疫力降低或者发生应激反应，容易激发猪链球菌的感染。目前猪链球菌致病机理的研究尚浅，缺乏有效的防控技术和产品，猪群中猪链球菌病的流行和发生十分严重，人群存在极大被感染的风险，该病的防控形势不容放松。长期以来，抗生素的不合理应用促使耐药菌株的快速进化，动物中“超级细菌”的出现也屡见不鲜，耐药性和药物残留问题更为突出，直接或间接对人民健康构成威胁，我国畜禽产品的质量和安全性问题已成为社会共同关注的焦点。新型疫苗及疫病诊断制剂对预防动物细菌性传染病的传播和流行方面不仅具有十分重要的社会经济战略意义，而且具有巨大的应用前景，是促进畜牧业可持续性发展、保证人民健康的重要手段。因此，我们针对猪链球菌研制了一系列疫苗，为猪链球菌病防控提供了有效的工具和技术储备。

第一节 猪链球菌病三价灭活疫苗

自 20 世纪 70 年代以来，猪链球菌病在我国 20 多个省已发生或流行，造成不同程度的经济损失。2005 年 6～8 月，四川省资阳市、内江市等地暴发流行 2 型猪链球菌病，导致 215 人感染，38 人死亡，在其他省份也时有发生。该病在我国广泛存在并严重流行，已成为当前严重危害养猪业发展的一种重要疫病，不仅给养猪业造成巨大经济损失，而且也给人类健康造成了严重的威胁；近年来细菌分离鉴定结果表明，7 型引起的发病越来越多，有不断上升的趋势；同时马链球菌兽疫亚种在我国猪场仍然时有发生，对我国的养猪业仍是一大威胁。

金梅林等经过多年努力，在分离地方流行菌株的基础上，参照我国实际流行病学数据，研制出以我国优势血清型菌株为抗原的猪链球菌病三价灭活疫苗。本品系用华中农业大学动物医学院预防兽医学实验室分离鉴定的猪链球菌血清 2 型、血清 7 型及马链球菌兽疫亚种菌株分别接种液体培养基，收获菌液，经灭活后，与油佐剂乳化而成；并对本品的生产工艺、安全性、保护率、免疫程序和保存期及其他相关特性进行了研究。

一、生产用菌株的选择和确定及菌种的毒力标准

对于细菌性疾病的免疫预防，菌种的选择起着至关重要的作用。由于猪链球菌血清型众多，各血清型之间可能缺乏交叉免疫保护作用，因此首先需要明确我国所流行的主要血清型。

经过大量临床研究表明我国流行的猪链球菌血清型主要是2型、7型，同时马链球菌兽疫亚种在我国猪场仍时有发生。根据形态特征、培养特性、生化特性和PCR鉴定，从临床病料中分离鉴定了472株链球菌，其中，猪链球菌血清2型101株，血清7型33株，马链球菌兽疫亚种20株，挑选其中生长形态好的菌株用昆明鼠做毒力试验，从中筛选出4株猪链球菌血清2型、2株血清7型、3株马链球菌兽疫亚种毒力较强的菌株，对这9株菌进行了易感仔猪的毒力试验，找出毒力强的菌株，并测定了其最小致死剂量，随后进行单苗的免疫原性试验，最终筛选出毒力强、免疫原性好的猪链球菌血清2型LT株、血清7型YZ株、马链球菌兽疫亚种XS株作为猪链球菌病三价灭活疫苗生产和检验用菌株。

由于猪链球菌的菌株复杂多样，各个分离株之间甚至同一血清型的不同分离株之间亦存在毒力的差异，对于制备疫苗的代表菌株除了需要符合上述形态特征、培养特性、生化特征和分子生物学鉴定特征外，还应对其毒力进行鉴定。选用昆明鼠和仔猪作为攻毒的模型动物。

（一）猪链球菌血清2型对昆明鼠的毒力试验

选择培养特性良好的猪链球菌2型菌20株，通过腹腔注射0.2ml菌液（含2×10^8CFU）各感染10只昆明鼠，连续观察14天，毒力试验重复1次。从中选出毒力较强的菌株，用于小鼠的半数致死量（LD_{50}）试验。具体毒力试验结果如表8-1所示。

表8-1　20株猪链球菌血清2型菌株初步筛选结果

序号	菌种编号	昆明鼠毒力试验死亡数/只			培养及形态特性
		试验数量	第一次	第二次	
1	HG	10	6	6	光滑、半透明、边缘整齐
2	GS	10	2	0	光滑、半透明、边缘整齐
3	WHa	10	6	6	光滑、半透明、边缘整齐
4	LT	10	10	10	光滑、半透明、边缘整齐
5	TM	10	8	6	光滑、半透明、边缘整齐
6	QJ	10	8	8	光滑、半透明、边缘整齐
7	LH	10	10	8	光滑、半透明、边缘整齐
8	ZZ	10	4	4	光滑、半透明、边缘整齐
9	YY	10	8	6	光滑、半透明、边缘整齐
10	YZ	10	4	2	光滑、半透明、边缘整齐
11	NC	10	6	6	光滑、半透明、边缘整齐

续表

序号	菌种编号	昆明鼠毒力试验死亡数/只			培养及形态特性
		试验数量	第一次	第二次	
12	ZB	10	8	6	光滑、半透明、边缘整齐
13	WHu	10	2	2	光滑、半透明、边缘整齐
14	XS	10	0	2	光滑、半透明、边缘整齐
15	HZ	10	8	6	光滑、半透明、边缘整齐
16	PT	10	10	8	光滑、半透明、边缘整齐
17	GSB	10	6	8	光滑、半透明、边缘整齐
18	TJ	10	4	4	光滑、半透明、边缘整齐
19	SH	10	8	6	光滑、半透明、边缘整齐
20	ZY	10	10	4	光滑、半透明、边缘整齐

（二）猪链球菌血清 7 型对昆明鼠的毒力试验

选择培养特性良好的猪链球菌 7 型菌 10 株，通过腹腔注射 0.2ml 菌液（含 4.0×10^8CFU）各感染 10 只昆明鼠，连续观察 14 天，毒力试验重复 1 次。从中选出毒力较强的菌株，用于小鼠的半数致死量（LD_{50}）试验。具体毒力试验结果如表 8-2 所示。

表 8-2　10 株猪链球菌血清 7 型菌株初步筛选结果

序号	菌种编号	昆明鼠毒力试验死亡数/只			培养及形态特性
		试验数量	第一次	第二次	
1	TM	10	10	10	光滑、半透明、边缘整齐
2	SJZ	10	2	0	光滑、半透明、边缘整齐
3	HGS	10	4	4	光滑、半透明、边缘整齐
4	HP	10	8	6	光滑、半透明、边缘整齐
5	YZ	10	10	10	光滑、半透明、边缘整齐
6	HF	10	6	6	光滑、半透明、边缘整齐
7	MY	10	8	8	光滑、半透明、边缘整齐
8	LH	10	4	4	光滑、半透明、边缘整齐
9	NC	10	8	6	光滑、半透明、边缘整齐
10	LD	10	4	2	光滑、半透明、边缘整齐

（三）马链球菌兽疫亚种对昆明鼠的毒力试验

选择培养特性良好的马链球菌兽疫亚种菌株 10 株，通过腹腔注射 0.2ml 菌液（活菌含量 1.0×10^8CFU）各感染 10 只昆明鼠，连续观察 14 天，毒力试验重复 1 次。从中选出毒力较强的菌株，用于小鼠的半数致死量（LD_{50}）试验。具体毒力试验结果如表 8-3 所示。

表 8-3　10 株马链球菌兽疫亚种菌株初步筛选结果

序号	菌种编号	昆明鼠毒力试验死亡数/只			培养及形态特性
		试验数量	第一次	第二次	
1	HS	10	4	4	不透明、露滴样，形态不规则
2	LH	10	2	0	不透明、露滴样，形态不规则
3	XS	10	10	10	不透明、露滴样，形态不规则
4	JZ	10	8	6	不透明、露滴样，形态不规则
5	ZB	10	10	10	不透明、露滴样，形态不规则
6	HF	10	6	6	不透明、露滴样，形态不规则
7	BB	10	10	10	不透明、露滴样，形态不规则
8	PT	10	4	4	不透明、露滴样，形态不规则
9	KM	10	8	6	不透明、露滴样，形态不规则
10	SZ	10	4	2	不透明、露滴样，形态不规则

（四）疫苗候选菌株（9 株）对昆明鼠的半数致死量（LD_{50}）试验

根据上述各菌株对昆明鼠的毒力试验，每个型选出 3 株菌进行 LD_{50} 试验。按 Reed-Muench 法计算，9 株链球菌的 LD_{50} 见表 8-4～表 8-6。通过小鼠 LD_{50} 试验进一步确定选择对小鼠毒力较强的菌株，猪链球菌 2 型有 LT 株、ZY 株，猪链球菌 7 型有 TM 株和 YZ 株，马链球菌兽疫亚种有 XS 株、ZB 株毒力较强，将这些菌株作为猪链球菌病三价灭活疫苗（2 型 LT 株+7 型 YZ 株+C 群 XS 株）的候选疫苗菌株。

表 8-4　猪链球菌 2 型疫苗候选菌株对昆明鼠的半数致死量（LD_{50}）试验结果

菌株	浓缩后菌液浓度/（CFU/ml）	攻毒剂量/ml	每组试验数量/只	昆明鼠死亡数量/只					LD_{50}/CFU
				10^0	10^{-1}	10^{-2}	10^{-3}	10^{-4}	
LT 株	1.0×10^{10}	0.2	10	10	6	1	1	0	1.0×10^8
ZY 株	1.0×10^{10}	0.2	10	10	5	1	0	0	1.6×10^8
LH 株	1.0×10^{10}	0.2	10	10	2	0	0	0	4.7×10^8
PT 株	1.0×10^{10}	0.2	10	10	4	1	0	0	2.4×10^8
对照组	PBS	0.2	10	0	0	0	0	0	—

表 8-5　猪链球菌 7 型疫苗候选菌株对昆明鼠的半数致死量（LD_{50}）试验结果

菌株	浓缩后菌液浓度/（CFU/ml）	攻毒剂量/ml	每组试验数量/只	昆明鼠死亡数量/只					LD_{50}/CFU
				10^0	1^{-1}	10^{-2}	10^{-3}	10^{-4}	
TM 株	1.0×10^{10}	0.2	10	10	3	0	0	0	3.8×10^8
YZ 株	1.0×10^{10}	0.2	10	10	4	0	0	0	2.0×10^8
对照组	PBS	0.2	10	0	0	0	0	0	—

表 8-6　马链球菌兽疫亚种疫苗候选菌株对昆明鼠的半数致死量（LD_{50}）试验结果

菌株	浓缩后菌液浓度/（CFU/ml）	攻毒剂量/ml	每组试验数量/只	昆明鼠死亡数量/只					LD_{50}/CFU
				10^0	10^{-1}	10^{-2}	10^{-3}	10^{-4}	
XS 株	$1.0×10^{10}$	0.2	10	10	9	7	1	0	$1.0×10^7$
ZB 株	$1.0×10^{10}$	0.2	10	10	10	5	1	0	$1.6×10^7$
BB 株	$1.0×10^{10}$	0.2	10	10	8	3	0	0	$5.2×10^7$
对照组	PBS	0.2	10	0	0	0	0	0	—

（五）疫苗候选菌株的不同感染剂量对仔猪的毒力试验

1. 猪链球菌 2 型疫苗候选菌株对仔猪的毒力试验

用昆明鼠毒力试验筛选出毒力较强的 2 株猪链球菌 2 型菌株进行仔猪毒力试验。选 3 批不同批次的 55～65 日龄健康易感仔猪，每批猪随机分成 8 组，每组 5 头，每株细菌分别感染 5 头猪，按一定剂量梯度经耳静脉注射感染仔猪，每天观察并记录发病及死亡情况，并于接种后 14 天剖杀康复仔猪，毒力实验重复 2 次。从表 8-7～表 8-9 可以看出，猪链球菌 2 型 LT 株、ZY 株通过耳静脉注射感染 55～65 日龄健康易感仔猪的毒力与其剂量存在明显的相关性，其中 LT 分离株各剂量梯度感染的仔猪的死亡率均高于 ZY 分离株，攻毒死亡的猪剖杀后两株菌的症状基本一致，耐过猪 14 日后剖杀，发现 LT 分离株感染的发病仔猪均有关节肿胀、关节液增多、胆囊壁增厚，而 ZY 株感染猪出现的病变程度相对要轻；要使仔猪 4/5 以上死亡，LT 分离株的最小攻毒剂量约为 $6.0×10^4$CFU，而 ZY 株为 $6.0×10^5$CFU。综合各项指标可见 LT 分离株对仔猪的毒力比 ZY 株强。通过多次动物实验重复，由于不同批次的猪对细菌的敏感性不同，要使仔猪 4/5 以上死亡，LT 分离株的攻毒范围我们定为 $6.0×10^4$～$2.0×10^6$CFU。

表 8-7　猪链球菌 2 型疫苗候选菌株对仔猪的毒力试验一

LT 株			ZY 株		
攻毒剂量/CFU	感染数/头	死亡数/头	攻毒剂量/CFU	感染数/头	死亡数/头
$6.0×10^6$	5	5	$6.0×10^6$	5	4
$6.0×10^5$	5	5	$6.0×10^5$	5	4
$6.0×10^4$	5	4	$6.0×10^4$	5	1
$6.0×10^3$	5	0	$6.0×10^3$	5	0

表 8-8　猪链球菌 2 型疫苗候选菌株对仔猪的毒力试验二

LT 株			ZY 株		
攻毒剂量/CFU	感染数/头	死亡数/头	攻毒剂量/CFU	感染数/头	死亡数/头
$1.2×10^8$	5	5	$1.2×10^8$	5	5
$1.2×10^7$	5	5	$1.2×10^7$	5	4
$1.2×10^6$	5	4	$1.2×10^6$	5	3
$1.2×10^5$	5	0	$1.2×10^5$	5	0

表 8-9　猪链球菌 2 型疫苗候选菌株对仔猪的毒力试验三

LT 株			ZY 株		
攻毒剂量/CFU	感染数/头	死亡数/头	攻毒剂量/CFU	感染数/头	死亡数/头
7.8×10^{7}	5	5	7.8×10^{7}	5	5
7.8×10^{6}	5	5	7.8×10^{6}	5	4
7.8×10^{5}	5	4	7.8×10^{5}	5	2
7.8×10^{4}	5	0	7.8×10^{4}	5	0

2. 猪链球菌 7 型疫苗候选菌株对仔猪的毒力试验

用昆明鼠毒力试验筛选出毒力较强的 2 株 7 型菌株进行仔猪毒力试验。选 3 批不同批次的 55～65 日龄健康易感仔猪，每批猪随机分成 8 组，每组 5 头，每株细菌分别感染 5 头猪，按一定剂量梯度经耳静脉注射感染仔猪，每天观察并记录发病及死亡情况，并于接种后 14 天剖杀耐过仔猪，毒力实验重复 2 次。从表 8-10～表 8-12 可以看出，猪链球菌 7 型通过耳静脉注射感染 55～65 日龄健康易感仔猪的毒力与其剂量存在明显的相关性，其中 YZ 分离株各剂量梯度感染的仔猪的死亡率均高于 TM 分离株，攻毒死亡猪剖杀后两株菌导致的症状基本一致，耐过猪 14 日后剖杀，发现 YZ 分离株感染的发病仔猪均有关节肿胀、关节液增多、胆囊壁增厚，而 TM 株感染猪出现的病变程度相对要轻；要使仔猪 4/5 以上死亡，YZ 分离株的最小攻毒剂量为 3.0×10^{9}CFU，而 TM 株为 1.0×10^{10}CFU。综合各项指标可见 YZ 分离株对仔猪的毒力比 TM 株强。通过多次重复动物实验，由于不同批次的猪对细菌的敏感性不同，要使仔猪 4/5 以上死亡，YZ 分离株的攻毒范围我们定为 3.0×10^{9}～8.0×10^{9}CFU。

表 8-10　猪链球菌 7 型疫苗候选菌株对仔猪的毒力试验一

YZ 株			TM 株		
攻毒剂量/CFU	感染数/头	死亡数/头	攻毒剂量/CFU	感染数/头	死亡数/头
1.0×10^{10}	5	5	1.0×10^{10}	5	4
1.0×10^{9}	5	1	1.0×10^{9}	5	0
1.0×10^{8}	5	0	1.0×10^{8}	5	0
1.0×10^{7}	5	0	1.0×10^{7}	5	0

表 8-11　猪链球菌 7 型疫苗候选菌株对仔猪的毒力试验二

YZ 株			TM 株		
攻毒剂量/CFU	感染数/头	死亡数/头	攻毒剂量/CFU	感染数/头	死亡数/头
3.0×10^{10}	5	5	3.0×10^{10}	5	5
3.0×10^{9}	5	4	3.0×10^{9}	5	3
3.0×10^{8}	5	1	3.0×10^{8}	5	0
3.0×10^{7}	5	0	3.0×10^{7}	5	0

表 8-12　猪链球菌 7 型疫苗候选菌株对仔猪的毒力试验三

YZ 株			TM 株		
攻毒剂量/CFU	感染数/头	死亡数/头	攻毒剂量/CFU	感染数/头	死亡数/头
1.7×10^{10}	5	5	1.7×10^{10}	5	3
1.7×10^{9}	5	1	1.7×10^{9}	5	0
1.7×10^{8}	5	0	1.7×10^{8}	5	0
1.7×10^{7}	5	0	1.7×10^{7}	5	0

3. 马链球菌兽疫亚种疫苗候选菌株对仔猪的毒力试验

用昆明鼠毒力试验筛选出毒力较强的 2 株马链球菌兽疫亚种菌株进行仔猪毒力试验。选 3 批不同批次的 55～65 日龄健康易感仔猪，每批随机分成 8 组，每组 5 头，每株细菌分别感染 5 头猪，按一定剂量梯度经耳静脉注射感染仔猪，每天观察并记录发病及死亡情况，并于接种后 14 天剖杀耐过仔猪。从表 8-13～表 8-15 可以看出，马链球菌兽疫亚种通过耳静脉注射感染 55～65 日龄健康易感仔猪的毒力与其剂量存在明显的相关性，其中 XS 分离株各剂量梯度感染的仔猪发病（死亡）率均高于 ZB 分离株，攻毒死亡猪剖杀后两株菌引起的症状基本一致，耐过猪 14 日后剖杀，发现 XS 分离株感染仔猪均有关节肿胀、关节液增多、胆囊壁增厚，而 ZB 株感染猪出现的病变程度相对要轻；要使仔猪 4/5 以上死亡，XS 分离株的最小攻毒剂量为 2.0×10^{4}CFU，而 ZB 株为 5.0×10^{6}CFU。综合各项指标可见 XS 分离株对仔猪的毒力比 ZB 株强。通过多次重复动物实验，由于不同批次的猪对细菌的敏感性不同，要使仔猪 4/5 以上死亡，XS 分离株的攻毒范围我们定为 2.0×10^{4}～2.0×10^{6}CFU。

表 8-13　马链球菌兽疫亚种疫苗候选菌株对仔猪的毒力试验一

XS 株			ZB 株		
攻毒剂量/CFU	感染数/头	死亡数/头	攻毒剂量/CFU	感染数/头	死亡数/头
5.0×10^{6}	5	5	5.0×10^{6}	5	3
5.0×10^{5}	5	4	5.0×10^{5}	5	2
5.0×10^{4}	5	2	5.0×10^{4}	5	0
5.0×10^{3}	5	0	5.0×10^{3}	5	0

表 8-14　马链球菌兽疫亚种疫苗候选菌株对仔猪的毒力试验二

XS 株			ZB 株		
攻毒剂量/CFU	感染数/头	死亡数/头	攻毒剂量/CFU	感染数/头	死亡数/头
2.0×10^{7}	5	5	2.0×10^{7}	5	5
2.0×10^{6}	5	5	2.0×10^{6}	5	3
2.0×10^{5}	5	5	2.0×10^{5}	5	2
2.0×10^{4}	5	4	2.0×10^{4}	5	0

表 8-15 马链球菌兽疫亚种疫苗候选菌株对仔猪的毒力试验三

XS 株			ZB 株		
攻毒剂量/CFU	感染数/头	死亡数/头	攻毒剂量/CFU	感染数/头	死亡数/头
9.0×10^6	5	5	9.0×10^6	5	3
9.0×10^5	5	4	9.0×10^5	5	2
9.0×10^4	5	2	9.0×10^4	5	0
9.0×10^3	5	0	9.0×10^3	5	0

综上所述，选用 18～22g 的昆明鼠经腹腔注射测定其 LD_{50}，LT 株 LD_{50} 为 1.0×10^8CFU，YZ 株 LD_{50} 为 2.0×10^8CFU，XS 株 LD_{50} 为 1.0×10^7CFU。对 ELISA 检测猪链球菌 2 型、7 型和马链球菌兽疫亚种抗体阴性的 55～65 日龄仔猪，经耳静脉注射不同稀释度的 3 种疫苗菌株，得到猪链球菌血清 2 型 LT 株、血清 7 型 YZ 株和马链球菌兽疫亚种 XS 株对 55～65 日龄仔猪致死剂量分别为 LT 株 2ml（活菌含量 6.0×10^4～2.0×10^6CFU）、YZ 株 2ml（活菌含量 3.0×10^9～8.0×10^9CFU）和 XS 株 2ml（活菌含量 2.0×10^4～2.0×10^6CFU）。

二、菌种的保存及使用代次

对 3 株疫苗菌株以脱脂牛奶为保护剂分别真空冷冻干燥，保存于–20℃或–70℃中。保存期间每隔半年取样对细菌生长形态、毒力、免疫原性等进行检测，试验证明 3 株链球菌在–20℃保存 24 个月，–70℃保存 36 个月生长状态良好，对昆明鼠和仔猪的毒力没有明显的变化，免疫原性也没有发生改变。由于菌种的分离时间关系，在–70℃保存只检测了保存 36 个月的情况，因此将菌株的保存定为冻干后菌种可在–20℃保存 24 个月，–70℃保存至少 36 个月。

同时将上述各代菌液以 1 个致死剂量感染 55～65 日龄健康仔猪，结果表明各代菌种间毒力稳定，不存在显著差异。将第 1 代、第 3 代、第 5 代、第 7 代、第 9 代、第 12 代、第 15 代、第 20 代和第 25 代菌种分别制成油乳剂灭活苗，各免疫 28～35 日龄健康仔猪 5 头，免疫后 28 天，分别耳静脉注射 1 个致死剂量的 LT 株或 YZ 株或 XS 株 2ml，结果表明各代菌种的免疫原性稳定，无显著差异。于是将基础菌种的使用代次定为 10 代以内，生产菌种定为 5 代以内。具体试验如下所述。

（一）菌种毒力稳定性试验

通过对 3 株疫苗菌株不同代次菌种遗传稳定性和毒力检测，证实菌种在 TSA 和 TSB 上传到 25 代时能稳定遗传。将第 1 代、第 3 代、第 5 代、第 7 代、第 9 代、第 12 代、第 15 代、第 20 代和第 25 代菌种分别培养成菌液感染昆明鼠，结果各代菌液均能致小鼠在 7 天内全部死亡，而对照组均正常存活。同时经耳静脉感染 55～65 日龄健康易感仔猪，结果各代次菌液都能致试验猪 4/5 以上死亡，14 天后剖杀耐过仔猪，发现个别感染猪胆囊壁增厚、关节液增多，以上两项试验的结果见表 8-16～表 8-18。综合昆明鼠和仔猪两种试验结果，可见疫苗株没有发生随传代而影响毒力的情况，说明疫苗菌株连续传 25 代其毒力是稳定的。

表 8-16 猪链球菌 2 型（LT 株）毒力稳定性测定结果

菌种代次	小鼠毒力试验/只		仔猪毒力试验/头	
	试验数	死亡数	试验数	死亡数
F_1	5	5	5	5
F_3	5	5	5	4
F_5	5	5	5	4
F_7	5	5	5	5
F_9	5	5	5	5
F_{12}	5	5	5	5
F_{15}	5	5	5	5
F_{20}	5	5	5	5
F_{25}	5	5	5	4
对照组	5	0	5	0

表 8-17 猪链球菌 7 型（YZ 株）毒力稳定性测定结果

菌种代次	小鼠毒力试验/只		仔猪毒力试验/头	
	试验数	死亡数	试验数	死亡数
F_1	5	5	5	5
F_3	5	5	5	4
F_5	5	5	5	5
F_7	5	5	5	4
F_9	5	5	5	4
F_{12}	5	5	5	5
F_{15}	5	5	5	5
F_{20}	5	5	5	5
F_{25}	5	5	5	5
对照组	5	0	5	0

表 8-18 马链球菌兽疫亚种毒力稳定性测定结果

菌种代次	小鼠毒力试验/只		仔猪毒力试验/头	
	试验数	死亡数	试验数	死亡数
F_1	5	5	5	5
F_3	5	5	5	4
F_5	5	5	5	5
F_7	5	5	5	4
F_9	5	5	5	5
F_{12}	5	5	5	4
F_{15}	5	5	5	5
F_{20}	5	5	5	5
F_{25}	5	5	5	5
对照组	5	0	5	0

（二）菌种免疫原性试验

将第 1 代、第 3 代、第 5 代、第 7 代、第 9 代、第 12 代、第 15 代、第 20 代和第 25 代菌种分别制成单价油乳剂灭活疫苗，按使用剂量分别经颈部肌肉注射 28～35 日龄断奶仔猪各 5 头，每头注射 2ml，免疫后 28 日，经耳静脉感染 1 个致死剂量的猪链球菌 2 型 LT 株或 7 型 YZ 株菌液或马链球菌兽疫亚种，结果免疫仔猪在感染后 24h 内出现体温升高 1℃以内，并于 72h 内恢复正常，攻毒后 14 天剖杀仔猪，无肉眼可观病理变化。结果见表 8-19～表 8-21，仔猪的免疫保护率均在 80%以上，而对照组仔猪 4/5 以上死亡，试验结果表明：LT 株、YZ 和 XS 株 1～25 代菌种的免疫原性良好。

表 8-19　猪链球菌 2 型各代次菌种免疫原性测定

菌种代次	剂量/ml	28～35 日龄仔猪数/头	攻毒感染菌量/CFU	死亡数/头	保护率/%
F_1	2.0	5		0	100
F_3	2.0	5		0	100
F_5	2.0	5		0	100
F_7	2.0	5		0	100
F_9	2.0	5	6.9×10^4	1	80
F_{12}	2.0	5		0	100
F_{15}	2.0	5		0	100
F_{20}	2.0	5		1	80
F_{25}	2.0	5		1	80
对照组（PBS）	2.0	5		5	0

表 8-20　猪链球菌 7 型各代次菌种免疫原性测定

菌种代次	剂量/ml	28～35 日龄仔猪数/头	攻毒感染菌量/CFU	死亡数/头	保护率/%
F_1	2.0	5		0	100
F_3	2.0	5		0	100
F_5	2.0	5		0	100
F_7	2.0	5		0	100
F_9	2.0	5	3.2×10^9	1	80
F_{12}	2.0	5		0	100
F_{15}	2.0	5		1	80
F_{20}	2.0	5		0	100
F_{25}	2.0	5		1	80
对照组（PBS）	2.0	5		5	0

表 8-21 马链球菌兽疫亚种各代次菌种免疫原性测定

菌种代次	免疫剂量/ml	免疫仔猪数/头	攻毒感染菌量/CFU	死亡数/头	保护率/%
F_1	2.0	5		0	100
F_3	2.0	5		0	100
F_5	2.0	5		0	100
F_7	2.0	5		0	100
F_9	2.0	5	5.2×10^5	1	80
F_{12}	2.0	5		0	100
F_{15}	2.0	5		1	80
F_{20}	2.0	5		0	100
F_{25}	2.0	5		0	100
对照组（PBS）	2.0	5		5	0

三、疫苗的安全检验

根据临床上的观察，不同年龄段的猪都可感染链球菌病。母猪足够的母源抗体可以保护其仔猪在哺乳阶段不发生链球菌病，而仔猪断奶后转入保育栏时饲养密度的增加和母源抗体的消失，容易导致猪链球菌病在断奶后发生。

因此，针对仔猪在哺乳阶段的发病主要是通过对母猪的接种以提高母源抗体，而针对仔猪在断奶后发病主要是通过仔猪的免疫，以保证仔猪在断奶后即获得均一的抗体保护。疫苗的使用要求根据不同猪场的发病情况对刚断奶仔猪进行免疫，因此安全检验主要针对 28～35 日龄刚断奶仔猪。

试制 5 批猪链球菌病灭活疫苗，并检测了疫苗的安全性，包括疫苗对仔猪和妊娠母猪一次单剂量接种的安全性、单剂量重复接种的安全性和一次超剂量接种的安全性。通过测定免疫后猪的体温反应，观察精神状态、采食量、局部反应，并计算妊娠母猪免疫后，疫苗对妊娠母猪的产仔率的影响等。实验研究结果表明，试制的 5 批疫苗通过不同的免疫方式注射后，对断奶仔猪单剂量接种、单剂量重复接种及一次超剂量接种的试验，均未观察到免疫动物体温明显升高及精神等方面的异常，且免疫动物采食正常，通过对免疫期的断奶仔猪生长体重的监测，发现体重变化与未免疫组无显著性差异；通过对妊娠母猪的免疫，被免疫母猪体温正常，体温变化未超过 1℃，精神及采食也正常，母猪也未见流产、早产等方面的异常，母猪分娩产仔正常，未出现死胎、流产和弱仔等现象，与对照组相比，母猪产仔无显著性的差异。

通过疫苗对 28～35 日龄仔猪和妊娠母猪的安全性试验，结果表明研制的猪链球菌灭活疫苗对本动物是安全的，不会产生任何的影响。

四、疫苗免疫效力研究

（一）最小免疫剂量研究

用试制的疫苗分别以 1ml、1.5ml 和 2ml 剂量接种初产母猪和 28～35 日龄健康断奶仔猪，其中初产母猪在产前 8～9 周首免，3 周后二免，同时设非免疫对照。母猪在二免后 14 日、断奶仔猪在免疫 28 日后分别采血检测抗体水平，同时进行攻毒保护性实验，观察 14 日，比较不同免疫剂量对猪的保护情况。结果表明 1.5ml 以上的剂量免疫均可提供免疫仔猪和免疫母猪对猪链球菌 3 个血清的攻毒保护，考虑临床注射的方便、免疫效力及生产成本，将疫苗对猪的最小免疫剂量定为 2ml。具体试验如下所述。

1. 断奶仔猪的最小免疫剂量测定

28～35 日龄断奶仔猪免疫后 28 日，采血用猪链球菌 2 型、7 型和马链球菌兽疫亚种 ELISA 抗体检测试剂盒检测抗体水平，同时分别经耳静脉注射 1 个致死剂量的 2 型 LT 株（8.0×10^4CFU）、7 型 YZ 株（5.0×10^9CFU）或 C 群 XS 株（2.0×10^4CFU）菌液 2ml。

猪链球菌 2 型攻毒实验：免疫 28 日后采血，用 ELISA 检测抗体水平，1ml 剂量免疫的仔猪抗体水平大多数在 0.35 以下，而 1.5ml 和 2ml 剂量组在免疫后 28 日抗体水平都达到 0.5 以上。免疫 28 日后用血清 2 型菌株攻毒，1ml 剂量免疫组仔猪攻毒后保护率最低为 2/5，而 1.5ml 和 2ml 免疫组仔猪攻毒后保护率均在 4/5 以上。

猪链球菌 7 型攻毒实验：免疫后 28 日采血，用 ELISA 检测抗体水平，1ml 剂量免疫的仔猪抗体水平在 0.39 以下，而 1.5ml 和 2ml 剂量组在免疫后 28 日，抗体水平都达到 0.5 以上。免疫后 28 日，用血清 7 型菌株攻毒，1ml 剂量免疫组仔猪攻毒后保护率最低为 2/5，而 1.5ml 和 2ml 免疫组仔猪攻毒后保护率均在 4/5 以上。

马链球菌兽疫亚种攻毒实验：免疫后 28 日采血，用 ELISA 检测抗体水平，1ml 剂量免疫的仔猪抗体水平在 0.38 以下；而 1.5ml 和 2ml 剂量组在免疫后 28 日，抗体水平都达到 0.5 以上。免疫后 28 日，用马链球菌兽疫亚种兰氏 C 群（XS 株）菌株攻毒，1ml 剂量免疫组仔猪攻毒后保护率最低为 2/5，而 1.5ml 和 2ml 剂量免疫组仔猪攻毒后保护率均在 4/5 以上。

2. 母猪的最小免疫剂量测定

将疫苗分别以 1ml、1.5ml 和 2ml 剂量接种初产母猪，产前 8～9 周首免，3 周后二免，同时设非免疫对照。二免后 14 日分别采血检测抗体，同时分别经耳静脉注射 1 个致死剂量的 2 型 LT 株（2.0×10^6CFU）、7 型 YZ 株（8.0×10^9CFU）和 C 群 XS 株（2.0×10^6CFU）的菌液，观察 14 日，计算保护率，同时跟踪记录产仔情况。

猪链球菌 2 型攻毒：二免后 14 日采血，用 ELISA 检测抗体水平，1ml 剂量免疫的母猪抗体水平大多数在 0.5 以下，而 1.5ml 和 2ml 剂量组在二免后 14 日抗体水平都达到 0.5 以上。二免后 14 日用血清 2 型菌株攻毒，1ml 剂量免疫组母猪攻毒后保护率最低仅为 3/5，而 1.5ml 和 2ml 剂量免疫组母猪攻毒后保护率均在 4/5 以上。

猪链球菌 7 型攻毒：二免后 14 日采血，用 ELISA 检测抗体水平，1ml 剂量免疫的母猪抗体水平在 0.5 以下，而 1.5ml 和 2ml 剂量组在二免后 14 日，抗体水平都达到 0.5 以上。二免后 14 日，用血清 7 型菌株攻毒，1ml 剂量免疫组母猪攻毒后保护率仅为 3/5，而 1.5ml 和 2ml 免疫组母猪攻毒后保护率均在 4/5 以上。

马链球菌兽疫亚种攻毒：二免后 14 日采血，用 ELISA 检测抗体水平，1ml 剂量免疫的母猪抗体水平在 0.5 以下，而 1.5ml 和 2ml 剂量组在二免后 14 日，抗体水平都达到 0.5 以上。二免后 14 日，用马链球菌兽疫亚种（XS 株）菌株攻毒，1ml 剂量免疫组母猪攻毒后保护率仅为 2/5，而 1.5ml 和 2ml 免疫组母猪攻毒后保护率均在 4/5 以上。

（二）疫苗的免疫期及抗体消长规律

用研制的 3 批实验室疫苗对其免疫期和抗体消长规律进行了研究。3 批疫苗按常规免疫剂量和免疫程序分别对 28～35 日龄健康仔猪免疫，分别于免疫后 7 天、14 天、28 天、60 天、90 天、120 天、150 天、180 天和 210 天测定 ELISA 抗体水平。结果表明：仔猪在免疫后 3 周 ELISA 抗体转阳，以后逐渐上升，28～90 天处于抗体水平高峰，以后逐渐下降，持续至免疫后 180 天；另外，分别于仔猪免疫后第 28 天和第 180 天每批疫苗随机抽取 15 头猪，连同对照猪进行攻毒保护性实验，结果免疫组保护率仍在 4/5 以上，而对照组 4/5 以上死亡。本研究结果表明该疫苗免疫期至少为 6 个月。

1. 仔猪抗体消长规律测定结果

3 批疫苗用常规免疫剂量（2ml/头）对 28～35 日龄健康仔猪进行免疫，同时设立未免疫对照组。分别于免疫后第 7 天、第 14 天、第 28 天、第 60 天、第 90 天、第 120 天、第 150 天、第 180 天和第 210 天采血，并用猪链球菌 2 型、7 型和马链球菌兽疫亚种 ELISA 试剂盒检测抗体，结果表明，免疫后 2 周开始检测到 ELISA 抗体，28 天全部为 ELISA 抗体阳性，在 28～90 天为抗体高峰，以后逐渐下降，至 180 天，抗体水平仍然较高，210 天虽能检测到抗体，但抗体水平较低，说明抗体水平至少可维持 6 个月。

2. 仔猪免疫后不同时间的攻毒保护性实验

分别用 3 批疫苗免疫仔猪，于免疫后第 28 天和第 180 天各免疫组随机抽取 15 头猪进行攻毒保护性实验，分别耳静脉注射 1 个致死剂量的 2 型 LT 株（8.0×10^4CFU）、7 型 YZ 株（5.0×10^9CFU）及 C 群 XS 株（7.0×10^4CFU）菌液 2ml，观察仔猪在免疫后不同时间攻毒的保护率。结果表明，仔猪在免疫不同时间后的攻毒保护率均在 4/5 以上，而对照组在攻毒之后 4/5 以上死亡，表明仔猪用猪链球菌病三价灭活疫苗（2 型 LT 株+7 型 YZ 株+C 群 XS 株）免疫后，其整个饲养阶段都可以得到较好的保护。

五、疫苗的保存期

试制的 3 批猪链球菌病三价灭活疫苗（2 型 LT 株+7 型 YZ 株+C 群 XS 株）分别在 2～8℃保存 15 个月都没有出现破乳、分层和沉淀现象，黏度变化不大，且无菌生长，证明疫苗的乳化工艺成熟、稳定，疫苗的性状稳定。

2～8℃保存的 3 批疫苗在不同保存期分别以 2ml 使用剂量对 28～35 日龄健康断奶仔猪免疫，免疫 28 日后，连同对照组，分别通过耳静脉注射 1 个致死剂量的 2 型 LT 株、7 型 YZ 株及 C 群 XS 株菌液 2ml，观察仔猪的发病和死亡情况，观察 14 日。结果显示对照组至少 4 头死亡，而免疫组至少 4 头保护，由此表明疫苗可在 2～8℃保存 15 个月质量不变。考虑到疫苗在实际运输和保存过程中温度变化的影响，为了确保疫苗的质量，将疫苗的保存期规定为在2～8℃保存，有效期为12个月。

（一）性状和无菌检验

将3批疫苗分别在保存前和在2～8℃保存3个、6个、9个、12个、15个月后取出，逐项进行性状检验和无菌检验。结果显示：3批疫苗在2～8℃保存15个月，均未出现破乳、分层现象，黏度变化不大，证明疫苗的乳化工艺是成功的，疫苗的性状是稳定的。3批疫苗在保存前和2～8℃保存的各个检测时间点都是无菌的。

（二）效力检验

将3批疫苗分别在保存前和在2～8℃保存3个、6个、9个、12个、15个月后取出，对28～35日龄健康断奶仔猪进行免疫，每头注射2ml，免疫28日后，通过耳静脉注射1个致死剂量的2型LT株、7型YZ株及C群XS株菌液各2ml，观察疫苗对仔猪的保护率。测定结果显示，免疫组的保护率均在4/5以上，而对照组4/5以上死亡，符合疫苗效力检验的标准，表明按本工艺制备的疫苗在上述保存条件下的保存期内其免疫原性没有发生变化，疫苗质量稳定。

（三）安全性检验

将3批疫苗分别在保存前和在2～8℃保存3个、6个、9个、12个、15个月后取出，随机取样后免疫28日龄健康断奶易感仔猪，颈部肌肉注射，4ml/头，连续观察14日，免疫猪均无不良反应。

第二节　猪链球菌病-副猪嗜血杆菌病二联亚单位疫苗

近年来猪链球菌病在国内外集约化养猪场的感染率和发病率日益升高，所造成的经济损失日渐严重，已成为危害现代化养猪业的主要疫病之一。猪链球菌有33种血清型，其中猪链球菌2型可引起猪急性败血症、脑膜炎、关节炎和急性死亡，也可导致生猪从业人员中的特定人群感染和死亡，是一种重要的人畜共患传染病。副猪嗜血杆菌（*Haemophilus parasuis*，HPS）能引起猪的多发性浆膜炎、关节炎和脑膜炎，可以影响从2周龄的哺乳仔猪到4月龄的育肥猪，主要在断奶后和保育阶段发病，多见于5～8周龄的猪，发病率一般在10%～15%，严重时死亡率高达50%。其易与猪链球菌、猪繁殖与呼吸障碍综合征、支原体肺炎及其他疾病发生混合或继发感染，而且据多篇文献报道，副猪嗜血杆菌病容易被误诊。因此，在临床上控制副猪嗜血杆菌病不仅对该病本身有所防控，而且也为控制其他疾病、提高猪群整体健康水平提供了保障。

目前，市面上使用的疫苗只有单独预防猪链球菌病、副猪嗜血杆菌病的灭活疫苗。而且，由于抗生素的滥用，耐药菌株产生使药物治疗趋向无效、浪费；抗生素药物的残留，也使得肉用动物在出口时面临不能通过的难题。因此，使用疫苗预防猪链球菌病与副猪嗜血杆菌病是当前最经济、最有效的方法。

传统的灭活疫苗，虽在预防和控制传染病过程中起到了重要的作用，然而全菌灭活苗含有大量不相关和无效的成分可能引起副反应。由于动物机体免疫潜力是有限的，避免疫苗中微生物大量无效成分对动物产生无意义的免疫应答，节约机体的免疫潜力，是当前免疫预防制品应关注的重点。

基因工程亚单位疫苗以其安全性高、稳定性好、针对性强、适合开发多价疫苗等诸多优点，成为新型疫苗的研究热点和焦点，而且其疫苗成分针对性强，无效的成分较少。目前在我国已上市的基因工程亚单位疫苗已经在禽法氏囊、猪胸膜肺炎放线杆菌、猪口蹄疫等危害重大的疾病中发挥着重要的作用。

猪链球菌病和副猪嗜血杆菌病是危害我国养猪业的两大细菌性疾病。华中农业大学研究人员经过多年努力，在“十一五”和“十二五”期间，在国家高新技术研究发展计划（863 计划）的持续支持下，针对现行细菌性疫苗不同程度上浪费动物免疫潜力的情况，应用蛋白质组学和反向疫苗学等方法，遵循精确、高效、微量和节省动物免疫潜力、避免给动物施加大量无效蛋白刺激的原则，针对我国流行的猪链球菌菌株和副猪嗜血杆菌菌株，筛选出免疫原性好且保护力强的免疫原性蛋白，通过一系列的动物实验，选取了两种病原菌中免疫原性强的基因（猪链球菌：*HP0197* 和 *HP1036* 基因；副猪嗜血杆菌：*06257* 和 *palA* 基因）分别进行克隆表达，将克隆表达得到的蛋白质按照比例混合，与矿物油佐剂进行乳化；并开展了本品的生产工艺、安全性、保护率、免疫程序和保存期及其他相关特性的研究。大量研究证明本疫苗生产工艺稳定、安全有效，能同时有效地预防猪链球菌病和副猪嗜血杆菌病的发生。以下对制定的质量标准进行说明。

一、生产用抗原的选择和确定

对细菌性疾病的防控，疫苗的免疫预防起着至关重要的作用。猪链球菌病和副猪嗜血杆菌病是我国猪场中流行最为严重的两种细菌性疾病。猪链球菌有 33 个血清型，流行情况复杂，根据华中农业大学动物病原室的流行病学调查结果表明，猪链球菌 2 型、3 型和 7 型在我国流行较严重，而且各血清型之间又可能缺乏交叉免疫保护作用，加大了对猪链球菌病的防控难度，因此研制一种能针对多血清型的疫苗预防猪链球菌病尤为重要。副猪嗜血杆菌有 15 个血清型，其中副猪嗜血杆菌 4 型、5 型和 13 型流行较广，致病力强，在细菌性疾病中对猪场的威胁仅次于猪链球菌病。针对上述两种重要的细菌性疾病，华中农业大学金梅林课题组利用蛋白质组学和反向疫苗学技术，对猪链球菌 2 型菌株和副猪嗜血杆菌 5 型菌株进行研究，筛选出大量的免疫原性较好的蛋白质。其中，猪链球菌 2 型共筛选出 35 个具有制备疫苗潜力的保护性蛋白质，副猪嗜血杆菌 5 型筛选出 15 个具有制备疫苗潜力的保护性蛋白质。

（一）猪链球菌 2 型免疫原性蛋白的筛选

在第六章介绍到利用反向疫苗学筛选鉴定到 17 种具有较强免疫原性的 SS2 蛋白，其中 HP0197、HP1036 和 Enolase 蛋白免疫的小鼠能耐受高剂量的 SS2 ZYS 攻击（张安定，2008）。随后检测了这 3 个蛋白质诱导的小鼠抗体水平，其中 HP0197 诱导的抗体水平最高，稀释度可达到 2^{18}，其次为 HP1036，为 2^{13}，Enolase 的诱导抗体水平相对较低。

通过多次的小鼠模型实验，我们最终确定猪链球菌 2 型的 HP0197 和 HP1036 蛋白有较好的免疫原性，可以作为候选蛋白。

（二）副猪嗜血杆菌疫苗候选蛋白的筛选

1. 疫苗候选蛋白的表达与验证

选取 GenBank 公布的副猪嗜血杆菌 5 型全基因组中 8 个候选基因（*PalA*、*Plp4*、*Wza*、*Omp2*、*Omp5*、*D15*、*HPS_06257* 和 *CysK*）构建表达载体，重组蛋白经过纯化后，进行 SDS-PAGE 电泳分析，在相对应的位置上能够显现非常显著的条带（图 8-1A）。在此基础上进行 Western-blot，以 SH0165 株攻毒后猪的康复血清为一抗，酶标羊抗猪 IgG 为二抗，在相对应的位置上显现出非常明显的条带（图 8-1B），表明这些重组蛋白具有良好的免疫反应性，为下一步动物实验奠定了良好的基础（周明光，2011）。

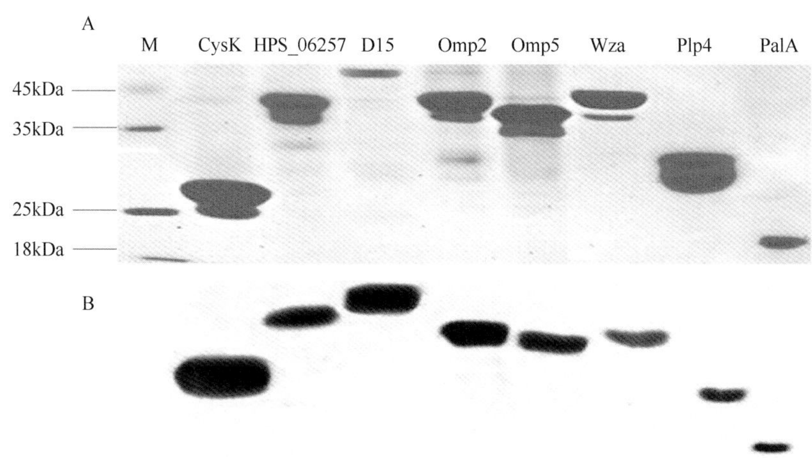

图 8-1　SDS-PAGE 和 Western-blot 验证重组蛋白

A. SDS-PAGE 电泳；B. Western-blot 分析图

2. 重组蛋白的调理吞噬试验

为了评估选择的 8 个免疫原性蛋白的保护效率，还进行了调理吞噬试验。试验结果显示，其中 5 个蛋白质的抗体（PalA，Wza，Omp2，D15 和 HPS_06257）在体外能有效抑制 HPS 的生长（＞50%）（图 8-2），说明这些蛋白质的抗体在补体存在的情况下能够对 HPS 的感染提供一定的保护力，而对照血清则没有显著差异（赵建平，2012）。

3. 重组蛋白对小鼠免疫效力试验

为了进一步评估选择的 8 个免疫原性蛋白的保护效率，小鼠免疫 28 天后，以 5 倍 LD_{50} 的剂量攻毒，观察每组小鼠的存活情况。对照组和空白组小鼠在攻毒后 3 天内全部死亡，而 PalA、Omp2 和 HPS_06257 免疫组都表现出较好的保护效率，至观察期最后共有 8 只小鼠存活，能提供 80%的保护率。另外，D15 免疫组最后有 6 只小鼠存活。其他 4 组（Plp4、Wza、Omp5 和 CysK）与对照组相比没有明显差异（图 8-3）。因此 PalA、Omp2 和 HPS_06257 及 D15 具有作为疫苗候选体的潜力。而通过多次的小鼠实验后，最终确定副猪嗜血杆菌 5

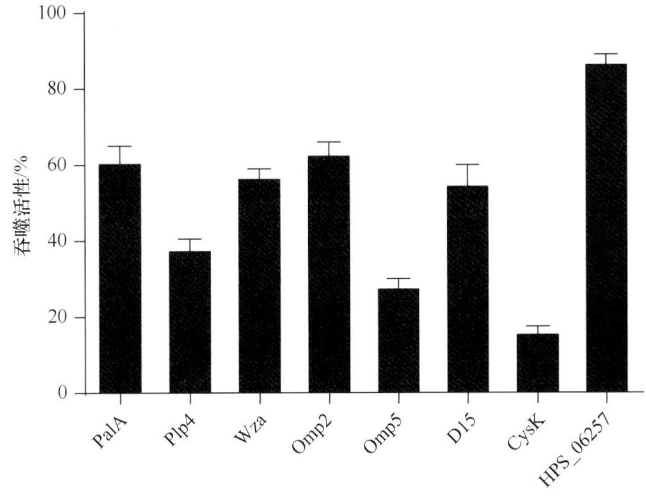

图 8-2　免疫源性蛋白的抗血清的调理吞噬活性

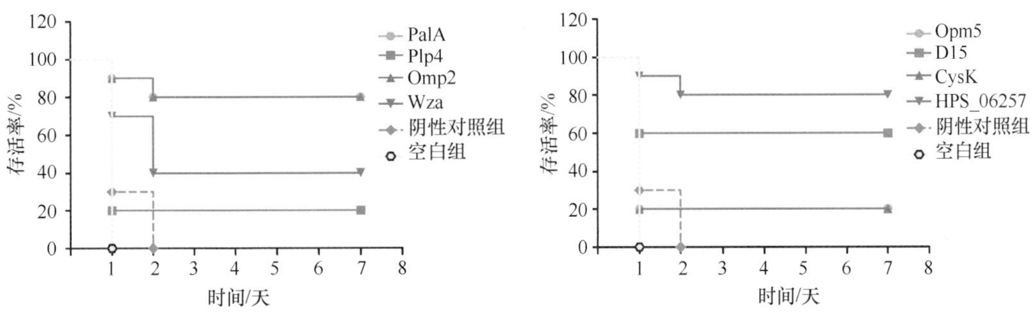

图 8-3　评估重组蛋白在小鼠模型中的免疫保护力

型的 HPS_06257 和 PalA 蛋白有较好的免疫原性（宋岱松，2013）。

若将上述 4 个蛋白质分别单独制备疫苗免疫仔猪，针对各血清型的攻毒保护效果欠佳。若将猪链球菌 HP0197 和 HP1036 蛋白混合制备疫苗，将副猪嗜血杆菌 HPS_06257 和 PalA 蛋白混合制备疫苗免疫仔猪，则针对各血清型的攻毒保护效果良好，均为 80%～100%，因此最终确定选择猪链球菌 2 型的 HP0197 和 HP1036 及副猪嗜血杆菌 5 型的 PalA 和 HPS_06257 蛋白共 4 个蛋白作为猪链球菌病-副猪嗜血杆菌病二联亚单位疫苗的抗原蛋白。将上述重组大肠杆菌 BL21-HP1036、BL21-HP0197、BL21-HPS_06257 和 BL21-PalA 作为生产用菌种。

二、菌种的毒力标准

猪链球菌 2 型和猪链球菌 7 型：对 ELISA 检测猪链球菌 2 型、7 型抗体阴性的 8～10 周龄仔猪，分别经耳静脉注射检验用菌株，确定猪链球菌血清 2 型 LT 株的致死剂量为 1.2×10^6～1.8×10^6CFU，猪链球菌血清 7 型 YZ 株的致死剂量为 3.0×10^9～8.0×10^9CFU。

副猪嗜血杆菌 4 型和副猪嗜血杆菌 5 型：对 ELISA 检测副猪嗜血杆菌 4 型和 5 型抗体阴性的 8～10 周龄仔猪，分别经腹腔注射检验用菌株，结果显示：副猪嗜血杆菌 4

型 MD0322 株对 8～10 周龄仔猪的发病剂量为 7.0×10^9CFU，副猪嗜血杆菌 5 型 SH0165 株对 8～10 周龄仔猪的发病剂量为 6.0×10^9CFU。

三、制备疫苗菌种的保存及使用代次

对 4 株疫苗菌株以脱脂牛奶为保护剂分别真空冷冻干燥，保存于–15℃或–70℃中。保存期间每隔半年取样对细菌生长形态、毒力等进行检测，试验证明 4 株重组大肠杆菌在–15℃保存 24 个月，–70℃保存 36 个月生长状态良好。因此我们将菌株的保存定为，冻干后菌种可在–15℃保存 24 个月，–70℃保存 60 个月。

通过对 4 株疫苗菌株不同代次菌种遗传稳定性进行检测，结果表明各代菌种的免疫原性稳定，无显著差异。于是将基础菌种的使用代次定为 2～8 代，生产菌种定为 3 代以内。

四、疫苗的安全检验

根据临床上的观察，猪链球菌病和副猪嗜血杆菌病可感染不同年龄段的猪。母猪足够的母源抗体可以保护其仔猪在哺乳阶段不发生猪链球菌病和副猪嗜血杆菌病，但随着仔猪的生长，母源抗体会逐渐消失，在仔猪断奶后转入保育栏时饲养密度的增加，容易导致猪链球菌病和副猪嗜血杆菌病在断奶后发生。仔猪在哺乳阶段的发病主要是通过对母猪的接种以提高母源抗体，但是在仔猪哺乳后期（21～28 日龄），母源抗体的逐渐降低会增加仔猪发病概率，因此针对哺乳后期母源抗体不高的特点，认为在仔猪 14 日龄左右进行首次免疫，能加强仔猪在哺乳后期的抗体，降低仔猪发病概率。

因此，针对上述母猪和仔猪的免疫情况，同时疫苗的使用也要求根据不同猪场的发病情况对断奶仔猪进行免疫，所以疫苗的安全检验主要针对 12～14 日龄哺乳期仔猪和 28～35 日龄刚断奶仔猪。

本研究检测了 5 批实验室疫苗的安全性，包括疫苗对哺乳期仔猪（12～14 日龄）、断奶仔猪（28～35 日龄）和妊娠母猪一次单剂量接种的安全性及超剂量重复接种的安全性。通过测定体温反应，观察精神状态、局部反应，并计算母猪的产仔率来综合评价疫苗对于免疫动物的安全性。

通过 5 批猪链球菌病-副猪嗜血杆菌病二联亚单位疫苗对 12～14 日龄哺乳期健康仔猪的安全性试验表明，本疫苗注射后，哺乳期仔猪体温均正常，变化不超过 1℃。采用超剂量重复接种后，哺乳期仔猪呼吸、食欲、精神状态均正常，通过比较 13 日龄仔猪与免疫后 35 日的体重变化发现，免疫组的仔猪体重与对照组体重增长无明显差异，表明本疫苗对于哺乳期的仔猪是安全的。

将 5 批疫苗免疫 28～35 日龄的断奶后仔猪，评价本疫苗对于断奶后仔猪的安全性，通过单剂量接种、单剂量重复接种和超剂量重复接种，结果在整个观测期，体温变化未超过 1℃，呼吸、食欲、精神状态均正常。

猪链球菌病-副猪嗜血杆菌病二联亚单位疫苗的免疫动物之一是妊娠母猪。因此本实验针对妊娠母猪进行了一系列的安全评价实验。通过对其单剂量接种、单剂量重复接种及超剂量重复接种的试验均未观察到妊娠母猪体温明显升高及精神等方面的异常；且妊娠母猪产仔正常，未出现死胎、流产和弱仔等现象；免疫母猪所产仔猪体重增长变化与对照组相比无明显差异。

综上所述，猪链球菌病-副猪嗜血杆菌病二联亚单位疫苗对本体动物是安全的。

五、疫苗免疫效力研究

采用 28～35 日龄健康易感仔猪进行疫苗的免疫效力研究，评价疫苗对猪链球菌和副猪嗜血杆菌的攻毒保护效力。

（一）免疫次数研究

用试制的疫苗免疫 28～35 日龄健康易感仔猪，研究不同免疫次数对仔猪保护效力的影响。具体试验设计如下所述。

将 28～35 日龄健康断奶仔猪分为 4 个组，每组 30 头。其中，10 头为空白对照组，剩下 20 头免疫猪链球菌病-副猪嗜血杆菌病二联亚单位疫苗，具体分组见表 8-22。首次免疫后 3 周进行第二次免疫，且首免后 35 日采血用 ELISA 试剂盒检测 HP0197、HP1036、PalA 和 HPS_06257 蛋白的抗体水平，并于首免后 35 日进行猪链球菌和副猪嗜血杆菌的攻毒保护性实验。猪链球菌攻毒采用耳静脉注射 1 个致死剂量猪链球菌 2 型 LT 株（2.0×10^6CFU）或猪链球菌 7 型 YZ 株（6.5×10^9CFU）；副猪嗜血杆菌攻毒组经腹腔注射 1 个发病剂量的副猪嗜血杆菌 4 型 MD0322 株（9.5×10^9CFU）或副猪嗜血杆菌 5 型 SH0165 株（7.5×10^9CFU）菌液，观察疫苗对仔猪的保护率，同时设未免疫组作为同期攻毒对照组。

表 8-22　各组分组细节表

攻毒	免疫组		空白组/头
	一次免疫/头	二次免疫/头	
组 1 猪链球菌 2 型	10	10	10
组 2 猪链球菌 7 型	10	10	10
组 3 副猪嗜血杆菌 4 型	10	10	10
组 4 副猪嗜血杆菌 5 型	10	10	10

将制备的猪链球菌病-副猪嗜血杆菌病亚单位疫苗免疫 28～35 日龄仔猪，分为一次免疫组和二次免疫组。二次免疫组首免后 21 日进行第二次免疫，并于二次免疫后 14 日攻毒，攻毒菌株分别为猪链球菌 2 型 LT 株、猪链球菌 7 型 YZ 株、副猪嗜血杆菌 4 型 MD0322 株和副猪嗜血杆菌 5 型 SH0165 株。

1. 猪链球菌攻毒保护效力实验

将制备的疫苗按不同次数免疫仔猪后，分别用猪链球菌 2 型和 7 型进行攻毒，连续观察 10 日，记录攻毒仔猪的状态。

表 8-23 中结果表明，一次免疫组保护率为 60%，二次免疫组保护率为 90%，进行一次免疫的仔猪针对猪链球菌 2 型 LT 株攻击的保护率相对较低。空白组 10 头仔猪中，抗体均为阴性，其中死亡 9 头，死亡率达到 90%。

表 8-23　仔猪不同次数免疫后 HP0197 和 HP1036 抗体水平和猪链球菌 2 型攻毒保护效力

周次	编号	蛋白抗体		攻毒后猪状态 SS2（LT）	周次	编号	蛋白抗体		攻毒后猪状态 SS2（LT）
		HP0197	HP1036				HP0197	HP1036	
一次免疫第 21 天攻毒	1	0.578	0.439	健活	二次免疫第 35 天攻毒	11	0.982	1.372	健活
	2	0.510	0.456	死亡		12	1.123	1.390	健活
	3	0.662	0.612	健活		13	1.273	1.109	健活
	4	0.498	0.436	死亡		14	1.098	1.275	健活
	5	0.689	0.712	健活		15	0.948	0.981	健活
	6	0.650	0.641	健活		16	1.011	1.223	发病
	7	0.437	0.472	死亡		17	1.472	1.378	健活
	8	0.721	0.681	发病		18	0.876	0.927	健活
	9	0.489	0.667	健活		19	1.372	0.941	健活
	10	0.632	0.741	健活		20	1.236	1.190	健活
	保护率			60%		保护率			90%

表 8-24 结果表明，一次免疫组保护率为 60%，二次免疫组保护率为 90%，进行一次免疫不能有效地阻止猪链球菌 7 型 YZ 株的攻击。空白组 10 头仔猪中，抗体均为阴性，其中，死亡 6 头，发病 2 头，保护率仅为 20%。

表 8-24　仔猪不同次数免疫后 HP0197 和 HP1036 抗体水平和猪链球菌 7 型攻毒保护效力

周次	编号	蛋白抗体		攻毒后猪状态 SS7（YZ）	周次	编号	蛋白抗体		攻毒后猪状态 SS7（YZ）
		HP0197	HP1036				HP0197	HP1036	
一次免疫第 21 天攻毒	21	0.521	0.433	死亡	二次免疫第 35 天攻毒	31	1.072	1.122	死亡
	22	0.578	0.481	健活		32	1.123	1.390	健活
	23	0.632	0.678	健活		33	1.273	1.109	健活
	24	0.498	0.412	发病		34	1.128	1.325	健活
	25	0.612	0.524	发病		35	0.948	0.981	健活
	26	0.633	0.650	健活		36	1.211	1.123	健活
	27	0.432	0.491	死亡		37	1.212	1.118	健活
	28	0.729	0.681	健活		38	0.936	0.892	健活
	29	0.686	0.621	健活		39	1.437	0.931	健活
	30	0.632	0.741	健活		40	1.129	1.098	健活
	保护率			60%		保护率			90%

2. 副猪嗜血杆菌攻毒保护效力实验

将制备的疫苗按不同次数免疫仔猪后，分别用副猪嗜血杆菌 4 型和副猪嗜血杆菌 5 型进行攻毒，连续观察 10 日，记录攻毒仔猪的状态。

表 8-25 结果显示，一次免疫组保护率为 60%，二次免疫组保护率为 100%，进行一次免疫不能有效地阻止副猪嗜血杆菌 MD0322 株的攻击。空白组 10 头仔猪中，抗体均为阴性，其中死亡 8 头，发病 1 头，保护率仅为 10%。

表 8-25　仔猪不同次数免疫后 PalA 和 HPS_06257 抗体水平和副猪嗜血杆菌 4 型攻毒保护效力

周次	编号	蛋白抗体		攻毒后猪状态 HPS4 型	周次	编号	蛋白抗体		攻毒后猪状态 HPS4 型
		PalA	HPS_06257				PalA	HPS_06257	
一次免疫第 21 天攻毒	41	0.709	0.676	健活	二次免疫第 35 天攻毒	51	1.222	0.922	健活
	42	0.458	0.581	死亡		52	1.312	1.140	健活
	43	0.613	0.558	发病		53	1.163	0.987	健活
	44	0.445	0.390	死亡		54	1.071	1.139	健活
	45	0.612	0.664	健活		55	0.894	1.281	健活
	46	0.627	0.640	健活		56	1.312	1.431	健活
	47	0.476	0.592	死亡		57	1.165	1.355	健活
	48	0.681	0.610	健活		58	0.989	1.472	健活
	49	0.689	0.709	健活		59	1.247	1.290	健活
	50	0.643	0.721	健活		60	1.282	1.476	健活
	保护率			60%		保护率			100%

表 8-26 结果显示，一次免疫组保护率为 60%，二次免疫组保护率为 90%，进行一次免疫不能有效地阻止副猪嗜血杆菌 5 型 SH0165 株的攻击。空白组 10 头仔猪中，抗体均为阴性，其中死亡 8 头，发病 1 头，保护率仅为 10%。

表 8-26　仔猪不同次数免疫后 PalA 和 HPS_06257 抗体水平和副猪嗜血杆菌 5 型攻毒保护效力

周次	编号	蛋白抗体		攻毒后猪状态 HPS5 型	周次	编号	蛋白抗体		攻毒后猪状态 HPS5 型
		PalA	HPS_06257				PalA	HPS_06257	
一次免疫第 21 天攻毒	61	0.490	0.654	死亡	二次免疫第 35 天攻毒	71	1.102	0.832	健活
	62	0.609	0.667	健活		72	1.132	0.900	健活
	63	0.681	0.558	发病		73	1.093	0.945	健活
	64	0.490	0.461	死亡		74	1.072	1.156	健活
	65	0.659	0.734	健活		75	0.993	1.141	健活
	66	0.681	0.700	健活		76	1.252	1.151	健活
	67	0.445	0.582	死亡		77	1.175	1.215	健活
	68	0.681	0.684	健活		78	0.947	1.272	发病
	69	0.633	0.751	健活		79	1.144	1.155	健活
	70	0.671	0.731	健活		80	1.100	1.310	健活
	保护率			60%		保护率			90%

针对仔猪的不同免疫次数是否能抵抗猪链球菌和副猪嗜血杆菌的攻击对疫苗进行评价。通过对仔猪进行一次免疫和二次免疫分组，然后用猪链球菌耳静脉注射攻毒和腹腔注射副猪嗜血杆菌攻毒后，结果表明一次免疫组中免疫仔猪针对猪链球菌或副猪嗜血杆菌的保护率在 60%以下，而二次免疫组中免疫仔猪针对猪链球菌或副猪嗜血杆菌的保

护率在 80%以上，因此我们确定本疫苗的免疫程序为二次免疫。

（二）疫苗的免疫期和抗体消长规律的研究

用研制的 3 批疫苗对免疫期和抗体消长规律进行了研究。3 批疫苗按常规免疫剂量和免疫程序分别对 28～35 日龄健康仔猪、健康初产母猪进行免疫，分别于免疫后 7 天、14 天、35 天、60 天、90 天、120 天、150 天和 180 天测定 ELISA 抗体水平。结果表明仔猪在免疫后 3 周 ELISA 抗体转阳，以后逐渐上升，35～90 天处于抗体水平高峰，以后逐渐下降，持续至免疫后 180 天；母猪免疫后的抗体消长规律与仔猪的抗体消长规律基本是一致的，但产生的抗体水平要高于仔猪的抗体水平。

仔猪免疫后第 35 天和第 180 天对疫苗免疫的仔猪进行攻毒试验，仔猪在首次免疫后 35 天和 180 天存活率均能达到 80%以上，而对照组 80%以上死亡；由于副猪嗜血杆菌对大日龄的育肥猪不敏感，因此我们仅针对首次免疫后 35 天的仔猪进行副猪嗜血杆菌的攻毒试验，结果显示免疫仔猪保护率均在 80%以上，而对照组 80%以上发病或死亡。本研究结果表明该疫苗免疫期至少为 5 个月。具体实验如下所述。

将疫苗用常规免疫剂量对 28～35 日龄 40 头健康仔猪进行免疫，同时设立未免疫对照组。其中 20 头仔猪于 7 天、14 天和 35 天检测抗体后，同对照组进行猪链球菌和副猪嗜血杆菌的攻毒保护实验；剩下的 20 头免疫仔猪分别于免疫后 7 天、14 天、35 天、60 天、90 天、120 天、150 天和 180 天采血，用各蛋白质的 ELISA 抗体检测试剂盒检测抗体后，同对照组进行攻毒保护效力实验。

1. 猪链球菌蛋白抗体消长规律

用蛋白质 HP0197 和 HP1036 的 ELISA 抗体检测试剂盒检测 35 天和 180 天的抗体水平。结果表明，疫苗免疫仔猪 1 周后，HP0197 和 HP1036 蛋白均开始有部分仔猪检测到相应蛋白的特异性 ELISA 抗体，首免 14 天后所有免疫猪抗体全部为阳性，在 21 天进行第二次免疫，二免 14 天后所有仔猪 ELISA 抗体均超过 0.8，在 35～90 天为抗体高峰，以后逐渐下降，至 180 天，抗体水平仍然较高，均在 0.5 以上。

2. 副猪嗜血杆菌蛋白抗体消长规律

用蛋白质 PalA 和 HPS_06257 作为抗原的 ELISA 抗体检测试剂盒检测 35 天和 180 天的抗体水平。结果表明，疫苗免疫仔猪 1 周后，PalA 和 HPS_06257 蛋白均开始有部分仔猪检测到相应蛋白的特异性 ELISA 抗体，首免 14 天后所有免疫猪抗体均超过 0.4，全部为阳性；首免 21 天后进行第二次免疫，二免 14 天后所有仔猪 ELISA 抗体均超过 0.9，在 35～90 天为抗体持续高峰，以后逐渐下降，至 180 天，抗体水平仍然较高，均在 0.5 以上。

以上实验表明，疫苗免疫后第一周 4 个蛋白质均开始有部分仔猪检测到相应蛋白的特异性 ELISA 抗体，首免 14 天后所有免疫猪抗体全部为阳性，二免 14 天后所有仔猪 ELISA 抗体均超过 0.8，在首次免疫 180 天后，所有免疫猪的抗体水平仍然较高，均不低于 0.5，说明本疫苗免疫仔猪后，各蛋白质的抗体水平至少可维持 6 个月。

3. 仔猪攻毒保护效力实验

用试制的猪链球菌病-副猪嗜血杆菌病二联亚单位疫苗免疫 28～35 日龄健康断奶仔猪，2ml/头，3 周后第二次免疫，并于二免后 14 天（首免后 35 天）和 180 天，同相同条件对照组进行攻毒保护效力实验，其中首免后 35 天组进行猪链球菌和副猪嗜血杆菌攻毒保护效力实验；180 天组仅进行猪链球菌攻毒保护效力实验。

猪链球菌攻毒：采用耳静脉注射 1 个致死剂量的猪链球菌 2 型 LT 株或猪链球菌 7 型 YZ 株 2ml；

副猪嗜血杆菌攻毒：采用腹腔注射 1 个致死剂量的副猪嗜血杆菌 4 型 MD0322 株或副猪嗜血杆菌 5 型 SH0165 株菌液 2ml。

攻毒结果显示亚单位疫苗首免后 35 天和 180 天针对猪链球菌的攻毒保护效力相当，无明显差异。在 35 天进行的副猪嗜血杆菌攻毒保护实验中，免疫组保护率均达到 80%以上。表明制备的亚单位疫苗针对猪链球菌和副猪嗜血杆菌的攻击均能产生较好的保护效果，保护率至少均在 80%以上（表 8-27 和表 8-28）。

表 8-27　免疫后不同时间的猪链球菌攻毒保护情况

组别	攻毒菌株	抗体水平		攻毒剂量/CFU	仔猪健康状态	免疫组保护率/%	对照组死亡率/%
		HP0197	HP1036				
首免后 35 天	SS2 型 LT 株	1.326	1.276	2×10^6	健活	100	80
		1.03	0.885		健活		
		0.972	1.145		健活		
		0.985	0.985		健活		
		0.904	0.926		健活		
首免后 180 天	SS2 型 LT 株	0.573	0.885	1.0×10^7	死亡	80	80
		0.647	0.78		健活		
		0.87	0.776		健活		
		0.677	0.717		健活		
		0.607	0.528		健活		
首免后 35 天	SS7 型 YZ 株	1.389	1.456	3.0×10^9	健活	100	100
		1.196	1.15		健活		
		1.459	0.859		健活		
		0.953	0.951		健活		
		0.981	0.93		健活		
首免后 180 天	SS7 型 YZ 株	0.511	0.789	9.0×10^9	死亡	80	100
		0.647	0.878		健活		
		0.714	0.792		健活		
		0.727	0.764		健活		
		0.789	0.688		健活		

表 8-28　疫苗首次免疫后 35 天的副猪嗜血杆菌攻毒保护情况

组别	攻毒菌株	抗体水平		攻毒剂量/CFU	仔猪健康状态	免疫组保护率/%	对照组死亡率/%
		PalA	HPS_06257				
首免后 35 天	MD0322 株	1.099	1.276	3.5×10^9	健活	100	80
		1.138	1.035		健活		
		1.051	0.97		健活		
		1.232	0.959		健活		
		0.935	1.174		健活		
首免后 35 天	SH0165 株	1.183	1.11	6.0×10^9	健活	100	100
		1.341	1.143		健活		
		1.051	1.073		健活		
		0.975	0.925		健活		
		1.197	0.898		健活		

六、疫苗的保存期

将 3 批猪链球菌病-副猪嗜血杆菌病二联亚单位疫苗分别在 2～8℃保存 24 个月，均没有出现破乳、分层和沉淀现象，黏度变化不大，并且无菌生长，证明疫苗的乳化工艺是成熟、稳定的，疫苗的性状是稳定的。

2～8℃保存的 3 批疫苗在不同保存期分别按照程序进行免疫，同时设立对照组，然后分别进行猪链球菌和副猪嗜血杆菌攻毒试验。攻毒试验结果表明，猪链球菌攻毒对照组至少 4 头死亡，免疫组至少 4 头保护；副猪嗜血杆菌攻毒对照组至少 4 头发病，免疫组均至少 4 头保护，由此表明疫苗可在 2～8℃保存 21 个月免疫效果及相关质量不变。

（一）疫苗物理性状检验和无菌检验

将制备的 3 批疫苗分别在保存前和在 2～8℃保存 3 个、6 个、9 个、12 个、15 个、18 个、21 个和 24 个月后取出，逐项进行性状检验。结果表明，3 批疫苗在 2～8℃保存 18 个月，抽样检测均未出现破乳和分层现象，黏度值小，在正常范围内变化不大。同时在上述时间分别取出样品进行无菌检验。结果表明，各批次疫苗在整个保存期内无菌检验均合格，在各培养基中均无杂菌生长。

（二）疫苗效力检验结果

1. 疫苗免疫后抗体水平

将 3 批疫苗分别在 2～8℃保存 6 个、12 个、18 个、21 个和 24 个月取出，对 28～35 日龄健康断奶仔猪进行免疫 35 天后，每批疫苗随机选取 5 头采血，分离血清检测各蛋白质相应抗体。在 6 个、12 个、18 个和 21 个月，各仔猪在按照正常程序免疫疫苗后，首免 35 天后抗体均维持较高水平，抗体 OD_{630nm} 值均在 1.0 以上；而保存 24 个月的疫苗在免疫仔猪后，4 个蛋白质相应的抗体水平均有下降，但仍然在 0.7～1.0。

2. 不同保存时间的攻毒保护效力实验

在仔猪首次免疫 35 日后，进行了猪链球菌和副猪嗜血杆菌的攻毒保护效力实验。

猪链球菌攻毒组：通过耳静脉注射 1 个致死剂量的猪链球菌 2 型 LT 株或猪链球菌 7 型 YZ 株 2ml，观察疫苗针对猪链球菌病的保护；

副猪嗜血杆菌攻毒组：腹腔注射 1 个致死剂量的副猪嗜血杆菌 4 型 MD0322 株或副猪嗜血杆菌 5 型 SH0165 株菌液 2ml，观察疫苗针对副猪嗜血杆菌病的保护率。

3 批疫苗详细攻毒保护结果表明，疫苗在保存 6 个、12 个、18 个、21 个月的效力结果符合质量标准，免疫组针对猪链球菌与副猪嗜血杆菌的保护率均在 80%以上，而对照组 80%以上死亡。3 批疫苗保存 24 个月时，疫苗针对猪链球菌 7 型、副猪嗜血杆菌 4 型、副猪嗜血杆菌 5 型的保护率符合疫苗效力检验的标准，保护率均在 80%以上，但针对猪链球菌 2 型的保护率低于效力检验的标准。因此，综合分析疫苗在 2～8℃条件下保存最长 21 个月时，免疫效力无明显下降，在此期间内，按本工艺制备的疫苗免疫原性没有发生变化，疫苗质量稳定。

综上所述，采用蛋白质组学和反向疫苗学筛选出猪链球菌和副猪嗜血杆菌中优良的免疫原性蛋白，并制备疫苗，通过对疫苗的安全性、免疫保护效力、抗体消长规律、保存期等一系列实验，研制开发了猪链球菌病-副猪嗜血杆菌病基因工程亚单位疫苗，该疫苗具有精确、高效、微量的特点，为我国猪链球菌病和副猪嗜血杆菌病的防控提供了优质的产品支持。

第三节　猪链球菌 2 型弱毒活疫苗

猪链球菌病是由多种溶血性链球菌引起的猪的一种多型性传染病，该病的临床特征是急性者表现为出血性败血症和脑炎，慢性者则表现为关节炎、心内膜炎和淋巴结脓肿。猪链球菌有 33 个血清型，已知猪链球菌 1 型、2 型、7 型和 9 型为高毒力血清型，可引起猪发病死亡，其中猪链球菌 2 型被报道可致人畜共患，其他链球菌可以引起猪和多种动物感染和发病，是猪链球菌病的重要病原，给养猪业造成了严重的经济损失。国内预防猪链球菌病多使用单价或多价灭活疫苗，取得一定成果，但在弱毒疫苗研发方面暂无突破，因此开发该病弱毒疫苗具有积极的意义。

通过小鼠与猪的感染试验及免疫原性试验对临床分离的猪链球菌 2 型菌株进行了致病力初步评估，以求筛选得到低毒力菌株并开展相关特性研究，为链球菌病弱毒疫苗研究奠定前期基础。

一、猪链球菌弱毒疫苗菌株的筛选

（一）毒力基因 PCR 鉴定结果

对背景来源清楚的湖北、湖南、四川、浙江、江苏、广东等省份 17 株临床分离株毒力因子 PCR 鉴定 *mrp*、*epf*、*sly* 三个基因，其中有 8 株分离株 *sly* 检测阳性，14 株分

离株 *mrp* 检测阳性，10 株分离株 *epf* 检测阳性；三大毒力因子基因均检测阳性的有 8 株，说明我国猪链球菌 2 型流行毒力因子基因型为 $sly^{+}mrp^{+}epf^{+}$。

（二）临床分离菌株对小鼠致病力比较

将本研究中的 17 株分离菌株与阳性参考 LT 株，每株均分别用 3×10^{9}CFU、5×10^{8}CFU、5×10^{7}CFU 3 个剂量进行小鼠感染试验，观察 7 日，统计小鼠发病与死亡情况。

菌株 LT 株在小鼠毒力实验中，呈现高致病力特征。对于挑选的 8 株基因型为 $sly^{+}mrp^{+}epf^{+}$的菌株，绝大多数为高毒力菌株，感染小鼠 24h 内即出现发病与死亡，只有编号 SS2-RD 的菌株表现低致病力特征，最高剂量 3×10^{9}CFU 感染不致死小鼠，亦不见明显发病症状。仅含有 *mrp* 或者 *epf* 的菌株多为中等毒力菌株，只有编号 SS-1 的菌株表现低致病力特征（表 8-29）。

表 8-29　临床分离株猪链球菌 2 型菌株的毒力差异

菌株	基因型	小鼠死亡率（死亡数/总数）			致病力
		3×10^{9} CFU	5×10^{8} CFU	5×10^{7} CFU	
LT（对照）	$sly^{+}mrp^{+}epf^{+}$	10/10	10/10	0/10	HV
SS2-RD	$sly^{+}mrp^{+}epf^{+}$	0/10	0/10	0/10	LV
SS-8	$sly^{+}mrp^{+}epf^{+}$	10/10	6/10	0/10	HV
SS-13	$sly^{+}mrp^{+}epf^{+}$	10/10	10/10	0/10	HV
SS-A16	$sly^{+}mrp^{+}epf^{+}$	10/10	8/10	0/10	HV
SS-A19	$sly^{+}mrp^{+}epf^{+}$	10/10	10/10	0/10	HV
SS-22	$sly^{+}mrp^{+}epf^{+}$	10/10	7/10	0/10	HV
SS-A28	$sly^{+}mrp^{+}epf^{+}$	10/10	8/10	0/10	HV
SS-A3	$sly^{+}mrp^{+}epf^{+}$	10/10	8/10	0/10	HV
SS-A23	$sly^{-}mrp^{-}epf^{-}$	0/10	0/10	0/10	LV
SS-A26	$sly^{-}mrp^{-}epf$	10/10	0/10	0/10	MV
SS-1	$sly^{-}mrp^{+}epf$	0/10	0/10	0/10	LV
SS-A9	$sly^{-}mrp^{+}epf$	10/10	0/10	0/10	MV
SS-A21	$sly^{-}mrp^{+}epf$	10/10	0/10	0/10	MV
SS-A32	$sly^{-}mrp^{+}epf$	10/10　0/10	0/10		MV
SS-A40	$sly^{-}mrp^{+}epf$	10/10	0/10	0/10	MV
SS-14	$sly^{-}mrp^{+}epf^{+}$	10/10　0/10	0/10		MV
SS-9	$sly^{-}mrp^{+}epf^{+}$	10/10	0/10	0/10	MV

注：HV. 高致病力，致死剂量≤5×10^{8} CFU；MV. 中等致病力，致死剂量≤3×10^{9} CFU；LV. 低致病力，3×10^{9} CFU 不致死

在对 17 株临床分离的猪链球菌 2 型进行致病力初步评估后，筛选得到 3 株低致病力菌株，编号分别为 SS2-RD、SS-1 和 SS-A23。其中 SS2-RD 为毒力因子基因型 $sly^{+}mrp^{+}epf^{+}$，而我国猪链球菌病流行病原为 $sly^{+}mrp^{+}epf^{+}$型的猪链球菌血清 2 型，因此 SS2-RD 可能成为较好的该病弱毒疫苗候选菌株。

二、猪链球菌 2 型生物学特性鉴定

（一）纯粹检验

按照现行兽药典对冻存的 SS2-RD 原始菌种进行纯粹检验，使用培养基为含 5%新生牛血清的 TSA 斜面。在 TSA 斜面中 37℃培养见明显均一菌苔，革兰氏染色呈阳性，多见长链或短链排列，无杂菌生长，在 25℃下培养多见长链状排列，无杂菌生长。在 T.G 培养基中 37℃培养呈一致混浊，长时间培养见沉淀，革兰氏染色呈阳性，多见短链或成对排列，无杂菌生长，在 25℃下多见长链排列，无杂菌生长。在 G.A 斜面上 37℃培养见明显均一菌苔，革兰氏染色呈阳性，多见短链或成对排列，无杂菌生长，在 25℃下培养多见长链排列，无杂菌生长。在 G.P 培养基中生长困难，长时间培养不见明显混浊，革兰氏镜检阳性，无杂菌生长（表 8-30）。基于上述结果，SS2-RD 原始冻存菌种纯粹检验合格，无杂菌。

表 8-30　SS2-RD 株原始菌种纯粹检验

培养基	培养温度/℃	纯粹检验结果			描述
		试管检查	镜检（革兰氏染色，100 倍油镜）	杂菌 Y/N	
TSA（含 5%新生牛血清）	37			N	在 TSA 斜面中 37℃培养见均一菌苔；革兰氏染色呈阳性，多见长链或短链排列，无杂菌生长
	25			N	在 TSA 斜面中 25℃培养见均一菌苔；革兰氏染色呈阳性，多见长链状排列，无杂菌生长
T.G	37			N	在 T.G 培养基中 37℃培养呈一致混浊，长时间培养见沉淀；革兰氏染色呈阳性，多见短链或成对排列，无杂菌生长
	25			N	在 T.G 培养基中 25℃培养呈一致混浊，长时间培养见沉淀；革兰氏染色呈阳性，多见长链排列，无杂菌生长

续表

培养基	培养温度/℃	纯粹检验结果			描述
		试管检查	镜检（革兰氏染色，100倍油镜）	杂菌 Y/N	
G.A	37			N	在G.A斜面上37℃培养见明显均一菌苔；革兰氏染色呈阳性，多见短链或成对排列，无杂菌生长
	25			N	在G.A斜面上25℃培养见明显均一菌苔；革兰氏染色呈阳性，多见长链排列，无杂菌生长
G.P	25			N	在G.P培养基中生长困难，长时间培养不见明显混浊；革兰氏镜检阳性，无杂菌生长

（二）形态学特性

猪链球菌2型SS2-RD株对营养需求较高，在基础琼脂平皿上生长较差，37℃温箱培养20h以上可见针尖大小菌落。在TSA平皿（含5%新生牛血清）上生长良好，37℃温箱培养12h即见针尖大小菌落，形成的菌落呈灰色、半透明、湿润，透光45°可观察菌落现浅蓝色荧光。在绵羊鲜血琼脂平板上形成的菌落周围可见β溶血环。SS2-RD株接种缓冲肉汤培养基与TSB培养基（含5%新生牛血清）中培养6～8h可见明显一致混浊，偶见沉淀于瓶底。新鲜培养物玻片固定后进行革兰氏染色，镜检结果为革兰氏阳性，个体呈圆球状或卵圆形，多见短链或长链排列，少见单个或双个排列。

（三）生化试验结果

猪链球菌2型SS2-RD株在低温（10℃）与高温（45℃）下无法生长，在高盐环境下（6.5%NaCl）无法生长，在碱性环境中不生长，在富含胆酸盐环境（麦康凯培养基）中无法生长。唯一碳源利用的生化实验表明猪链球菌2型SS2-RD株符合猪链球菌属的生化特性。

（四）血清学特性

将猪链球菌2型分离株SS2-RD株与猪链球菌1型和2型参考分型血清（购于丹麦国家血清研究所）进行玻片凝集试验，同时以A7株（2型参考菌株）与ST1株（1型参考菌株）作参考对照。如表8-31所示，SS2-RD株可与猪链球菌2型参考血清发生凝集反应，与 1 型参考血清没有发生凝集反应，根据判定标准，SS2-RD 株符合猪链球菌 2 型血清学特性。

表 8-31　玻片凝集试验结果

分组	SS2-RD 株	参考株 A7	参考株 ST1
1 型参考血清	−	−	+
2 型参考血清	+	+	−
生理盐水	−	−	−

注：+. 凝集呈阳性；−. 凝集呈阴性

（五）分子生物学特征

对 SS2-RD 株 *gdh* 与 *cps2J* 基因分别进行 PCR 扩增，SS2-RD 株能够扩增到特异性的 *gdh* 条带（689bp）与特异性的 *cps2J* 条带（557bp），此结果与参考 2 型菌株 A7 的扩增结果一致，表明 SS2-RD 株是猪链球菌 2 型（或 1/2 型）。结合凝集试验的结果，SS2-RD 株与 2 型参考血清发生凝集反应，而与 1 型参考血清不发生凝集，因此 SS2-RD 株属于猪链球菌 2 型。

（六）生长曲线测定结果

细菌经复壮后接种 TSB 培养基（含 5%新生牛血清），37℃培养 8～10h 作为种子液。再将上述种子液按培养基总体积的 1%接种预热至 37℃的 TSB 培养基，于 37℃，150r/min 振荡培养。其间每隔 2h 取样进行活菌菌落计数，每 1h 取样用 pH 计测定 pH，用分光光度计测定菌液的 OD_{600nm} 值。图 8-4A 为在液体培养基中培养猪链球菌 2 型，溶液的 pH 下降非常快，培养时间为 10h 左右，其 pH 达到最低，此时 pH 仅为 5.13，暗示猪链球菌 2 型在培养过程中产酸能力强，维持发酵液 pH（7.0～7.5）可能有助于细菌生长。在液体培养基中培养 SS2-RD 株，在接种种子菌后 8h 内，溶液的 OD 值呈对数增长，培养 10h 后进入平稳期（图 8-4B）；种子液接种后 4h 左右开始进入对数生长期，培养 8～10h 活菌数达到最高峰，但从 12h 开始活菌数一直呈现下降趋势（图 8-4C）。

（七）猪链球菌 2 型弱毒菌株对小鼠的毒力

SS2-RD 经腹腔接种小鼠，2×10^9CFU 剂量接种小鼠在感染后一天内全部死亡，1×10^9CFU 剂量组在感染后两天内死亡 2 只，未死亡小鼠 4 天后恢复正常，5×10^8CFU 剂量组与 2.5×10^8CFU 剂量组无发病。PBS 对照组无症状（表 8-32）；SS2-RD 皮下接种小鼠均健活（表 8-33）。Reed-Muench 法对小鼠半数致死量 LD_{50} 进行计算，SS2-RD 腹腔接种对小鼠的 LD_{50} 约为 9.0×10^8CFU，皮下接种最高剂量 2.0×10^9CFU 亦对小鼠安全。

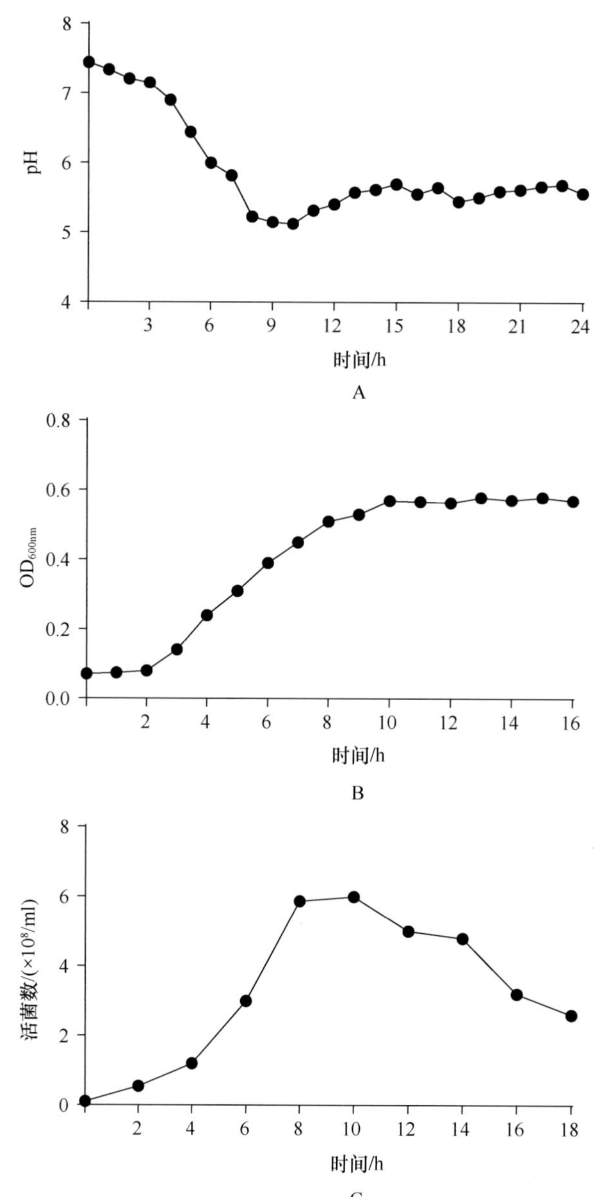

图 8-4　生长曲线测定结果

A. 培养基的 pH 随时间变化的变化规律；B. 生长曲线（OD_{600nm}值）；C. 生长曲线（活菌数）

表 8-32　SS2-RD 腹腔接种对小鼠半数致死量 LD_{50} 的测定

分组	注射剂量/μl	含毒量/CFU	小鼠数量/只	存活数量/只	LD_{50}/CFU
SS2-RD	200	2×10^9	6	0	9.0×10^8
	200	1×10^9	6	2	
	200	5×10^8	6	6	
	200	2.5×10^8	6	6	
PBS	200	0	6	6	—

表 8-33　SS2-RD 皮下接种对小鼠毒力测定

分组	注射剂量/μl	含毒量/CFU	小鼠数量/只	存活数量/只
SS2-RD	200	$2×10^9$	6	6
	200	$1×10^9$	6	6
	200	$5×10^8$	6	6
	200	$2.5×10^8$	6	6
PBS	200	200μl	6	6

（八）对仔猪的致病性

分别用 $3.2×10^9$CFU、$6.3×10^9$CFU、$1.3×10^{10}$CFU 和 $2.5×10^{10}$CFU 4 个剂量的 SS2-RD 株菌悬液肌肉接种仔猪，设立对照猪接种无菌 PBS，并对临床发病情况与体温结果进行统计。结果表明低、中、高剂量的菌悬液均不对仔猪致病或造成死亡，整个观察期内无临床症状出现。仔猪经 SS2-RD 株菌液接种后的 1～2 天体温出现轻微升高，但不超过正常体温（仔猪正常体温 38.5～39.5℃）1℃，2 天后开始恢复至正常水平，此后在整个观察期内无上述体温波动，对照组体温整个观察期内无明显变化。

接种前与接种后 14 天观察期结束，对试验猪群进行称重，统计每组日均增重情况，分析结果表明：$3.2×10^9$CFU、$6.3×10^9$CFU、$1.3×10^{10}$CFU 剂量组仔猪日均增重与 PBS 对照组差异不显著，日均增重在 200g 以上；$2.5×10^{10}$CFU 剂量组仔猪日均增重显著低于 PBS 对照组（$P<0.05$）。

因此，基于临床观察、体温监测及仔猪增重结果表明，SS2-RD 至少 $1.3×10^{10}$CFU 剂量接种仔猪不会致病，且不对接种仔猪造成任何影响，是安全的。

（九）SS2-RD 株免疫原性和免疫保护率

SS2-RD 株免疫原性通过抗体检测与攻毒保护实验评价，对不同剂量免疫的仔猪定期采集血清进行猪链球菌 2 型抗体检测，具体结果如下所述。

$2.2×10^7$CFU 组仔猪抗体在免疫后 7 天未见明显升高，14 天后转阳（OD_{630nm}值大于 0.35 为阳性），阳性率为 40%，21 天和 28 天时抗体阳性率均为 60%；

$1.1×10^8$CFU 组仔猪抗体在免疫后 7 天即转阳，阳性率为 40%，14 天以后抗体均为阳性，14 天、21 天和 28 天时抗体均值分别为 0.538、0.494 和 0.611；

$5.4×10^8$CFU 组仔猪抗体在免疫后 7 天即转阳，阳性率为 80%，14 天以后抗体均为阳性，14 天、21 天和 28 天时抗体均值分别为 0.536、0.679 和 0.743；

$1.1×10^9$CFU 组仔猪抗体在免疫后 7 天转阳，阳性率为 80%，14 天以后抗体均为阳性，14 天、21 天和 28 天时抗体均值分别为 0.55、0.658 和 0.757。PBS 对照组仔猪抗体在免疫前后均为阴性。

根据上述结果初步判断 SS2-RD 需免疫至少 $1.1×10^8$CFU 才能诱导有效的机体免疫应答，免疫后 7～14 天抗体升至阳性水平，$5.4×10^8$CFU 组与 $1.1×10^9$CFU 组仔猪抗体水平相当。免疫 28 天后进行攻毒试验，结果表明：$1.1×10^8$ CFU 组与 $5.4×10^8$CFU 组保护率均为 80%，$1.1×10^9$CFU 组保护率为 100%，$2.2×10^7$CFU 组保护率为 20%，PBS 对照组仔猪全部发病。

在猪链球菌2型SS2-RD株分离基础上，对菌株的形态学特性、生化特性、分子特征、血清学特性进行了鉴定，结果均证明了此菌完全符合猪链球菌的特征。SS2-RD在绵羊血平皿上培养形成的菌落可见周围溶血环，革兰氏染色镜检为阳性球菌，呈链状排列；SS2-RD株生化特性符合该种属的相关特征；PCR方法检测特异性基因（*gdh*与*cps2J*）能鉴定此菌为猪链球菌2型，但可能与1/2型混淆，因此需要血清学方法进一步确定。通过标准血清凝集试验，我们验证SS2-RD为血清型2型。

动物致病性实验结果表明SS2-RD株通过皮下接种小鼠不致病，最高2.0×10^{9}CFU接种小鼠不见明显症状，对仔猪无明显致病力，本实验中设计的各剂量接种均不对仔猪造成持续发热、临床致病，但以最高剂量2.5×10^{10}CFU接种仔猪的应激会对增重造成一定影响。因此认为SS2-RD对仔猪的安全剂量在1.3×10^{10}CFU以内，进一步提高剂量虽不会感染致病，但可能由于毒素、亚单位细胞组分的积累给机体造成一定负担。

免疫攻毒试验结果说明至少1.1×10^{8}CFU的免疫剂量能有效诱导抗体的产生和提供明显的保护，综合安全性试验与免疫原性试验的结果，我们将5.0×10^{8}CFU作为SS2-RD的最小免疫剂量，1.0×10^{10}CFU作为SS2-RD的最大安全剂量，这样既能保证免疫的有效性，又保证了安全性的要求。因此SS2-RD疫苗成品的免疫剂量应每头份不低于5.0×10^{8}CFU，安全剂量应不高于1.0×10^{10}CFU。

三、猪链球菌弱毒菌株毒力返强试验研究

（一）感染性试验结果

培养的SS2-RD菌液经活菌计数含活菌1.9×10^{9}CFU/ml，试验组仔猪每头颈部肌肉接种5ml（含活菌数9.5×10^{9}CFU）。接种SS2-RD株后15天内，试验组与对照组仔猪均表现正常，未观察到体温持续升高、呼吸困难、厌食、关节肿胀、跛行等猪链球菌病症状，表明猪链球菌SS2-RD株对仔猪的健康无任何影响。

与对照组体温比较，9.5×10^{9}CFU剂量的SS2-RD接种引起仔猪体温轻度升高，但均不超过40.0℃，接种后2～3日开始逐渐回落至与对照相当水平。与临床症状与大体病变观察综合分析，短暂的体温升高不造成机体组织的损伤。

通过对试验组与对照组仔猪剖检观察，试验组病理均无明显变化。对各组织的病理切片观察结果表明SS2-RD株不引起包括心、肝、脾、肺、脑等组织的病变，轻微引起淋巴结病变（图8-5）。

剖杀试验组仔猪，无菌取血液、心、肝、脾、肺、脑等样品划线接种5%新生牛血清TSA平皿，培养18～24h。SS2-RD疑似菌落为圆形、灰白色、半透明、直径1～2mm的菌落，接种绵羊血琼脂可形成轻微β溶血。疑似菌落经革兰氏染色镜检与*gdh*、*cps2J* PCR检测确定。整个观察期内，试验组仔猪心、肝、脑组织无法分离SS2-RD菌；免疫器官脾与淋巴结在细菌接种3～9天时可分离到SS2-RD菌；肺组织与血液在接种后3天与6天可分离SS2-RD菌，至第9天完全分离不到菌，菌液接种后12天，心、肝、脾、肺、脑、淋巴结与血液等组织均分离不到SS2-RD菌，即无法从上述组织分离得到

SS2-RD（表 8-34）。

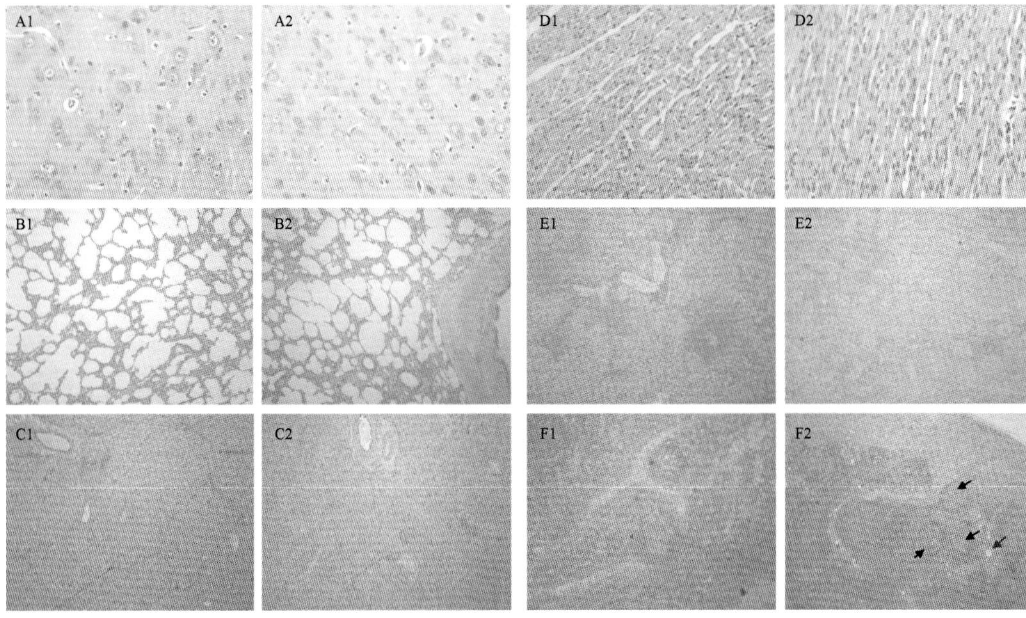

图 8-5　组织病理切片镜检（HE 染色）

SS2-RD 接种仔猪与空白组仔猪各器官组织病理切片镜检观察：其中 A～F 分别表示脑、肺、肝、心、脾、淋巴结组织；1. 空白组，2. SS2-RD 接种组；A1/A2. 脑组织结构正常，不见液化性坏死灶与神经元坏死等异常病变（400×镜检）；B1/B2. 肺组织正常，肺泡结构不见明显异常，无明显炎性细胞浸润现象（100×镜检）；C1/C2. 肝组织正常，可见肝小叶结构，无实质明显病变（100×镜检）；D1/D2. 心肌组织正常，纤维细胞不见病变（400×镜检）；E1/E2. 脾组织正常，可见正常动脉血管与脾小结（100×镜检）；F1/F2. 淋巴结组织轻微样变，可见淋巴滤泡少量增生及空泡结构（100×镜检）

表 8-34　试验组仔猪各组织 SS2-RD 分离结果

猪号	剖杀时间/天	心	肝	脾	肺	脑	血液	淋巴结	扁桃体
908		—	—	+	—	—	+	+	+
903	3	—	—	+	+	—	+	+	+
911		—	—	+	+	—	—	+	+
906		—	—	—	—	—	+	+	+
907	6	—	—	+	+	—	—	—	+
913		—	—	+	—	—	—	—	+
904		—	—	—	—	—	—	+	+
901	9	—	—	—	—	—	—	+	+
916		—	—	+	—	—	—	—	+
912		—	—	—	—	—	—	—	+
915	12	—	—	—	—	—	—	—	+
910		—	—	—	—	—	—	—	+
920		—	—	—	—	—	—	—	+
909	15	—	—	—	—	—	—	—	+
902		—	—	—	—	—	—	—	+

注：“－”表示 SS 分离阴性；“+”表示 SS 分离阳性

根据以上结果初步判断接种后第 3 天组织含菌量最高的器官组织，对血液、心、肝、脾、肺、脑、扁桃体、淋巴结的组织含菌量进行定量。扁桃体、脾脏、淋巴结是含菌量最高的 3 种组织（表 8-35），考虑到扁桃体是自然感染部位，带菌率高，病原复杂，因此以脾脏与淋巴结作为继代试验接种物的来源。

表 8-35 组织载菌量测定

耳号	接种量/CFU	组织载菌量测定（均值）							
		血液/（CFU/ml）	心/（CFU/g）	扁桃体/（CFU/g）	脾/（CFU/g）	肺/（CFU/g）	肝/（CFU/g）	脑/（CFU/g）	淋巴结/（CFU/g）
903		3.20×10^2	0	3.97×10^4	1.48×10^3	52	0	0	1.90×10^4
908	9.5×10^9	60	0	2.52×10^4	3.46×10^2	0	0	0	1.06×10^4
911		0	0	5.25×10^4	1.74×10^3	2.10×10^2	0	0	1.70×10^4

（二）同居试验结果

通过同居试验评估 SS2-RD 接种仔猪对未接种仔猪的水平传播病原的能力。对连续 5 批同居试验猪组织载菌量测定结果表明，只有初次人工接种的 5 头仔猪（Ⅰ组）的血液、脾、肺、淋巴结能够分离到猪链球菌，同居试验组Ⅱ组、Ⅲ组、Ⅳ组与Ⅴ组均无法在上述组织中有效分离到猪链球菌（表 8-36）。此结果证明，接种高剂量的 SS2-RD 虽然能在猪体内短时间定殖，但无法水平传播至共同饲养的其他猪。

表 8-36 同居试验各代次仔猪组织载菌量测定

分组	仔猪编号	血液			心	肝	脾	肺	脑	淋巴结
		1 天	2 天	3 天						
Ⅰ（接种）	0101	－	＋	＋	－	－	＋	－	－	＋
	0121	－	－	＋	－	－	＋	＋	－	＋
	0109	－	＋	＋	－	－	＋	＋	－	＋
	0125	－	－	－	－	－	－	－	－	－
	0113	－	＋	－	－	－	＋	－	－	＋
Ⅱ（同居）	0130	－	－	－	－	－	－	－	－	－
	0117	－	－	－	－	－	－	－	－	－
	0104	－	－	－	－	－	－	－	－	－
	0120	－	－	－	－	－	－	－	－	－
	0107	－	－	－	－	－	－	－	－	－
Ⅲ（同居）	0124	－	－	－	－	－	－	－	－	－
	0127									
	0116	－	－	－	－	－	－	－	－	－
	0106	－	－	－	－	－	－	－	－	－
	0122	－	－	－	－	－	－	－	－	－

续表

分组	仔猪编号	血液			心	肝	脾	肺	脑	淋巴结
		1天	2天	3天						
Ⅳ（同居）	0112	－	－	－	－	－	－	－	－	－
	0103	－	－	－	－	－	－	－	－	－
	0108	－	－	－	－	－	－	－	－	－
	0115	－	－	－	－	－	－	－	－	－
	0105	－	－	－	－	－	－	－	－	－
Ⅴ（同居）	0126	－	－	－	－	－	－	－	－	－
	0119	－	－	－	－	－	－	－	－	－
	0110	－	－	－	－	－	－	－	－	－
	0111	－	－	－	－	－	－	－	－	－
	0114	－	－	－	－	－	－	－	－	－

注：“－”表示SS分离阴性；“+”表示SS分离阳性

猪链球菌2型SS2-RD接种后观察接种组与同居组仔猪的临床表现，对接种组与同居组仔猪进行体温监测，并于7天、14天、21天和28天对接种组与同居组仔猪血清抗体检测。结果表明，接种组仔猪整个观察期内无明显临床发病例出现，体温升高不超过1℃，接种后2～3天体温回归正常水平。同居组整个观察期内无临床发病例出现，体温无明显差异。

接种组仔猪因SS2-RD的感染产生了特异性抗体，经猪链球菌2型ELISA抗体检测试剂盒检测，经接种仔猪7天、14天、21天和28天抗体水平呈现上升趋势，而同居组仔猪整个同居期间内抗体检测呈阴性水平，无明显差异（图8-6）。此结果揭示SS2-RD的人工接种不会引起未免疫空白猪群的感染，细菌不会引起水平传播。

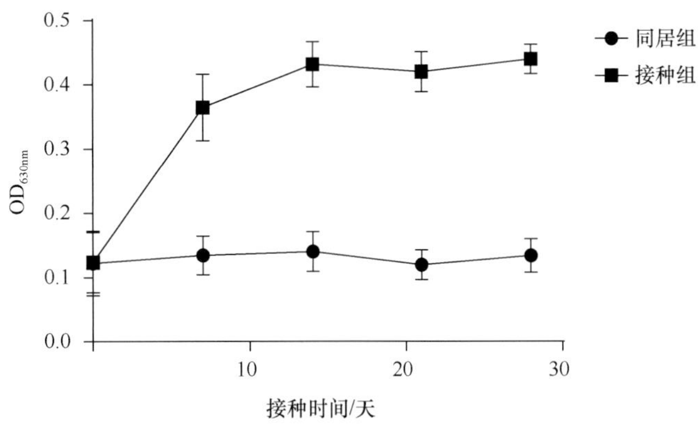

图8-6　接种组与同居组仔猪猪链球菌2型抗体水平比较

（三）继代试验结果

根据感染性试验的结果，选取含菌量较高的组织（脾脏、淋巴结）作为接种物来源用于继代试验。初始接种剂量经活菌测定为 1.1×10^{10}CFU、5.5×10^{10}CFU，按照试验设计对连续体内传代的检测结果如表 8-37 所示。5 头仔猪经 SS2-RD（活菌数 1.1×10^{10}CFU）初次接种，临床表现正常，无体温持续升高、呼吸困难、厌食、关节肿胀、跛行等猪链球菌病症状。细菌接种 3 天后剖杀全部 5 头仔猪，观察病变均表现正常。摘取 5 头猪整个脾脏与淋巴结，称重后经无菌生理盐水冲洗 3 遍后进行组织匀浆，获得约 200ml 匀浆悬液后全部用于继代接种，每头猪多点注射约 40ml 组织悬液。如此反复继代 5 批仔猪，经继代仔猪临床表现均正常，剖杀后不见明显大体病变，除第 1 代猪经初始接种后能重分离到 SS2-RD 外，第 2 代至第 5 代猪均未分离得到细菌。加大初次接种剂量至 5.5×10^{10}CFU，重复继代试验，结果仍然无法从第 2 批猪体内重分离 SS2-RD。

表 8-37　SS2-RD 株体内连续继代结果

初始剂量/CFU	第 1 次	第 2 次	第 3 次	第 4 次	第 5 次
1.1×10^{10}	+	−	−	−	−
5.5×10^{10}	+	−	−	−	−

注：“－”表示 SS 分离阴性；“+”表示 SS 分离阳性

1. 表型鉴定

体内继代试验结果表明，SS2-RD 株基础菌种经人工大剂量接种仔猪，只能从首批仔猪体内能分离得到细菌，对重分离的 SS2-RD 进行形态特性、生化特性、培养特性与血清型特性鉴定，该分离菌株表型较基础 F_1 代无任何改变（表 8-38）。

表 8-38　菌株表型比较结果

菌种	形态特性	生化特性	培养特性	血清学特性
基础 F_1 代	革兰氏阳性球菌	符合猪链球菌生化特性	在绵羊血琼脂上 37℃培养 18～24h，形成圆形、灰白色、半透明菌落，24h 后呈 β 溶血	与 2 型标准血清发生凝集，不与 1 型标准血清发生凝集
重分离菌	革兰氏阳性球菌	符合猪链球菌生化特性	在绵羊血琼脂上 37℃培养 18～24h，形成圆形、灰白色、半透明菌落，24h 后呈 β 溶血	与 2 型标准血清发生凝集，不与 1 型标准血清发生凝集

2. 主要毒力基因鉴定

通过 PCR 方法对继代分离细菌进行毒力基因的扩增鉴定。基础种子 F_1 代经猪体内继代后，主要毒力基因遗传稳定，均可扩增出 *mrp*（1148bp）、*sly*（1502bp）和 *epf*（626bp）基因（图 8-7）。

对重分离菌的 *cps2J*、*mrp*、*epf* 和 *sly* 基因进行全长测序，并与 SS2-RD 株原始菌种的序列进行比对，4 个基因均无变异，相似性均为 100%。

自然条件下，猪链球菌强毒株极易通过呼吸道、消化道、皮肤创伤造成传播。局部感染后，猪链球菌可通过血液流经全身器官并突破血脑屏障造成多器官与脑的系统性感染，从而造成严重发病与传播病原，因此为了判断猪链球菌的毒力返强特性，除进行体内继代试验评价外，通过同居试验评估水平传播能力也是合理的。根据上述猪链球菌感染机制，我们首先设计感染性试验来验证 SS2-RD 株在仔猪体内的感染特性，确定适合的感染剂量与感染后各组织载菌量，作为后续同居试验、体内继代试验的接种剂量与接

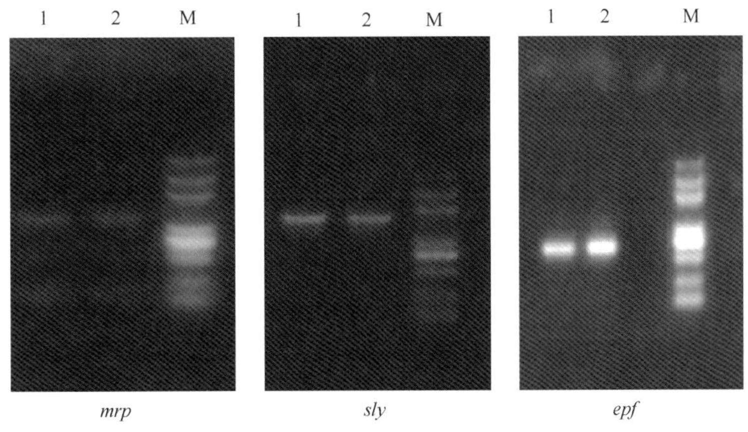

图 8-7 主要毒力基因 PCR 鉴定

1. 第 5 代分离菌；2. 基础 1 代；M. DNA marker

种物来源的参考。

猪链球菌 2 型强毒株易造成全身系统性感染，病猪发病后多呈急性败血死亡，且死前往往不出现典型症状，体内组织细菌分离率高。与强毒株感染特性不同，本实验中，猪链球菌弱毒株 SS2-RD 高剂量肌肉接种不造成仔猪临床发病，剖检病理检测亦无明显病变，进一步对接种猪体内各器官组织载菌量检测结果表明 SS2-RD 株能造成一定的局部染菌，但组织分离率与载菌量偏低，主要深层器官如心、肝、脑无法分离得到细菌。SS2-RD 经接种部位吸收进入血液，在短时期内存活，该菌血症持续不超过 6 天，无法大量繁殖引起败血。脾脏与淋巴结作为免疫器官具有“截留”与清除 SS2-RD 的能力，细菌重分离率相对较高，因此将脾脏与淋巴结作为继代接种物来源以进行体内继代试验。

通过体内连续传代，观察每代临床症状、剖检病变等指标评价菌株毒力是否返强。不同于病毒在体内的继代试验，细菌的连续体内传代有着特殊性，通过本试验证实 SS2-RD 初次接种后能引起机体一定程度的感染，短时期内能从肺、脾、血液、淋巴结等重分离到细菌，其中脾脏与淋巴结重分离率与载菌量相对较高。继代后从上述组织中无法重分离到 SS2-RD，表明初次接种重分离的 SS2-RD 的量不足以感染继代仔猪。加倍初次接种量重复继代试验，结果与第一次试验一致，表明高剂量的 SS2-RD 虽然能造成机体的感染，但不能有效传播，因此 SS2-RD 的毒力不返强。同居试验模拟通过自然途径传播感染，评价 SS2-RD 的水平传播能力，结果表明由于 SS2-RD 毒力很弱，无法造成有效的水平传播，该结论进一步证明 SS2-RD 的毒力不返强。

四、猪链球菌病活疫苗安全性试验

（一）疫苗对仔猪单剂量接种的安全性

将制备的 3 批猪链球菌病活疫苗以单剂量分别接种 28～35 日龄健康断奶仔猪后，仔猪呼吸情况、精神状况、食欲等均正常，未见异常变化。疫苗接种后，猪群体温均出现小幅升高（不超过 1℃），第 2 天开始逐渐回落至免疫前水平，体温变化无较大波动，说明该疫苗单剂量一次免疫对断奶仔猪安全性好。

对 3 批活疫苗单剂量一次接种组与空白对照组的平均日增重分析结果表明，通过 t 检验验证 3 批疫苗接种的仔猪日均增重与对照组仔猪日均增重差异均不显著，即 SS2-RD 活疫苗单剂量一次接种不造成仔猪生长性能下降。

（二）疫苗对仔猪一次超剂量接种的安全性

将 3 批疫苗分别通过颈部肌肉以 20 倍超剂量接种 28～35 日龄健康断奶仔猪，猪群在整个观察期间呼吸、食欲和精神状态都正常，猪群体温出现小幅升高，但均不超过 1℃，第 3 天开始回落至免疫前水平，体温变化无较大波动，表明该疫苗对断奶仔猪一次超剂量接种是安全的。

对 3 批活疫苗超剂量接种组与空白对照组的平均日增重分析结果表明，通过 t 检验验证 3 批疫苗接种的仔猪日均增重与空白对照组仔猪日均增重差异均不显著，即 SS2-RD 活疫苗超剂量接种不造成仔猪生长性能下降。

（三）疫苗对怀孕动物（妊娠母猪）一次单剂量接种的安全性

将 3 批疫苗分别通过颈部肌肉接种健康妊娠 70～80 日母猪，每批疫苗注射 5 头，每头接种单剂量，观察临床表现，并测定体温。结果 3 批疫苗接种的健康妊娠母猪在整个观察期间呼吸、食欲和精神状态都正常，体温免疫前后无明显变化。

接种母猪产仔正常，没有出现流产和死胎等情况。各批次疫苗接种母猪后，母猪所产仔猪与空白对照组均无明显差异，因此结果表明疫苗单剂量一次接种母猪对母猪生产性能无明显影响。

（四）疫苗对怀孕动物（妊娠母猪）一次超剂量接种的安全性

妊娠母猪群经 3 批疫苗 20 倍超剂量接种后没有出现体温方面的异常变化，在整个观察期内均没有出现不良反应，且最后的产仔成绩较对照组也无显著差异，没有出现流产、死胎和木乃伊胎。各批次疫苗通过超剂量的方式分别免疫妊娠母猪，结果妊娠母猪所产仔猪均正常，与空白组相比，无显著的差异。上述结果说明 3 批疫苗超剂量接种对母猪的繁殖性能无影响，对于妊娠母猪是安全的。

根据 SS2-RD 株的最小免疫剂量与最大安全剂量，我们将本试验中单剂量定为 5.0×10^{8}CFU，超剂量定为 1.0×10^{10}CFU，两者相差 20 倍，根据试验结果，这两种剂量对于仔猪和母猪均是安全的。因此，一方面为保障疫苗产品效力最大化，另一方面遵循一般活疫苗产品的规定，本疫苗产品每头份含活菌应不低于 5.0×10^{8}CFU，但最高亦不能超过 1.0×10^{9}CFU。

五、猪链球菌病活疫苗产品的保存期试验

（一）疫苗保存期内活菌计数结果

3 批疫苗分别置于 2～8℃和–15℃条件下保存，于每月随机各取出 5 瓶，进行活菌

计数求平均值。在 2～8℃条件下保存 5 个月时，每头份活菌含量不少于 5.0×10^{8}CFU，保存第 8 个月时，每头份活菌含量开始出现明显下降，因此确定在 2～8℃下有效期为 5 个月。而在–15℃条件下保存至 15 个月时每头份活菌含量仍不少于 5.0×10^{8}CFU，因此确定–15℃以下有效期为 15 个月。

（二）疫苗不同保存时间的免疫效力检测结果

进行冻干疫苗定期活菌计数的同时，每 3 个月（2～8℃保存条件）或每 6 个月（–15℃保存条件）对保存期试验的疫苗进行效力检测。3 批疫苗在 2～8℃条件下保存至 6 个月时，较冻干时疫苗接种仔猪诱导的猪链球菌 2 型荚膜多糖抗体水平无显著差异（$P>0.05$）；3 批疫苗在–15℃条件下保存至 18 个月时，较冻干时疫苗接种仔猪诱导的猪链球菌 2 型荚膜多糖抗体水平亦无显著差异（$P>0.05$）。

将 3 批疫苗分别保存于 2～8℃和–15℃，定期检测真空度、剩余水分与活菌含量（CFU），同时每 3 个月（2～8℃保存）或 6 个月（–15℃保存）对用于保存期试验的疫苗进行安全性检验与效力检验。结合 3 批疫苗真空度结果、剩余水分测定结果、活菌计数结果、安全检验结果与免疫效力结果，我们将疫苗在 2～8℃条件下的保存期定为 3 个月；在–15℃条件下的保存期为 15 个月。在有效保存期内，疫苗免疫效力得到保障。

总之，本研究通过对临床的猪链球菌进行分离鉴定，筛选出一株适合开发猪链球菌弱毒疫苗的菌株，疫苗免疫后，能快速地激发机体对猪链球菌 2 型的抗体。通过一系列实验，证实研制的猪链球菌 2 型弱毒疫苗安全性高，免疫保护效力好，为猪场中猪链球菌的早期预防提供了有力的工具，显示出良好的应用前景。

第四节　猪链球菌-猪霍乱沙门氏菌三联基因工程疫苗研究

猪链球菌 2 型（*Streptococcus suis* type2）和马链球菌兽疫亚种（*Streptococcus equi* subsp. *zooepidemicus*）是重要的人畜共患病病原，能引起猪和人的脑膜炎、败血症、关节炎、心内膜炎、肺炎及突发性死亡，是我国猪链球菌病主要病原，对养猪业造成极大危害，因此对该病防治具有重大公共卫生学意义。

本节基于 C501+*pYA-3493* 的 Asd 平衡致死系统，构建表达猪链球菌 2 型及马链球菌兽疫亚种优秀抗原的 3 株重组菌株 C501（*pYA-saoA*）、C501（*pYA-0197*）与 C501（*pYA-szpAsaoA*）。并对这 3 株重组菌进行表型、生长特性、表达特性、遗传稳定性和生物安全性方面的研究，评价重组菌株作为猪链球菌病-副伤寒重组多价基因工程活疫苗菌株的潜力（赵建平，2012）。

一、重组菌株的构建与鉴定

（一）重组菌株的生长特性

我们选取经报道的猪链球菌 2 型 05ZYH33 株（GenBank NO. CP000407）*sao* 基因和 *0197* 基因及马链球菌兽疫亚种 ATCC35246 株 *szp* 基因（GenBank NO. AY263781），

扩增 *sao* 基因 A 段（*saoA*，121～897bp），*0197* 基因（121～1593bp）及类 M 蛋白 *szp* 基因 A 段（*szpA*，238～789bp），构建重组质粒 *pYA-saoA*、*pYA-0197* 和 *pYA-szpAsaoA*。

将重组质粒 *pYA-saoA*、*pYA-0197* 及 *pYA-szpAsaoA* 电转化 C501 构建的重组菌株恢复了在不含 DAP 的 LB 液体培养基上生长的能力，这说明重组质粒 *pYA-saoA*、*pYA-0197* 及 *pYA-szpAsaoA* 在 C501 菌株内能够表达 Asd 蛋白并与后者的 *asd* 基因的缺失形成互补。与亲本株 C500 相同，重组菌株在加麦芽糖的麦康凯琼脂上呈红色菌落，在 LB 平板上长成无色、光滑、湿润的乳白色菌落。PCR 鉴定表明各重组菌株均能扩增出沙门氏菌特异条带（580bp）和外源基因片段条带。

（二）重组菌株的表达特性

培养的重组菌菌体 SDS-PAGE 结果用软件 Quantity One 分析表明，C501（*pYA-saoA*）表达的外源融合蛋白大小为 34kDa，表达量占菌体总蛋白量的 8%；C501（*pYA-0197*）表达融合蛋白大小约 88kDa，表达量约占菌体总蛋白量的 17%；C501（*pYA-szpAsaoA*）表达融合蛋白大小约 56kDa，表达量约占菌体总蛋白量的 10%。

浓缩的培养上清经免疫印迹反应结果（图 8-8）表明，重组菌 C501（*pYA-saoA*）、C501（*pYA-0197*）及 C501（*pYA-szpAsaoA*）表达的外源蛋白能分泌到膜外，且能与特异性猪链球菌血清发生杂交，杂交条带与菌体 SDS-PAGE 的表达条带相一致，证明重组菌构建成功。

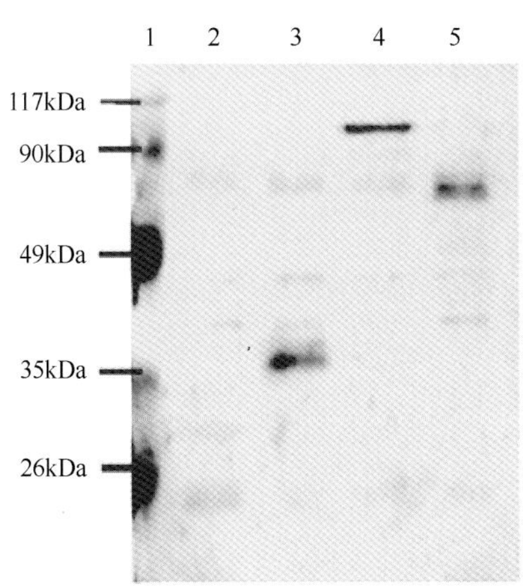

图 8-8　Western-blot 分析重组菌蛋白分泌表达

1. 预染蛋白 marker；2. 上清液对照 C501（*pYA-3493*）；3. 上清液 C501（*pYA-saoA*）；4. 上清液 C501（*pYA-0197*）；5. 上清液 C501（*pYA-szpAsaoA*）

（三）重组菌株的遗传稳定性

将重组菌 C501（*pYA-saoA*）、C501（*pYA-0197*）及 C501（*pYA-szpAsaoA*）在 LB 液体培养基中连续传代，分别取第 0 代、第 10 代、第 20 代、第 30 代、第 40 代、第 50 代菌液进行 PCR 鉴定。各株重组菌的不同代次均能扩增出沙门氏菌特异条带（580bp）和外源基因片段条带（图 8-9）。传代 50 代后挑取的单克隆测序结果与初代外源片段序列均一致，表明各重组质粒均能在 C501 中稳定遗传。

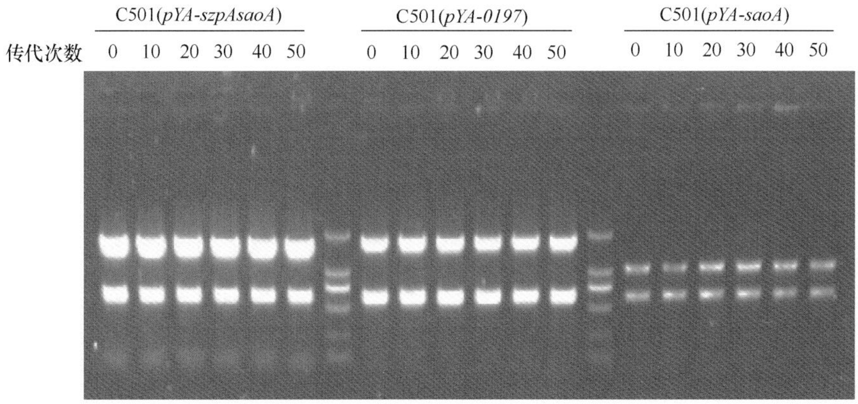

C501(*pYA-szpAsaoA*)　C501(*pYA-0197*)　C501(*pYA-saoA*)

传代次数　0　10　20　30　40　50　0　10　20　30　40　50　0　10　20　30　40　50

图 8-9　重组菌不同代次 PCR 结果

（四）重组菌株的生长曲线测定

3 株重组菌与对照菌 C501（*pYA-3493*）和 C500 相比，生长状态基本一致，但是重组菌 C501（*pYA-0197*）与 C501（*pYA-saoA*）在对数生长后期（10h 以后）生长速度则略慢于另外 3 株菌（图 8-10）。

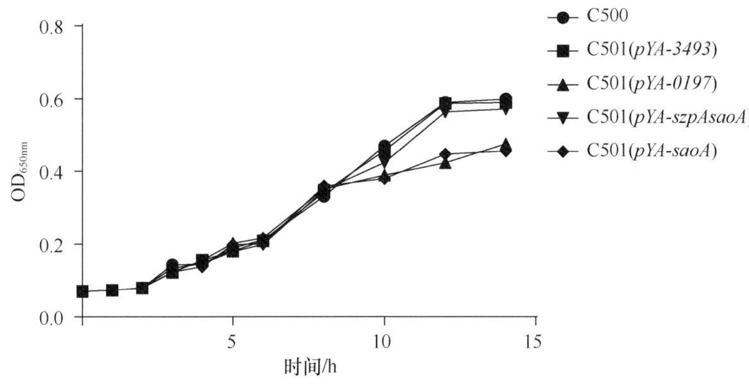

图 8-10　重组菌生长曲线

（五）重组菌株对小鼠的安全性

昆明系小鼠腹腔注射感染重组菌 C501（*pYA-saoA*）、C501（*pYA-0197*）及 C501（*pYA-szpAsaoA*）与亲本菌 C500。结果如表 8-39 所示，高剂量均能在 3 天内致 5 只鼠全部死亡；中等剂量未造成昆明鼠全部死亡，但能使大部分小鼠发病，表现为精神萎靡、行动迟缓、拒食，未死亡小鼠均能在 10 天之后恢复正常；低剂量不致死小鼠，也不造成小鼠发病。按照 Reed-Muench 法计算小鼠半数致死量 LD_{50}，C501（*pYA-szpAsaoA*）的 LD_{50} 约为 4.0×10^8CFU、C501（*pYA-saoA*）的 LD_{50} 约为 4.7×10^8CFU、C501（*pYA-0197*）的 LD_{50} 约为 9.2×10^8CFU。相比较亲本株 C500 2.9×10^8CFU 的 LD_{50}，各重组菌毒力都有明显下降，其中 C501（*pYA-0197*）下降最明显，可能与其生长速度降低有关。综上，各重组菌的毒力较亲本疫苗株C500都有不同程度的降低，表明重组菌C501（*pYA-saoA*）、C501（*pYA-0197*）及C501（*pYA-szpAsaoA*）对小鼠安全性更好。

表 8-39 各重组菌株对小鼠半数致死量 LD_{50} 的测定

菌株	注射剂量/CFU	小鼠数量/只	死亡数量/只	LD_{50}/CFU
C500	4.2×10^9	5	5	2.9×10^8
	4.2×10^8	5	3	
	4.2×10^7	5	0	
C501（*pYA-szpAsaoA*）	2.7×10^9	5	5	4.0×10^8
	2.7×10^8	5	2	
	2.7×10^7	5	0	
C501（*pYA-saoA*）	1.5×10^9	5	5	4.7×10^8
	1.5×10^8	5	0	
	1.5×10^7	5	0	
C501（*pYA-0197*）	2.9×10^9	5	5	9.2×10^8
	2.9×10^8	5	0	
	2.9×10^7	5	0	

二、重组菌株免疫小鼠的攻毒保护效力试验

为评价重组菌C501（*pYA-saoA*）、C501（*pYA-szpAsaoA*）对小鼠的免疫保护力，本研究使用沙门氏菌强毒株C78-1、猪链球菌2型SC19株及马链球菌兽疫亚种C55138株对免疫组和对照组小鼠进行攻毒实验。攻毒之前需对3株毒株进行 LD_{50} 测定，评价毒力，作为攻毒剂量的依据。各攻毒毒株的 LD_{50} 通过昆明系小鼠口服或腹腔注射不同剂量来确定。将C78-1（口服攻毒）、SC19及C55138分不同浓度感染小鼠，观察21天并记录死亡情况。按照Reed-Muench法计算小鼠半数致死量（LD_{50}），评价C78-1、SC19及C55138毒力及确定对免疫组小鼠的攻毒剂量。首免4周后依据攻毒毒株 LD_{50} 结果，使用适当剂量对免疫小鼠进行攻毒实验，评价各组免疫保护率。

（一）免疫小鼠针对沙门氏菌C78-1感染的保护力

首免30天，从重组菌C501（*pYA-3493*）口服和皮下免疫组，PBSG口服和皮下免疫组各取10只小鼠进行沙门氏菌攻毒实验，毒株为C78-1，攻毒剂量为 7.5×10^6CFU/200μl，攻毒方式为口服。7.5×10^6CFU的攻毒剂量下，在21天内，重组菌C501（*pYA-3493*）口服免疫和皮下免疫组均能提供100%保护率（表8-40），部分免疫组小鼠出现精神沉郁、不食、扎堆等病症，但11天后恢复。PBSG组不能提供保护，所有小鼠死亡，死亡高峰期从5天到14天。以上结果说明，C501（*pYA-3493*）通过口服或皮下免疫，均能提供免疫小鼠抵抗C78-1的致死性感染。虽未对重组菌C501（*pYA-saoA*）和C501（*pYA-szpAsaoA*）免疫组小鼠进行C78-1攻毒实验，但鉴于与重组菌C501（*pYA-3493*）菌株抗原表型无明显差别，推测C501（*pYA-saoA*）和C501（*pYA-szpAsaoA*）也能够提供免疫保护。

表 8-40　C78-1 攻毒保护力比较

分组	免疫方式	小鼠数量/只	攻毒剂量/CFU	存活数/只	保护率/%
C501（*pYA-3493*）	口服免疫	10	7.5×10^6	10	100^a
	皮下免疫	10	7.5×10^6	10	100^a
PBSG	口服免疫	10	7.5×10^6	0	0^b
	皮下免疫	10	7.5×10^6	0	0^b

注：相同上标表示生存指标差异不明显（$P>0.05$）；不同上标表示生存指标差异显著（$P<0.01$）

（二）免疫小鼠针对猪链球菌 2 型 SC19 感染的保护力

首免 30 天，从重组菌 C501（*pYA-saoA*）、C501（*pYA-szpAsaoA*）及 C501（*pYA-3493*）口服和皮下免疫组，PBSG 口服和皮下免疫组各取 15 只小鼠进行猪链球菌 2 型攻毒实验，毒株为 SC19 株，攻毒剂量为 1.1×10^9CFU/200μl，攻毒方式为腹腔注射。如表 8-41 所示，在该攻毒剂量下重组菌 C501（*pYA-saoA*）口服免疫组 15 只小鼠有 4 只死亡（保护率 73.3%），另外 2 只小鼠攻毒后表现精神沉郁、少动病症，2 天后恢复。皮下组 15 只小鼠无死亡（保护率 100%）；重组菌 C501（*pYA-szpAsaoA*）口服免疫组 15 只小鼠有 4 只死亡（保护率 73.3%），皮下组 15 只小鼠 2 只死亡（保护率 86.7%）；C501（*pYA-3493*）及 PBSG 组因无保护性抗体产生，不能提供保护，所有小鼠在 3 天内死亡，死亡高峰期在 12h 后。以上结果说明，重组菌 C501（*pYA-saoA*）、C501（*pYA-szpAsaoA*）通过口服或皮下免疫小鼠后，产生的 rSAOA 抗体均能使小鼠抵抗 SC19 的致死性感染，且皮下免疫方式效果更优，这可能与该方式产生 IgG 抗体更高有关。另外一项研究表明 GST-SAOA 免疫小鼠虽然也能产生较高的抗体，但在一致死剂量 SC19 攻毒下，不能提供有效的保护。有研究表明 SAO 蛋白对免疫动物的保护与其诱导的 IgG 亚类水平及免疫应答种类相关，说明重组菌 C501（*pYA-saoA*）、C501（*pYA-szpAsaoA*）与 GST-SAOA 保护力的差别可能与 IgG 亚类水平及免疫应答方式相关。

表 8-41　SC19 攻毒保护力比较

分组	免疫方式	小鼠数量/只	攻毒剂量/CFU	存活数/只	保护率/%
C501（*pYA-saoA*）	口服免疫	15	1.1×10^9	11	73.3^a
C501（*pYA-szpAsaoA*）		15		11	73.3^a
C501（*pYA-3493*）		15		2	13.3^b
PBSG		10		1	10.0^b
C501（*pYA-saoA*）	皮下免疫	15		15	100^c
C501（*pYA-szpAsaoA*）		15		13	86.7^a
C501（*pYA-3493*）		15		0	0^b
PBSG		10		0	0^b

注：相同上标表示生存指标差异不明显（$P>0.05$）；不同上标表示生存指标差异显著（$P<0.05$）

（三）免疫小鼠针对马链球菌兽疫亚种 C55138 感染的保护力

首免 30 天，从重组菌 C501（*pYA-szpAsaoA*）及 C501（*pYA-3493*）口服和皮下免疫组，PBSG 口服和皮下免疫组各取 15 只小鼠进行马链球菌兽疫亚种攻毒实验，毒株为

C55138 株，攻毒剂量为 6.8×10^{4}CFU/200μl，攻毒方式为腹腔注射。如表 8-42 所示，在该攻毒剂量下重组菌 C501（*pYA-szpAsaoA*）口服免疫组与皮下免疫组小鼠均无死亡病例；C501（*pYA-3493*）及 PBSG 组因无保护性抗体产生，不能有效提供保护，大部分小鼠在 14 天内死亡，死亡高峰期在 3～7 天。以上结果说明，重组菌 C501（*pYA-szpAsaoA*）通过口服或皮下免疫小鼠后，产生的 rSzpA 抗体均能使小鼠抵抗 C55138 的致死性感染。虽然皮下组诱导的 IgG 抗体水平要更高，但在该攻毒剂量下，口服组及皮下免疫组提供的保护无明显差别。另外，GST-SzpA 免疫小鼠后能提供与重组菌组一致的保护力。

表 8-42　C55138 攻毒保护力比较

分组	免疫方式	小鼠数量/只	攻毒剂量/CFU	存活数/只	保护率/%
C501（*pYA-szpAsaoA*）	口服免疫	15	6.8×10^4	15	100[a]
	皮下免疫	15		15	100[a]
C501（*pYA-3493*）	口服免疫	15		6	40[b]
	皮下免疫	15		4	26.7[b]
PBSG	口服免疫	10		2	20[b]
	皮下免疫	10		2	20[b]

注：相同上标表示生存指标差异不明显（P>0.05）；不同上标表示生存指标差异显著（P<0.05）

减毒沙门氏菌作为胞内生菌，自然状态下往往诱导机体产生 Th1 型为主的细胞免疫应答，进一步刺激 B 细胞产生 IgG2a，该特性可能同样反映在沙门氏菌载体表达的外源抗原上。本研究通过分析血清中免疫球蛋白 IgG 亚类比值发现，C501 表达与递呈的外源抗原引起机体产生更高水平的特异性 IgG2a 抗体，而重组蛋白 GST-SAOA、GST-SzpA 诱导的 IgG 亚类以 IgG1 为主，表明重组菌能够诱导特异性的 Th1 型细胞免疫应答。

另外，减毒沙门氏菌能通过黏膜途径感染。在鼻腔，减毒沙门氏菌侵入 GALT 淋巴组织，而在肠道，减毒沙门氏菌穿过 GALT 淋巴组织区域中的 M 细胞，侵入 M 细胞所覆盖下的集合淋巴结结构。减毒沙门氏菌在 GALT 和 GALT 淋巴组织的巨噬细胞中可诱导表达外源抗原并传递给抗原递呈细胞，诱发免疫细胞应答，在局部黏膜处形成特异的针对外源抗原的 SIgA。同时，减毒沙门氏菌亦可侵入脾、肝、肾等多处淋巴结，诱发全身性针对外源抗原的体液免疫和细胞免疫，但以黏膜处产生的免疫作用最有效，能阻止细菌、病毒和寄生虫入侵黏膜处而导致感染。本研究通过检测肠道 SIgA，证明构建的重组沙门氏菌确实能在肠组织诱导黏膜免疫。

一般情况下，经过疫苗免疫接种后，往往能刺激机体产生强烈而长久的免疫应答，但这不代表能达到很好的预防效果，要达到满意的预防效果，刺激产生正确的免疫应答类型是十分重要的。对于机体防御具有荚膜的革兰氏阳性菌，如链球菌，单核细胞、中性粒细胞等吞噬细胞的吞噬作用至关重要。但是这些细菌因为荚膜、毒力因子和某些膜蛋白的存在而能抵抗吞噬细胞的作用，造成机体持续感染。例如，链球菌菌体上的荚膜给细菌提供了抵抗吞噬的物理保护，SS2 溶血素对机体巨噬细胞的毒性破坏等。减毒沙门氏菌作为胞内生菌，自然状态下往往诱导机体产生 Th1 介导的细胞免疫应答，该特性可能同样反映在沙门氏菌载体表达的外源抗原上。本研究证明了重组菌诱导的 rSAOA、 rSzpA 特异性细胞免疫应答。Th1 细胞通过分泌免疫调节因子 IFN-γ，一方面能活化巨噬细胞的吞噬活性，另一方面刺激浆细胞产生 IgG2a 亚类免疫球蛋白。而鼠 IgG2a 能被吞噬细胞表面 Fc 受体高效结合，起到调理作用加强吞噬细胞的吞噬能力。Li 等（2007）研究表明 SAO 蛋白和 QuilA 佐剂联用，能诱导小鼠产生高水平的 IgG2a 并具有很好的调理吞噬作用，本研究验证了上述结论。

本研究免疫小鼠攻毒实验中，使用马链球菌兽疫亚种强毒株 C55138 用于攻毒。对 C55138 *szpA* 段测序结果表明该序列与 ST171 *szpA* 段序列完全一致，说明构建重组菌 C501（*pYA-szpAsaoA*）免疫小鼠能提供完全的针对 C55138 致死剂量的保护力。

总之，本研究构建的重组菌株 C501（*pYA-saoA*）与 C501（*pYA-szpAsaoA*）免疫小鼠，能激发机体产生特异性黏膜免疫、体液免疫和细胞免疫。在免疫保护性试验中，对猪霍乱沙门氏菌和猪链球菌 2 型及猪源马链球菌兽疫亚种具有一定保护，显示了良好的应用前景。

参 考 文 献

宋岱松. 2013. 猪链球菌-副猪嗜血杆菌二联亚单位疫苗的研究. 华中农业大学硕士学位论文.

张安定. 2008. 猪 2 型链球菌免疫蛋白质组学与比较蛋白质组学的研究. 华中农业大学博士学位论文.

赵建平. 2012. 副猪嗜血杆菌-猪霍乱沙门氏菌二联基因工程疫苗研究. 华中农业大学硕士学位论文.

赵建平, 魏燕鸣, 宋岱松, 等. 2012. 猪链球菌-副猪嗜血杆菌二联亚单位疫苗在小鼠的免疫效力分析. 畜牧兽医学报, 43(10): 1639-1644.

周明光. 2011. 副猪嗜血杆菌新型免疫原性蛋白的发掘与鉴定及细胞毒素的鉴定与功能研究. 华中农业大学博士学位论文.

Li Y, Gottschalk M, Esgleas M, et al. 2007. Immunization with recombinant Sao protein confers protection against *Streptococcus suis* infection. Clin Vaccine Immunol, 14: 937-943.

Zhang A, Xie C, Chen H, et al. 2008. Identification of immunogenic cell wall-associated proteins of *Streptococcus suis* serotype 2. Proteomics, 8(17): 3506-3515.

附　　录

附录1　发表论文目录

1. Yang J X, Jin M L*, Chen J F, Yang Y, Zheng P, Zhang A D, Song Y F, Zhou H B, Chen H C. Development and evaluation of an immunochromatographic strip for detection of *Streptococcus suis* type 2 antibody. Journal of Veterinary Diagnostic Investigation, 2007, 19(4): 355-361.
2. Zhang A D, Xie C Y, Chen H C, Jin M L*. Identification of immunogenic cell wall-associated proteins of *Streptococcus suis* serotype 2.Proteomics, 2008, 8(17): 3506-3515.
3. Zhang A D, Chen B, Mu X F, Li R, Zheng P, Zhao Y X, Chen H C, Jin M L*. Identification and characterization of a novel protective antigen, Enolase of *Streptococcus suis* serotype 2. Vaccine, 2009, 27(9): 1348-1353.
4. Zhang A, Chen B, Mu X F, Zhao Y X, Zheng P, Chen H C, Jin M L*. Identification of three novel in vivo-induced expressed antigens during infection with *Streptococcus suis* serotype 2. FEMS Microbiology Letters, 2009, 295(1): 17-22.
5. Wei Z G, Li R, Zhang A D, He H K, Hua Y F, Xia J, Cai X H, Chen H C, Jin M L*. Characterization of *Streptococcus suis* isolates from the diseased pigs in China between 2003 and 2007. Veterinary Microbiology, 2009, 137(1-2): 196-201.
6. Zheng P, Zhao Y X, Zhang A D, Kang C, Chen H C, Jin M L*. Pathologic analysis of the brain from *Streptococcus suis* type 2 experimentally infected pigs.Veterinary Pathology, 2009, 46(3): 531-535.
7. Zhang A D, Chen B, Li R, Mu X F, Han L, Zhou H B, Chen H C, Jin M L*. Identification of a surface protective antigen, HP0197 of *Streptococcus suis* serotype 2. Vaccine, 2009, 27(38): 5209-5213.
8. Zhang A D, Mu X F, Chen B, Liu C, Han L, Chen H C, Jin M L*. Identification and characterization of IgA1 protease from *Streptococcus suis*. Veterinary Microbiology, 2010, 140(1-2): 171-175.
9. Li R, Zhang A D, Chen B, Teng L, Wang Y, Chen H C, Jin M L*. Response of swine spleen to *Streptococcus suis* infection revealed by transcription analysis. BMC Genomics, 2010, 11: 556.
10. Chen B, Zhang A D, Li R, Mu X F, He H K, Chen H C, Jin M L*. Evaluation of the protective efficacy of a newly identified immunogenic protein, HP0272, of *Streptococcus suis*. FEMS Microbiology Letters, 2010, 307(1): 12-18.
11. Hu Q Y, Liu P, Yu Z J, Zhao G, Li J, Teng L, Zhou M G, Bei W C, Chen H C, Jin M L*. Identification of a cell wall-associated subtilisin-like serine protease involved in the pathogenesis of *Streptococcus suis* serotype 2.Microbial Pathogenesis, 2010, 48(3-4): 103-109.
12. Zhang A D, Mu X F, Chen B, Han L, Chen H C, Jin M L*. IgA1 protease contributes to the virulence of *Streptococcus suis*. Veterinary Microbiology, 2010, 148(2-4): 436-439.
13. Chen B, Zhang A D, Xu Z M, Li R, Chen H C, Jin M L*. Large-scale identification of bacteria-host crosstalk by affinity chromatography: capturing the interactions of *Streptococcus suis* proteins with host cells. Journal of Proteome Research, 2011, 10(11): 5163-5174.
14. Zhang A D, Yang M, Hu P, Wu J Y, Chen B, Hua Y F, Yu J, Chen H C, Xiao J F, Jin M L*. Comparative genomic analysis of *Streptococcus suis* reveals significant genomic diversity among different serotypes. BMC Genomics, 2011, 12: 523.
15. Hu P, Yang M, Zhang A D, Wu J Y, Chen B, Hua Y F, Yu J, Xiao J F, Jin M L*. Complete genome sequence of *Streptococcus suis* serotype 14 strain JS14. Journal of Bacteriology, 2011, 193(9):

*为通讯作者

2375-2376.

16. Hu P, Yang M, Zhang A D, Hua Y F, Yu J, Chen H C, Xiao J F, Jin M L*. Complete genome sequence of *Streptococcus suis* serotype 3 strain ST3. Journal of Bacteriology, 2011, 193(13): 3428-3429.
17. Hu P, Yang M, Zhang A D, Wu J Y, Chen B, Hua Y F, Yu J, Chen H C, Xiao J F, Jin M L*. Comparative genomics study of multi-drug-resistance mechanisms in the antibiotic-resistant *Streptococcus suis* R61 strain. PLoS One, 2011, 6(9): e24988.
18. Zhang A D, Chen B, Yuan Z Z, Li R, Liu C, Zhou H B, Chen H C, Jin M L*. HP0197 contributes to CPS synthesis and the virulence of *Streptococcus suis* via CcpA. PLoS One, 2012, 7(11): e50987.
19. Zhu W F, Wu C, Sun X M, Zhang A D, Zhu J, Hua Y F, Chen H C, Jin M L*. Characterization of *Streptococcus suis* serotype 2 isolates from China. Veterinary Microbiology, 2013, 166(3-4): 527-534.
20. Chen L, Song Y J, Wei Z G, Hei H K, Zhang A D, Jin M L*. Antimicrobial susceptibility, tetracycline and erythromycin resistance genes, and multilocus sequence typing of *Streptococcus suis* isolates from diseased pigs in China. Journal of Veterinary Medical Science, 2013, 75(5): 583-587.
21. Yuan Z Z, Yan X J, Zhang A D, Chen B, Shen Y Q, Jin M L*. Molecular mechanism by which surface antigen HP0197 mediates host cell attachment in the pathogenic bacteria *Streptococcus suis*. Journal of Biological Chemistry, 2013, 288(2): 956-963.
22. Zhang Q, Yang Y J, Yan S X, Liu J T, Xu Z M, Yu J P, Song Y J, Zhang A D, Jin M L*. A novel pro-inflammatory protein of *Streptococcus suis* 2 induces the Toll-like receptor 2-dependent expression of pro-inflammatory cytokines in RAW 264.7 macrophages *via* activation of ERK1/2 pathway. Frontiers in Microbiology, 2015, 6: 178.
23. Huang K S, Yuan Z Z, Li J T, Zhang Q, Xu Z M, Yan S X, Zhang A D, Jin M L*. Identification and characterisation a surface-associated arginine peptidase in *Streptococcus suis* serotype 2. Microbiological Research, 2015, 170: 168-176.
24. Huang K, Song Y, Zhang Q, Zhang A, Jin M*. Characterisation of a novel integrative and conjugative element ICESsD9 carrying erm(B)and tet(O)resistance determinants in *Streptococcus suis*, and the distribution of ICESsD9-like elements in clinical isolates. J Glob Antimicrob Resist, 2016, 7: 13-18.
25. Huang K, Zhang Q, Song Y, Zhang Z, Zhang A, Xiao J, Jin M*. Characterization of spectinomycin resistance in *Streptococcus suis* leads to two novel insights into drug resistance formation and dissemination mechanism antimicrob agents chemother. Antimicrob Agents Chemother, 2016, 60(10): 6390-6392.
26. Zhang Q, Huang J, Yu J, Xu Z, Liu L, Song Y, Sun X, Zhang A, Jin M*. HP1330 contributes to *Streptococcus suis* virulence by inducing Toll-like receptor 2- and ERK1/2-dependent Pro-inflammatory responses and influencing *in vivo S. suis* loads. Front Immunol, 2017, 8: 869.
27. Lin L, Pan S, Zhao J, Liu C, Wang P, Fu L, Xu X, Jin M, Zhang, A*. HSPD1 interacts with IRF3 to facilitate interferon-beta induction. PLoS One, 2014, 9: e114874.
28. Zhao J, Pan S, Lin L, Fu L, Yang C, Xu Z, Wei Y, Jin M, Zhang A*. *Streptococcus suis* serotype 2 strains can induce the formation of neutrophil extracellular traps(NETs)and evade trapping. FEMS Microbiol Lett, 2015, 362: pii: fnv022.
29. Yang C, Zhao J, Lin L, Pan S, Fu L, Han L, Jin M, Zhou R, Zhang A*. Targeting TREM-1 signaling in the presence of antibiotics is effective against streptococcal toxic-shock-like syndrome(STSLS)caused by *Streptococcus suis*. Front Cell Infect Microbiol, 2015, 5: 79.
30. Yang C, Chen B, Zhao J, Lin L, Han L, Pan S, Fu L, Jin M, Chen H, Zhang A*. TREM-1 signaling promotes host defense during the early stage of infection with the highly pathogenic *Streptococcus suis*. Infect Immun, 2015, 83: 3293-301.
31. Zhao J, Lin L, Fu L, Han L, Zhang A*. Neutrophils extracellular taps play an important role in clearance of *Streptococcus suis in vivo*. Microbiol Immunol, 2016, 60: 228-233.
32. Fu L, Zhao J, Lin L, Zhang Q, Xu Z, Han L, Xie C, Zhou R, Jin M, Zhang A*. Characterization of IgA1 protease as a surface protective antigen of *Streptococcus suis* serotype 2. Microbes Infect, 2016, 18: 285-289.
33. Yu C, Sizhu S, Luo Q, Xu X, Fu L, Zhang A*. Genome sequencing of a virulent avian *Pasteurella*

multocida strain GX-Pm reveals the candidate genes involved in the pathogenesis. Research in Veterinary Science, 2016, 105: 23-27.

34. Fu L, Han L, Xie C Y, Li W K, Lin L, Pan S, Zhou Y, Li Z, Jin M L, Zhang A D*. Identification of extracellular actin as a ligand for triggering receptor expressed on myeloid cells-1 signaling. Frontiers in Immunology, 2017, 8, 917.
35. Tan C, Fu S L, Liu M L, Jin M L, Liu J L, Bei W C*, Chen H C. Cloning, expression and characterization of a cell wall surface protein, 6-phosphogluconate-dehydrogenase, of *Streptococcus suis* serotype 2. Veterinary Microbiology, 2008, 130(3-4): 363-370.
36. Tan C, Liu M L, Jin M L, Liu J L, Chen Y, Wu T, Fu T, Bei W C*, Chen H C. The key virulence-associated genes of *Streptococcus suis* type 2 are upregulated and differentially expressed *in vivo*. FEMS Microbiology Letters, 2008, 278(1): 108-114.
37. Tan C, Liu M L, Liu J L, Yuan F Y, Fu S L, Liu Y, Jin M L, Bei W C*, Chen H C. Vaccination with *Streptococcus suis* serotype 2 recombinant 6PGD protein provides protection against S-suis infection in swine. FEMS Microbiology Letters, 2009, 296(1): 78-83.
38. Si Y H, Yuan F Y, Chang H T, Liu, X J, Li H R, Cai K, Xu Z F, Huang Q F, Bei W C*, Chen H C. Contribution of glutamine synthetase to the virulence of *Streptococcus suis* serotype 2. Veterinary Microbiology, 2009, 139(1-2): 80-88.
39. Wu T, Chang H T, Tan C, Bei W C*, Chen H C. The orphan response regulator RevSC21 controls the attachment of *Streptococcus suis* serotype-2 to human laryngeal epithelial cells and the expression of virulence genes. FEMS Microbiology Letters, 2009, 292(2): 170-181.
40. Wu T, Yuan F Y, Chang H T, Zhao Z Q, Chen G P, Tan C, Bei W C*, Chen H C. Identification of a novel angiogenin inhibitor 1 and its association with hyaluronidase of *Streptococcus suis* 2. Microbial Pathogenesis, 2010, 49(1-2): 32-37.
41. Tan C, Liu M L, Li J Q, Jin M L, Bei W C*, Chen H C. SsPep contributes to the virulence of *Streptococcus suis*. Microbial Pathogenesis, 2011, 51(5): 319-324.
42. Li J Q, Xia J, Tan C, Zhou Y, Wang Y, Zheng C K, Chen H C, Bei W C*. Evaluation of the immunogenicity and the protective efficacy of a novel identified immunogenic protein, SsPepO, of *Streptococcus suis* serotype 2. Vaccine, 2011, 29(38): 6514-6519.
43. Li J Q, Tan C, Zhou Y, Fu S L, Hu L L, Hu J, Chen H C, Bei W C*. The two-component regulatory system CiaRH contributes to the virulence of *Streptococcus suis* 2. Veterinary Microbiology, 2011, 148(1): 99-104.
44. Zheng C K, Xu J L, Li J Q, Hu L H, Xia J D, Fan J Y, Guo W N, Chen H C, Bei W C*. Two spx regulators modulate stress tolerance and virulence in *Streptococcus suis* serotype 2. PLoS One, 2014, 9(9): 108197.
45. Zheng C K, Xu J L, Ren S J, Li J Q, Xia M M, Chen H C, Bei W C*. Identification and characterization of the chromosomal yefM-yoeB toxin-antitoxin system of *Streptococcus suis*. Sci Rep, 2015, 5: 13125-13125.
46. Zhou Y, Wang Y, Deng L M, Zheng C K, Yuan F Y, Chen H C, Bei W C*, Li J Q*. Evaluation of the protective efficacy of four novel identied membrane associated proteins of *Streptococcus suis* serotype 2. Vaccine, 2015, 33: 2254-2260.
47. Hu J, You W J, Wang B, Hu X Y, Tan C, Liu J L, Chen H C*, Bei W C*. Construction, characterization and evaluation of protection efficacy of *Streptococcus suis* double mutant strain *Δ*SsPep/*Δ*SsPspC as a live vaccine candidate in mice. Microbiological Research, 2015, 170: 87-94.
48. Zheng C K, Xu J L, Shi G L, Zhao X G, Ren S J, Li J Q, Chen H C, Bei W C*. The formate-tetrahydrofolate ligase is involved in virulence of *Streptococcus suis* serotype 2. Microbial Pathogenesis, 2016, 98: 149-154.
49. Zheng C K, Ren S J, Xu J L, Zhao X G, Shi G L, Wu J P, Li J Q, Chen H C, Bei W C*. Contribution of NADH oxidase to oxidative stress tolerance and virulence of *Streptococcus suis* serotype 2. Virulence, 2016, 17: 1-13.
50. Feng L P, Zhu J W, Chang H T, Gao X P, Gao C, Wei X F, Yuan F Y, Bei W C*. The CodY regulator

is essential for virulence in *Streptococcus suis* serotype 2. Sci Rep, 2016, 6: 21241-21241.

51. Liu F, Li J Q, Yan K, Li H, Sun C F, Zhang S, Yuan F Y, Wang X R, Tan C, Bei W C*. Binding of fibronectin to SsPepO facilitates the development of *Streptococcus suis* meningitis. The Journal of Infectious Diseases, 2018, 217(6): 973-982.
52. Yuan F Y, Tan C, Liu Z W, Yang K L, Zhou D N, Liu W, Duan Z Y, Guo R, Chen H C, Tian Y X, Bei W C*. The 1910HK/RR two-component system is essential for the virulence of *Streptococcus suis* serotype 2. Microbial Pathogenesis, 2017, 104: 137-145.
53. Xu J L, Zheng C K, Cao M M, Zeng T, Zhao X G, Shi G L, Chen H C, Bei W C*. The manganese efflux system MntE contributes to the virulence of *Streptococcus suis* serotype 2. Microbial Pathogenesis, 2017, 110: 23-30.
54. Xu J, Fu S L, Liu M L, Xu Q X, Bei W C, Chen H H, Tan C*. The two-component system NisK/NisR contributes to the virulence of *Streptococcus suis* serotype 2. Microbiol Res, 2014, 169: 541-546.
55. Zhang Y Y, Ding D D, Liu M L, Yang X P, Zong B B, Wang X R, Chen H C, Bei W C, Tan C*. Effect of the glycosyltransferases on the capsular polysaccharidesynthesis of *Streptococcus suis* serotype 2. Microbiol Res, 2016, 185: 45-54.
56. Yang X P, Fu J Y, Yang R C, Liu W T, Zhang T, Yang B, Miao L, Dou B B, Tan C, Chen H C, Wang X R*. EGFR transactivation contributes to neuroinflammation in *Streptococcus suis* meningitis. J Neuroinflamm, 2016, 13: 274. doi: 10.1186/s12974-016-0734-0.
57. 张安定, 金梅林, 郑培, 喻正军, 涂家刚, 方兵兵, 吴斌, 陈焕春*. 猪链球菌2型ELISA抗体检测方法的建立及应用. 养殖与饲料, 2005, (10): 19-21.
58. 张安定, 金梅林, 陈焕春*. 猪链球菌2型研究进展(综述). 养殖与饲料, 2005, (10): 13-18.
59. 刘国平, 梁雄燕, 李江华, 杨小林, 程太平, 金升藻, 唐登华, 吴斌, 陈焕春*. 猪链球菌 2 型昆明鼠动物病理模型的建立. 中国兽医学报, 2008, (07): 795-798.
60. 赵战勤, 向敏, 薛云, 吴斌, 胡睿铭, 汤细彪, 金梅林, 陈焕春*.猪链球菌 2 型 PCR 快速检测试剂盒的研制及初步应用. 中国兽医学报, 2008, (07): 787-790.
61. 吴涛, 常海涛, 谭臣, 付婷, 司有辉, 贝为成, 陈焕春*. 猪链球菌2型*srtA*基因缺失菌株的构建及生物学特性. 中国兽医学报, 2009, 29, (10): 1293-1298.
62. 杨俊兴, 金梅林*, 陈剑锋, 杨影, 郑培, 张安定, 宋云峰, 吴斌, 陈焕春. 猪链球菌 2 型抗体快速检测试纸条的制备及初步应用. 中国畜牧兽医学会.中国畜牧兽医学会 2006 学术年会论文集(下册). 中国畜牧兽医学会: 中国畜牧兽医学会, 2006: 5.
63. 张安定, 谢春艳, 陈博, 金梅林*, 陈焕春. 基于蛋白质组学的猪链球菌 2 型反向疫苗学研究. 中国畜牧兽医学会动物传染病学分会. 中国畜牧兽医学会动物传染病学分会第三届猪病防控学术研讨会论文集. 中国畜牧兽医学会动物传染病学分会: 中国畜牧兽医学会, 2008: 4.
64. 郑培, 赵雅心, 张安定, 康超, 金梅林*, 陈焕春. 猪链球菌 2 型在人工感染猪脑部的病理学观察. 中国畜牧兽医学会动物传染病学分会. 中国畜牧兽医学会动物传染病学分会第三届猪病防控学术研讨会论文集. 中国畜牧兽医学会动物传染病学分会: 中国畜牧兽医学会, 2008: 2.
65. 杨影, 杨俊兴, 郑培, 但汉并, 尹文思, 金梅林*. 猪链球菌 2 型溶血素(SLY)抗原表位的鉴定及缺失研究. 中国畜牧兽医学会动物传染病学分会. 中国畜牧兽医学会动物传染病学分会第三届猪病防控学术研讨会论文集. 中国畜牧兽医学会动物传染病学分会: 中国畜牧兽医学会, 2008: 2.
66. 魏子贡, 李冉, 夏静, 何宏魁, 滑亚峰, 陈焕春, 金梅林*. 我国猪链球菌分离株生物学特征分析. 中国畜牧兽医学会动物传染病学分会. 中国畜牧兽医学会动物传染病学分会第三届猪病防控学术研讨会论文集. 中国畜牧兽医学会动物传染病学分会: 中国畜牧兽医学会, 2008: 2.
67. 张安定, 陈博, 慕小凤, 李冉, 金梅林*. 猪链球菌 2 型新型抗原的筛选、鉴定. 中国畜牧兽医学会动物传染病学分会(Branch of Animal Infectious Diseases, CAAV). 中国畜牧兽医学会家畜传染病学分会第七届全国会员代表大会暨第十三次学术研讨会论文集(下册). 中国畜牧兽医学会动物传染病学分会(Branch of Animal Infectious Diseases, CAAV): 中国畜牧兽医学会, 2009: 2.
68. 王婧, 张安定, 李冉, 金梅林*. 猪链球菌 IgG 结合蛋白的原核表达及其与不同动物 IgG 的结合性. 生物工程学报, 2009, 25(04): 509-513.
69. 王雅, 张安定, 李冉, 胡攀, 刘成, 陈焕春, 金梅林*. 猪链球菌2型溶血素基因缺失菌株的构建及生物学特性的研究. 畜牧兽医学报, 2010, 41(07): 854-858.
70. 朱剑, 康超, 张安定, 金梅林*. 猪链球菌 2 型分泌核酸酶(SsnA)的表达、ELISA 方法建立及其在鉴别诊断中的应用. 畜牧兽医学报, 2011, 42(02): 228-235.
71. 张安定, 朱伟峰, 胡攀, 金梅林*. 猪链球菌分子流行病学研究. 中国微生物学会微生物资源专业委员会、工业微生物学专业委员会. 第三届全国微生物资源学术暨国家微生物资源平台运行服务研讨会会议论文摘要集. 中国微生物学会微生物资源专业委员会、工业微生物学专业委员会: 中国微生物学会微生物资源专业委员会, 2011: 2.
72. 金梅林*, 何宏魁, 孙小美, 康超, 陈磊. 猪链球菌流行病学及其耐药性研究. 中国微生物学会微生物资源专业委员会、工业微生物学专业委员会. 第三届全国微生物资源学术暨国家微生物资源平台运行服务研讨会会议论文摘要集. 中国微生物学会微生物资源专业委员会、工业微生物学专业委员会: 中国微生物学会微生物资源专业委员会, 2011: 2.
73. 朱剑, 康超, 张安定, 金梅林*. 猪链球菌 2 型分泌核酸酶(SsnA)的表达、ELISA 方法建立及其在鉴别诊断中的应用. 中国畜牧兽医学会动物传染病学分会. 中国畜牧兽医学会动物传染病学分会第十二次人兽共患病学术研讨会暨第六届第十四次教学专业委员会论文集. 中国畜牧兽医学会动物传染病学分会: 中国畜牧兽医学会, 2012: 7.
74. 陈博, 张安定, 许仲旻, 陈焕春, 金梅林*. 猪链球菌2型新型保护性抗原HP0197与宿主细胞相互作用的研究. 中国畜牧兽医学会动物传染病学分会. 中国畜牧兽医学会动物传染病学分会第十二次人兽共患病学术研讨会暨第六届第十四次教学专业委员会论文集. 中国畜牧兽医学会动物传染病学分会: 中国畜牧兽医学会, 2012: 8.
75. 王雅, 张安定, 李冉, 陈焕春, 金梅林*. 猪链球菌 2 型III型溶血素的研究. 中国动物传染病学报, 2012, 20(04): 39-44.
76. 赵建平, 魏燕鸣, 宋岱松, 张强, 朱剑, 周明光, 李冉, 康超, 金梅林*. 猪链球菌-副猪嗜血杆菌二联亚单位疫苗在小鼠的免疫效力分析. 畜牧兽医学报, 2012, 43(10): 1639-1644.
77. 陈磊, 宋娅静, 吴超, 何宏魁, 张安定, 金梅林*. 猪链球菌耐药性及四环素耐药基因水平转移研究. 中国畜牧兽医学会家畜传染病学分会、解放军军事医学科学院军事兽医研究所. 中国畜牧兽医学会家畜传染病学分会第八届全国会员代表大会暨第十五次学术研讨会论文集. 中国畜牧兽医学会家畜传染病学分会、解放军军事医学科学院军事兽医研究所: 中国畜牧兽医学会, 2013: 4.
78. 黄开松, 袁增智, 李敬涛, 张强, 许仲旻, 刘亮, 张安定, 金梅林*. 猪链球菌 2 型表面精氨酸肽酶的鉴定与其功能的研究. 中国畜牧兽医学会(Chinese Association of Animal Science and Veterinary Medicine). 中国畜牧兽医学会 2014 年学术年会论文集. 中国畜牧兽医学会(Chinese Association of Animal Science and Veterinary Medicine): 中国畜牧兽医学会, 2014: 1.
79. 刘建涛, 张强, 宋娅静, 闫树仙, 于君平, 张安定, 金梅林*. 猪链球菌 2 型蛋白分支酸合成酶(AroC)在 RAW264.7 中通过 p38MAPK 和 NF-κB 通路促进 TLR4 依赖的炎性反应. 中国畜牧兽医学会(Chinese Association of Animal Science and Veterinary Medicine). 中国畜牧兽医学会 2014 年学术年会论文集. 中国畜牧兽医学会(Chinese Association of Animal Science and Veterinary Medicine): 中国畜牧兽医学会, 2014: 1.
80. 刘建涛, 张强, 宋娅静, 闫树仙, 于君平, 张安定, 金梅林*. 猪链球菌2型表面蛋白分支酸合成酶通过 p38MAPK 和 NF-κB 通路促进 TLR4 依赖的炎性反应. 畜牧兽医学报, 2014, 45(11): 1866-1873.
81. 刘亮, 金梅林*. 细菌毒素的危害及防控. 养殖与饲料, 2015, (02): 1-5.

82. 林显, 金梅林*. H1N1 亚型猪流感病毒和猪链球菌 2 型共感染仔猪肺脏基因表达分析. 中国畜牧兽医学会生物技术学分会、中国免疫学会兽医免疫分会、中国农业科学院哈尔滨兽医研究所、兽医生物技术国家重点实验室. 中国畜牧兽医学会生物技术学分会暨中国免疫学会兽医免疫分会第十二次学术研讨会论文集. 中国畜牧兽医学会生物技术学分会、中国免疫学会兽医免疫分会、中国农业科学院哈尔滨兽医研究所、兽医生物技术国家重点实验室: 中国畜牧兽医学会, 2016: 1.

83. 张强, 黄开松, 陈磊, 胡攀, 黄晶晶, 张安定, 金梅林*. 猪链球菌与副猪嗜血杆菌耐药分子特征研究进展. 中国畜牧兽医学会生物技术学分会、中国免疫学会兽医免疫分会、中国农业科学院哈尔滨兽医研究所、兽医生物技术国家重点实验室.中国畜牧兽医学会生物技术学分会暨中国免疫学会兽医免疫分会第十二次学术研讨会论文集. 中国畜牧兽医学会生物技术学分会、中国免疫学会兽医免疫分会、中国农业科学院哈尔滨兽医研究所、兽医生物技术国家重点实验室: 中国畜牧兽医学会, 2016: 1.

84. 朱伟峰, 吴超, 孙小美, 张安定, 朱剑, 滑亚峰, 陈焕春, 金梅林*. 猪链球菌 2 型的群体特征研究. 中国畜牧兽医学会生物技术学分会、中国免疫学会兽医免疫分会、中国农业科学院哈尔滨兽医研究所、兽医生物技术国家重点实验室. 中国畜牧兽医学会生物技术学分会暨中国免疫学会兽医免疫分会第十二次学术研讨会论文集. 中国畜牧兽医学会生物技术学分会、中国免疫学会兽医免疫分会、中国农业科学院哈尔滨兽医研究所、兽医生物技术国家重点实验室: 中国畜牧兽医学会, 2016: 1.

85. 吴超, 夏细枝, 康超, 杨影, 魏燕鸣, 金梅林*. 猪流感 H1 亚型和猪链球菌 2 型临床分离血清的抗体检测. 养殖与饲料, 2017, (12): 6-10.

86. 张强, 黄晶晶, 金梅林*. 猪链球菌致病相关蛋白 HP1330 诱导过度炎症反应的作用机制研究. 中国畜牧兽医学会动物传染病学分会、解放军军事科学院军事医学研究院. 中国畜牧兽医学会动物传染病学分会第九次全国会员代表大会暨第十七次全国学术研讨会论文集. 中国畜牧兽医学会动物传染病学分会、解放军军事科学院军事医学研究院: 中国畜牧兽医学会, 2017: 1.

87. 谭臣, 贝为成*, 付书林, 金梅林, 陈焕春. 2 型猪链球菌毒力因子 gapdh 酵母双杂交诱饵质粒的构建及受体的初步筛选. 湖北省暨武汉微生物学会、四川省微生物学会. “环境与健康”学术研讨会论文摘要集. 湖北省暨武汉微生物学会、四川省微生物学会: 湖北省科学技术协会, 2007: 1.

88. 谭臣, 贝为成*, 雷丽, 付书林, 刘金林, 陈砚, 金梅林, 陈焕春. 2 型猪链球菌毒力因子 *gapdh* 基因的克隆、表达. 解放军军事医学科学院军事兽医研究所、江西省畜牧兽医局. 中国畜牧兽医学会动物传染病学分会第十二次学术研讨会论文集. 解放军军事医学科学院军事兽医研究所、江西省畜牧兽医局: 中国畜牧兽医学会, 2007: 4.

89. 赵战勤, 胡睿铭, 吴斌*, 向敏, 陈利苹, 杨明柳, 金梅林, 陈焕春. 猪源链球菌的分离鉴定及生物学特性研究. 畜牧兽医学报, 2007, (04): 376-381.

附录2　获得专利及奖励

一、主要科技奖励

1. 2018年“猪链球菌病高效安全防控技术集成与推广应用”获湖北省科学技术成果推广奖一等奖

2. 2016年“我国重大猪病防控技术创新与集成应用”获国家科学技术进步奖二等奖

3. 2016年“猪链球菌病等重要疫病防控关键技术研究及应用”获湖北高校科技转化十大成果奖

4. 2016年“猪链球菌灭活疫苗”获第十八届中国国际高新技术成果交易会优秀产品奖

5. 2013年“猪链球菌病防控关键技术研究与应用”获湖北省科学技术进步奖一等奖

6. 2011年“猪链球菌三价灭活疫苗”获大北农科技奖励一等奖

二、主要个人荣誉

1. 2018年项目第一完成人获第十二届光华工程科技奖

2. 2017年项目第一完成人获首届全国创新争先奖

3. 2017年项目第一完成人获评科学中国人年度人物

4. 2016年项目第一完成人获何梁何利基金科学与技术进步奖

5. 2016年项目第一完成人获“荆楚楷模”荣誉称号1人

6. 2015年培养湖北省杰出青年基金获得者1人

7. 2010年全国百篇优博提名奖1人

8. 培养省部级优秀论文奖获得者10人次

三、获新兽药注册证书3项，并实现产业化

1. 猪链球菌病灭活疫苗（马链球菌兽疫亚种+猪链球菌2型+猪链球菌7型）

2. 猪链球菌2型ELISA抗体检测试剂盒

3. 猪链球菌病、副猪嗜血杆菌病二联灭活疫苗（LT株+MD0322株+SH0165株）

四、获授权国家专利12项，其中发明专利10项

1. 猪链球菌2型业单位疫苗及应用

2. 表达猪链球菌2型表面抗原基因sao的重组猪霍乱沙门氏菌及疫苗与应用

3. 一种猪链球菌2型三组分亚单位疫苗及应用

4. 猪链球菌病三价灭活疫苗及制备方法

5. 一种猪链球菌7型高密度发酵培养基及专用菌株

6. 猪链球菌、副猪嗜血杆菌病二联灭活疫苗及制备方法
7. 一种猪源链球菌的高密度培养方法
8. 一种猪链球菌 2 型高密度发酵培养基及应用
9. TREM-1 胞外域的原核表达菌株以及在治疗猪链球菌感染引起的败血症中的应用
10. 一种猪链球菌弱毒菌株及其应用
11. 药盒（用于猪链球菌病灭活疫苗外包装）
12. 兽用疫苗外包装（用于兽用灭活疫苗外包装）

附录3 术 语 表

缩写	英文全名	中文名称
ABC	ATP-binding cassette	ATP 结合区
Abpb	amylase-binding protein B	淀粉酶结合蛋白 B
ACSP	affinity chromatography-based surface proteomics	基于亲和层析的表面蛋白质组学
ACT	actin	肌动蛋白
ACTN4	α-actinin-4	辅肌动蛋白 4
AMP	ampicillin	氨苄青霉素
APH	phosphotransferase	氨基糖苷磷酸转移酶
AREG	amphiregulin	双调蛋白
Asd	β-aspartic semialdehyde dehydrogenase	天冬氨酸 β-半乳糖脱氢酶
AUG	amoxicillin/Potassium Clavulanate	阿莫西林/克拉维酸钾
AZI	azithromycin	阿奇霉素
BBB	blood brain barrier	血脑屏障
BMEC	brain microvascular endothelial cell	脑微血管内皮细胞
BML	basic membrane lipoprotein	基本膜脂蛋白
BSA	albumin from bovine serum	牛血清白蛋白
CAMs	cell adhesion molecules	细胞黏附因子
CAX	ceftriaxone	头孢曲松
cDNA	complementary DNA	（与 RNA）互补的 DNA
CFR	cefaclor	氯头孢菌素
CFT	cefotaxime	头孢噻肟
CFU	colony forming unit	菌落形成单位
CHR	chloramphenicol	氯霉素
CIP	ciprofloxacin	环丙沙星
CLI	clindamycin	克林霉素
CLP	caecal ligation and puncture	盲肠结扎
CNS	center nervous system	中枢神经系统
Co-IP	co-Immunoprecipitation	免疫共沉淀
COR1C	coronin 1C	冠蛋白 1C
CPE	cefepime	头孢吡肟
CPS	capsular polysaccharides	荚膜多糖
CRM	cefuroxime	头孢呋辛
CS	chondroitin sulfate	硫酸软骨素
CTX	cefotaxime	头孢噻肟
DE	differential expression	差异表达

续表

缩写	英文全名	中文名称
DFI	differential fluorescence induction technique	差异荧光诱导技术
DNA	deoxyribonucleic acid	脱氧核糖核酸
DNase	deoxyribonuclease	脱氧核糖核酸酶
dNTP	deoxy-ribonucleoside triphosphate	脱氧核糖核苷三磷酸
DPI	diphenyleneiodonium chloride	二苯基氯化碘盐
DS	dermatan sulfate	硫酸皮肤素
ECE	endothelin-converting enzyme	内皮素转化酶
ECM	extracellular matrix	细胞外基质
E. coli	*Escherichia coli*	大肠杆菌
ef（EF）	extracellular factor	胞外因子
EGFP	enhanced green fluorescent protein	增强型绿色荧光蛋白
EGFR	epidermal growth factor receptor	表皮生长因子受体
ELISA	enzyme-linked immunosorbent assay	酶联免疫吸附试验
EMSA	electrophoretic mobility shift assay	凝胶电泳迁移率实验
ENR	enrofloxacin	恩诺沙星
EREG	epiregulin	上皮调节蛋白
ERY	erythromycin	红霉素
ET	endothelin	内皮素
Fbps	fibronectin-binding protein	纤连蛋白结合蛋白
FC	fold change	差异倍数
FITC	fluorescein isothiocyanate	异硫氰酸荧光素
FSC-H	forward scatter-height	前向散射高度
GAGs	glycosaminoglycans	糖胺聚糖
GAPDH	glyceraldehyde-3-phosphate dehydrogenase	甘油醛-3-磷酸脱氢酶
GAS	group A Streptococcus	A 群链球菌
GAT	gatifloxacin	加替沙星
GBS	group B Streptococcus	B 群链球菌
GI	genome island	基因岛
GyrA	gyrase	旋转酶
HA	hyaluronate	透明质酸
HB-EGF	heparin-binding epidermal growth factor	肝素结合性表皮生长因子
hBMEC	human brain microvascular endothelial cell	人脑微血管内皮细胞
Hep-2	human laryngeal epithelial cell	喉表皮样癌细胞
HGT	horizontal gene transfer	基因水平转移
HK	histidine kinase	组氨酸激酶
HP0197	hypothetical protein SSU98_0197	假设蛋白 0197

续表

缩写	英文全名	中文名称
HP1036	hypothetical protein SSU98_1036	假设蛋白 1036
HP1675	hypothetical protein SSU98_1675	假设蛋白 1675
HPS	*Haemophilis parasuis*	副猪嗜血杆菌
HRP	horseradish peroxidase	辣根过氧化物酶
HS	heparan sulfate	硫酸肝素
HtrA	high temperature requirement A	高温热激需求蛋白 A
ICAM	intracellular adhesion molecule-1	细胞间黏附分子
IEF	isoelectric focusing	等电聚焦
IFN-γ	interferon-gamma	干扰素 γ
IgA	immunoglobulin A	免疫球蛋白 A
IgG	immunoglobulin G	免疫球蛋白 G
i.m.	intramuscular inoculation	肌肉接种
IMPDH	inosine monophosphate dehydrogenase	次黄嘌呤单核苷酸脱氢酶
i.p.	intraperitoneally inoculation	腹腔接种
IVET	*in vivo* expression technology	体内表达技术
IVIAT	*in vivo* induced antigen technique	体内诱导抗原技术
KAN	kanamycin	卡那霉素
KEGG	Kyoto Encyclopedia of Genes and Genomes	京都基因与基因组百科全书
LC	liquid chromatograph	液相色谱法
LD_{50}	media lethal dose	半数致死量
LD-PCR	polymerase chain reaction of long distance	长距离聚多酶链式反应
LPS	lipopolysaccharide	脂多糖
LPXTG	Leu-Pro-X-Thr-Gly	细胞膜结合蛋白保守短肽
LTA	lipoteichoic acid	脂磷壁酸
LVX	levofloxacin	左氧氟沙星
MALDI	matrix-assisted laser desorption/ionization	基质辅助激光解析电离
MAS	molecule annotation system	分子功能注释系统
McAb	monoclonal antibodies	单克隆抗体
MCP-1	monocyte chemoattractant protein-1	单核细胞趋化因子-1
MEM	meropenem	美罗培南
MHC	major histocompatibility complex	主要组织相容性复合体
MIC	minimal inhibitory concentration	最低抑菌浓度
MLST	multilocus sequence typing	多位点序列分型
MMP8	matrix metalloprotease 8	基质金属蛋白酶
MOI	multiplicity of infection	感染复数
MPO	myeloperoxidase	髓过氧化物酶

续表

缩写	英文全名	中文名称
mRNA	messenger RNA	信使 RNA
MRP	muramidase-released protein	溶菌酶释放蛋白
MS	mass spectrometry	质谱
NCBI	National Center for Biotechnology Information	美国国立生物技术信息中心
NC	natural control	自然对照
NEP	neutral endopeptidase	中性肽链内切酶
NETs	neutrophil extracellular traps	中性粒细胞胞外诱捕网
NF-κB	nuclear factor-κB	核转录因子 kappa B
OD	optical density	光密度
OMP	outer membrane protein	外膜蛋白
ORF	open reading frame	可读框
PAGE	polyacrylamide gel electrophoresis	聚丙烯酰胺凝胶电泳
PAMPs	pathogen-associated molecular patterns	病原相关分子模式
PBMC	peripheral blood mononuclear cell	外周血单核淋巴细胞
PBS	phosphate buffered saline	磷酸盐缓冲液
PcnP	putative cyclo-nucleotide phosphodiesterase	假设的环核苷酸磷酸二酯酶
PCR	polymerase chain reaction	聚合酶链式反应
PDHA1	pyruvate dehydrogenase（lipoamide）alpha 1	丙酮酸脱氢酶 E1α 亚单位基因
PEN	penicillin	青霉素
pH	hydrogen ion concentration	氢离子浓度指数
PKC	protein kinase C	蛋白激酶 C
PMN	polymorphonuclear neutrophils	中性粒细胞
PRR	pattern recognition receptor	模式识别受体
PRRSV	porcine reproductive and respiratory syndrome virus	猪繁殖与呼吸综合征病毒
QRDR	quinolone-resistance determining region	喹诺酮耐药决定区
qPCR	real-time quantitative PCR	实时荧光定量核酸扩增
RAW264.7	monocyte-macrophage cell leukemia cell	小鼠单核巨噬细胞白血病细胞
RAW	rat alveolar macrophage	小鼠肺泡巨噬细胞
RiGE	ribonucleases G and E	核糖核酸酶 G 和 E
RNA	ribonucleic acid	核糖核酸
ROS	reactive oxygen species	活性氧
RR	response regulator	反应调节因子
Sag	superantigen	超抗原
SAO	surface protein SP1	表面蛋白 1
SIgA	immunoglobulin A secretory	分泌型免疫球蛋白 A
SIP	surface interacting protein	表面互作蛋白

续表

缩写	英文全名	中文名称
SLY	suilysin	溶血素
SPA	staphylococcal protein A	葡萄球菌 A 蛋白
SPF	specific pathogen-free	无特定病原体
SS2, *S. suis* 2	*Streptococcus suis* serotype 2	猪链球菌 2 型
SS3	*Streptococcus suis* serotype 3	猪链球菌血清型 3 型
SS9	*Streptococcus suis* serotype 9	猪链球菌血清型 9 型
SSCPC	*Streptococcus suis* serine protease	猪链球菌丝氨酸蛋白酶
SsnA	secreted nuclease A	分泌核酸酶 A
STAT	signal transducer and activator of transcription	信号传导与转录激活因子
STM	signature mutagenesis	信号标签突变
STSLS	staphylococcal toxic shock syndrome	链球菌中毒性休克样综合征
TCSTS	two component signal transduction system	双组分信号转导系统
TET	tetracycline	四环素
TIF2	translation initiation factor 2	翻译起始因子 2
TLR	Toll-like receptor	Toll 样受体
TNF-α	tumor necrosis factor-alpha	肿瘤坏死因子-α
TREM-1	triggering receptor on myeloid cells 1	髓系细胞触发受体 1
TSS	toxic shock syndrome	中毒性休克综合征
VAN	vancomycin	万古霉素
WAP	cell wall-associated protein	细胞壁相关蛋白
WB	western-blot	蛋白质印记
WT	wild type	野生型菌株
Y2H	yeast two-hybrid	酵母双杂交
ZnuA	high-affinity zinc uptake system protein znuA precursor	高亲和力的锌摄取系统 znuA 前体蛋白